Einführung in die Technische Schwingungslehre

Von

Dr.-Ing. habil. Karl Klotter

Dozent an der Technischen Hochschule Karlsruhe

Erster Band
Einfache Schwinger

Mit 208 Abbildungen im Text

Berlin

Verlag von Julius Springer

1938

ISBN-13:978-3-642-89954-6   e-ISBN-13:978-3-642-91811-7
DOI: 10.1007/978-3-642-91811-7

Vorwort.

Das Lehrbuch, dessen ersten Band ich hiermit vorlege, soll in die Technische Schwingungslehre einführen. Es fordert vom Leser an Vorkenntnissen nur die Beherrschung der allgemeinen Sätze der Mechanik und der Elemente der Differential- und Integralrechnung. Die Eigenart einer *Einführung* verlangt sowohl Ausführlichkeit in der Darstellung wie Beschränkung im Stoff. Demgemäß habe ich alles beiseite gesetzt, was sich im Rahmen des Buches nicht vollständig entwickeln ließ und nur obenhin hätte erwähnt werden können. Meine Absicht ist, das Wesen der Probleme dem Verständnis des Lesers nahe zu bringen. Deshalb war ich neben einer gewissen Ausführlichkeit der Darstellung ganz besonders auf eine strenge, systematische Ordnung und auf eine klare Formulierung der Begriffe bedacht. Ich hoffe, daß die entwickelten Methoden und die Auswahl des Stoffes den Leser instandsetzen, selbständig weiter zu arbeiten und neu an ihn herantretende Fragen zu lösen.

Nach den erwähnten Gesichtspunkten habe ich auch die methodischen Hilfsmittel gewählt. Um die brauchbarsten Werkzeuge zu bieten, wandte ich manchmal Bezeichnungen und Begriffe an, die noch wenig in Gebrauch sind, oder schuf solche ganz neu, wenn von ihnen eine Klärung der Sachlage oder eine Erleichterung des Verständnisses erwartet werden konnte. In der Regel stammen die übernommenen Methoden und Begriffe aus der elektrischen Wechselstromtechnik, oder sie sind entsprechend den dort eingebürgerten neu gebildet. So habe ich von vornherein folgerichtig die komplexe Schreibweise für die harmonischen Schwingungsvorgänge angewendet, die den Rechnungen eine große Anschaulichkeit verleiht, und habe analog den „komplexen Widerständen" und „komplexen Leitwerten" die Begriffe der „komplexen Federzahlen" und „komplexen Einflußzahlen" geprägt; sie leisten bei der Behandlung mechanischer Schwingungen dieselben guten Dienste wie jene Begriffe bei den elektrischen Schwingungen.

Der Plan des Buches entstand aus den Erfahrungen des Unterrichts, für seinen Aufbau waren vor allem didaktische Gesichtspunkte maßgebend, sein Inhalt will weitgehend die Bedürfnisse der Praxis befriedigen. Damit ist auch gesagt, für welche Leser das Buch bestimmt ist: Für alle, die sich um Schwingungsprobleme bemühen, mögen sie noch auf der Hochschule lernen oder schon im Berufsleben arbeiten.

Das Werk ist eingeteilt in drei Bände. Der vorliegende erste Band behandelt die Systeme von einem Freiheitsgrad, die „einläufigen" oder kurz „einfachen" Schwinger. Er vermittelt die Kenntnis der Grundbegriffe und der grundsätzlichen Methoden der Schwingungslehre. Der zweite Band, der diesem ersten bald folgen wird, handelt von den Systemen mit mehreren, aber endlich vielen Freiheitsgraden, den „mehrläufigen" Schwingern. Da die meisten der technisch wichtigen Schwinger hierher gehören, ist der Inhalt dieses Bandes besonders stark den Anwendungen zugekehrt. Es werden unter anderem die mannigfachen

Berechnungsverfahren der Praxis für die Torsions- und Biegeschwingungen in den Maschinenanlagen dargestellt und einer kritischen Würdigung unterzogen. Der sich später anschließende dritte Band wird dann die Schwinger von unendlich vielen Freiheitsgraden, die kontinuierlichen Systeme, mit ihren besonderen Fragestellungen und Methoden umfassen.

Ein großer Teil des Stoffes (insbesondere des zweiten Bandes) wurde teils angeregt und vorbereitet, teils erweitert durch die Arbeit in einem durch mehrere Jahre fortgeführten Seminar, das ich an der Technischen Hochschule Karlsruhe gemeinsam mit den Herren Professoren K. VON SANDEN (jetzt in Kiel) und O. KRAEMER abhielt. Beiden Herren möchte ich auch an dieser Stelle danken für ihren hervorragenden Anteil an der Klärung vieler Fragen. Manche Anregung verdanke ich auch meiner früheren, langjährigen Zusammenarbeit mit Herrn Professor Dr. TH. PÖSCHL.

Schließlich bin ich noch einer Reihe junger Mitarbeiter zu Dank verpflichtet, deren treue Hilfe wesentlich zum Zustandekommen des Buches beitrug: Herr Dipl.-Ing. H. VAN HÜLLEN, jetzt in Krefeld, fertigte die erste Niederschrift nach Aufzeichnungen in meiner Vorlesung; Herr Dipl.-Ing. ADOLF MEIER und Herr Lehramtsreferendar H. HEINZERLING in Karlsruhe zeichneten die meisten der Figuren und unterstützten mich auch sonst mit Rechenstift und Rechenschieber. Herr HEINZERLING und Herr Dipl.-Ing. H. PÖSCHL in Berlin halfen beim Lesen der Korrekturen und gaben viele wertvolle Hinweise.

Die Karlsruher Hochschulvereinigung förderte die Herstellung des Manuskripts und der Zeichnungen durch Gewährung von geldlichen Beihilfen.

Karlsruhe, im Dezember 1937.

K. KLOTTER.

Inhaltsverzeichnis.

Zur Ausführung des Satzes sei folgendes bemerkt: Um die Übersicht zu erleichtern, ist (neben den Beispielen) der Text in Kleindruck gesetzt an solchen Stellen, die keine tragenden Teile des weiteren Aufbaues darstellen; sie können bei einer ersten Kenntnisnahme daher außer Betracht bleiben. Der Platzersparnis wegen ist häufig von schrägen Bruchstrichen Gebrauch gemacht. Dabei gelten alle Faktoren hinter dem Bruchstrich als im Nenner stehend, soweit nicht besondere Zeichen andere Hinweise geben. Beispiel: $b/2\sqrt{a\,c} = \dfrac{b}{2\sqrt{a\,c}}$.

Erster Teil.

Kinematik des einfachen Schwingers, allgemeine Schwingungslehre.

1. Gliederung der Schwingungslehre. Alle drei Bände dieses einführenden Lehrbuches beschäftigen sich im wesentlichen mit *mechanischen* Schwingungen; die Lehre von den Schwingungen wird hier als ein Teil der Mechanik behandelt. Aus der großen Mannigfaltigkeit der Bewegungsformen, die die Mechanik kennt, werden jene Bewegungen herausgegriffen, die ein besonderes Merkmal, das der Wiederholung, aufweisen. Die Heraushebung und Einzelbehandlung wird gerechtfertigt durch die große Bedeutung, die solchen Bewegungsformen zukommt.

Die mechanischen Systeme lassen sich ordnen nach dem Grad ihrer Freiheit, d. i. nach der Zahl der zur Beschreibung ihrer Lage oder ihrer Bewegung notwendigen Koordinaten. In diesem ersten Bande untersuchen wir Systeme, die *einen* Grad der Freiheit aufweisen. Ihre Lage wird durch *eine* Koordinate, etwa q, ihre Bewegung durch *eine* Funktion $q(t)$ beschrieben. Schwingungsfähige Systeme von einem Grad der Freiheit nennen wir *einläufige* oder auch *einfache Schwinger*. Beispiele sind in Ziff. 11 aufgezählt.

Die Schwingungen gehören als Bewegungsvorgänge nach der üblichen Einteilung der Mechanik

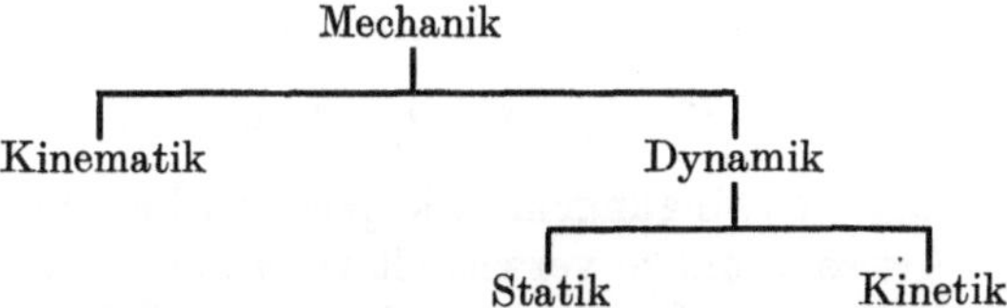

in die *Kinematik* und in die *Kinetik*. Dementsprechend zerlegen wir auch unseren Stoff in zwei Teile. Im ersten Teil dieses Bandes wird die Kinematik des einfachen Schwingers behandelt. Hier untersuchen wir die Schwingungen hinsichtlich ihres Ablaufs in Raum und Zeit; wir betrachten nur die äußere Erscheinungsform der Schwingungen ohne Rücksicht auf die Kräfte, die bei der Bewegung auftreten oder die die Bewegung erst hervorrufen. Die Untersuchung der Schwingungen im Zusammenhang mit den Kräften erfolgt im zweiten Teil, der die Kinetik der Schwingungen behandelt.

Die Begriffe und Ergebnisse, mit denen man es in der Kinematik der Schwingungen zu tun hat, gehören nicht nur der Mechanik an. Sie sind allgemeiner Natur und passen auf jeden periodisch veränderlichen Vorgang, gleichgültig, ob es sich dabei um die Änderung einer mechanischen, elektrischen, optischen, thermischen oder sonstigen physikalischen Größe handelt. Zum großen Teil sind die Begriffe, die in der Mechanik verwendet werden, in jenen anderen Fachgebieten (insbesondere in der Akustik und Wechselstromtechnik) ausgebildet und später erst in die Mechanik eingeführt worden. Deshalb wird das Gebiet, das wir als Kinematik der mechanischen Schwingungen behandeln, auch als *allgemeine Schwingungslehre* bezeichnet.

2. Grundlegende Begriffe. Eine Schwingung im kinematischen Sinn (über die kinetische Definition vgl. Ziff. 12) ist ein Vorgang, bei dem eine physikalische Größe (mechanischer oder anderer Natur) sich in einer solchen Weise mit der Zeit ändert, daß bestimmte Merkmale regelmäßig wiederkehren. Zunächst beschäftigen wir uns, um die notwendigen Begriffe entwickeln zu können, mit der besonderen Klasse der *periodischen* Schwingungen.

Wir definieren: Periodische Schwingungen sind solche, bei denen nach Ablauf einer gewissen Zeit, der *Periode* oder *Schwingdauer T*, der Vorgang sich vollständig und mit allen Nebenumständen wiederholt. Gedämpfte Schwingungen, die etwa nach Abb. 34/1 oder 35/1 verlaufen, sind daher keine periodischen Vorgänge. Zur Festlegung der Schwingdauer genügt es auch nicht, daß die Veränderliche, die schwingende Größe selbst, den ursprünglichen Wert wieder annimmt. t_1 und $\bar{t}$

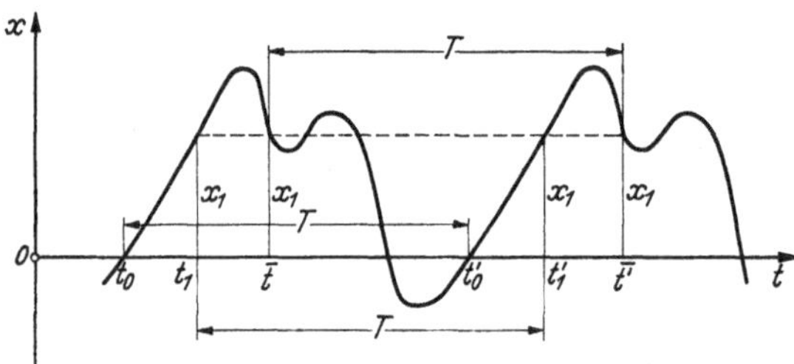

Abb. 2/1. Diagramm einer periodischen Schwingung.

im Diagramm der Abb. 2/1 bestimmen keine Periode. Neben dem Ausschlag müssen sämtliche zeitlichen Ableitungen dieselben sein. Den Komplex der Merkmale: Ausschlag mit allen zeitlichen Ableitungen (Geschwindigkeit, Beschleunigung und höheren Ableitungen) bezeichnet man als die *Phase* einer Bewegung, hier also der Schwingung. Die Schwingdauer ist jene Zeit T, nach der eine Phase zum erstenmal wiederkehrt. Man kann T dabei von irgendeinem Zeitpunkt t_i aus messen; z. B. ist (Abb. 2/1)

$$T = t_0' - t_0 = t_1' - t_1 = \bar{t}' - \bar{t}\,.$$

3. Harmonische Schwingungen. Die periodischen Vorgänge können von so mannigfaltiger Art sein und so verwickelt verlaufen, daß eine allgemeine Theorie solcher Vorgänge auf große Schwierigkeiten stoßen würde, wenn nicht ein bemerkenswerter Umstand zu Hilfe käme. Nach einem allgemeinen (mathematischen) Satz läßt sich nämlich jede periodische Funktion aufbauen aus einer Reihe von sehr einfachen periodischen Funktionen, den *harmonischen* Funktionen.

Harmonische Bewegungen werden z. B. beschrieben durch die Gleichungen

$$x_1(t) = a \sin 2\pi \frac{t}{T} \quad \text{oder} \quad x_2(t) = b \cos 2\pi \frac{t}{T}\,. \tag{3.1}$$

Wir sehen: a und $-a$ sind die Extremwerte, welche x_1, b und $-b$ die Extremwerte, welche x_2 annehmen kann; ferner: diese Extremwerte oder irgendwelche festen Zwischenwerte kehren bei Ablauf der Zeit t in gleichen Zeitabständen T immer wieder. Die positive Größe a, die angibt, welchen größten positiven oder negativen Wert eine Schwingung x_1 annehmen kann, heißt *Amplitude* oder *Schwingweite*.

Unter allen periodischen Vorgängen nehmen die harmonischen eine besondere Stellung ein. Sie sind die Bausteine, aus denen man jeden periodischen Vorgang aufbauen kann, und in die er sich auch wieder zerlegen läßt. Die Zerlegung eines periodischen Vorgangs in seine harmonischen Bestandteile bezeichnet man als seine *harmonische Analyse* (siehe Ziff. 10).

Diese Zerlegung in die „Harmonischen" ist mehr als eine formale mathematische Operation; die Teilschwingungen haben physikalische Realität. Viele mechanische Systeme werden durch harmonisch verlaufende Kräfte, die eine gewisse genau angebbare Periode T haben, zu sehr großen Ausschlägen angeregt (Resonanz). Verläuft nun die anregende Kraft nicht harmonisch, sondern in irgendeiner andern Weise periodisch, etwa so, wie das Drehkraftdiagramm einer Dieselmaschine (Abb. 8/3a) angibt, und enthält diese periodische Funktion als Bestandteil (Abb. 8/3b, c) auch jene Harmonische, die für sich allein die großen Ausschläge bewirken würde, so wird das System unter dem Einfluß der genannten Kraft ebenfalls zu den großen Ausschlägen angeregt: Es spricht auch auf eine in der periodischen Funktion *verborgene* Harmonische an. Der Schwinger wirkt somit als mechanischer harmonischer Analysator.

4. Die erzeugende Kreisbewegung. Eine jede harmonische Bewegung läßt sich auffassen als Projektion einer gleichförmigen Kreisbewegung auf eine Gerade und kann in dieser Weise auch durch Mechanismen erzeugt werden (Kreuzschleifenkurbel, Abb. 4/1). Durchläuft

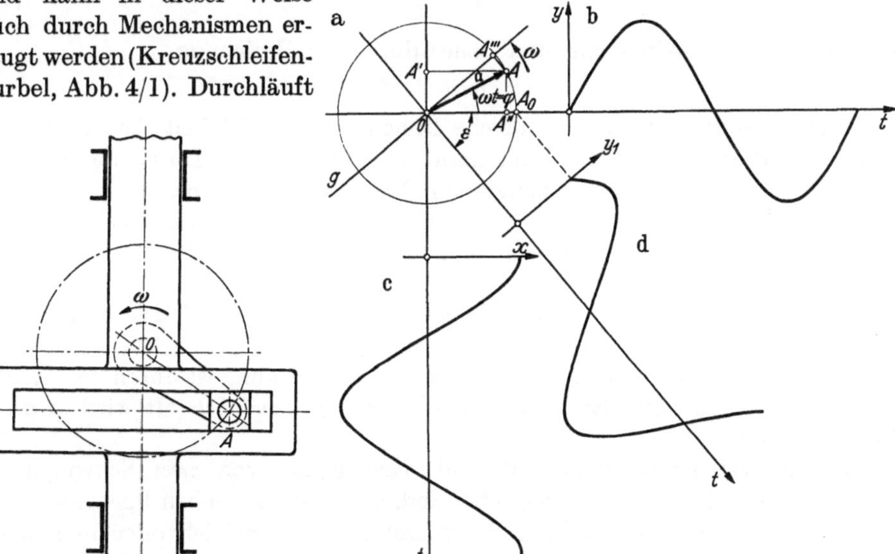

Abb. 4/1. Kreuzschleifenkurbel.   Abb. 4/2. Harmonische Schwingungen als Projektionen einer gleichförmigen Kreisbewegung.

der Punkt A (Endpunkt des Vektors $\mathfrak{a}$ in Abb. 4/2a) den Kreis vom Halbmesser a mit der konstanten Winkelgeschwindigkeit ω, so bewegt sich seine Projektion A' auf der Lotrechten harmonisch, ebenso die Projektion A'' auf der Waagrechten oder A''' auf einer geneigten Geraden g. Beginnen wir die Zeitzählung in jenem Augenblick, in dem sich A in A_0 befindet, so läßt sich die Bewegung von A' auf der Lotrechten darstellen durch die Gleichung

$$y = a \sin \omega t, \tag{4.1a}$$

1*

die von A'' auf der Waagrechten durch

$$x = a \cos \omega t \tag{4.1 b}$$

und die von A''' auf g durch

$$y_1 = a \sin (\omega t + \varepsilon). \tag{4.1 c}$$

Durch Auftragen der Projektionen über einer t-Achse erhält man die Sinoiden der Abb. 4/2b, c, d. (Die Bewegungsrichtung auf dem Kreis ist gleichgültig; hier und im folgenden ist der Gegensinn des Uhrzeigers gewählt.)

Die Periode T der Schwingung ist die Zeit, welche der Punkt A (bzw. der Vektor $\mathfrak{a}$) benötigt, um den vollen Kreisumfang zu durchlaufen (bzw. den Winkel 2π zu überstreichen). Da A mit der Winkelgeschwindigkeit ω umläuft, ist

$$T = \frac{2\pi}{\omega} \quad \text{oder} \quad \omega T = 2\pi. \tag{4.2}$$

Die Winkelgeschwindigkeit ω der erzeugenden Kreisbewegung wird auch die *Kreisfrequenz* der Schwingung genannt. Sie hat die Dimension T^{-1} und wird daher in s^{-1} gemessen.

Der Kehrwert der Periode, $1/T$, der die Anzahl der Umläufe in der Zeiteinheit angibt, heißt *Schwingzahl* oder *Frequenz*,

$$f = \frac{1}{T}. \tag{4.3}$$

Frequenz und Kreisfrequenz sind daher durch die Beziehung

$$\omega = 2\pi f$$

verbunden. ω und f haben die gleiche Dimension. Die Einheit für f bezeichnet man als 1 Hertz (1 Hz), während man ω in s^{-1} angibt. Durch diese Unterscheidung in der Benennung beugt man Verwechslungen vor.

Als *Phase* einer Bewegung definierten wir den Komplex von Ausschlag, Geschwindigkeit, Beschleunigung und den höheren Ableitungen. Bei den harmonischen Bewegungen hängen diese Größen — wie bekannt — in einfacher Weise zusammen. Der augenblickliche Bewegungszustand ist vollkommen bestimmt, wenn man den Winkel φ kennt, der die augenblickliche Lage des Punktes A auf dem Kreis angibt: Die Phase der Bewegung ist durch den Winkel $\varphi = \varphi_0 + \omega t$ festgelegt. Er heißt deshalb der *Phasenwinkel* (oft wird er selbst Phase genannt).

Laufen *zwei* Vektoren $\mathfrak{a}_1$ und $\mathfrak{a}$ als Erzeugende von *zwei* Schwingungen derart um, daß sie stets gleichgerichtet sind, also stets denselben Phasenwinkel φ aufweisen, so heißen die beiden Schwingungen phasengleich oder in gleicher Phase, kurz *in Phase*. Die Schwingungen erreichen dann im gleichen Zeitpunkt ihren positiven oder ihren negativen Scheitelwert und nehmen im gleichen Zeitpunkt den Wert Null an. Sie unterscheiden sich überhaupt nur um einen festen, zeitunabhängigen Faktor, der durch das Verhältnis der Längen der Vektoren gegeben ist. In Abb. 4/3 sind die beiden Vektoren $\mathfrak{a}_1$ und $\mathfrak{a}$ in ihrer Ausgangslage zur Zeit $t = 0$ gezeichnet. Die (durch Projektion auf die Lotrechte) erzeugten Schwingungen verlaufen nach den Gleichungen

$$y_1 = a_1 \sin \omega t \quad \text{und} \quad y = a \sin \omega t.$$

Eine andere Schwingung y_2, deren erzeugender Vektor $\mathfrak{a}_2$ den konstanten Winkel α_2 mit dem erzeugenden Vektor $\mathfrak{a}_1$ der Schwingung y_1 einschließt, wird durch die Gleichung

$$y_2 = a_2 \sin (\omega\, t + \alpha_2)$$

dargestellt, wenn der erzeugende Vektor von y_2 gegenüber dem von y_1 nach vorn, also in der Bewegungsrichtung verschoben ist. Dann ist für jeden Zeitpunkt $\varphi_1 = \omega\, t$ der Phasenwinkel von y_1 und $\varphi_2 = \omega\, t + \alpha_2$ der von y_2; die Phasenwinkeldifferenz ist α_2. Die konstante Phasenwinkeldifferenz wird der Kürze halber meist als *Phasendifferenz* oder *Phasenverschiebung* (oder auch unzweckmäßig als Phasenwinkel) der beiden Schwingungen bezeichnet. Die durch Projektion von $\mathfrak{a}_3$ entstehende Schwingung

$$y_3 = a_3 \sin (\omega\, t - \alpha_3)$$

eilt der Schwingung y_1 um den Winkel α_3 nach. Im Diagramm Abb. 4/3b sind die Maxima, Nullstellen und alle anderen Phasen einer *voreilenden* Schwingung

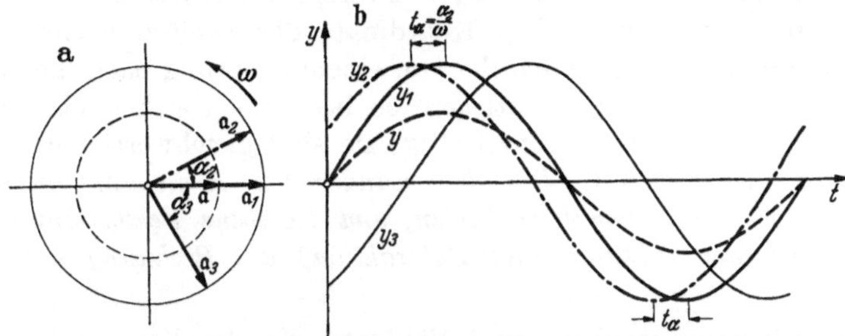

Abb. 4/3. Harmonische Schwingungen verschiedener Amplitude und phasenverschobene Schwingungen mit ihren erzeugenden Vektoren.

nach *links* verschoben, die einer *nach*eilenden Schwingung nach *rechts*. Die Zeit t_α, um welche die voreilende Schwingung eine Phase φ früher annimmt als die Vergleichsschwingung, ist diejenige Zeit, welche der Vektor braucht, um den Winkel α zu durchlaufen, also

$$t_\alpha = \frac{\alpha}{\omega}. \tag{4.4}$$

Sie heißt die *Phasenverschiebungszeit*. Ist der Phasenverschiebungswinkel α positiv, dann eilt die Schwingung der Vergleichsschwingung *vor*, ist α negativ, so eilt sie *nach*. Kürzer spricht man auch vom *Voreilwinkel* oder *Nacheilwinkel* und ebenso von der *Voreilzeit* und *Nacheilzeit*.

Notwendig und hinreichend zur vollständigen Kennzeichnung einer harmonischen Schwingung sind demnach die drei Größen: *Amplitude, Frequenz* und *Phasenverschiebungswinkel*.

Bei Verschiebungsschwingungen eines Punktes auf einer Geraden hat die erzeugende Kreisbewegung eine unmittelbar anschauliche Bedeutung. Wir können aber bei allen anderen harmonischen Schwingungsvorgängen — auch solchen nichtmechanischer Natur — ebenfalls von einer erzeugenden Kreisbewegung sprechen. Wir verstehen dann darunter diejenige Bewegung, durch deren Projektion das Ausschlag-Zeit-Diagramm entstanden gedacht werden kann.

5. Diagrammvektoren, komplexe Schreibweise. Harmonische Schwingungen können — wie gezeigt — durch Projektion einer gleichförmigen Kreisbewegung entstanden gedacht werden. Wir wollen diesen anschaulichen Vorgang nun in Formeln fassen. Zur Bezeichnung des wandernden Kreispunktes bedienten wir uns eines sich drehenden Vektors, des *Diagrammvektors*. Wenn es sich bei der Schwingung um die zeitliche Änderung des Betrages einer physikalischen

*Vektor*größe handelt, so muß man zwischen diesem Vektor und dem Diagrammvektor scharf unterscheiden. Schwankt z. B. nur der Betrag des physikalischen Vektors harmonisch, so bleibt seine Richtung im Raume erhalten, während der Diagrammvektor umläuft. Ändert sich außer dem Betrag auch die Richtung des physikalischen Vektors, so handelt es sich um ein System mit mehr als einem Freiheitsgrad. Für solche Systeme ist unsere Darstellung nicht mehr ohne weiteres anwendbar.

Diagrammvektoren liegen in einer Ebene und bewegen sich nur in einer Ebene. Zur Beschreibung der Bewegung, die der Endpunkt des Vektors in der Ebene ausführt, ist die Heranziehung von Zahlen notwendig, deren jede einem Punkt in der Ebene ein-eindeutig zugeordnet ist (so wie die reellen Zahlen den Punkten einer Geraden). Ein System solcher Zahlen stellen die *komplexen Zahlen* $(x + i\,y)$ dar. Der Faktor i des zweiten Teiles hat dabei keine andere Bedeutung als anzuzeigen, daß y Koordinate der zweiten Richtung ist. Da nun die Punkte einer Ebene auch die von einem Ursprung nach diesen Punkten gezogenen Vektoren eindeutig festlegen, so bestimmen sich auch die Vektoren und die komplexen Zahlen wechselseitig; sie sind gleichwertig, ja wir können sie geradezu identifizieren: *Die den wandernden Kreispunkt beschreibenden Diagrammvektoren sind komplexe Zahlen, und die ebene Vektorrechnung ist (für die Operationen der Addition und Subtraktion) die Rechnung mit komplexen Zahlen.*

(Ebene) Diagrammvektoren und Vektoren des dreidimensionalen Raumes werden wir auch in der Schreibung unterscheiden. Wo in diesem Buch (ganz selten) physikalische Vektorgrößen vorkommen, bezeichnen wir sie durch überstrichene lateinische Buchstaben, z. B. $\bar{p}$, $\bar{v}$; mit deutschen (Fraktur-) Buchstaben bezeichnen wir dagegen durchweg die Diagrammvektoren und die ihnen gleichwertigen komplexen Zahlen.

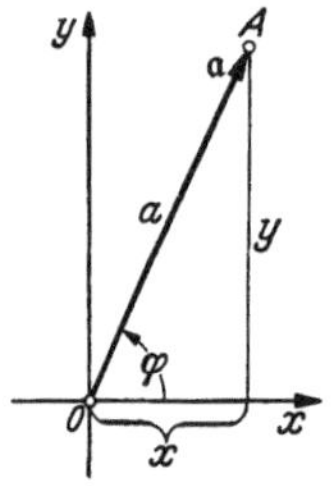

Eine komplexe Zahl $\mathfrak{a}$ kann man in einer der beiden Formen darstellen:

$$\mathfrak{a} = x + i\,y \qquad (5.1\,\mathrm{a})$$

(Zerlegung in reellen und imaginären Bestandteil; kartesisches Koordinatensystem),

$$\mathfrak{a} = a\,e^{i\varphi} \qquad (5.1\,\mathrm{b})$$

(Zerlegung in Betrag und Richtungsfaktor; Polarkoordinatensystem) (Abb. 5/1).

Abb. 5/1.
Diagrammvektor und komplexe Zahl.

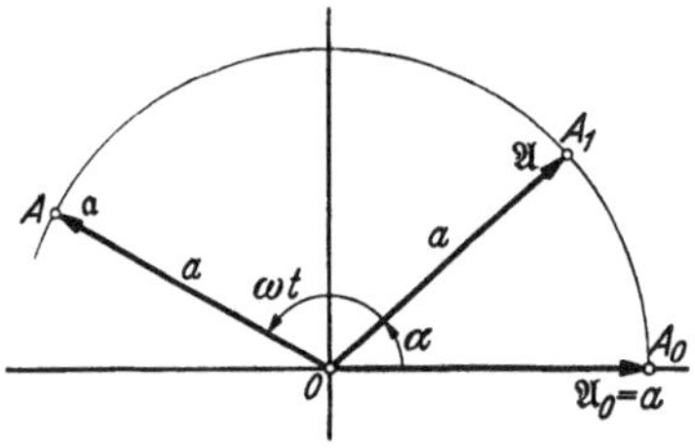

Abb. 5/2.
Amplitude, komplexe Amplitude.

Da es unsere Aufgabe ist, die Wanderung eines Punktes auf einem *Kreis* zu beschreiben, empfiehlt sich die Benutzung der zweiten Darstellungsform. Die komplexen Zahlen $\mathfrak{a}$, die die Punkte eindeutig festlegen, welche der Endpunkt A des Diagrammvektors $\mathfrak{a}$ auf dem Kreise bei seiner Wanderung durchläuft, haben festen Betrag und veränderlichen Richtungsfaktor. Bewegt sich A von der Ausgangslage A_0 (Abb. 5/2) mit gleichförmiger Drehgeschwindigkeit ω, so ist $\varphi = \omega\,t$ und

$$\mathfrak{a} = a\,e^{i\omega t}. \qquad (5.2)$$

Hat A zur Zeit $t = 0$ die Lage A_1 (Abb. 5/2), die durch den Phasenwinkel α bestimmt wird, so wird die Lage von A zur Zeit t durch die komplexe Zahl

$$\mathfrak{a} = a\, e^{i(\alpha + \omega t)} \tag{5.3}$$

angegeben. Dieser Zahl kann man durch Abspalten des Zeitfaktors $e^{i\omega t}$ die Form geben

$$\mathfrak{a} = a\, e^{i(\alpha + \omega)t} = a\, e^{i\alpha}\, e^{i\omega t} = \mathfrak{A}\, e^{i\omega t}. \tag{5.4}$$

Wir wollen die komplexe Zahl $\mathfrak{A} = a\, e^{i\alpha}$, die durch Abspalten des Zeitfaktors entsteht, die *komplexe Amplitude* der Schwingung nennen. Sie gibt die Lage des Vektors $\mathfrak{a}$ zur Zeit $t = 0$ an und wird deshalb auch als *Nullvektor* bezeichnet. Der Absolutbetrag a der komplexen Amplitude $\mathfrak{A}$ ist die Schwingungsweite (Amplitude); darüber hinaus gibt $\mathfrak{A}$ auch die „Phasenlage" der Schwingung. Die komplexen Amplituden von Schwingungen, deren Diagrammvektoren zur Zeit $t = 0$ in A_0 endigen, $\alpha = 0$ (Abb. 5/2), sind reelle Zahlen, $\mathfrak{A}_0 = a$.

Die Gl. (5.4) beschreibt das Wandern des Punktes A oder das Drehen des Vektors $\mathfrak{a}$, also die erzeugende Kreisbewegung. Eine Schwingung entsteht durch Projektion des Vektors $\mathfrak{a}$ auf eine Gerade. Dem Projizieren auf Waagrechte oder Lotrechte entspricht rechnerisch die Bildung des reellen oder imaginären Bestandteils der komplexen Zahl $\mathfrak{a}$. Die Schwingung der Abb. 4/2b wird daher durch die Gleichung beschrieben

$$y = \mathfrak{Im}(\mathfrak{a}) = \mathfrak{Im}(\mathfrak{A}\, e^{i\omega t}), \tag{5.5a}$$

die der Abb. 4/2c durch

$$x = \mathfrak{Re}(\mathfrak{a}) = \mathfrak{Re}(\mathfrak{A}\, e^{i\omega t}). \tag{5.5b}$$

Da $e^{i\vartheta} = \cos\vartheta + i\sin\vartheta$ und in diesem Beispiel $\mathfrak{A} = a$ ist, so ist (5.5a) gleichbedeutend mit

$$y = a \sin \omega t \tag{5.6a}$$

und (5.5b) mit

$$x = a \cos \omega t \tag{5.6b}$$

der gewöhnlichen Schreibweise. Die Gln. (5.6a) und (5.6b) sind die Gleichungen der Kurven von Abb. 4/2b u. c.

Die komplexe Schreibweise hat es ermöglicht, den anschaulichen Vorgang der Kreisbewegung und der Projektion in Gleichungen zu fassen.

Bei der Untersuchung harmonischer Schwingungen, insbesondere beim Vergleich mehrerer, bedient man sich zur Veranschaulichung des Vorgangs statt der sinusförmigen Ausschlag-Zeit-Linien stets nur der Diagrammvektoren, die in der Ausgangsstellung, d. i. als komplexe Amplituden (Nullvektoren), aufgezeichnet werden. So ist z. B. auch die Abb. 4/3a aufzufassen. Die dort eingezeichneten Vektoren $\mathfrak{a}$, $\mathfrak{a}_1$, $\mathfrak{a}_2$, $\mathfrak{a}_3$ sind die komplexen Amplituden der in Abb. 4/3b gezeichneten Sinoiden. [In Zukunft werden wir die komplexen Amplituden mit *großen* (deutschen) Buchstaben bezeichnen.]

Rechnet man „komplex", so beschäftigt man sich mit der erzeugenden Kreisbewegung. Aus der Kreisbewegung entstehen die Schwingungen durch Projektion. Die auf verschiedene Geraden vorgenommenen Projektionen ein- und derselben Kreisbewegung unterscheiden sich durch den Phasenverschiebungswinkel. Eindeutig wird die Zuordnung von Schwingung und Kreisbewegung erst, wenn die Projektionsrichtung vorgeschrieben oder ein für allemal verabredet ist.

Mehrere Schwingungen der gleichen Frequenz werden durch ein Vektorbüschel (Abb. 5/3), das mit der Drehgeschwindigkeit ω umläuft, dargestellt. Die harmonisch veränderlichen Größen erhält man als Projektionen der umlaufenden Vektoren des Büschels auf eine Gerade g. Das Büschel müßte also in vielen Lagen gezeichnet werden. Diese Unbequemlichkeit kann man dadurch umgehen, daß man, anstatt das Büschel mit der Geschwindigkeit ω rotieren zu lassen, dieses festhält und die Bezugsgerade g, die *Zeitlinie*, sich im entgegengesetzten Sinn, also mit der Geschwindigkeit $-\omega$ drehen läßt. Die relative Lage von Büschel und Zeitlinie ist nach beiden Verfahren in jedem Augenblick die gleiche.

6. Geschwindigkeit, Beschleunigung. Neben der harmonisch veränderlichen Größe

$$y = a \sin \omega t \qquad (6.1\,\text{a})$$

betrachten wir nun ihre zeitlichen Ableitungen von der 1. und 2. Ordnung, $\dot{y}$ und $\ddot{y}$. Es ist

$$\dot{y} = \omega\, a \cos \omega t \qquad (6.1\,\text{b})$$

$$\ddot{y} = -\,\omega^2 a \sin \omega t; \qquad (6.1\,\text{c})$$

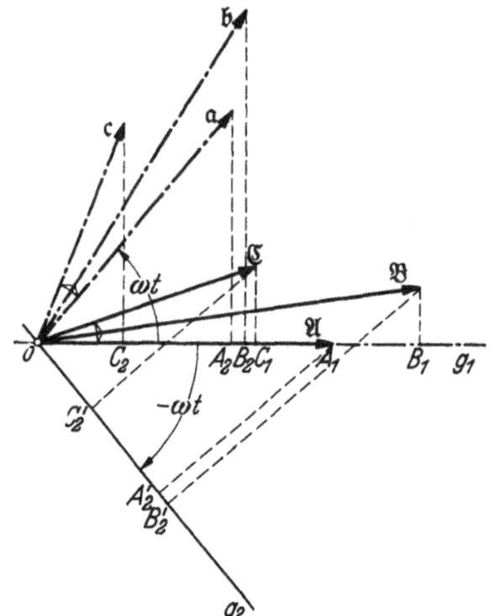
Abb. 5/3. Vektorbüschel und gegenläufige Zeitlinie g.

die Ableitungen sind wieder harmonisch. Den Verlauf geben die Kurven in Abb. 6/1 b an, wenn die Scheitelwerte a, ωa und $\omega^2 a$ jeweils durch dieselben Strecken dargestellt werden.

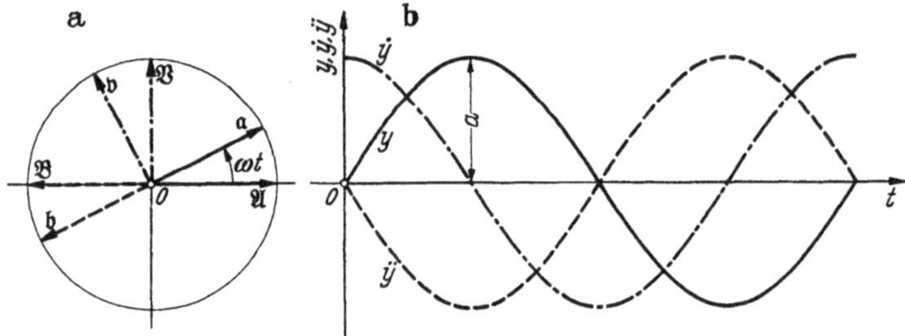
Abb. 6/1. Harmonische Schwingung und ihre Ableitungen.

Betrachten wir die erzeugende Kreisbewegung, so haben wir wegen $i = e^{i\pi/2}$ und $i^2 = -1 = e^{i\pi}$

$$y = \Im\mathfrak{m}(\mathfrak{a}) = \Im\mathfrak{m}(\mathfrak{A}\, e^{i\omega t}) \qquad (6.2\,\text{a})$$

$$\dot{y} = \Im\mathfrak{m}(\dot{\mathfrak{a}}) = \Im\mathfrak{m}(\mathfrak{A}\, i\, \omega\, e^{i\omega t}) = \Im\mathfrak{m}(\mathfrak{A}\, e^{i\pi/2}\, \omega\, e^{i\omega t}) = \Im\mathfrak{m}(\mathfrak{B}\, e^{i\omega t}), \qquad (6.2\,\text{b})$$

wenn

$$\mathfrak{B} = \mathfrak{A}\, \omega\, e^{i\pi/2}$$

ist,

$$\ddot{y} = \Im\mathfrak{m}(\ddot{\mathfrak{a}}) = \Im\mathfrak{m}(\mathfrak{A}\, i^2\, \omega^2\, e^{i\omega t}) = \Im\mathfrak{m}(\mathfrak{A}\, e^{i\pi}\, \omega^2\, e^{i\omega t}) = \Im\mathfrak{m}(\mathfrak{B}\, e^{i\omega t}), \qquad (6.2\,\text{c})$$

wenn

$$\mathfrak{B} = \mathfrak{A}\, \omega^2\, e^{i\pi}$$

ist. Die drei Vektoren, durch deren Projektion die drei Schwingungen y, $\dot{y}$ und $\ddot{y}$ erzeugt werden, haben die Augenblickswerte $\mathfrak{a}$, $\mathfrak{v}$, $\mathfrak{b}$, die komplexen

Amplituden $\mathfrak{A}$, $\mathfrak{B}$, $\mathfrak{B}$ mit den drei Phasenverschiebungswinkeln $0, \pi/2, \pi$ und die (reellen) Amplituden $a, a\omega, a\omega^2$ (Abb. 6/1a). Denken wir uns die drei Vektoren starr verbunden und mit der gemeinsamen Winkelgeschwindigkeit ω bewegt, dann verlaufen die Projektionen ihrer Endpunkte auf die Lotrechte so, wie die drei Kurven der Abb. 6/1b zeigen.

Als Ergebnis dieser Betrachtungen können wir den allgemeinen Satz aussprechen: Die Abgeleitete einer harmonischen Schwingung ist wieder eine harmonische Schwingung, sie eilt der ursprünglichen Schwingung um den Phasenwinkel $\pi/2$ voraus. Die zweite Ableitung eilt der ursprünglichen Schwingung um π voraus.

Die Tatsache des Voreilens der Geschwindigkeit vor dem Ausschlag kann man sich an einem einfachen Beispiel, dem Fadenpendel im Schwerefeld (Abb. 6/2), leicht klarmachen. Beim Durchgang durch die tiefste Lage z. B. von links nach rechts erreicht die Geschwindigkeit v ihren positiven Scheitelwert v_{max}, nach einer Viertelschwingung erreicht dann der Ausschlag ϑ seinen größten Wert $\vartheta = \vartheta_{max}$.

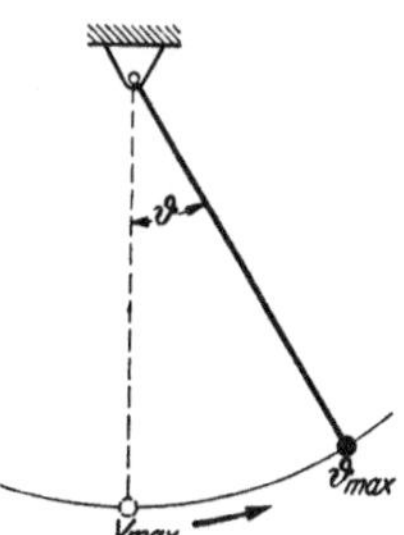

Abb. 6/2. Fadenpendel.

In der Abb. 6/1 haben die Vektoren der erzeugenden Kreisbewegung für Ausschlag, Geschwindigkeit und Beschleunigung gleiche Länge, die Kurven daher gleiche Scheitelwerte. Für die Aufzeichnung des Scheitelwertes a des Ausschlags y durch die Strecke s gilt der Maßstab

$$m_y = \frac{a}{s}. \tag{6.3a}$$

Im Geschwindigkeitsplan wird ωa durch s dargestellt; der Maßstab ist deshalb

$$m_v = \frac{\omega a}{s} = \omega\, m_y, \tag{6.3b}$$

der Beschleunigungsmaßstab

$$m_b = \frac{\omega^2 a}{s} = \omega^2\, m_y. \tag{6.3c}$$

Wird der erzeugende Vektor (oder die Amplitude der Kurve) im Maßstab m_y aufgezeichnet, so muß man, um für Geschwindigkeit und Beschleunigung Vektoren gleicher Länge und für die Kurven gleiche Amplituden zu erhalten, die Maßstäbe nach den Gln. (6.3) wählen.

Beispiel. Wie liegt der Nullvektor $\mathfrak{A}$ einer mit der Frequenz ω verlaufenden Schwingung, wenn zur Zeit $t=0$ der Ausschlag $q=q_0$, die Geschwindigkeit $\dot{q}=v_0$ ist?

Man muß unterscheiden, ob die Schwingung durch Projektion auf die x-Achse oder auf die y-Achse aus dem Diagrammvektor hervorgehen soll, ob also die reellen oder imaginären Teile der Diagrammvektoren die harmonisch veränderlichen Größen (Ausschlag, Geschwindigkeit usw.) beschreiben. Setzen wir zunächst den zweiten Fall voraus (Projektion auf die y-Achse), so stehen wir vor der Aufgabe, einen Vektor $\mathfrak{A}$ zu bestimmen, von dem wir seine eigene Projektion auf die y-Achse und die des um 90° nach vorn gedrehten Vektors $i\,\mathfrak{A}$ kennen; die erste ist q_0, die zweite v_0/ω. Wir müssen also zwischen die im Abstand q_0 und v_0/ω zur x-Achse gezogenen Parallelen zwei aufeinander senkrecht stehende Vektoren gleicher Länge so einpassen, daß die Spitze des einen auf der ersten Parallelen, die des anderen auf der zweiten Parallelen liegt. Es ist $\mathfrak{Im}\,\mathfrak{A} = q_0$ und wegen der Ähnlichkeit der schraffierten Dreiecke (Abb. 6/3a) $\mathfrak{Re}\,\mathfrak{A} = v_0/\omega$, so daß

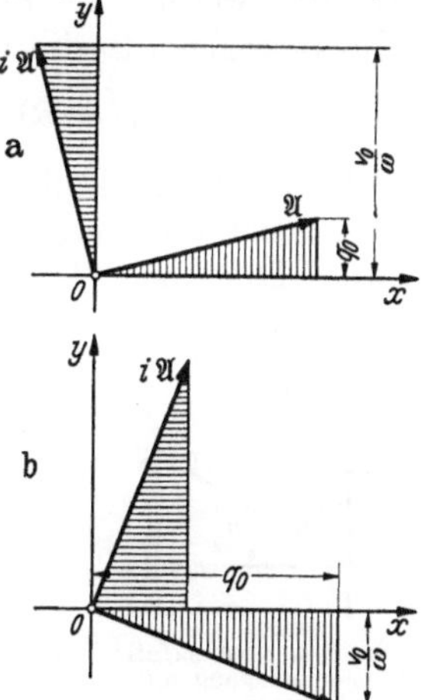

Abb. 6/3. Nullvektor aus Anfangsausschlag und Anfangsgeschwindigkeit.

$$\mathfrak{A} = \frac{v_0}{\omega} + i\,q_0$$

wird. Würden wir die Schwingung durch die Realteile der Vektoren beschreiben, so ergäbe sich (Abb. 6/3 b)

$$\mathfrak{A} = q_0 - i\,\frac{v_0}{\omega},$$

denn es ist dann

$$\mathfrak{Re}\,\mathfrak{A} = q_0, \qquad \mathfrak{Re}(i\,\mathfrak{A}\,\omega) = v_0.$$

7. Zusammensetzung von harmonischen Schwingungen gleicher und verschiedener Frequenz.

Ein Punktkörper kann (etwa unter dem Einfluß mehrerer bewegender Ursachen) zu gleicher Zeit mehrere Schwingungen ausführen, die sich einfach überlagern. Das entstehende Bewegungsschaubild kann dann

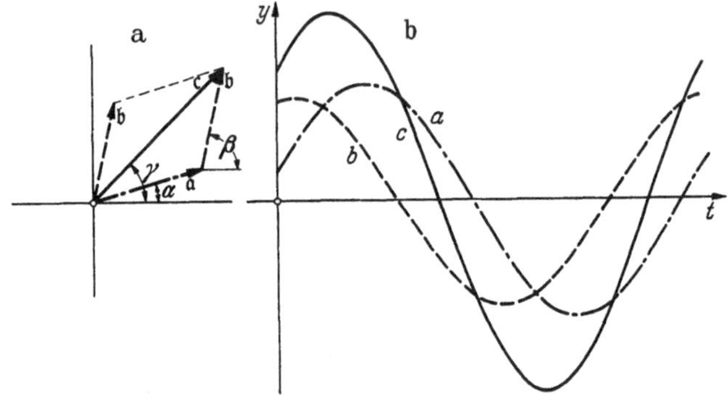

Abb. 7/1. Zusammensetzung von harmonischen Schwingungen gleicher Frequenz.

gedeutet werden als Projektion der Summe der Diagrammvektoren der Teilschwingungen (da die Operationen $\mathfrak{Re}$ und $\mathfrak{Im}$ distributiv sind),

$$a \sin(\omega_1 t + \alpha) + b \sin(\omega_2 t + \beta) = \mathfrak{Im}\,\mathfrak{a} + \mathfrak{Im}\,\mathfrak{b} = \mathfrak{Im}(\mathfrak{a} + \mathfrak{b}). \qquad (7.1)$$

Erfolgen die Teilschwingungen mit derselben Frequenz $\omega = \omega_1 = \omega_2$, so drehen sich die Diagrammvektoren gleich schnell; sie behalten also ihre gegenseitige Lage bei. Die resultierende Schwingung ist wieder eine harmonische Schwingung und entsteht durch Projektion des Summenvektors $\mathfrak{c} = \mathfrak{a} + \mathfrak{b}$ (Abb. 7/1). Aus dieser anschaulichen Tatsache folgen die Gleichungen (Projektion auf die Lotrechte)

$$a \sin(\omega t + \alpha) + b \sin(\omega t + \beta) = c \sin(\omega t + \gamma),$$

wobei

$$c^2 = a^2 + b^2 + 2\,a\,b\,\cos(\beta - \alpha)$$

und

$$\mathrm{tg}\,\gamma = \frac{a \sin\alpha + b \sin\beta}{a \cos\alpha + b \cos\beta}. \tag{7.2}$$

Abb. 7/2. Sonderfall: Sinusschwingung und Kosinusschwingung.

(Diese Gleichungen könnten statt durch Zuhilfenahme der Figur auch durch trigonometrische Umformungen gewonnen werden.) Für einen häufigen Sonderfall, die Zusammensetzung einer Sinus- und einer Kosinusschwingung (Abb. 7/2), schreiben wir das Ergebnis noch besonders an. Es ist

$$a \cos\omega t + b \sin\omega t = c \sin(\omega t + \gamma)$$

mit

$$c^2 = a^2 + b^2 \quad \text{und} \quad \mathrm{tg}\,\gamma = \frac{a}{b}. \tag{7.3}$$

Diese Gleichungen gehen aus (7.2) hervor, wenn man dort $\alpha = \pi/2$ und $\beta = 0$ setzt. Manchmal ist die Projektionsrichtung so vorgeschrieben, daß man $a \cos \omega t + b \sin \omega t$ zu einer *Kosinus*-Funktion zusammenfassen will. Es ist dann zweckmäßig zu schreiben (mit negativem Phasenverschiebungswinkel)

Hier gilt

$$a \cos \omega t + b \sin \omega t = c \cos (\omega t - \varepsilon).$$

$$c^2 = a^2 + b^2 \quad \text{und} \quad \operatorname{tg} \varepsilon = \frac{b}{a} \tag{7.4}$$

Aus (7.2) erhält man diese Gleichungen, wenn man dort $\alpha = \pi/2$, $\beta = 0$ und $\gamma = \pi/2 - \varepsilon$ setzt.

Aufgabe. Zeige für den Sonderfall der Zusammensetzung einer Sinus- und einer Kosinusschwingung, wie die Amplitude und der Phasenverschiebungswinkel der resultierenden Schwingung [Gln. (7.3)] sich durch trigonometrische Umformungen gewinnen lassen.

Es soll

$$a \cos \omega t + b \sin \omega t = c \sin (\omega t + \gamma)$$

werden. Durch Entwickeln der rechten Seite nach dem Additionstheorem der Funktion Sinus erhält man

$$a \cos \omega t + b \sin \omega t = c \sin \gamma \cos \omega t + c \cos \gamma \sin \omega t,$$

woraus man schließt, daß $a = c \sin \gamma$ und $b = c \cos \gamma$ sein muß. Durch Quadrieren und Addieren folgt $c^2 = a^2 + b^2$, durch Dividieren $\operatorname{tg} \gamma = a/b$ wie in den Gln. (7.3).

Verlaufen die Teilschwingungen mit verschiedenen Frequenzen, so drehen sich die Vektoren $\mathfrak{a}$ und $\mathfrak{b}$ verschieden rasch, ihre relative Lage bleibt nicht mehr

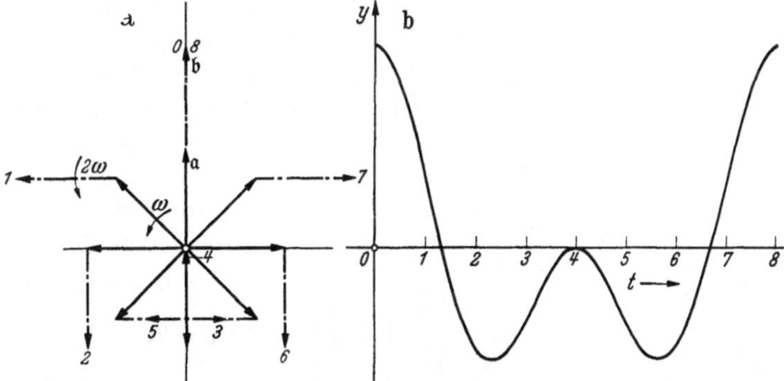

Abb. 7/3. Beispiel einer Zusammensetzung zweier harmonischer Schwingungen verschiedener Frequenz; $\omega_2 = 2\,\omega_1$, $|\mathfrak{a}| = |\mathfrak{b}|$.

die gleiche, und der Summenvektor ändert seinen Betrag; seine Projektion kann dann nicht mehr eine harmonische Schwingung ergeben. In Abb. 7/3 ist ein Beispiel gezeichnet, bei dem $\omega_2 = 2\,\omega_1$ und $|\mathfrak{a}| = |\mathfrak{b}|$ ist.

Solange das Verhältnis ω_1/ω_2 durch das Verhältnis zweier ganzer Zahlen n/m ausgedrückt werden kann, also rational ist, bleibt die Bewegung periodisch; denn aus $n/m = \omega_1/\omega_2 = T_2/T_1$ folgt $n\,T_1 = m\,T_2 = T$.

T ist die neue Periode. n und m geben an, wieviele Perioden der ersten und der zweiten Teilschwingung in einer Periode der resultierenden Schwingung enthalten sind. Für ein nichtrationales Frequenzverhältnis ist die resultierende Bewegung nicht mehr periodisch, eine Phase wiederholt sich nicht ganz genau. Da aber jede irrationale Zahl beliebig genau durch rationale angenähert werden kann (wobei Zähler und Nenner große Zahlen werden), erscheint auch eine Phase um so genauer wieder, je länger man wartet.

Unter der Bezeichnung *Schwebung* ist eine Erscheinung bekannt, die einer kurzen eigenen Betrachtung wert ist. Sie stellt einen Sonderfall der Zusammensetzung zweier harmonischer Schwingungen mit nicht gleichen Frequenzen dar und tritt auf, wenn die Frequenzen der beiden Teilschwingungen nur wenig voneinander verschieden sind; sie wird um so ausgeprägter, je geringer auch der Unterschied der Amplituden der Teilschwingungen ist.

Wir untersuchen den Vorgang nicht rechnerisch, sondern betrachten die Vektorbilder, die uns genügende Auskunft geben, und zwar wählen wir ein Beispiel; es sei

$$|\mathfrak{A}| : |\mathfrak{B}| = 4 : 4{,}5 \quad \text{und} \quad \omega_1 : \omega_2 = 9 : 10.$$

Die resultierende Bewegung entsteht durch Projektion des Summenvektors $\mathfrak{C} = \mathfrak{A} + \mathfrak{B}$. Sie ist periodisch mit der Periode $T = 9\,T_1 = 10\,T_2$. Der Summen-

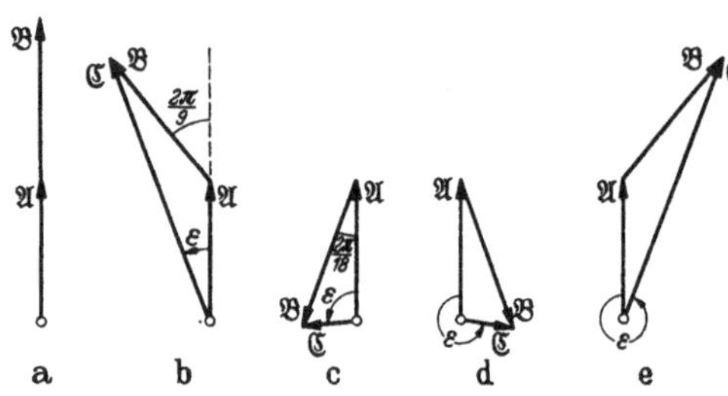

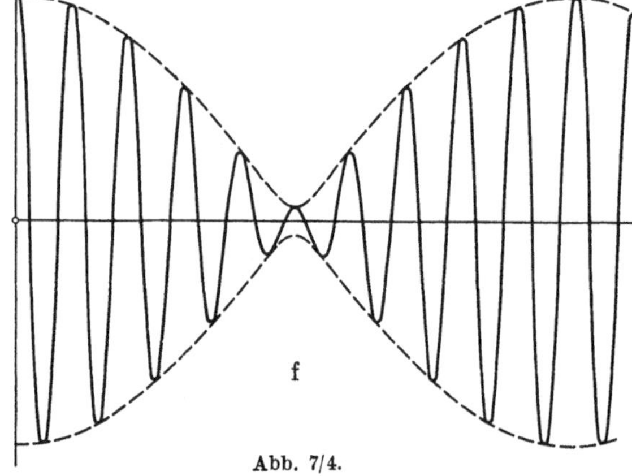

Abb. 7/4.
Zusammensetzung zweier Schwingungen nahezu gleicher Frequenzen und Amplituden; Entstehung einer Schwebung.

vektor $\mathfrak{C}$ läuft mit einer Winkelgeschwindigkeit um, die nicht völlig konstant, aber nahezu gleich ω_1 oder ω_2 ist. Seine Länge ändert sich während der ersten Umläufe nur wenig, schließlich stärker. Die Winkeldifferenz ε zwischen $\mathfrak{A}$ und $\mathfrak{C}$ wächst während einer Schwebungsperiode um den Betrag $2\,\pi$. Solange $|\mathfrak{C}|$ groß ist (in der Nähe des *Schwebungsmaximums*), ändert sich ε nur langsam, im Bereich kleiner Werte $|\mathfrak{C}|$ (in der Nähe des *Schwebungsminimums*) aber rasch. In Abb. 7/4 sind Augenblicksbilder der Vektoren $\mathfrak{A}$, $\mathfrak{B}$ und $\mathfrak{C}$ gezeichnet zu den Zeiten

a) $t = 0$ oder $t = 9\,T_1 = 10\,T_2$,

b) $t = T_1 = T_2 + \dfrac{1}{9}\,T_2$,

c) $t = 4\,T_1 = 4\,T_2 + \dfrac{4}{9}\,T_2$,

d) $t = 5\,T_1 = 5\,T_2 + \dfrac{5}{9}\,T_2$,

e) $t = 8\,T_1 = 8\,T_2 + \dfrac{8}{9}\,T_2$.

Aus ihnen liest man die geschilderten Eigenschaften leicht ab.

Die Bewegung ist keine harmonische Schwingung, da weder ω noch $|\mathfrak{C}|$ konstant sind. Man kann sie allerdings angenähert auffassen als eine harmonische Schwingung mit periodisch veränderlicher Amplitude. Es gibt zwar eine Schwebungsperiode, nämlich T, aber streng genommen keine Schwebungsfrequenz, obgleich diese Bezeichnung für den Quotienten $2\,\pi/T$ gelegentlich verwendet wird.

Wenn $|\mathfrak{A}| = |\mathfrak{B}|$ ist („einfache Schwebung"), geht $|\mathfrak{C}|$ bei $t = T/2$ durch Null („Schwebungsknoten"); der Winkel ε springt dort um den Betrag π. In

Abb. 7/5 ist ein Beispiel einer solchen einfachen Schwebung angegeben. Beispiele für Schwinger, die Schwebungen ausführen können, finden wir unter den Systemen von zwei Freiheitsgraden. Wir behandeln sie im zweiten Band.

8. Beispiele: Die Drehmomente von Kolbenmaschinen. Als Beispiel für die Zerlegung periodischer Vorgänge in harmonische Bestandteile (Fourier-Analyse) und auch für die Zusammensetzung von Schwingungen betrachten wir einen besonderen, technisch wichtigen periodischen Vorgang, den Verlauf der Drehmomente in Kolbenmaschinen, und zwar zunächst bei Reihenmaschinen. Die Aufgabe erscheint auf den ersten Blick sehr verwickelt. Da es sich dabei jedoch um die periodische Veränderung einer einzigen physikalischen Größe, der Drehmomente (oder der ihnen proportionalen

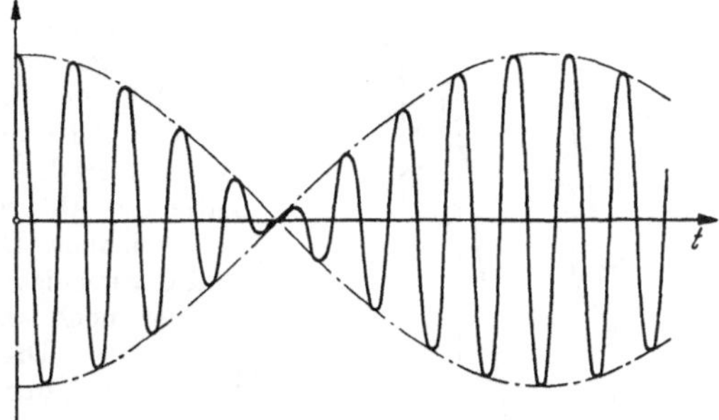

Abb. 7/5. Ausschlagbild einer Schwebung, deren Teilschwingungen gleiche Amplituden haben.

Kräfte) handelt, so ist die Aufgabe rein „kinematischer" Natur, so daß die bisher entwickelten Hilfsmittel zu ihrer Behandlung ausreichen.

Das Drehmoment M, das von einem jeden Zylinder ausgeübt wird, ist proportional den auf den Kurbelzapfen wirkenden Drehkräften P, denn es ist $M = Pr$. Die Drehkräfte rühren her erstens von den (durch Explosion und Kompression) auf den Kolben ausgeübten Gaskräften, zweitens von den Trägheitskräften (Massenbeschleunigungen) der hin- und hergehenden Triebwerksteile. Während die ersten nur vom Verlauf des Druckes im Zylinder abhängen, der durch das Kolbenweg-Druck-Diagramm (Indikatordiagramm) angezeigt wird und in den meisten Fällen von der Geschwindigkeit der Maschine völlig unabhängig ist, sind die Massenbeschleunigungen dem Quadrat der Geschwindigkeiten proportional. Es ist daher zweckmäßig, die von den Gaskräften und von den Trägheitskräften herrührenden Drehkräfte getrennt zu untersuchen. Wir beginnen mit den Gaskräften.

α) Als erste Maschinengattung wählen wir eine *einfachwirkende Zweitakt-Dieselmaschine*. Zunächst beschränken wir uns auf die Betrachtung eines einzigen Zylinders.

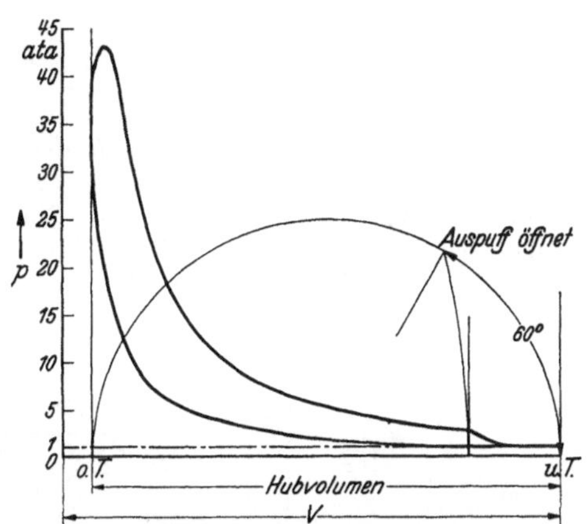

Abb. 8/1. Indikatordiagramm einer Dieselmaschine.

Für den Verlauf des (absoluten) Gasdruckes p im Zylinder einer solchen Maschine (Indikatordiagramm) gibt Abb. 8/1 ein Beispiel. Der mittlere indizierte Druck ist hier $p = 6\ \text{kg/cm}^2$, der Höchstdruck bei der Verbrennung 43 at, die Verdichtung geschieht auf 30 at, das Verdichtungsverhältnis ist $\varepsilon = 15{,}34$. o. T. bezeichnet den oberen (äußeren) Totpunkt, u. T. den unteren (inneren) Totpunkt des Kurbeltriebes. Die auf den Kolben wirkende Kraft $\overline{K}$, deren Betrag $K = (p-1)F$ ist ($F = $ Kolbenfläche), wird in die Stangenkraft $\overline{S}$ und die Gleitbahnkraft $\overline{G}$ zerlegt, die Stangenkraft wieder in die tangentiell an den Kurbelkreis wirkende Drehkraft $\overline{P}$ und die das Lager beanspruchende, radial gerichtete Kraft $\overline{L}$ (Abb. 8/2). Bezeichnet $\lambda = r/l$ das Verhältnis des Kurbelradius r zur Länge l der Treibstange, so findet man in Abhängigkeit vom Kurbelwinkel α (der vom o. T. aus gezählt wird)

$$\frac{P}{K} = \sin\alpha\left[1 + \frac{\lambda\cos\alpha}{\sqrt{1 - \lambda^2\sin^2\alpha}}\right] \equiv f(\alpha, \lambda). \tag{8.1}$$

Die von den Gasdrücken p auf diese Weise erzeugte Drehkraft ist $P = (p - 1)\,F \cdot f\,(\alpha,\,\lambda)$. In Abb. 8/3a ist P/F über dem Kurbelwinkel α aufgetragen („Drehkraftlinie"). In diesem Beispiel ist $\lambda = 1/4$.

    Die Drehkraft ist eine periodische Funktion. Periode ist der volle Drehwinkel $\alpha = 2\,\pi$ oder (bei gleichförmiger Drehung, mit der Zeit als unabhängiger Veränderlichen) die Dauer einer Umdrehnug der Maschinenwelle $T = 2\pi/\omega_0$, wenn ω_0 die Drehgeschwindigkeit der Welle bezeichnet. Die Funktion läßt sich daher in harmonische Bestandteile zerlegen. In Abb. 8/3b und c sind die Ergebnisse einer nach dem Schemaverfahren von L. ZIPPERER (s. Ziff. 10 β) aus 24 Ordinaten der Abb. 8/3a durchgeführten harmonischen Analyse eingezeichnet. Der Maßstab ist für die beiden Diagramme b und c verschieden gewählt (1:5), um auch die schwachen Glieder noch anschaulich zur Geltung zu bringen. Die Drehkraftlinie P setzt sich zusammen aus der konstanten „mittleren Drehkraft" P_0 und aus Sinuslinien, deren Amplituden die Größe P_1, P_2, P_3 usw. haben. Diese Sinuslinien kann man sich entstanden denken

Abb. 8/2. Zerlegung der Kolbenkraft K.

Abb. 8/3a. Drehkraft P.

durch Projektionen *auf die Lotrechte* der mit den Winkelgeschwindigkeiten

$$\Omega_j = j\,\omega_0 \tag{8.2}$$

rotierenden Vektoren $\mathfrak{P}_j$, die neben den Sinuslinien in der Nullstellung (wenn sich die Kurbel im oberen Totpunkt befindet), d. i. als komplexe Amplituden, angezeichnet und in Abb. 8/3d und e noch einmal vergrößert wiedergegeben sind. Auf jeden Kurbelzapfen werden also

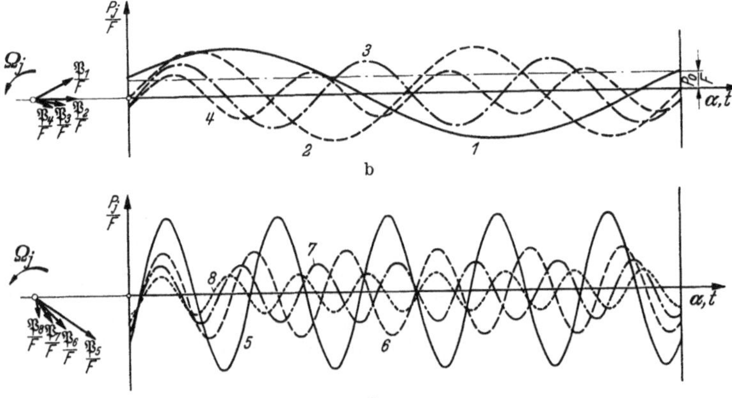

Abb. 8/3b u. c. Harmonische Bestandteile der Drehkraft, („Erregende").

periodisch schwankende, harmonische Drehkräfte P_j, auf die Welle die Drehmomente $M_j = P_j r$ ausgeübt, deren Kreisfrequenzen Ω_j der Reihe nach ω_0, $2\,\omega_0$, $3\,\omega_0 \ldots j\,\omega_0 \ldots$ betragen, also ganze Vielfache der Drehgeschwindigkeit ω_0 der Maschine sind. Da diese harmonischen Drehkräfte imstande sind, in einer elastischen Welle Drillungsschwingungen zu erregen, bezeichnet man sie auch als *Erregende erster, zweiter,* usw. *Ordnung.* Die Ordnung j

gibt das Verhältnis Ω_j/ω_0 an. In allen Teilen der Abb. 8/3 sind nicht die Kräfte P selbst, sondern die Quotienten P/F angegeben ($F =$ Kolbenfläche).

Wenn in der Maschine nicht nur *ein* Zylinder vorhanden ist, sondern eine Anzahl von Zylindern in Reihe liegen, so setzen sich die von den einzelnen Zylindern herrührenden Drehmomente (gemessen durch die Drehkräfte) in bestimmter Weise zusammen. Wir betrachten die Kurbelwelle selbst als starr und untersuchen das „resultierende", von der Maschine am Flansch abgegebene Drehmoment (zunächst soweit es von den Gaskräften herrührt).

Nehmen wir als Beispiel eine *Sechs-zylinder*-Maschine. Aus Gründen des Massenausgleichs versetzt man die Kurbeln an der Welle um jeweils 60° und läßt in der Reihenfolge 1 5 3 4 2 6 immer dann zünden, wenn die betreffende Kurbel im

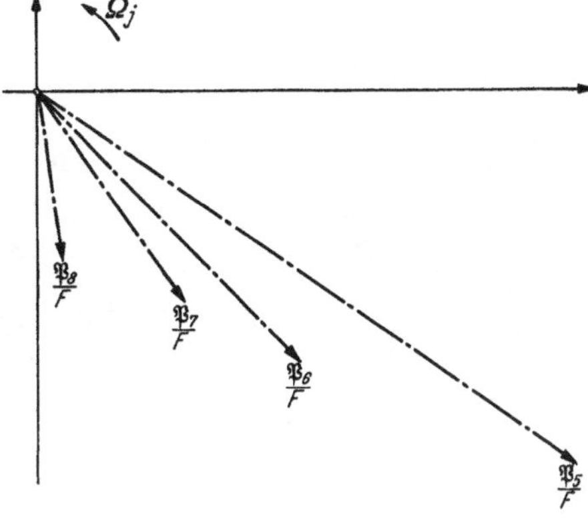

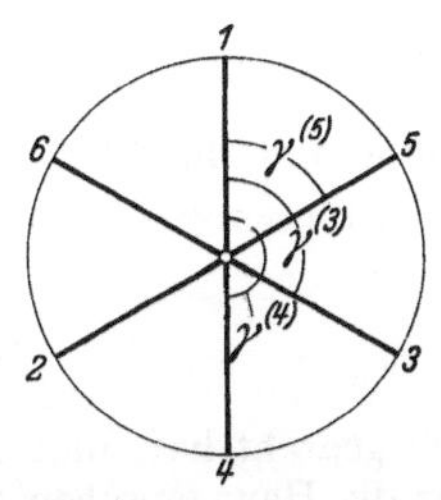

Abb. 8/3 d u. e. Komplexe Amplituden der Erregenden bis zur 8. Ordnung; für Abb. 8/3d gilt der Maßstab $m = 1{,}25\ \mathrm{kgcm}^{-2}/1\ \mathrm{cm}$, für Abb. 8/3e gilt $m = 0{,}25\ \mathrm{kgcm}^{-2}/1\ \mathrm{cm}$.

oberen Totpunkt steht. Kurbelversetzungswinkel und Zündfolge pflegt man durch ein schematisches Bild nach Abb. 8/4, einen sog. *Kurbelstern*, anzugeben. Der Kurbelstern zeigt die Stirnansicht der Kurbelwelle in schematischer Weise.

Nun betrachten wir die einzelnen Harmonischen der Drehkräfte. Die konstante Kraft P_0 versechsfacht sich, sie ist aber keine „Erregende". Die Harmonische 1. Ordnung eines

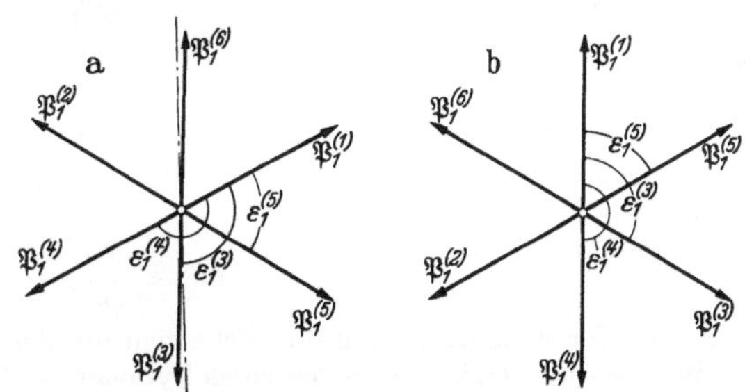

Abb. 8/4. Kurbelstern einer Sechszylinder-Zweitaktmaschine.

Abb. 8/5. Komplexe Amplituden (Nullvektoren) der Erregerkräfte 1. Ordnung.

jeden Zylinders hat einen erzeugenden Vektor $\mathfrak{P}_1$, der jeweils zur Kurbel so liegt wie $\mathfrak{P}_1$ in Abb. 8/3b zur Lotrechten nach oben. Da die 6 Kurbeln um jeweils 60° versetzt sind, so sind es auch die mit der Geschwindigkeit $\Omega_1 = \omega_0$ der Welle umlaufenden Diagrammvektoren. Die Phasenverschiebungswinkel $\varepsilon_1^{(\varkappa)}$ sind gleich den (gegen den ersten Zylinder gemessenen) Kurbelversetzungswinkeln $\gamma^{(\varkappa)}$. Wir erhalten als Summe aller an der (zwischen den Zylindern starr gedachten) Welle angreifenden harmonischen Drehkräfte 1. Ordnung die Abb. 8/5a. Die oberen, eingeklammerten Zeiger bezeichnen die Zylinder. Die Vektoren $\mathfrak{P}_1^{(\varkappa)}$ der 6 Zylinder setzen sich insgesamt zur Summe Null zusammen, so daß auch die 6 zugehörigen Sinuslinien *zu jeder Zeit* den Wert Null ergeben. Mit anderen Worten: Die 6 Erregenden 1. Ordnung, die von den 6 Zylindern herrühren, haben, wenn die Drehkraftlinien wirklich übereinstimmen und die Welle zwischen den Zylindern starr ist, nach außen keinerlei Wirkung; sie heben sich *innerhalb* der Maschine auf. In der Regel ist die Lage der Nullvektoren relativ zur Kurbel, also die Phasenlage der einzelnen Harmonischen im Diagramm, gleichgültig, so daß man verabredet, die Nullvektoren der Drehkraftharmonischen (aller Ordnungen) des ersten Zylinders lotrecht nach oben anzuzeichnen. Man pflegt also an Stelle von Abb. 8/5a ein Bild nach Abb. 8/5b anzugeben.

Etwas mehr Überlegung erfordert die Zusammensetzung der Harmonischen höherer Ordnung. Wir fassen irgendeine Ordnung j ins Auge. Jeder Zylinder liefert eine harmonische Drehkraft dieser Ordnung, deren Nullvektor $\mathfrak{P}_j^{(\varkappa)}$ aus Abb. 8/3b oder c hervorgeht, und der

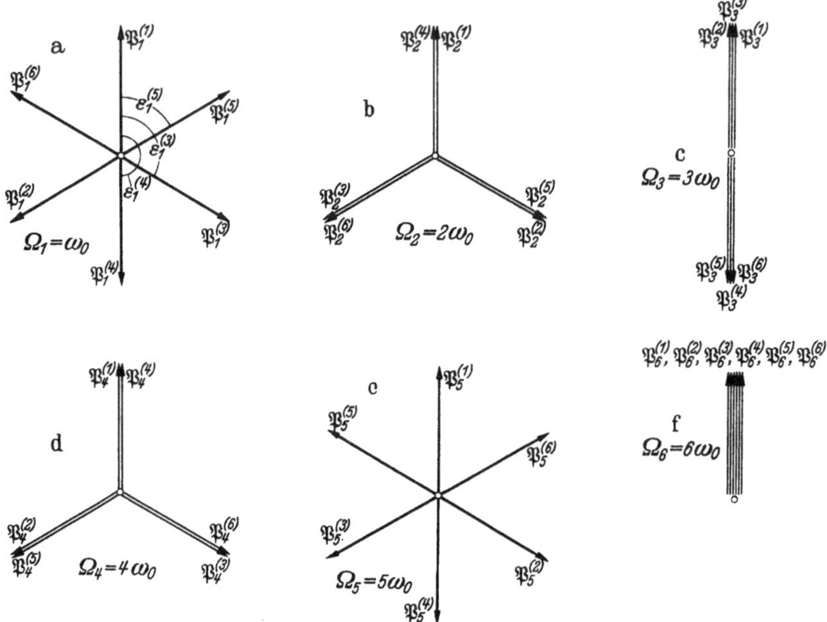

Abb. 8/6. Erregerkräfte der Ordnung 1 bis 6.

sich mit der Winkelgeschwindigkeit $\Omega_j = j\,\omega_0$ dreht. Welches sind nun die Phasenverschiebungswinkel $\varepsilon_j^{(\varkappa)}$ der Vektoren $\mathfrak{P}_j^{(\varkappa)}$ für die einzelnen Zylinder? Die Phasenverschiebungs*zeiten* sind bekannt; sie betragen

$$t^{(\varkappa)} = \frac{\gamma^{(\varkappa)}}{\omega_0},\qquad (8.3)$$

da der Zylinder $\varkappa$ zündet, wenn die Welle sich um den Winkel $\gamma^{(\varkappa)}$ gedreht hat, und zwar sind die Phasenverschiebungs*zeiten* eines Zylinders $\varkappa$ dieselben für die Harmonischen aller Ordnungen, die der j-ten ist ebenso groß wie die der ersten. Phasenverschiebungswinkel ε und Phasenverschiebungszeit t stehen, wie wir wissen, in der durch Gl. (4.4) angegebenen Beziehung, die mit den hier benutzten Bezeichnungen $\varepsilon_j^{(\varkappa)} = \Omega_j\,t^{(\varkappa)}$ lautet. Mit Benutzung der Gln. (8.3) und (8.2) wird daraus

$$\varepsilon_j^{(\varkappa)} = \frac{\Omega_j}{\omega_0}\,\gamma^{(\varkappa)} = j\,\gamma^{(\varkappa)}.\qquad (8.4)$$

Der Phasenverschiebungswinkel des zum Zylinder $\varkappa$ gehörigen Vektors $\mathfrak{P}_j^{(\varkappa)}$ der Ordnung j ist der j-fache Kurbelversetzungswinkel jenes Zylinders.

Für die Nullvektoren der 2. Ordnung erhalten wir daher, wenn wie oben vereinbart $\mathfrak{P}_2^{(1)}$ lotrecht aufgetragen wird, die Abb. 8/6b. Es fallen jeweils zwei Vektoren in die gleiche Richtung; insgesamt heben sie sich wieder auf, so daß auch die Harmonischen 2. Ordnung nach außen keine Wirkung zeigen. Für die Nullvektoren der 3. Ordnung erhält man die Abb. 8/6c. Auch hier finden wir keine Wirkung nach außen. Das Zustandekommen der Abb. 8/6d und e für die Harmonischen 4. und 5. Ordnung ist nach dem Gesagten verständlich;

auch hier heben sich die von den einzelnen Zylindern herrührenden Kräfte innerhalb der Maschine auf. Die Harmonischen 6. Ordnung heben sich dagegen nicht mehr auf, sondern verstärken sich gegenseitig, so daß wir als Resultierende eine Harmonische von der 6fachen Amplitude erhalten (Abb. 8/6f). Untersucht man die Harmonischen höherer Ordnung auf dieselbe Weise, so findet man, daß sich erst die der 12. Ordnung wieder bemerkbar machen, und zwar erhalten wir auch dort als Amplitude der Resultierenden den 6fachen Betrag, den die Amplitude der Harmonischen eines einzelnen Zylinders aufweist. In einer Sechszylinder-Maschine, die einen regelmäßigen Kurbelstern nach Abb. 8/4 hat, tilgen sich alle Erregenden des Drehkraftdiagramms eines einzelnen Zylinders mit Ausnahme jener, deren Ordnung ein ganzzahliges Vielfaches der Zylinderzahl ist, also der 6., 12., 18. ... Ordnung. Diese erscheinen mit dem 6fachen Betrag.

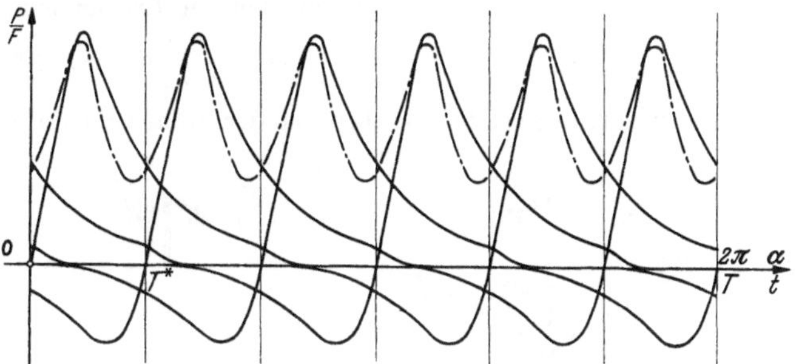
Abb. 8/7. Resultierendes Drehkraftdiagramm.

Das Auslöschen und Verstärken der Harmonischen kann man sich noch auf andere Weise klar machen: Man geht nicht vom Drehkraftdiagramm eines einzelnen Zylinders aus, sondern von einem durch Zusammenfügen von 6 solcher Diagramme entstehenden „resultierenden" Drehkraftdiagramm der ganzen Maschine, wie es Abb. 8/7 zeigt; hier sieht man, daß die Grundperiode der neuen periodischen Funktion $T^* = T/6$ ist, daß daher die Frequenz Ω_1^* der ersten Harmonischen der resultierenden Drehkraft $\Omega_1^* = 6\,\Omega_1 = 6\,\omega_0$ beträgt, woraus dann $\Omega_2^* = 6\,\Omega_2 = 12\,\omega_0$, $\Omega_3^* = 6\,\Omega_3 = 18\,\omega_0$ usw. folgt.

Die Übertragung der an der Sechszylinder-Maschine angestellten Überlegungen auf Reihenmaschinen mit anderen Zylinderzahlen bereitet keine Schwierigkeiten. Sind y Zylinder vorhanden, ist der „Kurbelstern" regelmäßig y-strahlig und stimmen die Drehkraftdiagramme aller Zylinder genau überein, so bleiben nur die Harmonischen der Ordnung y, $2\,y$, $3\,y$ usw. aus dem Drehkraftdiagramm eines einzelnen Zylinders übrig, diese jedoch mit dem y-fachen Betrag.

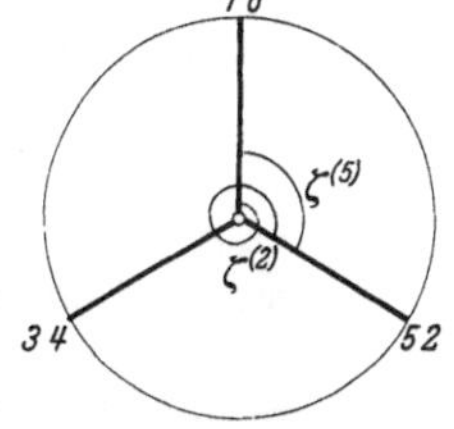
Abb. 8/8. Kurbelstern einer Sechszylinder-Viertaktmaschine.

β) Etwas verwickelter als bei der Zweitaktmaschine liegen die Verhältnisse bei der Viertaktmaschine. Bei dieser erfolgt je eine Zündung in jedem Zylinder innerhalb *zweier* Umdrehungen der Welle. Die Grundperiode des Drehkraftdiagramms (das allerdings eine von Abb. 8/3a abweichende Form hat) beträgt hier, wenn ω_0 wieder die Drehgeschwindigkeit der Kurbelwelle bedeutet, $T = 2 \cdot 2\,\pi/\omega_0 = \dfrac{2\,\pi}{\omega_0/2}$.

Der Diagrammvektor der ersten Harmonischen des Drehkraftdiagramms eines einzelnen Zylinders läuft daher mit der Geschwindigkeit $\Omega_1 = \omega_0/2$ um, der der zweiten mit $\Omega_2 = 2\,\omega_0/2$, der der ν-ten mit $\Omega_\nu = \nu\,\omega_0/2$. Bezieht man die Drehgeschwindigkeit Ω_ν der Diagrammvektoren auf die Drehgeschwindigkeit ω_0 der Kurbelwelle, so erhält man $\Omega_\nu = \nu/2 \cdot \omega_0$. Es ist deshalb im Maschinenbau üblich, bei den Viertaktmaschinen von den Erregenden der Ordnung $j = 1/2, 1, 3/2, 2, 5/2$ usw., allgemein $j = \nu/2$ zu sprechen, da man als Ordnungszahl wie bei der Zweitaktmaschine das Verhältnis Ω/ω_0 beibehalten will.

Zur Untersuchung der Phasenverschiebungswinkel, die die Erregenden einer Ordnung j aufweisen, führt man jetzt an Stelle des Kurbelversetzungswinkels $\gamma^{(\varkappa)}$ besser den *Zündwinkel* $\zeta^{(\varkappa)}$ ein (das ist jener Winkel, um den sich die Kurbelwelle von der Zündung im Zylinder 1 an drehen muß, bis der Zylinder $\varkappa$ zündet). Für Zweitaktmotoren ist der Zündwinkel $\zeta^{(\varkappa)}$ gleich dem Kurbelversetzungswinkel $\gamma^{(\varkappa)}$ (des Zylinders $\varkappa$ gegen den Zylinder 1), für Viertaktmotoren ist der Zündwinkel einzelner Zylinder um 360° größer als der Kurbelversetzungswinkel. Gibt z. B. Abb. 8/8 den Kurbelstern einer Sechszylinder-Viertaktmaschine an, deren Zündfolge 1 5 3 6 2 4 ist, so sind die Kurbelversetzungswinkel

$$\gamma^{(1)} = \gamma^{(6)} = 0, \qquad \gamma^{(2)} = \gamma^{(5)} = 120°, \qquad \gamma^{(3)} = \gamma^{(4)} = 240°,$$

die Zündwinkel dagegen

$$\zeta^{(1)} = 0, \quad \zeta^{(5)} = 120°, \quad \zeta^{(3)} = 240°, \quad \zeta^{(6)} = 360°, \quad \zeta^{(2)} = 480°, \quad \zeta^{(4)} = 600°,$$

da nach jeweils 120° ein weiterer Zylinder zündet. Die Phasenverschiebungszeit (zwischen dem Zünden des Zylinders 1 und des Zylinders $\varkappa$) ist für die Erregenden aller Ordnungen

$$t^{(\varkappa)} = \frac{\zeta^{(\varkappa)}}{\omega_0},$$

daher sind die Phasenverschiebungswinkel der Erregenden

$$\varepsilon_j^{(\varkappa)} = \Omega_j\, t^{(\varkappa)} = \frac{\Omega_j}{\omega_0}\, \zeta^{(\varkappa)} = j\, \zeta^{(\varkappa)}. \tag{8.5}$$

Für $j = 0{,}5; 1; 1{,}5; 2; 2{,}5; 3$ ergeben sich der Reihe nach die Vektorbilder a bis f der Abb. 8/9.

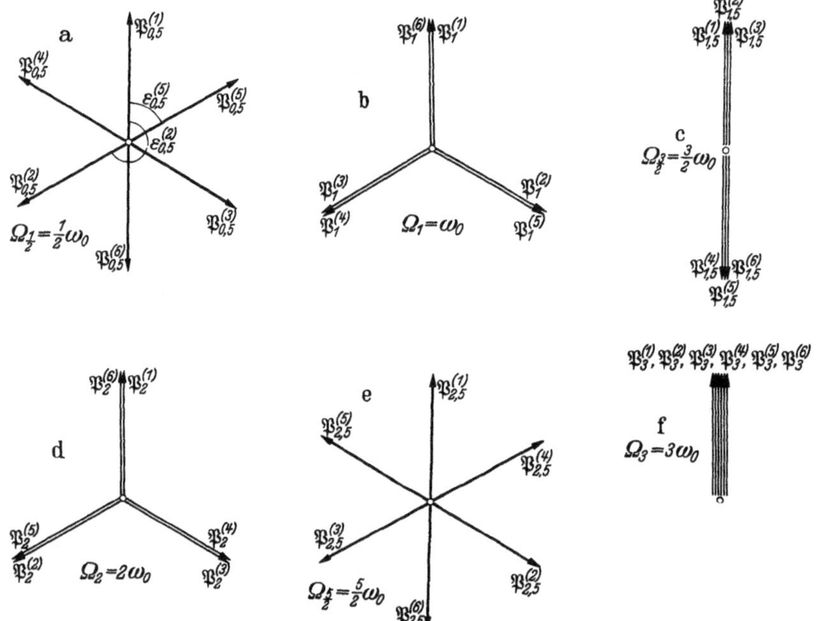

Abb. 8/9. Erregende der Ordnung 0,5 bis 3.

Die für Zweitakter geltende Gl. (8.4) ist mit $\gamma^{(\varkappa)} = \zeta^{(\varkappa)}$ in der allgemeineren, für Zwei- und Viertakter geltenden Gl. (8.5) enthalten.

γ) Wir wenden uns nun den Massenkräften zu. Die Kinematik des Kurbeltriebes liefert die folgenden Gleichungen, wenn α den Kurbelwinkel und s den Kolbenweg bedeutet,

$$s = r\,(1 - \cos\alpha) + \frac{r}{\lambda}\,(1 - \sqrt{1 - \lambda^2 \sin^2\alpha}) \tag{8.6a}$$

$$\frac{ds}{dt} = r\,\omega \left(\sin\alpha + \frac{\lambda \sin\alpha \cos\alpha}{\sqrt{1 - \lambda^2 \sin^2\alpha}}\right) \tag{8.6b}$$

$$\frac{d^2 s}{dt^2} = r\,\omega^2 \cos\alpha \left[1 + \frac{\lambda \cos\alpha}{\sqrt{1 - \lambda^2 \sin^2\alpha}}\left(\frac{1}{1 - \lambda^2 \sin^2\alpha} - \frac{\sin^2\alpha}{\cos^2\alpha}\right)\right]. \tag{8.6c}$$

Bezeichnet man mit $m = G/g$ die Masse aller hin- und hergehenden Teile (Kolben, Kolbenstange, Kreuzkopf und den auf den Kreuzkopfzapfen „reduzierten" Teil der Treibstangenmasse), so ist die Trägheitskraft (durch Überstreichen $\sim$ kenntlich gemacht)

$$\widetilde{K} = -\, m\,\frac{d^2 s}{dt^2}.$$

Ihren Verlauf (Maßstab ist $m\,r\,\omega^2/1,2$ cm) als Funktion von α zeigt Abb. 8/10. Sie wird ebenso wie die von den Gasdrücken herrührende Kolbenkraft durch Multiplikation mit $f(\alpha, \lambda)$ nach (8.1) in eine Drehkraft $\widetilde{P}$ übergeführt; $\widetilde{P} = \widetilde{K} \cdot f(\alpha, \lambda)$. Den Verlauf von $\widetilde{P}$ zeigt Abb. 8/11. $\widetilde{P}$ ist ebenso wie früher P eine periodische Funktion des Kurbelwinkels α, bei gleichförmiger Drehung also auch der Zeit t. Grundperiode ist wieder $T = 2\,\pi/\omega_0$. Um die Funktion $\widetilde{P}$ in ihre harmonischen Bestandteile zu zerlegen, kann man, da $\widetilde{P}$ als Funktion von α explizit bekannt ist, rein rechnerisch vorgehen. Entwicklung der Funktion $\widetilde{P}(\alpha)$ in eine Reihe nach $\sin n\,\alpha$ (da die Funktion ungerade ist, fallen alle cos-Glieder fort) liefert mit $\lambda = 1/4$

$$\widetilde{P} = m\,r\,\omega^2\,[0,063 \sin \alpha - 0,500 \sin 2\,\alpha - 0,192 \sin 3\,\alpha - 0,016 \sin 4\,\alpha - 0,002 \sin 5\,\alpha \ldots].$$

Ein konstantes Glied fehlt natürlich, da die Massenkraft insgesamt ja keine Arbeit leistet. Ein Blick auf die Größe der Koeffizienten zeigt, daß es für *praktische* Zwecke ausreicht, die *vier*

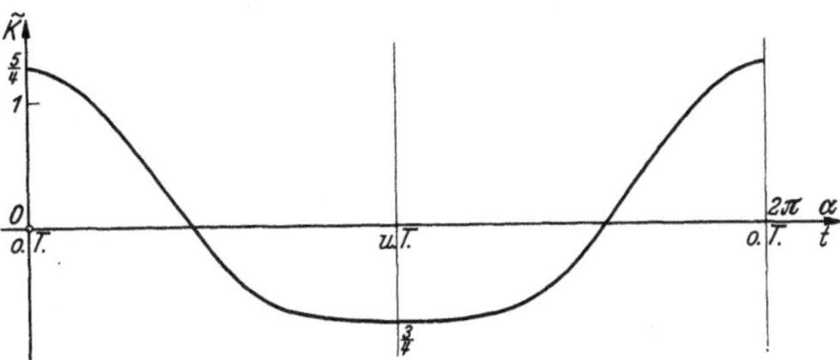

Abb. 8/10. Kolbenkraft herrührend von den Massenkräften.

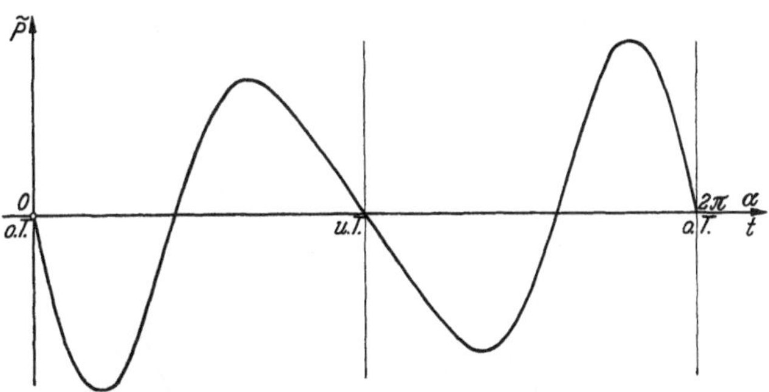

Abb. 8/11. Drehkraft herrührend von den Massenkräften.

ersten Glieder zu berücksichtigen. Trägt man die erzeugenden Vektoren $\widetilde{\mathfrak{P}}_n$ der vier harmonischen Bestandteile der Massenkraft auf, so erhält man die Abb. 8/12. Die Länge der Vektoren ist proportional dem Faktor $m\,r\,\omega^2$. Die Summe der Harmonischen der Gaskräfte und Trägheitskräfte ist für jede Ordnung zu bilden und liefert die Harmonischen der gesamten Drehkraft eines Zylinders. So wird z. B. mit $F = 1000$ cm² und

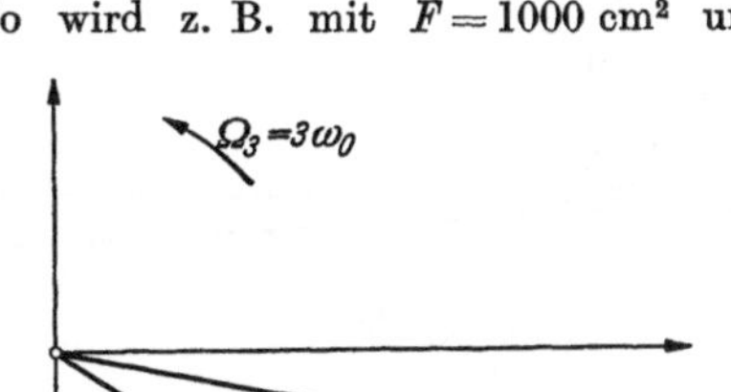

Abb. 8/12. Die Harmonischen der Massendrehkraft; Maßstab ist $m_{\widetilde{P}} = m\,r\,\omega^2/6$ cm.

Abb. 8/13. Dritte Harmonische der gesamten Drehkraft; $m_P = 5000$ kg/6 cm.

$m\,r\,\omega^2 = 12000$ kg die dritte Harmonische der Drehkraft eines Zylinders der Zweitakt-Dieselmaschine, auf die sich Abb. 8/3 bezieht, durch das Vektorbild Abb. 8/13 geliefert, das im Maßstab $m_P = 5000$ kg/6 cm gezeichnet ist.

δ) Die bisherigen Überlegungen erlauben uns auch einzusehen, warum man bei doppeltwirkenden Zweitaktmaschinen abweichend von den sonstigen Regelbauarten eine ungerade Anzahl von Zylindern bevorzugt. Das der Abb. 8/3a entsprechende Drehkraftdiagramm sieht bei einer doppeltwirkenden Maschine etwa so aus wie Abb. 8/14c angibt; es setzt sich aus

2*

dem Diagramm für die Oberseite (Abb. 8/14a) und dem für die Unterseite (Abb. 8/14b) zusammen. Die Funktion wiederholt sich nahezu in einer Halbperiode; das hat zur Folge,

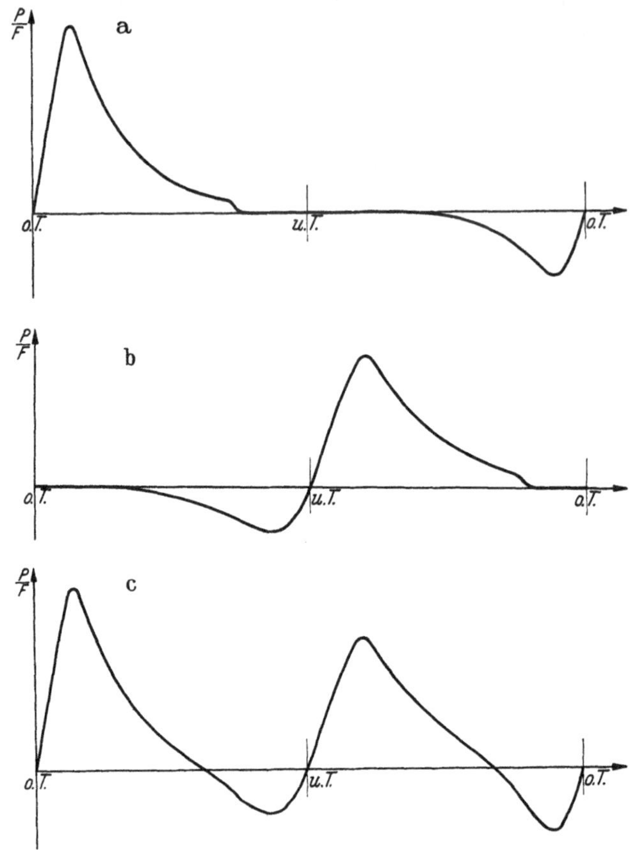

Abb. 8/14a bis c. Drehkraftdiagramm einer doppeltwirkenden Zweitakt-Dieselmaschine. a Oberseite, b Unterseite, c resultierendes Diagramm.

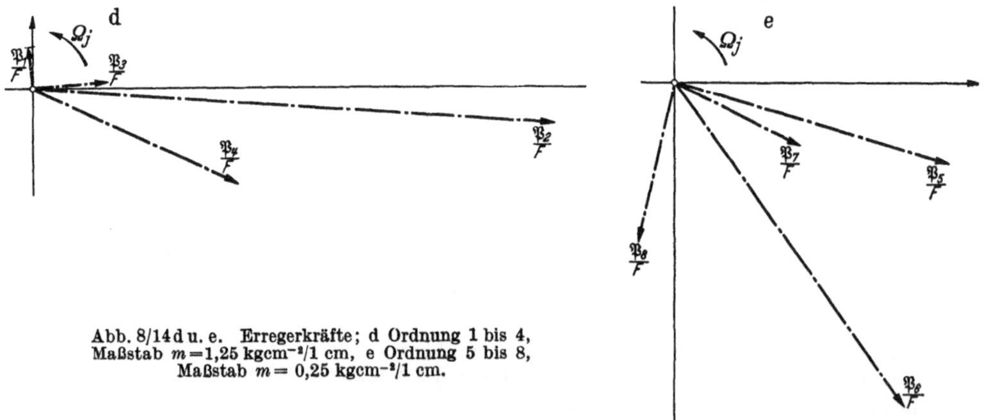

Abb. 8/14d u. e. Erregerkräfte; d Ordnung 1 bis 4, Maßstab $m = 1,25$ kgcm^{-2}/1 cm, e Ordnung 5 bis 8, Maßstab $m = 0,25$ kgcm^{-2}/1 cm.

daß die Harmonischen der ungeraden Ordnungen j (wenigstens der niedrigen) klein werden im Vergleich mit jenen der geradzahligen Ordnungen (Abb. 8/14d und e) (würde sich die Funktion genau wiederholen, so würden sie ganz wegfallen; die Abweichung von der strengen Periodizität mit π rührt daher, daß die Kolbenfläche F_u der Unterseite wegen der Kolbenstange nur etwa $0{,}89\,F_0$ beträgt, zudem rechnet sich die Drehkraft aus der Kolbenkraft der Unterseite wegen der endlichen Treibstangenlänge nach anderen Gleichungen als für die Oberseite). Aus dem Vorausgegangenen wissen wir aber, daß (bei starrer Kurbelwelle) nur die Erregenden derjenigen Ordnungen j übrig bleiben, die ein ganzzahliges Vielfaches der Zylinderzahl sind; die Erregenden der übrigen Ordnungen heben sich innerhalb der Maschine auf. Stellt man also eine ungerade Zahl von Zylindern in Reihe, so verstärken sich nur die geringfügigen Erregenden, die stärkeren gleichen sich innerhalb der Maschine aus. Mit anderen Worten: das Drehkraftdiagramm der gesamten Maschine wird in diesem Fall außerordentlich gleichmäßig.

ε) Um die Begriffe, mit denen wir es hier zu tun haben, noch stärker einzuprägen, erörtern wir eine weitere Aufgabe. Ein Flugmotor weist zwei Reihen von je 6 Zylindern auf, die unter dem Winkel β gegeneinander geneigt sind (V-förmige Anordnung, Abb. 8/15). Die Welle läuft im Uhrzeigersinn um. Die Zylinder arbeiten im Viertakt. Die Zündfolge wird durch das Schema

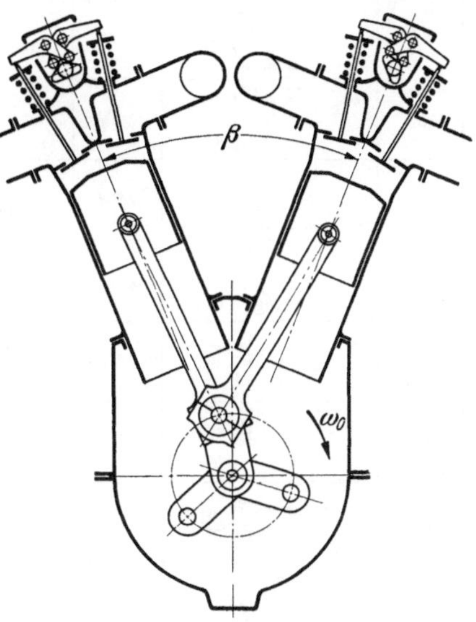

Abb. 8/15. V-Motor.

links	1	9	5	11	3	7
rechts	8	4	12	6	10	2

der Zündnummern angezeigt. Die Stärke, mit der die Erregenden der verschiedenen Ordnungen j zur Wirkung kommen, hängt vom Öffnungswinkel β des V ab. Welches ist die relative Größe der resultierenden Erregenden je zweier auf denselben Kurbelzapfen arbeitender Zylinder im Verhältnis zur Erregenden eines einzelnen Zylinders, wenn erstens $\beta = 45°$, zweitens $\beta = 60°$ ist?

1. Die Drehung der Kurbelwelle zwischen einer Zündung in einem Zylinder der linken und einem der rechten Reihe (1 und 2, 3 und 4 usw.) ist jeweils 45°, die zwischen der Zündung in einem Zylinder der rechten und der linken Reihe (2 und 3, 4 und 5 usw.) ist $120° - 45° = 75°$. Die Nummer der Zündung eines Zylinders der rechten Reihe (im obigen Schema) ist um 7 (oder um $7 - 12 = -5$) größer als die Nummer der Zündung des neben ihm stehenden Zylinders der linken Reihe. Zwischen einer Zündung im Zylinder der linken Reihe und im *zugehörigen* Zylinder der rechten Reihe dreht sich die Kurbelwelle daher um den Zündverschiebungswinkel $\zeta = 360° + 45° = 405°$.

Der Phasenverschiebungswinkel ist, wenn j die Ordnung bezeichnet,
$$\varepsilon_j = j\,\zeta = j \cdot 405° = j\,(360° + 45°),$$
also z. B. für $j = 1/2$ $\varepsilon_{1/2} = 202{,}5°$
$j = 1$ $\varepsilon_1 = 45°$ usw.

Die Erregenden der Ordnung j liegen dann jeweils so, wie die folgende Abb. 8/16 angibt. $\mathfrak{A}$ und $\mathfrak{B}$ (an Stelle von $\mathfrak{A}_j$ und $\mathfrak{B}_j$) bezeichnen die Erregenden des linken und rechten Zylinders von Einheitsgröße, $\mathfrak{C}$ die resultierende Erregende. $\mathfrak{A}$ ist jeweils horizontal aufgetragen, $\mathfrak{B}$ unter dem im Drehsinn der Welle gemessenen Winkel ε_j. In der Abb. 8/16 sind die zugehörigen spitzen Winkel eingeschrieben. Der Betrag C ist die gesuchte Größe, sie ist in der dritten Spalte angegeben. Er errechnet sich aus

$$C^2 = A^2 + B^2 + 2\,A\,B\cos\varepsilon = 2\,[1 + \cos\varepsilon] = 4\cos^2\frac{\varepsilon}{2}$$

oder $$C = \left|\,2\cos\frac{\varepsilon}{2}\,\right| = \left|\,2\cos\,(j\cdot 202{,}5°)\,\right| = \left|\,2\cos j\,(180° + 22{,}5°)\,\right|;$$

so kommt für

ganze Ordnungen j: $C = \left|\,2\cos\,(j\cdot 22{,}5°)\,\right|$
nichtganze Ordnungen j: $C = \left|\,2\sin\,(j\cdot 22{,}5°)\,\right|$,

wie man auch leicht aus der Abb. 8/16 bestätigt.

2. Beträgt der Öffnungswinkel des V $\beta = 60°$, so wird der Drehwinkel der Kurbelwelle zwischen zwei zusammengehörigen Zündungen $\zeta = 360° + 60° = 420°$. Der Winkel, um den $\mathfrak{B}$ gegen $\mathfrak{A}$ nacheilt, beträgt daher $\varepsilon_j = j\,\zeta = j \cdot 420°$ und der gesuchte Betrag $C = |\,2\cos(j \cdot 210°)\,|$.

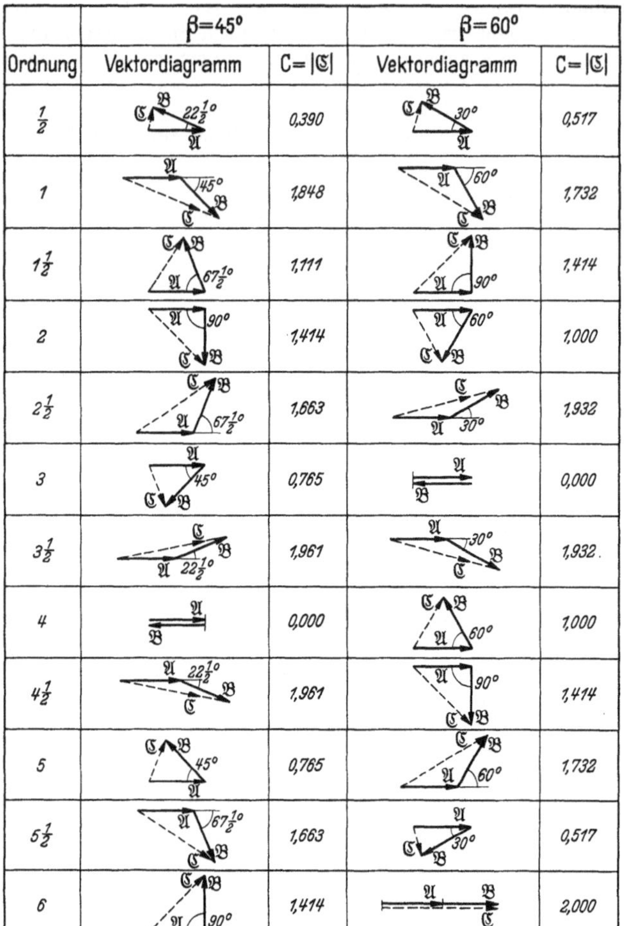

Ordnung	Vektordiagramm ($\beta = 45°$)	$C = |\mathfrak{C}|$	Vektordiagramm ($\beta = 60°$)	$C = |\mathfrak{C}|$
$\frac{1}{2}$	$22\frac{1}{2}°$	0,390	$30°$	0,517
1	$45°$	1,848	$60°$	1,732
$1\frac{1}{2}$	$67\frac{1}{2}°$	1,111	$90°$	1,414
2	$90°$	1,414	$60°$	1,000
$2\frac{1}{2}$	$67\frac{1}{2}°$	1,663	$30°$	1,932
3	$45°$	0,765		0,000
$3\frac{1}{2}$	$22\frac{1}{2}°$	1,961	$30°$	1,932
4		0,000	$60°$	1,000
$4\frac{1}{2}$	$22\frac{1}{2}°$	1,961	$90°$	1,414
5	$45°$	0,765	$60°$	1,732
$5\frac{1}{2}$	$67\frac{1}{2}°$	1,663	$30°$	0,517
6	$90°$	1,414		2,000
$6\frac{1}{2}$	$67\frac{1}{2}°$	1,111	$30°$	0,517
7	$45°$	1,848	$60°$	1,732
$7\frac{1}{2}$	$22\frac{1}{2}°$	0,390	$90°$	1,414
8		2,000	$60°$	1,000

Abb. 8/16. Erregerkräfte aus nebeneinander stehenden Zylindern.

Die Diagrammvektoren $\mathfrak{A}$, $\mathfrak{B}$ und $\mathfrak{C}$ und die Beträge C sind auch für diesen Fall in der Abb. 8/16 angegeben (statt des eigentlichen Nacheilwinkels ist wieder der entsprechende spitze Winkel angezeichnet).

Jedes Paar von Zylindern gibt eine resultierende Erregende vom angegebenen Betrag C. Die Erregenden der hintereinanderstehenden Zylinderpaare setzen sich dann so zusammen, wie dies für den Sechszylinder-Reihenmotor unter β ausgeführt wurde.

In ausführlicher Weise werden wir die hier berührte Aufgabe bei der Untersuchung der Erregerkräfte in Motorenanlagen im zweiten Band behandeln.

9. Produkte harmonisch veränderlicher Größen; Leistung, Arbeit. Es wurde schon erwähnt, daß die veränderliche, die schwingende Größe nicht stets ein Ausschlag sein muß; auch Geschwindigkeiten, Beschleunigungen, Kräfte u. dgl. können sich periodisch ändern, also schwingen. Wir wenden uns nun den aus der allgemeinen Mechanik her bekannten und geläufigen Begriffen *Leistung* und *Arbeit* zu. Zuvor betonen wir noch einmal ausdrücklich, daß die zur Darstellung harmonisch veränderlicher Größen benutzten Diagrammvektoren nichts zu tun haben mit dem physikalischen Vektorcharakter von Kraft, Geschwindigkeit u. dgl. Wir unterscheiden hier die physikalischen Vektoren $\overline{p}$, $\overline{v}$ von den Diagrammvektoren $\mathfrak{p}$, $\mathfrak{v}$ und $\mathfrak{P}$, $\mathfrak{V}$ durch die Schreibung.

Überdies muß man bei Produktbildungen zwischen harmonisch veränderlichen Größen mit der komplexen Schreibweise vorsichtig sein, da der Realteil (oder Imaginärteil) eines Produktes nicht gleich dem Produkt der Realteile (oder Imaginärteile) der Faktoren ist. Wir werden deshalb die komplexe Schreibweise in dieser Ziffer überhaupt vermeiden. Nur die Vorstellung der komplexen Amplituden (Diagrammvektoren in Nullstellung) behalten wir bei.

Wie bekannt, definiert man die Leistung l einer Kraft $\bar{p}$, deren Angriffspunkt die Geschwindigkeit $\bar{v}$ hat, durch das innere Produkt

$$l = \bar{p} \cdot \bar{v} \equiv p_x v_x + p_y v_y + p_z v_z = |\bar{p}|\,|\bar{v}|\cos(\bar{p}, \bar{v}). \tag{9.1}$$

In der üblichen Weise bezeichnen $\bar{p}$ und $\bar{v}$ die physikalischen Vektorgrößen, $|\bar{p}|$ und $|\bar{v}|$ ihre Beträge, p_x, p_y, p_z und v_x, v_y, v_z ihre Komponenten nach einem kartesischen Koordinatensystem und $(\bar{p}, \bar{v})$ den zwischen $\bar{p}$ und $\bar{v}$ eingeschlossenen Winkel. Sind im besonderen $\bar{p}$ und $\bar{v}$ kollineare Vektoren, so wird $\cos(\bar{p}, \bar{v}) = 1$ und

$$l = |p|\,|\bar{v}| = p\,v. \tag{9.1a}$$

Auch für nichtkollineare Faktoren kann man das Produkt auf zwei Faktoren wie in (9.1a) beschränken, wenn man unter p den Betrag der Kraft und unter v den Betrag der mit $\bar{p}$ kollinearen Geschwindigkeitskomponente versteht oder unter v den Betrag der Geschwindigkeit und unter p den Betrag der mit $\bar{v}$ kollinearen Komponente der Kraft.

Entsprechend der Zielsetzung unseres Buches beschäftigen wir uns mit der Größe $l = p\,v$ unter der Annahme, daß p und v harmonisch veränderliche Größen sind. Dabei unterscheiden wir zwei Fälle: α) die beiden Faktoren des Produktes sind mit derselben Frequenz harmonisch veränderlich, β) die Frequenzen der Faktoren sind nicht gleich.

α) Wenn

$$p = P\cos\omega t \quad\text{und}\quad v = V\cos(\omega t + \varepsilon) \tag{9.2}$$

ist, so erhält man wegen

$$\cos\alpha\cos\beta = \frac{1}{2}\left[\cos(\alpha + \beta) + \cos(\alpha - \beta)\right] \tag{9.3}$$

für l

$$l = p\,v = P\,V\cos\omega t\cos(\omega t + \varepsilon) = \frac{P\,V}{2}\left[\cos(2\omega t + \varepsilon) + \cos\varepsilon\right]. \tag{9.4}$$

(9.4) sagt aus, daß die Leistung sich aus zwei Anteilen zusammensetzt; der erste schwingt mit der doppelten Frequenz der Faktoren, der zweite hat einen von der Zeit unabhängigen Betrag. Das Zeitintegral über eine Periode liefert die in dieser Periode geleistete *Arbeit*. Zu ihr trägt der schwingende Anteil der Leistung nichts bei, da das Integral über eine volle Periode verschwindet.

$$\mathsf{A} = \int\limits_{t}^{t+T} l\,dt = \frac{P\,V}{2}\cos\varepsilon \cdot T. \tag{9.5}$$

Das zweite Glied in (9.4) $\frac{1}{2}\,P\,V\cos\varepsilon$ bedeutet daher die *mittlere Leistung* $L_m = \mathsf{A}/T$, das erste die *Schwankung* der Leistung l um diesen Betrag. Die mittlere Leistung ist abhängig von der Phasenverschiebung ε zwischen Kraft und Geschwindigkeit. Sie hat einen Höchstwert, wenn die beiden Größen in Phase sind, $\varepsilon = 0$ (die komplexen Amplituden sind gleichgerichtet), und verschwindet, wenn $\varepsilon = \pi/2$ ist (die komplexen Amplituden stehen senkrecht aufeinander). Oder anders ausgedrückt: Nur jener Anteil $\mathfrak{P}'$ der Kraft, der mit der Geschwindigkeit $\mathfrak{B}$ in Phase liegt, leistet im Mittel Arbeit (Abb. 9/1a).

In Abb. 9/1b sieht man den Verlauf der Leistung l, die sich harmonisch, aber mit der doppelten Frequenz ändert, und erkennt die Verschiebung der Achse dieser Schwingung um den Betrag L_m der mittleren Leistung.

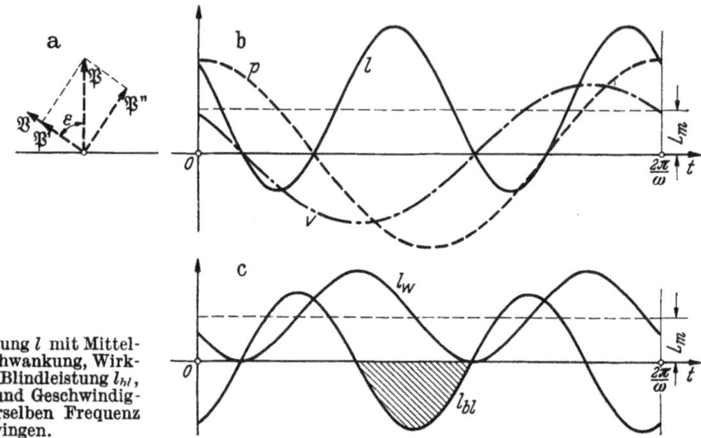

Abb. 9/1. Leistung l mit Mittelwert L_m und Schwankung, Wirkleistung l_w und Blindleistung l_{bl}, wenn Kraft p und Geschwindigkeit v mit derselben Frequenz schwingen.

Neben der durch Gl. (9.4) beschriebenen Zerlegung der Leistung in Mittelwert und Schwankung gibt es noch eine zweite Art der Zerlegung, die aus physikalischen Gründen vorgenommen wird. Man erhält sie durch die folgende Umformung:

$$l = \frac{PV}{2}\left[\cos(2\,\omega\,t + \varepsilon) + \cos\varepsilon\right] = \frac{PV}{2}\cos\varepsilon + \frac{PV}{2}\left[\cos 2\,\omega\,t\cos\varepsilon - \sin 2\,\omega\,t\sin\varepsilon\right].$$

Faßt man $\cos\varepsilon$ und $\sin\varepsilon$ jeweils mit P zu P' und P'' zusammen, so folgt

$$l = \frac{P'V}{2}\left[1 + \cos 2\,\omega\,t\right] - \frac{P''V}{2}\sin 2\,\omega\,t \equiv l_w + l_{bl}. \tag{9.6}$$

Mit einer aus der Wechselstromtechnik stammenden Bezeichnung wollen wir den ersten Teil die *Wirkleistung*, den zweiten die *Blindleistung* der Kraft $\mathfrak{P}$ nennen. P' ist der Betrag der mit $\mathfrak{B}$ in Phase liegenden „Komponente" $\mathfrak{P}'$ der komplexen Amplitude $\mathfrak{P}$, P'' der Betrag ihrer senkrecht zu $\mathfrak{B}$ stehenden „Komponente" $\mathfrak{P}''$. Die Wirkleistung hat, wie aus (9.6) hervorgeht, den Mittelwert $\dfrac{P'V}{2}$ so wie die gesamte Leistung; die Blindleistung hat den Mittelwert Null. Nur die Wirkleistung trägt im Mittel zur Arbeit bei. Durch die Blindleistung wird dem System während einer Viertelperiode die Arbeit

$$A'' = \int_0^{\pi/2\,\omega} l_{bl}\,dt = \frac{P''V}{2}\int_0^{\pi/2\,\omega} \sin 2\,\omega\,t\,dt = \frac{P''V}{2}\,\frac{T}{2\,\pi} = \frac{P''V}{2\,\omega} \tag{9.7}$$

zugeführt und in der nächsten Viertelperiode wieder entzogen. Abb. 9/1c zeigt diese zweite Art der Zerlegung; die schraffierte Fläche ist ein Maß für die pendelnde Energie A''.

Es ist wichtig, die beiden Arten von Zerlegung der Leistung 1. in *Mittelwert* und *Schwankung*, 2. in *Wirk-* und *Blindleistung* deutlich zu unterscheiden, da sich hier häufig Mißverständnisse einstellen [1].

β) Ändert sich die Kraft p harmonisch mit einer Kreisfrequenz ω_1, die Geschwindigkeit v mit $\omega_2 \neq \omega_1$, wobei aber das Verhältnis $T_2/T_1 = \omega_1/\omega_2 = n/m$ das zweier ganzer Zahlen, also rational ist, so gibt es eine gemeinsame Periode $T = n\,T_1 = m\,T_2$ (die nicht notwendig die kleinste ist). Wir bilden den Mittelwert der Leistung über diese Periode T und erhalten

$$L_m = \frac{1}{T} \int_t^{t+T} p\,v\,dt = \frac{PV}{T} \int_t^{t+T} \cos\omega_1 t \cdot \cos(\omega_2 t + \alpha)\,dt, \qquad (9.8\,\text{a})$$

also wegen (9.3)

$$L_m = \frac{PV}{2T} \int_t^{t+T} \{\cos[(\omega_1 + \omega_2)\,t + \alpha] + \cos[(\omega_1 - \omega_2)\,t - \alpha]\}\,dt. \qquad (9.8\,\text{b})$$

Da nun sowohl die Periode T_+ des ersten Anteils wie die des zweiten, T_-, in T enthalten sind,

$$\left.\begin{aligned} T_+ &= \frac{2\pi}{\omega_1 + \omega_2} = \frac{2\pi}{\omega_1}\,\frac{n}{n+m} = \frac{T}{n+m} \\ T_- &= \frac{2\pi}{\omega_1 - \omega_2} = \frac{2\pi}{\omega_1}\,\frac{n}{n-m} = \frac{T}{n-m}, \end{aligned}\right\} \qquad (9.9)$$

so ist T Vielfaches beider Perioden, so daß beide Integrale verschwinden:

$$L_m = 0. \qquad (9.8\,\text{c})$$

Der Mittelwert der Leistung über die Zeit T verschwindet, gleichgültig wie die Phasenlage der beiden Schwingungen ist. Daraus folgt z. B. die bemerkenswerte Tatsache, daß die höheren Harmonischen einer periodischen Kraft an einer mit der Grundfrequenz verlaufenden Bewegung im Mittel keine Arbeit leisten.

Die in der Gl. (9.8c) steckende Aussage kann man sich an einem Beispiel leicht anschaulich klarmachen. Verlaufen Kraft und Geschwindigkeit wie Abb. 9/2 angibt, so wird die in einer Halbperiode $T/2$ geleistete Arbeit in der nächsten Halbperiode wieder zurückgegeben.

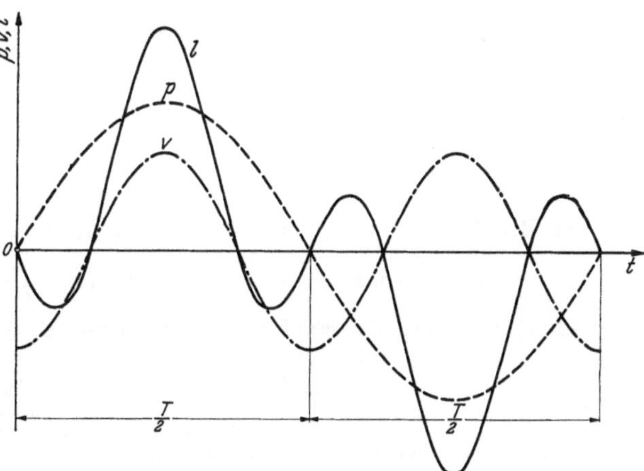

Abb. 9/2. Leistung l, wenn Kraft p und Geschwindigkeit v verschiedene Frequenzen aufweisen.

Für nichtrationale Verhältnisse gibt es keine strengen Perioden, der Anfangszustand wird jedoch immer wieder angenähert erreicht (Ziff. 7), so daß auch hier die mittlere Leistung immer wieder der Null nahekommt.

Anhang zum ersten Teil.

10. Harmonische Analyse eines periodischen Vorgangs. Um die der harmonischen Analyse (und zwar den analytischen, numerischen, graphischen und instrumentellen Verfahren) zugrunde liegenden Tatsachen verständlich zu machen und Hinweise für die Ausführung zu geben, führen wir hier die in Betracht kommenden mathematischen Sätze, allerdings ohne Beweis, an [1].

α) **Entwicklung willkürlicher Funktionen nach Systemen gegebener Funktionen; harmonische Analyse.** Unter einem im Bereich (a, b) orthogonalen Funktionensystem sei eine (unendliche) Folge von Funktionen $u_k(x)$ verstanden, die die folgenden Bedingungen erfüllen:

$$\int_a^b u_k^2(x)\,dx = U_k^2 \tag{10.1a}$$

und

$$\int_a^b u_j(x)\,u_k(x)\,dx = 0 \qquad \text{für} \qquad j \neq k; \tag{10.1b}$$

das System heiße überdies *vollständig*, wenn es alle Funktionen enthält, die die Eigenschaft (10.1b) haben. Einer Funktion $f(x)$ läßt sich dann eine unendliche Reihe $\varphi(x)$ zuordnen,

$$\varphi(x) = \sum_{\lambda=0}^{\infty} c_\lambda u_\lambda(x), \tag{10.2}$$

deren Koeffizienten c_λ aus $f(x)$ gebildet werden sollen nach

$$c_\lambda = \frac{1}{U_\lambda^2} \int_a^b f(x)\,u_\lambda(x)\,dx. \tag{10.3}$$

Die unendliche Reihe (10.2) stellt (wenn sie gleichmäßig für alle x konvergiert) die Funktion $f(x)$ dar. Man sagt dann, $f(x)$ sei nach den Funktionen $u_k(x)$ *entwickelt*; die Entwicklungskoeffizienten werden durch (10.3) angegeben.

Ein *besonderes*, im Intervall $0 \ldots 2\pi$ orthogonales und vollständiges *Funktionensystem* bilden die Funktionen

$$C, \quad \cos x, \quad \cos 2x, \quad \cos 3x, \quad \ldots, \quad \cos \lambda x, \quad \ldots$$
$$\sin x, \quad \sin 2x, \quad \sin 3x, \quad \ldots, \quad \sin \lambda x, \quad \ldots$$

Die Beziehungen (10.1a) lauten hier

$$U_k^2 = \int_0^{2\pi} \sin^2 kx\,dx = \int_0^{2\pi} \cos^2 kx\,dx = \pi \qquad \text{für} \qquad k = 1, 2 \ldots$$

$$\left(\text{für } C = 1/2 \text{ wird } U_0^2 = \int_0^{2\pi} (1/2)^2\,dx = \pi/2 \right).$$

Die Beziehungen (10.1b) sind für alle j, k erfüllt; es ist

$$\int_0^{2\pi} \sin jx \cos kx\,dx = \int_0^{2\pi} \sin jx \sin kx\,dx = \int_0^{2\pi} \cos jx \cos kx\,dx = 0.$$

Es läßt sich deshalb eine Funktion $f(x)$ im Intervall $0 \ldots 2\pi$ in eine unendliche Reihe

$$\varphi(x) = \frac{a_0}{2} + \sum_{\lambda=1}^{\infty} a_\lambda \cos \lambda x + \sum_{\lambda=1}^{\infty} b_\lambda \sin \lambda x \tag{10.4}$$

entwickeln, deren Koeffizienten die Gestalt

$$\left.\begin{aligned}
a_0 &= \frac{1}{\pi} \int_0^{2\pi} f(x)\,dx \\[1em]
a_\lambda &= \frac{1}{\pi} \int_0^{2\pi} f(x) \cos \lambda x\,dx \qquad \lambda = 1, 2 \ldots \\[1em]
b_\lambda &= \frac{1}{\pi} \int_0^{2\pi} f(x) \sin \lambda x\,dx \qquad \lambda = 1, 2 \ldots
\end{aligned}\right\} \tag{10.5}$$

haben. $\varphi(x)$ (10.4) stellt die Entwicklung der Funktion $f(x)$ in eine (unendliche) trigonometrische Reihe dar; diese Reihe heißt auch die *Fourier-Reihe* der Funktion $f(x)$, die Koeffizienten (10.5) dementsprechend ihre *Fourier-Koeffizienten*. Man spricht auch davon, die Funktion $f(x)$ sei *harmonisch analysiert* worden.

Mit einem geeignet gewählten Phasenverschiebungswinkel ε_λ läßt sich (10.4) auch in die Gestalt

$$\varphi(x) = \frac{a_0}{2} + \sum_{\lambda=1}^{\infty} c_\lambda \sin(\lambda x + \varepsilon_\lambda) \qquad (10.4\,\text{a})$$

setzen, indem nach (7.3) jeweils ein Kosinusglied und ein Sinusglied zusammengefaßt werden.

Da $\varphi(x)$ periodisch ist mit der Periode 2π, wird man die Entwicklung in die Reihe $\varphi(x)$ vor allem für periodische Funktionen $f(x)$ vornehmen und dabei der Periode die Länge 2π zuschreiben.

Liegt für die Funktion $f(x)$ ein analytischer Ausdruck vor, so können die Koeffizienten a_λ und b_λ bis zu beliebigen Ordnungen λ aus den bestimmten Integralen (10.5) ermittelt werden. Ist $f(x)$ dagegen durch einen Kurvenzug gegeben, so wird man die Integrale (10.5) bis zu einer gewissen Ordnung n entweder nach Umzeichnen der Funktion $f(x)$ auf die Integranden $f(x) \, \genfrac{}{}{0pt}{}{\cos \lambda x}{\sin \lambda x}$ graphisch ermitteln oder aber aus der Kurve $f(x)$ selbst mit Hilfe eines Gerätes, des *Analysators* gewinnen; dieser erspart die Umzeichnung, indem er beim Umfahren von $f(x)$ sogleich die Kurve $f(x) \, \genfrac{}{}{0pt}{}{\cos \lambda x}{\sin \lambda x}$ planimetriert. Die erreichbare Ordnung n wird dabei durch die Genauigkeit der Zeichnung und der Geräte sowie ihrer Handhabung bedingt.

Wichtig ist in allen solchen Fällen, wo die trigonometrische Reihe bei einer Ordnung n abgebrochen wird, daß die *endliche* Reihe

$$\varphi_n(x) = \frac{a_0}{2} + \sum_{\lambda=1}^{n} a_\lambda \cos \lambda x + \sum_{\lambda=1}^{n} b_\lambda \sin \lambda x$$

die gegebene Funktion so annähert, daß das Integral über das „Fehlerquadrat" mit den nach (10.5) gebildeten Koeffizienten zu einem Minimum wird (gegenüber allen andern möglichen Koeffizienten)

$$\int_0^{2\pi} [f(x) - \varphi_n(x)]^2 \, dx = \text{Min},$$

und daß, wenn man zur Annäherung statt einer trigonometrischen Reihe mit Gliedern bis zur Ordnung n eine solche mit Gliedern bis zur Ordnung $m > n$ verwendet, die ersten Koeffizienten $a_0 \ldots a_n$ und $b_1 \ldots b_n$ ungeändert bleiben, und die neuen $a_{n+1} \ldots a_m$ und $b_{n+1} \ldots b_m$ einfach hinzutreten.

Für die praktische Handhabung der Formeln (10.5) mögen noch ein paar Eigenschaften kurz erwähnt werden:

1. Von den Fourier-Koeffizienten einer ungeraden Funktion (polsymmetrisch zu 0 und wenn periodisch auch polsymmetrisch zu π) sind die $a_\lambda = 0$, nur die b_λ bleiben übrig.

2. Von den Fourier-Koeffizienten einer geraden Funktion (symmetrisch zu 0 und wenn periodisch auch symmetrisch zu π) bleiben nur die a_λ übrig, während alle $b_\lambda = 0$ sind.

3. Von einer Funktion, die in der zweiten Periodenhälfte spiegelbildlich gleich der in der ersten Periodenhälfte ist, $f(x) = -f(x + \pi)$, verschwinden die Fourier-Koeffizienten aller geraden Ordnungen, $a_{2\lambda} = b_{2\lambda} = 0$.

4. Die Fourier-Koeffizienten von Funktionen, welche Sprünge, Ecken und ähnliche Besonderheiten aufweisen, können ohne Integration schon aus den Werten der Differenzen der Ordinaten oder Ableitungen gefunden werden [2, 3]. Die Koeffizienten der Funktionen mit Sprüngen sind dabei von der Größenordnung const/λ, die der Funktionen mit Ecken von der Größenordnung const/λ^2, usw.

β) **Trigonometrische Interpolation; Schemaverfahren.** Zur Ermittlung der Koeffizienten einer unendlichen oder endlichen Fourier-Reihe nach (10.5) muß der ganze Verlauf der Funktion $f(x)$ zur Verfügung stehen. Ist man dagegen auf eine Anzahl äquidistanter Werte $f_\lambda (\lambda = 0, 1, \ldots r)$ der Funktion an den Stellen $x_\lambda = 2\pi\lambda/r$ angewiesen, oder wählt man sich aus der Funktion $f(x)$ solche Einzelwerte f_λ aus, so muß man die Aufgabe etwas anders stellen. Es soll jetzt ein trigonometrisches Polynom (eine endliche Reihe)

$$\varphi_n(x) = \frac{a_0}{2} + \sum_{\lambda=1}^{n} a_\lambda \cos \lambda x + \sum_{\lambda=1}^{n} b_\lambda \sin \lambda x$$

hergestellt werden derart, daß $\varphi_n(x)$ an den Stellen x_λ genau die Werte f_λ annimmt; mit anderen Worten: die Werte f_λ sollen durch das trigonometrische Polynom $\varphi_n(x)$ *interpoliert* werden. Die Aufgabe ist lösbar, wenn die Zahl der Glieder des Polynoms gleich der Zahl r der Ordinaten gemacht wird. Ferner empfiehlt es sich, für r eine durch 4 teilbare Zahl zu wählen, also $r = 4p$ zu setzen. Man interpoliert also durch einen Ausdruck von der Form

$$\varphi_n(x) = \frac{a_0}{2} + a_1 \cos x + a_2 \cos 2x + \cdots + a_{2p-1} \cos (2p-1)x + \frac{a_{2p}}{2} \cos 2px$$
$$+ b_1 \sin x + b_2 \sin 2x + \cdots b_{2p-1} \sin (2p-1)x,$$

der genau $4p$ Konstante enthält.

Die Koeffizienten des Ausdrucks werden jetzt dargestellt durch

$$\left.\begin{aligned}
\frac{r}{2} a_k &= \sum_{\lambda=1}^{r} f_\lambda \cos k x_\lambda \quad \text{für} \quad k = 0, 1, 2 \ldots 2p \\
\frac{r}{2} b_k &= \sum_{\lambda=1}^{r} f_\lambda \sin k x_\lambda \quad \text{für} \quad k = 1, 2, 3 \ldots (2p-1).
\end{aligned}\right\} \tag{10.7}$$

Für praktische Zwecke genügen in der Regel $r = 4p = 24$ Ordinaten für das Periodenintervall; die Gln. (10.7) lauten in diesem Sonderfall

$$\left.\begin{aligned}
a_k &= \frac{1}{12} \sum_{\lambda=1}^{24} f_\lambda \cos (k\lambda \cdot 15°) \\
b_k &= \frac{1}{12} \sum_{\lambda=1}^{24} f_\lambda \sin (k\lambda \cdot 15°).
\end{aligned}\right\} \tag{10.8}$$

Zur numerischen Herstellung der Summen (10.7) mit möglichst geringem Rechenaufwand hat C. RUNGE [4] ein Verfahren ausgearbeitet, das auch die Grundlage einer Reihe von schematischen Verfahren bildet. Die gebräuchlichsten unter diesen sind das von L. ZIPPERER [5] und das von P. TEREBESI [6], die beide auf $r = 24$ zugeschnitten sind. Die erforderlichen Schemata mit den zugehörigen Rechenanweisungen sind käuflich zu haben (Verlag: Julius Springer, Berlin).

Zweiter Teil

Kinetik der einfachen Schwinger.

A. Freie, ungedämpfte Schwingungen des einfachen Schwingers mit gerader Kennlinie.

a) Aufstellung und Integration der Bewegungsgleichung, harmonische Schwingungen, Übersicht.

11. Aufstellung der Bewegungsgleichung. Im ersten Teil haben wir die Kinematik der Schwingungsvorgänge betrachtet, d. h. die äußere Form der Erscheinungen, ihren Ablauf in der Zeit. Dabei haben wir die Frage nach den die Bewegung bestimmenden Kräften gar nicht berührt. Dieser Frage wenden wir uns jetzt zu.

Wir untersuchen in diesem ersten Band nur solche Systeme, die *einen* Grad der Freiheit aufweisen. Ihre Lage wird durch *eine* Koordinate, sie heiße q, ihre Bewegung durch *eine* Funktion $q(t)$ beschrieben. Beispiele für schwingungsfähige

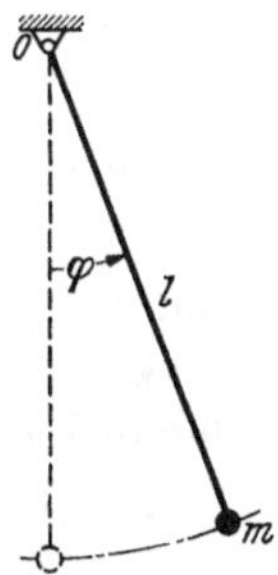

Abb. 11/1. Fadenpendel (Kreispendel) oder mathematisches Pendel.

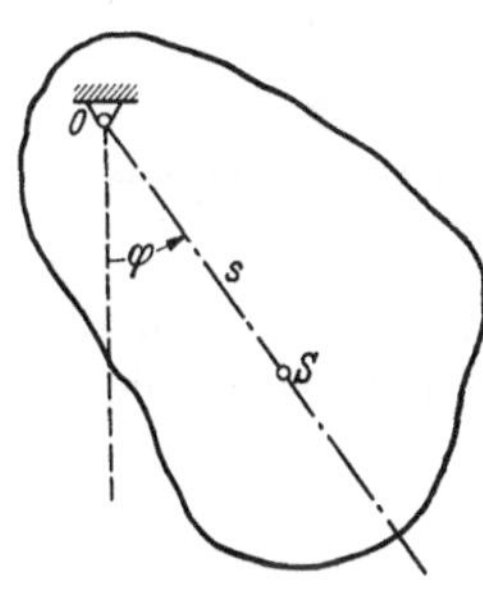

Abb. 11/2. Körperpendel oder physikalisches Pendel.

Systeme von einem Grad der Freiheit sind: das Fadenpendel (Abb. 11/1) und das Körperpendel (Abb. 11/2), eine elastisch gebundene Punktmasse (Abb. 11/3) mit allen ihren Abarten, wo eine Masse (oder Drehmasse) auf einer Saite (Abb. 11/4), einem Stab oder einer Welle sitzt und Querausschläge (Abb. 11/5a bis c), Längsausschläge (Abb. 11/6) oder Drehausschläge (Abb. 11/7) macht, wenn nur die Masse der

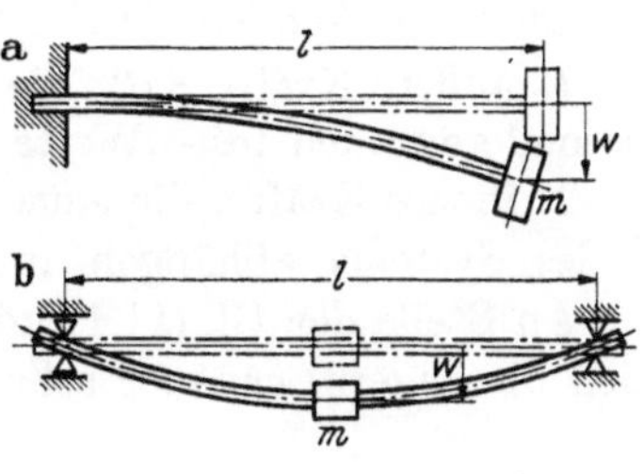

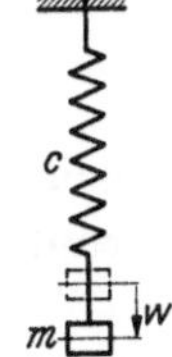

Abb. 11/3. Elastischer Schwinger.

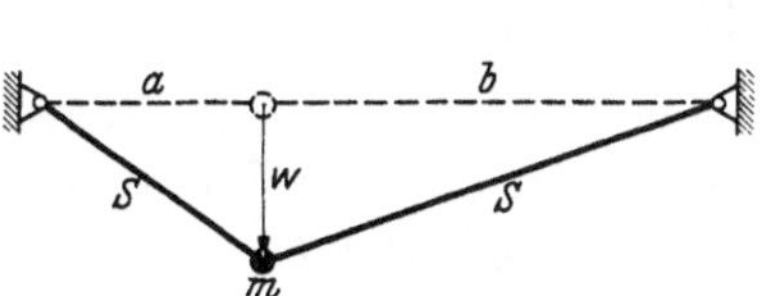

Abb. 11/4. Punktmasse auf Saite.

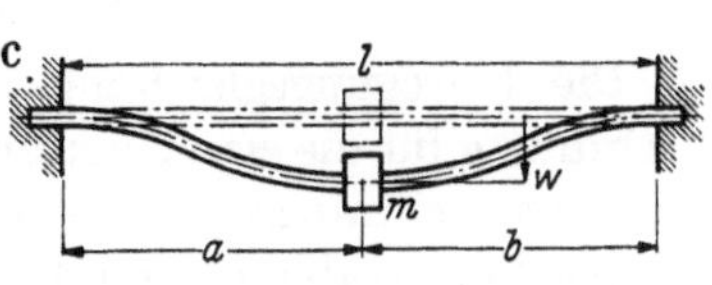

Abb. 11/5. Punktmasse auf gebogenem Stab.

„Last" die der Saite, des Stabes oder der Welle beträchtlich überwiegt; auch die Bewegung einer Wassersäule in einem Rohr hat einen Grad der Freiheit

(Abb. 11/8). In den Abbildungen sind die Ruhelagen bezeichnet, und es ist jeweils angedeutet, welche Größe als kennzeichnende Koordinate gewählt werden kann.

Aufgabe der Kinetik ist es, aus gegebenen Kräften, dem *Kraftfeld* eines Systems, den Bewegungsablauf zu ermitteln. Die auf ein System einwirkenden Kräfte bestimmen die Beschleunigungen, also die zweiten Ableitungen der Koordinaten nach der Zeit. (Die Ableitungen einer Funktion nach der Zeit bezeichnen wir in der Regel durch übergesetzte Punkte, z. B. $\dot{x} = dx/dt$, $\ddot{q} = d^2q/dt^2$.) Da die Bewegungen eines Systems von einem Freiheitsgrad durch

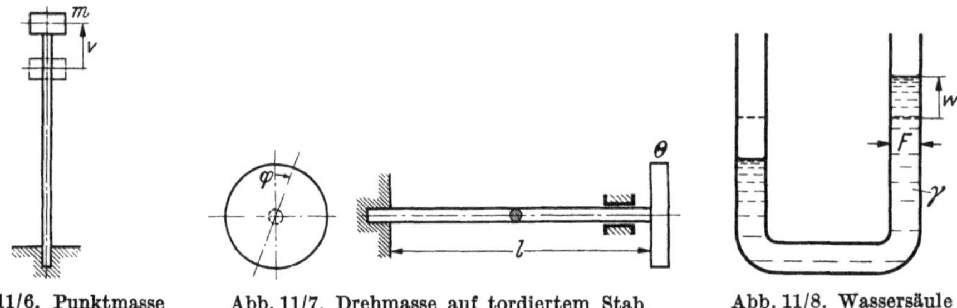

Abb. 11/6. Punktmasse auf gedehntem Stab.   Abb. 11/7. Drehmasse auf tordiertem Stab.   Abb. 11/8. Wassersäule im U-Rohr.

nur eine Koordinate beschrieben werden, so genügt eine einzige Gleichung. Sie hat, wenn die Bewegung eine Translation (Schiebung) oder eine Drehung um eine feste Achse ist, die allgemeine Gestalt

$$\ddot{q} = \frac{1}{a} \sum K \tag{11.1}$$

und drückt die Tatsache aus, daß die entstehende Beschleunigung proportional der resultierenden Kraft und umgekehrt proportional einer die Trägheit kennzeichnenden Größe a ist (NEWTONsche Grundgleichung). Bei Schiebungsbewegungen bedeutet a die Masse, bei Drehbewegungen das Trägheitsmoment um die Drehachse.

Die einwirkenden Kräfte können von zweierlei Art sein, nämlich

1. äußere Kräfte $A(t)$, die bekannte Funktionen der Zeit allein sind (und im besonderen auch feste Werte haben können),

2. innere Kräfte, die entweder von der Lage q oder von der Geschwindigkeit $\dot{q}$ des Systems abhängen und mit $J_1(q)$ und $J_2(\dot{q})$ bezeichnet werden sollen.

An Stelle der Gl. (11.1) können wir, da die Wirkungen der einzelnen Kräfte sich überlagern, genauer schreiben

$$\ddot{q} = \frac{1}{a} \left[A(t) + J_1(q) + J_2(\dot{q}) \right]. \tag{11.2}$$

Die Bewegungsgleichung .ist daher eine gewöhnliche Differentialgleichung 2. Ordnung für die *eine* Koordinate q; die Aufgabe, die Funktion $q(t)$ zu ermitteln, verlangt die Integration dieser Differentialgleichung.

Die von $\dot{q}$ abhängigen Kräfte sind in der Regel der Bewegung entgegengerichtete, also Widerstandskräfte. Solche Widerstands- oder Dämpfungskräfte sind energieverzehrend (dissipativ). Fehlen die Widerstandskräfte im Kraftfeld K, so ist das System energieerhaltend (konservativ) (s. Ziff. 28); einen Schwinger nennt man in diesem Fall ungedämpft. (Nichtdissipative, von der Geschwindigkeit abhängige Kräfte sind die Kreiselkräfte; sie können in Systemen mit einem Freiheitsgrad jedoch nicht auftreten.)

Eine Bewegung, die unter dem Einfluß von äußeren Kräften zustande kommt, heißt eine *erzwungene* Bewegung und, wenn sie eine Schwingbewegung ist, eine *erzwungene* Schwingung. Bei Abwesenheit von äußeren Kräften heißt die Bewegung eine *freie* Bewegung (Schwingung).

Der Ausdruck „frei" wird in der Mechanik allerdings auch noch in anderer Weise verwendet: Ein Massenpunkt z. B. heißt frei, wenn er (wie etwa ein Himmelskörper) alle ihm zustehenden drei Freiheitsgrade wirklich aufweist, wenn seine Bewegung also keinen geometrischen Beschränkungen unterworfen ist, oder mit anderen Worten, wenn keine von der Lage abhängigen inneren (oder Reaktions-) Kräfte auf ihn einwirken; eine *freie* Bewegung steht dann im Gegensatz zur *geführten* Bewegung. Ein System von einem Freiheitsgrad ist stets geführt, kann also nie in jenem Sinne frei sein, und ein in jener Weise freies System hat in der Regel keine Veranlassung zu schwingen. Mit dem Ausdruck *frei* bezeichnet man in der Schwingungslehre deshalb nicht die Abwesenheit von Reaktionskräften der Lage, also inneren Kräften des Systems, sondern die Abwesenheit von eingeprägten äußeren Kräften.

Eine freie, ungedämpfte Bewegung eines Systems von einem Freiheitsgrad wird also durch eine Gleichung von der Form

$$\ddot{q} = \frac{1}{a}\, J_1(q) \tag{11.3}$$

beschrieben; denn *frei* bedeutet Abwesenheit von äußeren Kräften, *ungedämpft* Abwesenheit von geschwindigkeitsabhängigen Kräften. Die Beschleunigung ist proportional den durch die Lage des Systems bedingten inneren Kräften $J_1(q)$; diese allein bestimmen die Art der eintretenden Bewegung.

12. Die Differentialgleichung der Bewegung des einfachen Schwingers, kleine Schwingungen. Bisher war allgemein von der Aufstellung und der Form der Bewegungsgleichungen die Rede, und es blieb dabei ganz offen, welcher Art die eintretende Bewegung sein würde, ob eine Schwingung oder nicht. Nun gilt der ganz allgemeine Satz, den wir hier nur anführen, aber nicht beweisen: Wenn die Funktion $J_1(q)$ für positive q negativ, für negative q dagegen positiv ist[1], wenn also die bei der Auslenkung geweckten Kräfte das System in die Ruhelage zurückzuführen suchen, so ist bei Abwesenheit von Widerstandskräften die freie Bewegung des Systems eine *Schwingung*. Die durch die Auslenkung hervorgerufenen Kräfte heißen dann *Rückführkräfte* oder *Rückstellkräfte* und das schwingungsfähige System von einem Freiheitsgrad wird als *einläufiger* oder *einfacher Schwinger* bezeichnet.

In dieser Definition eines schwingungsfähigen Systems oder Schwingers steckt eine erhebliche Einschränkung gegenüber der in den einführenden Ziffern dieses Buches ausgesprochenen *kinematischen* Definition der Schwingung. Wir wollen die hier gegebene die *kinetische* Definition nennen. Um den Unterschied zu beleuchten, führen wir ein Beispiel an: Die Bewegung des Kolbens einer Dampfmaschine ist zwar im kinematischen Sinn eine Schwingung, dennoch bezeichnen wir Kolben und Kurbeltrieb einer Dampfmaschine nicht als ein schwingungsfähiges System, da es (als starres Gebilde) keiner *freien* Schwingungen im kinetischen Sinn fähig ist.

Ein Schaubild, das die Rückführkräfte $R(q) = -J_1(q)$ in Abhängigkeit von q angibt, nennt man die *Charakteristik* oder *Kennlinie* des Schwingers

---

[1] In mathematisch sorgfältiger Fassung muß man hier noch hinzufügen: und wenn außerhalb des Punktes $q = 0$ der Betrag $|J_1(q)|$ eine vorgegebene positive Größe ε nicht unterschreitet.

(Abb. 12/1a u. b). Der Fall, in dem die Kennlinie nicht durch den Koordinatenanfangspunkt geht, hat wenig Bedeutung; durch eine Verlegung des Nullpunktes kann man stets eine Kennlinie durch den Ursprung erhalten. Mit solchen Kennlinien beschäftigen wir uns weiterhin allein; sie sind auch der Definition der Schwingung in der oben gegebenen Fassung zugrunde gelegt. Außerdem werden wir in der Regel nur solche Kennlinien betrachten, die polsymmetrisch zu O sind, so daß die sie darstellenden Funktionen $R(q)$ ungerade Funktionen sind.

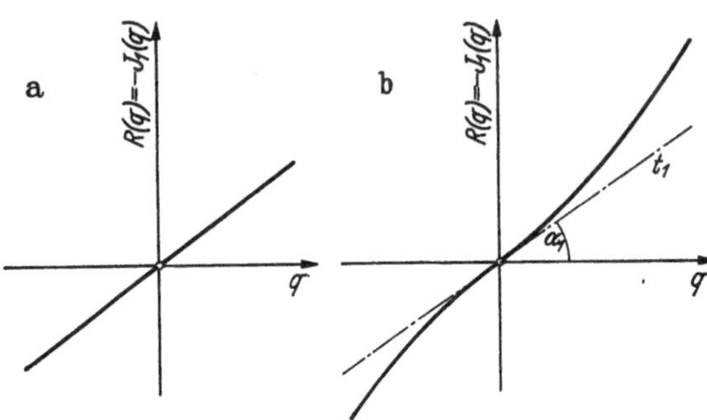

Abb. 12/1. Gerade (a) und gekrümmte (b) Kennlinie.

Ist $R(q)$ eine lineare Funktion $R(q) = cq$, die Kennlinie also eine geneigte Gerade (Abb. 12/1a), so wird die Differentialgleichung wegen (11.3) oder

$$a\ddot{q} + R(q) = 0 \qquad (12.1)$$

zu

$$a\ddot{q} + c q = 0. \qquad (12.2)$$

(12.2) ist die Bewegungsgleichung der freien ungedämpften Schwingung eines Schwingers mit gerader Kennlinie. Sie enthält Glieder von der Dimension einer Kraft (für Schiebungen) oder eines Momentes (für Drehungen). Die rückführende Kraft ist dem Ausschlag proportional, sie ist eine elastische Kraft oder von der Art einer solchen (quasielastische Kraft). Lösungen der Differentialgleichung (12.2) sind die Funktionen Sinus und Kosinus, wie in Ziff. 13 noch näher gezeigt wird. Die eintretende Bewegung ist also eine harmonische Schwingung. *Gerade* Kennlinie und *harmonische* Schwingung bedingen sich wechselseitig.

Weicht die Kennlinie von einer Geraden ab (Abb. 12/1b), so ist die eintretende Bewegung zwar immer noch periodisch, aber nicht mehr harmonisch. Ungedämpfte Schwingungen von Systemen, deren Kennlinien von einer Geraden abweichen, nennt man *pseudoharmonische* Schwingungen (Ziff. 39).

Fälle, in denen die Kennlinie über einen großen Bereich des Ausschlags gerade verläuft, sind nicht häufig; Beispiele für Schwinger mit streng gerader Kennlinie bieten die in einem U-Rohr von konstantem Querschnitt schwingende Flüssigkeitssäule (Abb. 11/8) und das Zykloidenpendel (Abb. 16/4). Die Kennlinien der elastischen Federn weichen bei großen Ausschlägen in der Regel nach oben (Abb. 12/1b) von der Geraden ab. Die Kennlinie eines Pendels ist eine Sinuslinie (Abb. 16/3), sie weicht also nach unten von der Geraden ab. Bleiben die Ausschläge jedoch klein, so begeht man keinen erheblichen Fehler, wenn man in diesen Fällen an Stelle der Funktion $R(q)$ das erste Glied ihrer Taylor-Entwicklung im Nullpunkt,

$$R(q) = R'(0)\, q + \frac{R''(0)}{2!}\, q^2 + \cdots = c_1 q + c_2 q^2 + \cdots,$$

benutzt, also $R(q)$ durch $R'(0) \cdot q$ ersetzt. Im Bild (Abb. 12/1b) bedeutet das den Ersatz der Kennlinie in der Umgebung des Ursprungs durch ihre Tangente t_1, deren Steigungsmaß $\operatorname{tg} \alpha_1 = c_1 = R'(0)$ ist. Die Theorie der Schwingungen von Systemen, die nur in dieser Annäherung eine gerade Kennlinie aufweisen, heißt auch „*Theorie der kleinen Schwingungen*". Die Frage, in welchem Bereich der Ersatz der Kennlinie durch die Tangente zulässig ist, kann natürlich nur von Fall zu Fall entschieden werden. Beschränken wir uns auf *genügend* kleine Schwingungen, so lautet die Bewegungsgleichung eines *jeden* einfachen Schwingers

$$a\,\ddot{q} + c\,q = 0.\tag{12.2}$$

13. Die Dauergleichung der freien Bewegung des einfachen Schwingers mit gerader Kennlinie. Die Differentialgleichung (12.2) ist eine homogene lineare Differentialgleichung 2. Ordnung mit konstanten Koeffizienten, gehört also zu einer Klasse von Differentialgleichungen, deren Integrale explizit angegeben werden können. Die Lösung einer homogenen linearen Differentialgleichung von der Ordnung m läßt sich in der Gestalt

$$y = \sum_{\lambda=1}^{m} A_\lambda\, e^{h_\lambda t}\tag{13.1}$$

schreiben, worin die h_λ die Wurzeln einer algebraischen Gleichung sind, die aus der Differentialgleichung entsteht, wenn man die Ableitungen $y,\dot{y},\ddot{y},\ldots,y^{(m)}$ durch die Potenzen $h^0, h^1, h^2 \ldots, h^m$ ersetzt. [Voraussetzung für die Gültigkeit von (13.1) ist allerdings, daß die algebraische Gleichung keine mehrfachen Wurzeln besitzt; sie ist hier stets erfüllt.] Zu der Differentialgleichung (12.2) gehört daher die algebraische Gleichung 2. Grades, die *charakteristische* Gleichung,

$$a\,h^2 + c = 0\tag{13.2}$$

mit den beiden Wurzeln

$$h_{1,2} = \pm\, i\,\sqrt{\frac{c}{a}},\tag{13.3}$$

so daß mit $m = 2$ die allgemeine Lösung nach (13.1) lautet

$$q = A_1\, e^{i\sqrt{\frac{c}{a}}\,t} + A_2\, e^{-i\sqrt{\frac{c}{a}}\,t}.\tag{13.4}$$

Mit Hilfe der Beziehungen

$$e^{\pm i z} = \cos z \pm i \sin z\tag{13.5}$$

kann man der Lösung die Gestalt geben

$$q = A \cos\sqrt{\frac{c}{a}}\,t + B \sin\sqrt{\frac{c}{a}}\,t\tag{13.6}$$

oder auch (Ziff. 7)

$$q = Q \sin\left(\sqrt{\frac{c}{a}}\,t + \gamma\right).\tag{13.7}$$

Die Integrationskonstanten A_1 und A_2, A und B, Q und γ hängen dabei auf die folgende Weise zusammen:

$$\left.\begin{aligned} A &= A_1 + A_2 & B &= i\,(A_1 - A_2)\\ Q &= \sqrt{A^2 + B^2} & \operatorname{tg}\gamma &= \frac{A}{B}\,. \end{aligned}\right\}\tag{13.8}$$

Zur Unterscheidung von Gl. (12.2), der *Differentialgleichung* der Bewegung, nennen wir die Gln. (13.6) und (13.7) die *endlichen* Gleichungen oder die *Dauergleichungen* der Bewegung. Die Größe $\sqrt{c/a}$, die die Dimension T^{-1} hat, ist die Kreisfrequenz der Schwingung, die in Ziff. 4 mit ω bezeichnet war.

Mit dem Begriff der freien Schwingung hängt ein zweiter, der der *Eigenschwingung*, eng zusammen. Während bei mehrläufigen Schwingern eine deutliche Unterscheidung zwischen diesen Begriffen notwendig ist, fällt dieser Unterschied für die einläufigen Schwinger fort. Hier ist jede freie Schwingung eine Eigenschwingung. Da aber dort, wo freie Schwingung und Eigenschwingung sich unterscheiden, die Frequenz für die Eigenschwingung kennzeichnend ist, bezeichnet man sie auch hier als *Eigenfrequenz*.

Besondere Aufmerksamkeit verdient die Tatsache, daß die *Eigenfrequenz* $\omega = \sqrt{c/a}$ und damit die *Eigenschwingdauer* $T = 2\pi/\omega$ nur von den Konstanten der Differentialgleichung, also den Eigenschaften des Schwingers bestimmt wird. Rand- oder Anfangsbedingungen der Bewegung haben auf sie keinen Einfluß: Wie ein Schwinger auch in Bewegung gesetzt werden mag, die Frequenz seiner freien Schwingungen ist stets dieselbe. ω^2 ist dabei dem Steigungsmaß c der Kennlinie direkt, der Masse oder dem Trägheitsmoment a umgekehrt proportional. Verstärkung der Bindung erhöht die Eigenfrequenz, Vergrößerung der Masse erniedrigt sie. Die Amplitude Q und der Phasenverschiebungswinkel γ der Schwingung werden dagegen erst durch die Anfangsbedingungen festgelegt. Ist z. B. zur Zeit $t = 0$

$$q = q_0 \quad \text{und} \quad \dot{q} = v_0, \tag{13.9}$$

so wird $A = q_0$ und $B = v_0/\omega$, daher

$$q = q_0 \cos \omega t + \frac{v_0}{\omega} \sin \omega t. \tag{13.10}$$

Bei einer aus andern Rücksichten gewählten Zählung der Zeit kann es vorkommen, daß die Bedingungen (13.9) nicht für $t = 0$, sondern für $t = t_0$ vorgeschrieben werden. An die Stelle von (13.10) tritt dann

$$q = q_0 \cos \omega\,(t - t_0) + \frac{v_0}{\omega} \sin \omega\,(t - t_0). \tag{13.11}$$

Beginnt eine Schwingung ohne Anfangsgeschwindigkeit, so besteht sie nur aus dem Kosinusanteil, wird dem System eine Anfangsgeschwindigkeit ohne Anfangsausschlag erteilt, so besteht sie nur aus dem Sinusanteil.

14. Übersicht über die einfachen Schwinger. In Ziff. 11 war schon eine Reihe von Beispielen einfacher Schwinger angeführt und in Ziff. 12 nach dem Verlauf der Kennlinie eingeteilt worden. Ordnen wir die in Ziff. 11 gegebenen Beispiele nach der physikalischen Natur der Rückstellkräfte, so erhalten wir zwei Gruppen, in denen wir überhaupt alle schwingungsfähigen Gebilde unterbringen können. Die erste Gruppe umfaßt die *Pendel*; mit diesem Wort sollen alle jene Systeme bezeichnet werden, deren Rückstellkräfte von Massenkräften herrühren, gleichgültig ob diese vermöge eines Schwerefeldes, eines Fliehkraftfeldes, eines magnetischen oder elektrischen Feldes zustande kommen. Zur zweiten Gruppe rechnen wir jene Systeme, deren Rückstellkräfte durch die Elastizität eines aus seiner natürlichen Form verzerrten Gebildes geweckt werden, und nennen sie die *elastischen Schwinger*.

Die Schwerependel können starre Körper sein, die sich unter irgendwelchen Beschränkungen im Schwerefeld bewegen. Je nach den kinematischen Bedingungen ihrer Bewegungsmöglichkeiten unterscheidet man Drehpendel, zu denen das gewöhnliche Körperpendel (physikalisches Pendel) gehört, Rollpendel u. dgl., nach der Art der Aufhängung Monofilar-, Bifilarpendel usw. Auch die Wassersäule im U-Rohr und Schiffe im Wasser führen Pendelbewegungen aus. Ein Beispiel für ein Fliehkraftpendel wird in Ziff. 16 beschrieben. Pendel in magnetischen Feldern trifft man in einigen elektrischen Meßinstrumenten an.

Die elastischen Gebilde können recht unterschiedlich beschaffen sein: Saiten, Stäbe, Membranen, Platten und aus ihnen aufgebaute Systeme wie Fachwerke, Rahmen u. dgl. zählen zu ihnen. Sitzt auf einem der genannten Gebilde jeweils eine einzige Masse (im folgenden oft als „Zusatzmasse" bezeichnet), die so groß ist, daß die eigene Masse des Gebildes ihr gegenüber vernachlässigt werden kann, und ist die Schwingungsrichtung vorgeschrieben, so haben wir einen Schwinger von einem Freiheitsgrad vor uns, da die Auslenkung der aufgesetzten Masse aus ihrer Ruhelage die einzige kennzeichnende Koordinate ist — gleichgültig, wie das Gebilde im übrigen beschaffen sein mag. Je nach der Art der Beanspruchung unterscheidet man bei einem Stab z. B. noch Biegeschwingungen, Dehnungsschwingungen, Drillungsschwingungen, und ähnlich teilt man die Bewegungen einer Platte oder Scheibe ein.

b) Die Pendel.

15. Die schwingende Flüssigkeitssäule. Als ein erstes Beispiel für einen Schwinger mit streng linearer Charakteristik hatten wir schon (Ziff. 12) die in einem U-Rohr schwingende Flüssigkeitssäule erwähnt. Wir wollen diese Bewegung jetzt etwas genauer betrachten. Zunächst setzen wir voraus, daß das mit einer Flüssigkeit vom spezifischen Gewicht γ gefüllte Rohr lotrechte Schenkel habe und überall gleichen Querschnitt F aufweise (Abb. 11/8).

In diesem Sonderfall ist das Kräftespiel leicht zu überblicken. Die durch einen Ausschlag w geweckte rückführende Kraft ist gleich dem Gewicht der Flüssigkeitssäule, die über dem tieferen Spiegel steht, $G = 2\,w\,F\,\gamma$. Die zu bewegende Masse ist, wenn l die Länge der Flüssigkeitssäule bedeutet, $m = l\,F\,\gamma/g$. Daher lautet die Differentialgleichung der Bewegung

$$\ddot{w} = -\frac{1}{\dfrac{\gamma}{g}F\,l}\,2\,w\,F\,\gamma$$

oder

$$\ddot{w} + \frac{2\,g}{l}\,w = 0. \tag{15.1}$$

Die Kennlinie des Schwingers hat die Gleichung

$$R(w) = \frac{2\,g}{l}\,w. \tag{15.2}$$

Sie ist eine Gerade mit der Steigung $\operatorname{tg}\alpha = c = 2\,g/l$. Das spezifische Gewicht γ und der Querschnitt F treten in der Gl. (15.2) für die Kennlinie und in der Bewegungsgleichung (15.1) nicht auf, sie beeinflussen die Schwingung also nicht.

Die Bewegung selbst ist nach den Sätzen von Ziff. 12 eine harmonische Schwingung, gleichgültig, wie groß die Schwingungsweite ist, solange nur die Flüssigkeitsspiegel in den lotrechten Schenkeln bleiben. Aus den Koeffizienten der Differentialgleichung liest man den Wert der Eigenfrequenz ab

$$\omega^2 = \frac{2\,g}{l}, \quad \text{d. h.} \quad f = \frac{1}{2\,\pi}\sqrt{\frac{2\,g}{l}} \quad \text{oder} \quad T = 2\,\pi\sqrt{\frac{l}{2\,g}}. \tag{15.3}$$

Ist der Querschnitt des Rohres nicht konstant, so erfahren die einzelnen Flüssigkeitsteilchen nicht mehr dieselbe Beschleunigung; die Bewegung bleibt zwar eine harmonische Schwingung, zur Berechnung der Frequenz sind jedoch andere Hilfsmittel erforderlich (Ziff. 29ε).

16. Das Punktpendel (Fadenpendel). Das Punktpendel von einem Freiheitsgrad besteht aus einem Punktkörper m, der sich auf irgendeiner Kurve k bewegen kann. Eine solche Bahn k kommt entweder dadurch zustande, daß man eine entsprechend gebaute Führung (Rinne) herstellt, in der der Körper gleiten oder rollen kann, oder dadurch, daß man den Körper durch einen unausdehnbaren Faden mit einem festen Punkt O verbindet. In diesem Falle ist der Körper an eine Kugelfläche gebunden; wenn er außerdem gezwungen ist, in einer Ebene zu bleiben, so bewegt er sich auf einem Kreisbogen (Abb. 16/1). Andere Bahnen erzielt man dadurch, daß man zu beiden Seiten des Fadens Backen b anbringt, an die sich der Faden anlegen muß (Abb. 16/2). Je nach der Form der Backen erhält man verschiedene Kurven k. Immer ist b Evolute zur Bahn k oder — anders ausgedrückt — k Evolvente zu den Profilen b.

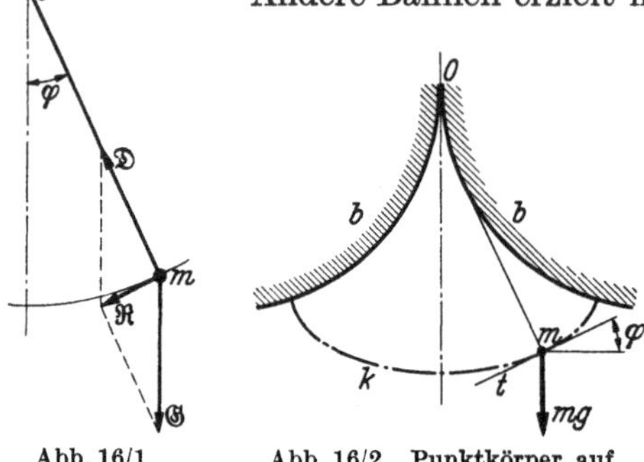

Abb. 16/1. Punktkörper auf Kreisbogen.

Abb. 16/2. Punktkörper auf Evolventenbogen.

α) **Kreispendel (mathematisches Pendel).** Wir beschäftigen uns zunächst mit dem einfachsten Sonderfall, dem Punktpendel auf dem Kreisbogen (dem mathematischen Pendel). Wie alle Punktmassensysteme ist auch das Punktpendel auf dem Kreisbogen eine Idealisierung. Man kann es auffassen als Grenzfall des nachher zu besprechenden Körperpendels (Ziff. 17).

Auf die Punktmasse m wirkt im Schwerefeld das Gewicht $\mathfrak{G} = m\,\mathfrak{g}$ und wegen der starren Verbindung mit O eine Reaktionskraft $\mathfrak{D}$ in Richtung der Verbindungslinie. Diese beiden Kräfte zusammen ergeben bei einem Ausschlag φ eine rückführende Kraft $\mathfrak{R}$ in Richtung der Bahn vom Betrage

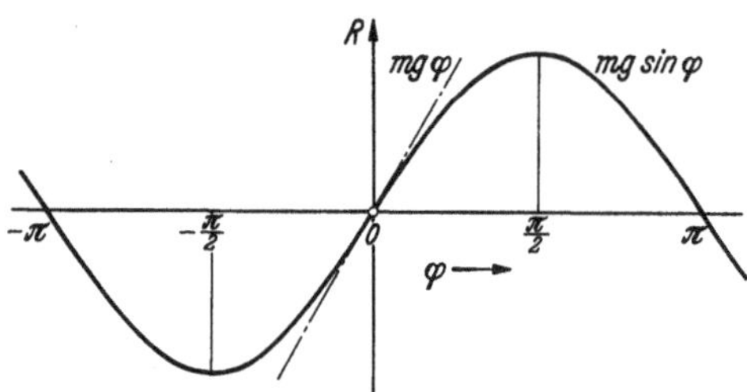

Abb. 16/3. Kennlinie des Kreispendels.

$$R = m\,g\sin\varphi .$$

Diese Gleichung ist die der Kennlinie des Schwingers (Abb. 16/3). Die Bewegung kann aufgefaßt werden entweder als eine Translation auf einer Kurve oder als eine Drehung um O; ihre Differentialgleichung lautet nach (12.1)

$$m\,l\,\ddot{\varphi} + m\,g\sin\varphi = 0 \quad \text{oder} \quad m\,l^2\,\ddot{\varphi} + mgl\sin\varphi = 0 .$$

Beide Formen liefern

$$l\,\ddot{\varphi} + g\sin\varphi = 0 . \tag{16.1}$$

Aus der Bewegungsgleichung fällt die Masse m heraus, da sie sowohl im Trägheitsglied $m\,l\,\ddot{\varphi}$ wie auch in der Rückstellkraft $m\,g\sin\varphi$ auftritt („Gleichheit von träger und schwerer Masse"). Das mathematische Pendel führt, wenn die Schwingungsweiten beliebige Werte erreichen können, pseudoharmonische Schwingungen aus (Ziff. 40). Harmonische Schwingungen erhalten wir in erster Annäherung, solange die Schwingungsweiten so klein bleiben, daß die Sinuslinie durch ihre Tangente im Nullpunkt ersetzt werden darf. Für solche kleinen

Schwingungen lautet die Bewegungsgleichung

$$l\ddot{\varphi} + g\,\varphi = 0. \tag{16.2}$$

Das Quadrat der Kreisfrequenz ist

$$\omega^2 = \frac{g}{l}, \tag{16.3}$$

daher die Frequenz $f = \dfrac{1}{2\pi}\sqrt{g/l}$ und die Periode

$$T = 2\pi\sqrt{l/g}. \tag{16.3a}$$

Die Schwingungsdauer eines Pendels hängt an einem gegebenen Ort — d. i. bei festem Wert von g — nur von seiner Länge ab; sie ist der Wurzel aus der Länge proportional. Die Quadrate der Schwingdauern zweier Pendel verhalten sich daher wie die Pendellängen

$$T_1^2 : T_2^2 = l_1 : l_2. \tag{16.4}$$

Beispiel. Unter einem *Sekundenpendel* versteht man ein Pendel, dessen *halbe Schwingungsdauer* 1 s beträgt. Wie lang ist ein solches Pendel?

Aus (16.3a) folgt $l = (T/2)^2 g/\pi^2$; mit $T/2 = 1$ s wird $l = 981/\pi^2$ cm $= 99{,}4$ cm. Das Sekundenpendel ist nahezu 1 m lang.

β) **Kurvenpendel; Zykloidenpendel.** Im allgemeinen Fall der Bewegung auf einer beliebigen Kurve k lautet die Bewegungsgleichung, wenn m die Masse des Punktkörpers, s die Bogenlänge und φ die Neigung der Tangente t gegen die Horizontale bezeichnet (Abb. 16/2),

$$m\,\ddot{s} + m\,g\sin\varphi = 0. \tag{16.5}$$

Für Kreisbahnen gilt $s = l\varphi$, und man erhält Gl. (16.1). Für andere Kurven kann man in der Nähe der Gleichgewichtslage, d. i. für kleine φ, setzen $s = \varrho\varphi$, wenn ϱ den Krümmungshalbmesser bezeichnet; für solche kleinen φ gilt aber auch $\sin\varphi \approx \varphi$, so daß die Differentialgleichung zu

$$m\,\varrho\,\ddot{\varphi} + m\,g\,\varphi = 0 \tag{16.6a}$$

und das Frequenzquadrat der kleinen Schwingungen durch

$$\omega^2 = \frac{g}{\varrho} \tag{16.6b}$$

gegeben wird. Mit anderen Worten: Kleine Schwingungen auf einer Kurve k verlaufen mit der gleichen Frequenz wie die Schwingungen eines Kreispendels,

das den Krümmungshalbmesser ϱ an der Gleichgewichtsstelle zur Pendellänge hat. (ϱ heißt *reduzierte* Pendellänge.)

Besondere Beachtung verdient der Fall, in dem k eine (gewöhnliche) Zykloide ist. Da die Zykloide Evolvente

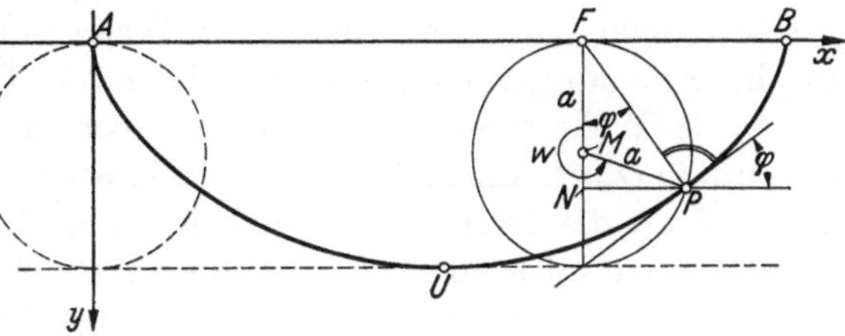

Abb. 16/4. Zykloide.

einer ihr kongruenten Kurve ist, müssen auch die Backen b Zykloiden sein. Wir suchen nun die Rückstellkraft $R = m\,g\sin\varphi$, die wir für die Bewegungsgleichung (16.5) brauchen, als Funktion der Bogenlänge s auf.

Mit den Bezeichnungen der Abb. 16/4 gilt für die Zykloide:

1. Gleichung der Kurve　$x = a\,(w - \sin w)$　und　$y = a\,(1 - \cos w)$,
2. Normale　$n = \overline{PF} = 2\,a\sin w/2$,
3. Bogen　$s = \overline{UP} = 4\,a\cos w/2.$

Daraus folgt für $\cos\varphi = \dfrac{\overline{FN}}{\overline{PF}} = y/n$

$$\cos\varphi = \frac{a\,(1 - \cos w)}{2\,a\,\sin w/2} = \frac{2\,a\,\sin^2 w/2}{2\,a\,\sin w/2} = \sin\frac{w}{2}$$

daher

$$\varphi = \frac{\pi}{2} - \frac{w}{2};$$

ferner kommt $s = 4\,a\cos\dfrac{w}{2} = 4\,a\sin\varphi$ und deshalb $\sin\varphi = \dfrac{s}{4\,a}$, so daß

$$R = m\,g\sin\varphi = m\,g\,s/4\,a$$

wird: Die Rückstellkraft ist dem Bogen proportional, die Kennlinie eine Gerade wie in Abb. 12/1a. Die Bewegungsgleichung lautet daher

$$m\,\ddot{s} + m\,g\,\frac{s}{4\,a} = 0,\qquad(16.7\,\mathrm{a})$$

so daß die Bewegung für jeden Ausschlag s eine rein harmonische Schwingung mit der Kreisfrequenz

$$\omega^2 = \frac{g}{4\,a}\qquad(16.7\,\mathrm{b})$$

wird. Wegen dieser strengen Unabhängigkeit der Frequenz vom Ausschlag bezeichnet man die Zykloide als *Tautochrone* (d. i. Kurve gleicher Schwingzeiten).

Das Kreispendel, das für kleine Schwingungen dieselbe Frequenz aufweist, wie das Zykloidenpendel für alle Ausschläge, hat die Länge $l = 4a$ (reduzierte Pendellänge), sein Faden ist also doppelt so lang wie der des Zykloidenpendels.

Zykloidenpendel sind auch als Uhrpendel schon verwendet worden. Als Nachteile treten dabei auf: Schwierigkeiten in der Herstellung einer streng genauen Zykloide, die Steifigkeit des Fadens, die ein genaues Anlegen an die Backen verhindert. Auch für genaue Uhren verwendet man daher heute Kreispendel mit sehr kleinen Ausschlägen. Über deren Genauigkeit erfolgen einige Angaben in Ziff. 40β.

γ) **Kreispendel im Fliehkraftfeld.** Nach den beiden Punktpendeln im Schwerefeld betrachten wir nun noch ein Punktpendel, dessen Rückstellkräfte von Feldkräften anderer Art herrühren. Wir nehmen z. B. an, ein Punktkörper mit der Masse m sei an einem Faden von der Länge l am Umfang einer Maschinenwelle vom Radius r befestigt (Abb. 16/5a), die mit der Winkelgeschwindigkeit ω_0 umlaufe. (Eine Welle mit der Winkelgeschwindigkeit ω_0 macht $n_0 = 30\,\omega_0/\pi$ Umdrehungen je min.) Die Verhältnisse liegen dann so, als ob die Welle ruhte, um sie herum aber ein Kraftfeld bestünde, das auf eine im Punkte Q befindliche Masse m eine Kraft $\mathfrak{F}$ vom Betrage $F = m\,(r + l)\,\omega_0^2$ ausübt. Wenn die Drehgeschwindigkeit ω_0 groß ist, überwiegt die Fliehkraft $\mathfrak{F}$ die außerdem noch vorhandene Schwerkraft $\mathfrak{G}$ so sehr, daß diese jener gegenüber vernachlässigt werden kann. Das angehängte Pendel kann dann bei radial gerichtetem Faden relativ zur Welle in Ruhe bleiben (mit der Welle umlaufen).

Wir nehmen nun an, die Punktmasse m werde durch irgendeine Ursache aus dieser „radialen Ruhelage" ausgelenkt (Abb. 16/5b). Der Winkel, den der Faden $\overline{PQ}$ mit dem Radius $\overline{OP}$ bildet, sei φ. Dann wirkt die Fliehkraft $\mathfrak{F}_1$ auf den Punktkörper. Neben einer den Faden spannenden Komponente $\mathfrak{S}$ enthält sie eine rückführende Komponente $\mathfrak{R}$, so daß die Voraussetzungen für das Zustandekommen einer Schwingung gegeben sind. Um die Kreisfrequenz der sich um die „Ruhelage" einstellenden Schwingung zu ermitteln, müssen

wir die Bewegungsgleichung für die Drehung des Punktkörpers m um P aufstellen. Mit den Bezeichnungen der Abb. 16/5c ist

$$F_1 = m\, s\, \omega_0^2; \tag{16.8a}$$

die rückführende Komponente $\mathfrak{R}$ der Kraft $\mathfrak{F}_1$ hat den Betrag

$$R = F_1 \sin \vartheta_2 = m\, s\, \omega_0^2 \sin \vartheta_2,$$

ihr Moment um den Befestigungspunkt P ist

$$M = l\, R = m\, l\, s\, \omega_0^2 \sin \vartheta_2. \tag{16.8b}$$

Wegen der aus Abb. 16/5c abzulesenden Beziehung (Sinussatz)

$$\sin \varphi : \sin \vartheta_1 : \sin \vartheta_2 = s : l : r \tag{16.8c}$$

wird daraus

$$M = m\, l\, r\, \omega_0^2 \sin \varphi, \tag{16.8d}$$

so daß auch dieses Pendel eine Sinuslinie als Charakteristik hat. Die Bewegungsgleichung lautet somit

$$m\, l^2\, \ddot{\varphi} + m\, l\, r\, \omega_0^2 \sin \varphi = 0$$

oder

$$l\, \ddot{\varphi} + r\, \omega_0^2 \sin \varphi = 0. \tag{16.9}$$

Für kleine Ausschläge wird daraus

$$l\, \ddot{\varphi} + r\, \omega_0^2\, \varphi = 0. \tag{16.10}$$

Das Quadrat der Kreisfrequenz ω^2 der
freien Schwingungen des Pendels beträgt demnach

$$\omega^2 = \frac{r}{l}\, \omega_0^2. \tag{16.11}$$

Die Kreisfrequenz ω der Pendelschwin-
gungen ist der Drehgeschwindigkeit ω_0
der Welle proportional. Im Laufe *einer*
Umdrehung der Welle führt das Pendel
stets die gleiche Anzahl von Schwin-

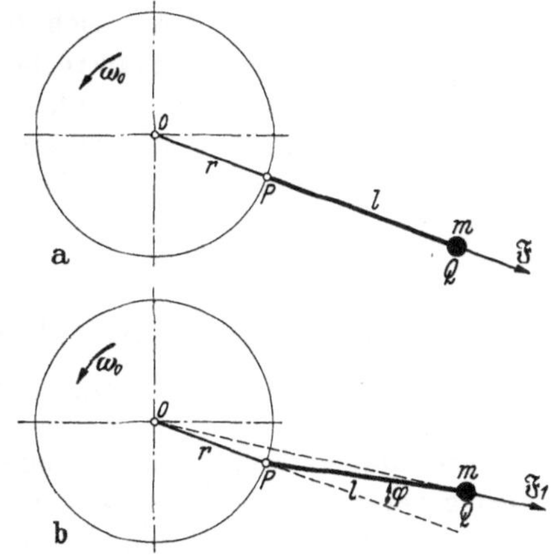

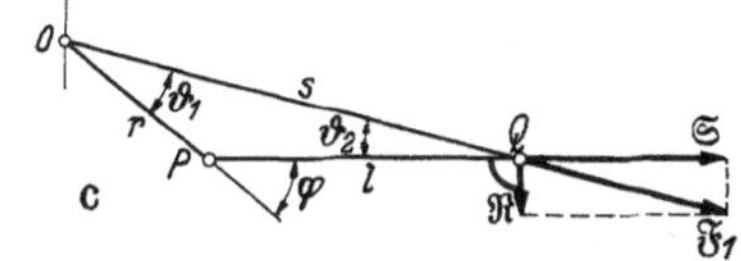

Abb. 16/5. Punktpendel am Umfang einer umlaufenden Welle befestigt. a Ruhelage, b ausgelenkte
Lage, c Winkel und Kräfte.

gungen aus, gleichgültig wie rasch die Welle sich dreht; die Anzahl der Schwingungen je Umdrehung hängt nur von den Abmessungen r und l ab, sie beträgt

$$\frac{f}{f_0} = \sqrt{\frac{r}{l}}. \tag{16.12}$$

Die in Abb. 16/5a skizzierte Anordnung ist die Urform einer neuerdings zu großer prak-
tischer Bedeutung gelangten Konstruktion, die der Beruhigung von störenden Schwingungen
der Kurbelwellen von Motoren (insbesondere Flugmotoren) dient und von der im zweiten
Band noch ausführlich die Rede sein wird (Taylor-Pendel).

17. Das Körperpendel (physikalisches Pendel). Das Körperpendel ist eine
ebene Scheibe (starrer Körper, der nur Bewegungen parallel einer Ebene ausführt), die sich um eine feste Achse O drehen kann (Abb. 17/1). Als kennzeichnende
Koordinate bietet sich der Drehwinkel φ an. Hier können wir die Bewegung
nicht mehr wie beim Punktpendel als eine Translation auffassen, sondern wir

müssen die Grundgleichung für Drehungen benützen, die aber gleichfalls die Form (12.1) hat; die Koordinate ist hier ein Winkel und a das Trägheitsmoment, die Dimension der Glieder ist KL. An der Scheibe greift im Schwerpunkte S ihr Gewicht $\mathfrak{G}$ als eingeprägte Kraft an, zugleich tritt eine in der Verbindungslinie $\overline{SO}$ wirkende Auflagerkraft $\mathfrak{D}$ auf. Für eine von $\varphi = 0$ verschiedene Stellung des Pendels wirken $\mathfrak{G}$ und $\mathfrak{D}$ wie beim Punktpendel derart zusammen, daß eine rückführende Kraft $\mathfrak{K}$ übrigbleibt, welche die Richtung der Tangente an die Schwerpunktsbahn hat. Ihr Betrag ist $K = G \sin \varphi$; sie hat ein Moment um den Drehpunkt O vom Betrag

$$R = G s \sin \varphi, \tag{17.1}$$

das die Scheibe in die Ruhelage zurückzuführen sucht. Die Kennlinie des Schwingers ist daher so wie bei dem auf einem Kreis sich bewegenden Punktpendel eine Sinuslinie. Wie das Punktpendel führt auch das Körperpendel im allgemeinen pseudoharmonische Schwingungen aus; nur die kleinen Schwingungen haben eine annähernd gerade Kennlinie mit der Gleichung

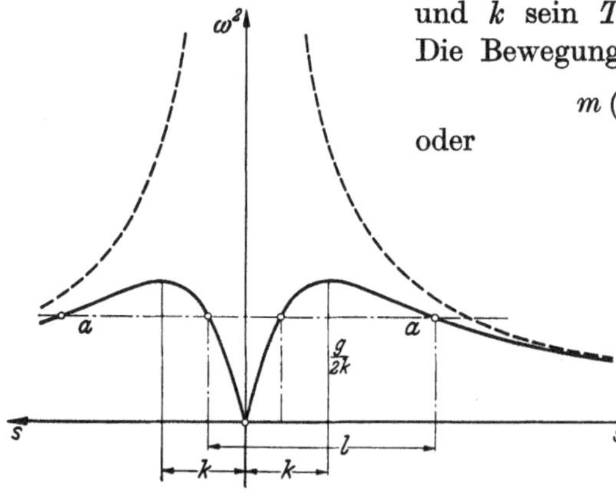

Abb. 17/1.
Körperpendel.

$$R = G s \varphi \tag{17.2}$$

und verlaufen deshalb harmonisch.

Die Bewegungsgleichung dieser kleinen Schwingungen lautet

$$\Theta \ddot{\varphi} + G s \varphi = 0. \tag{17.3}$$

Θ bedeutet dabei das Trägheitsmoment des Pendelkörpers um die Achse O, ist also gegeben durch $\Theta = m(k^2 + s^2)$, wenn m die Masse des Pendelkörpers und k sein *Trägheitsarm für die Schwerachse* ist. Die Bewegungsgleichung wird somit zu

$$\left. \begin{array}{c} m(k^2 + s^2)\ddot{\varphi} + m g s \varphi = 0 \\[2mm] \text{oder} \qquad \ddot{\varphi} + g \dfrac{s}{k^2 + s^2} \varphi = 0; \end{array} \right\} \tag{17.4}$$

die Kreisfrequenz der kleinen Schwingungen folgt dann aus

$$\omega^2 = g \frac{s}{k^2 + s^2}. \tag{17.5}$$

Auch hier tritt die Masse m in der zweiten Differentialgleichung (17.4) und im Ausdruck für die Frequenz nicht mehr auf. Die Gl. (17.5) läßt die Abhängigkeit des Frequenzquadrates von s erkennen. Tragen wir in einem Diagramm $\omega^2(s)$ auf, so erhalten wir die Abb. 17/2. ω^2 verschwindet sowohl für $s = 0$ wie für $s = \infty$. Zwischen diesen Werten existiert ein Maximum; es liegt, wovon man sich durch Nullsetzen der Ableitung von $\omega^2(s)$ überzeugt, bei $s = k$. Legt man die Drehachse durch einen auf dem Kreis mit dem Halbmesser k um S gelegenen Punkt des Pendels, so schwingt das Pendel mit der größten ihm erreichbaren Frequenz $\omega^2 = g/2k$. In diesem Fall ist auch die größte Unempfindlichkeit der Frequenz

Abb. 17/2. Frequenzquadrat des Körperpendels (——)
und Punktpendels (- - - - -).

gegen (etwa unbeabsichtigte) Änderungen der Pendellänge vorhanden. Die Pendel genauer astronomischer Uhren werden deshalb im Abstand k vom Schwerpunkt aufgehängt (M. Schuler).

Ist der Pendelkörper punktförmig, die Masse also im Schwerpunkt vereinigt (mathematisches Pendel), so ist $k = 0$, so daß $\omega^2 = g/s$ wird. In Abb. 17/2 ist $\omega^2(s)$ auch für das Punktpendel $k = 0$ (gestrichelt) eingetragen. Das Maximum ist nach $s = 0$ gerückt und ausgeartet, die Kurve fällt monoton; sie ist zu einer Hyperbel geworden.

Man kann nun die Länge l eines Punktpendels aufsuchen, das dieselbe Frequenz hat, wie der ausgedehnte Pendelkörper. Man setzt also

$$l = \frac{g}{\omega^2} = \frac{k^2 + s^2}{s} \tag{17.6}$$

und nennt diese Länge l die *reduzierte Pendellänge* des Körperpendels und den Punkt T auf der Verlängerung der Linie $\overline{OS}$, der den Abstand l von O hat, den *Schwingungsmittelpunkt*. Da er zum Aufhängepunkt O gehört, so muß man ihn deutlicher „den zu O gehörigen Schwingungsmittelpunkt" nennen. Zu jedem Aufhängepunkt gehört ein anderer Schwingungsmittelpunkt.

Der Schwingungsmittelpunkt hat eine bemerkenswerte Eigenschaft. Hängt man das Pendel statt in O im zugehörigen Schwingungsmittelpunkt T (Abb. 17/3) auf, so schwingt es mit derselben Frequenz wie zuvor.

Für $s = s_1$ ist

$$\omega_1^2 = g\,\frac{s_1}{k^2 + s_1^2},$$

für $s = s_2 = l - s_1 = k^2/s_1$ ist

$$\omega_2^2 = g\,\frac{s_2}{k^2 + s_2^2} = g\,\frac{k^2/s_1}{k^2 + k^4/s_1^2} = g\,\frac{s_1}{k^2 + s_1^2}.$$

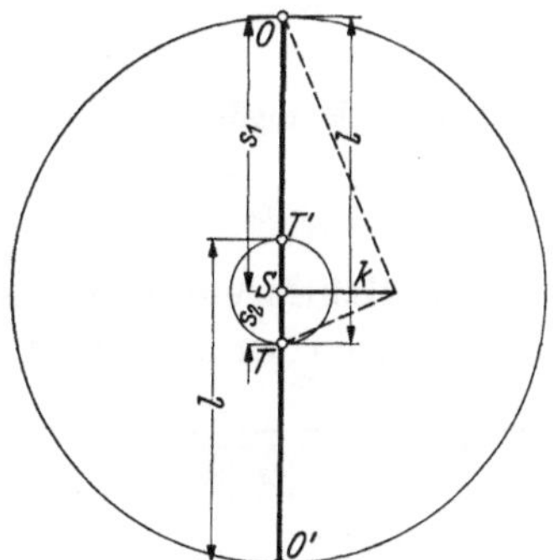

Abb. 17/3. Lage von Aufhängepunkt O, Schwerpunkt S und Schwingungsmittelpunkt T.

Das Produkt $s_1 s_2$ der Schwerpunktsabstände $s_1 = \overline{OS}$ und $s_2 = \overline{ST}$, die gleiche Schwingungsdauern ergeben, ist gleich dem Quadrat des Trägheitsarms, $s_1 s_2 = k^2$. Man findet zusammengehörige Aufhänge- und Schwingungsmittelpunkte deshalb durch die in Abb. 17/3 angegebene geometrische Konstruktion. Alle Punkte der Scheibe, die als Aufhängepunkte dem Pendel dieselbe Frequenz geben, liegen auf zwei konzentrischen Kreisen. Durchmustert man die Frequenzen zu allen Punkten einer Schwerlinie, so findet man (abgesehen von dem Sonderfall $s = k$, für den die beiden Kreise zusammenfallen) jeweils *vier* Punkte, denen dieselbe Frequenz zugehört (O, T', T, O' in Abb. 17/3, vgl. auch die Linie a—a in Abb. 17/2). Ein Aufhängepunkt und ein zugehöriger Schwingungsmittelpunkt, deren Abstand gleich der reduzierten Pendellänge l ist, sind dabei jeweils durch den Schwerpunkt S getrennt, oder — anders ausgedrückt — durch einen und nur einen weiteren Punkt „gleicher Frequenz" (wieder mit Ausnahme des Sonderfalles $s = k$).

Ein Pendel, das mit solchen Vorrichtungen versehen ist, daß es außer in einem Punkte O auch im zugehörigen Schwingungsmittelpunkt T aufgehängt werden kann, wird ein *Reversionspendel* genannt. Eine genaue Anpassung wird dabei durch Verschiebung einer kleinen Masse erreicht, die das Trägheitsmoment des Pendelkörpers ändert, bis die Baulänge zwischen den Schneiden zur reduzierten Pendellänge geworden ist.

Beispiel. Die Schwingdauer und die reduzierte Pendellänge einer in einer Ecke aufgehängten Rechteckplatte von der Breite b und Höhe h ist zu bestimmen (Abb. 17/4).

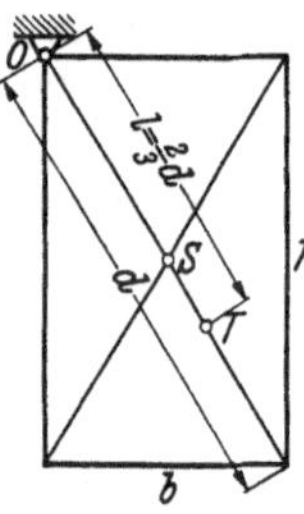

Es ist

$$\omega^2 = g\,\frac{s}{k^2 + s^2} \quad \text{und} \quad l = \frac{k^2 + s^2}{s}\,.$$

$$k^2 = \frac{J_S}{F} = \frac{J_x + J_y}{F} = \frac{b\,h\,(h^2 + b^2)}{12\,b\,h} = \frac{d^2}{12}\,,$$

wenn $d^2 = b^2 + h^2$ ist. Daher folgt

$$l = \frac{d^2/12 + d^2/4}{d/2} = \frac{2}{3}\,d\,.$$

Abb. 17/4.
Rechteckplatte
als Pendel.

Die reduzierte Pendellänge beträgt $\frac{2}{3}\,d$, der Schwingungsmittelpunkt liegt auf der Diagonalen, im Abstand $\frac{2}{3}\,d$ vom Aufhängepunkt.

Daher ist die Frequenz

$$\omega^2 = \frac{3\,g}{2\,d}\,, \quad f = \frac{1}{2\,\pi}\,\sqrt{\frac{3\,g}{2\,d}}$$

und die Schwingdauer

$$T = 2\,\pi\,\sqrt{\frac{2\,d}{3\,g}}\,.$$

18. Mehrfadenpendel, Schiffsschwingungen, Rollpendel. In dieser Ziffer untersuchen wir weitere Arten von Bewegungen starrer Körper, die Rückstellkräfte vom Schwerefeld der Erde her erfahren.

α) Hängt man einen Körper an mehreren Fäden (oder Seilen) auf, die entweder parallel gespannt sind (Abb. 18/1) oder in einem Punkte zusammenlaufen (Abb. 18/2), so hat man wieder ein Pendel vor sich. Der Einfachheit halber möge angenommen werden, daß die Punkte A_1, A_2, A_3, ... auf einem Kreis (vom Halbmesser a) um den Schwerpunkt liegen, die Fäden also gleiche Länge haben. Die sich einstellende Bewegung ist eine Drehung um die lotrechte Schwerachse mit der Differentialgleichung

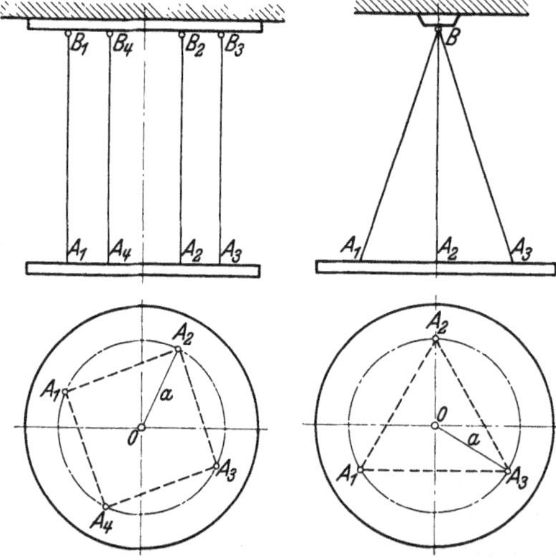

Abb. 18/1. Mehrfadenpendel mit parallelen Fäden.   Abb. 18/2. Mehrfadenpendel mit geneigten Fäden.

$$\Theta\,\ddot{\varphi} + R = 0\,, \qquad (18.1)$$

wenn mit R das rückführende Moment bezeichnet wird. Die Ermittlung dieses Momentes ist die nächste Aufgabe.

Wir untersuchen zunächst die Anordnung mit parallelen Seilen und betrachten die Seile einzeln (Abb. 18/3). Die Kraft, mit der jedes Seil in der Ruhelage beansprucht wird, sei S_0. Da sich das Gewicht G des Körpers auf die n Seile gleichmäßig verteilt, so ist $S_0 = G/n$. Wird der Körper um den

Winkel φ in einer waagerechten Ebene gedreht, so daß der Fußpunkt A nach A' gelangt (Abb. 18/3c), so üben die Seilkräfte rückführende Momente aus, da sie nun einen Winkel von $\pi/2 - \psi$ mit der Horizontalen einschließen, der gegeben ist durch $\sin\psi = u/l$; u ist dabei der Abstand $\overline{AA'}$, l die Länge des Seiles. Bei der Auslenkung vergrößert sich der Seilzug etwas; war er vorher S_0, so wächst er auf $S = S_0/\cos\psi$ (Abb. 18/3d). Da die Auslenkung u und damit der Winkel ψ klein vorausgesetzt wird, vernachlässigen wir die Änderung und rechnen mit einem festen Wert $S = S_0$ der Seilkraft. Die horizontale Komponente dieser Seilkraft ist

$$H = S\sin\psi = S\frac{u}{l}; \qquad (18.2\,\text{a})$$

sie liegt im Abstand h vom Mittelpunkte O, so daß ihr Moment M um O

$$M = H \cdot h = S\frac{uh}{l} \qquad (18.2\,\text{b})$$

beträgt. u und h schreiben sich in φ

$$u = 2a\sin\frac{\varphi}{2} \qquad h = a\cos\frac{\varphi}{2},$$

deshalb wird

$$M = \frac{Sa^2}{l}\sin\varphi. \qquad (18.2\,\text{c})$$

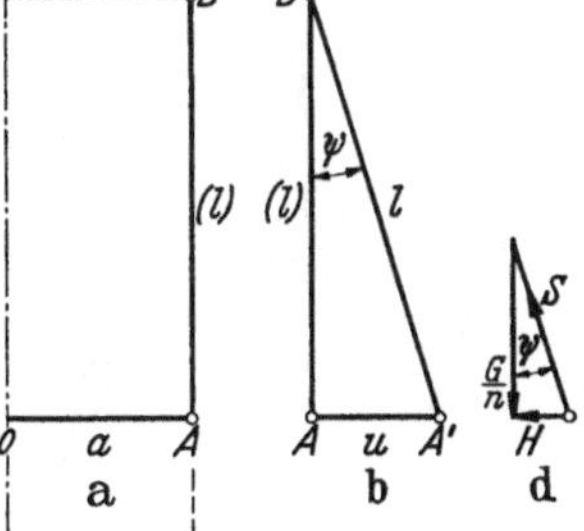
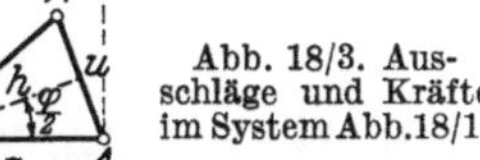

Abb. 18/3. Ausschläge und Kräfte im System Abb.18/1.

Wenn n Seile vorhanden sind, so ist das gesamte rückführende Moment $R = nM$, wegen $S = G/n$ daher

$$R = \frac{Ga^2}{l}\sin\varphi. \qquad (18.2\,\text{d})$$

Mit Benutzung des Trägheitshalbmessers k des Pendelkörpers (für die lotrechte Schwerachse) wird aus (18.1)

$$m k^2 \ddot{\varphi} + \frac{m g a^2}{l}\sin\varphi = 0. \qquad (18.3)$$

Wie beim physikalischen Pendel ist die Kennlinie eine Sinuslinie, und ebenso wie dort verlaufen die kleinen Schwingungen harmonisch. Ihr Frequenzquadrat ist

$$\omega^2 = \frac{g}{l}\frac{a^2}{k^2}. \qquad (18.4)$$

Es ist bemerkenswert, daß die Frequenz wieder unabhängig ist von der Masse des Pendelkörpers, aber auch unabhängig von der Anzahl der Seile, an denen er hängt. Die reduzierte Pendellänge der Anordnung beträgt

$$l' = l\frac{k^2}{a^2}. \qquad (18.5)$$

Mit der Auslenkung erfahren die einzelnen Seile auch eine Verdrillung um den Winkel φ. Sind die Seile drillungssteif mit der Steifigkeit c je Seil (vgl. Ziff. 23), so vergrößert sich das Rückstellmoment um $nc\varphi$, und aus (18.4) wird

$$\omega^2 = \left[\frac{g\,a^2}{l} + nc\right]\frac{1}{k^2}. \qquad (18.4\,\text{a})$$

In diesem Fall ist eine Abhängigkeit von n vorhanden.

Auch in der zweiten Anordnung, wo die Seile von einem Punkte ausgehen, betrachten wir die Seile einzeln (Abb. 18/4) und lassen wieder die Veränderungen außer acht, die die Höhe l und die Seilkraft S während der kleinen Ausschläge erfahren können. Die Länge der schräg laufenden Seile bezeichnen wir jetzt mit L; die Seile sind unter dem Winkel α gegen die Lotrechte geneigt, für den $\sin\alpha = a/L$ gilt. Eine Drehung des Körpers um den Winkel φ in der waagerechten Ebene schafft auch hier einen Neigungswinkel $\pi/2 - \psi$ der Seile gegen die horizontale Gerade, in der der Ausschlag u liegt, so daß hier die Horizontalkomponente einer Seilkraft

$$H = S \sin\psi = S\,\frac{u}{L} \tag{18.6a}$$

ist. Die Seilkraft S ist jetzt aber größer als zuvor, nämlich

$$S = \frac{G/n}{\cos\alpha}. \tag{18.6b}$$

Damit wird das von einem Seil herrührende Rückführmoment

$$M = Hh = \frac{\dfrac{G\,a^2}{n}}{L\cos\alpha}\,\sin\varphi \tag{18.6c}$$

und das aller Seile

$$R = nM = \frac{G\,a^2}{L\cos\alpha}\,\sin\varphi. \tag{18.6d}$$

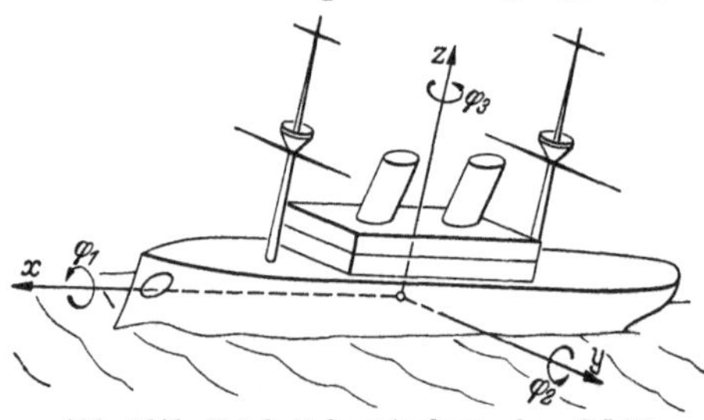

Abb. 18/4. Ausschläge und Kräfte im System Abb. 18/2.

Bezeichnet man die Höhe des Aufhängepunktes über dem Körper $L\cos\alpha$ mit l, so stimmen die Rückführmomente (18.2d) und (18.6d) überein. Der an geneigten Seilen aufgehängte Körper bewegt sich genau so wie der an parallelen Seilen, wenn der Abstand des Körpers von der „Decke" der gleiche ist.

β) Die Bewegungen, die ein *Schiff* im Wasser ausführt, wenn es irgendwie aus seiner Gleichgewichtslage gerät, werden ebenfalls von den Schwerkräften bestimmt, sind also Pendelungen. Das Schiff ist ein starrer Körper im Raum, der sechs Grade der Freiheit aufweist (entsprechend den sechs zur Beschreibung seiner Lage notwendigen Koordinaten). Wir suchen die Trägheitshauptachsen des Schiffes auf und wählen als Koordinaten die drei Verschiebungen x, y, z in Richtung dieser Achsen und die drei Drehungen $\varphi_1, \varphi_2, \varphi_3$ um diese

Abb. 18/5. Trägheitshauptachsen eines Schiffes.

Achsen (Abb. 18/5). Jede dieser sechs Bewegungen kann unabhängig von den anderen erfolgen und stellt eine Bewegung von einem Freiheitsgrad dar. Schwingungen treten jedoch nur dann auf, wenn eine Auslenkung das Gleichgewicht stört und Rückstellkräfte weckt. Die neue Lage ist wieder Gleichgewichtslage bei den Verschiebungen x und y und bei einer Drehung φ_3 um die z-Achse. Dagegen wecken Auslenkungen in den drei anderen Koordinaten z, φ_1, φ_2 Rückstellkräfte oder -momente und geben so Veranlassung zu Schwingungen: Das Schiff ist ein dreiläufiger Schwinger.

Die Schwingungen in z sind einfach zu überblicken: Bezeichnet man die „Schwimmfläche" (die durch die Schiffswand aus dem Wasserspiegel ausgeschnitten wird) mit F, so beträgt die Rückführkraft R bei einer vertikalen Auslenkung z, wenn $\gamma = \mu g$ das spezifische Gewicht des Wassers ist,

$$R = \gamma F z = \mu g F z; \tag{18.7a}$$

daher lautet die Bewegungsgleichung (wenn m die Masse des Schiffs bezeichnet)

$$m \ddot{z} + \mu g F z = 0. \tag{18.7b}$$

Die Kennlinie für die lotrechten Schwingungen ist eine Gerade, und die Schwingungen verlaufen harmonisch, solange der Querschnitt F als von z unabhängig angesehen werden kann. Dem Ausdruck für die Kreisfrequenz kann man wegen $m = \mu V$ (V ist das verdrängte Volumen) die Form geben

$$\omega^2 = g \, \frac{\mu F}{m} = g \, \frac{F}{V} \, . \tag{18.7c}$$

Auch die beiden Drehungen φ_1 und φ_2 sind mit Rückstellkräften verbunden. Wir untersuchen die Drehung φ_1 um die Längsachse eingehender; für die andere gilt ganz entsprechendes.

In der Gleichgewichtslage befindet sich der Schwerpunkt S des Schiffes, in dem sein Gewicht angreifend gedacht werden kann, senkrecht über dem
Schwerpunkt T der verdrängten Wassermasse, in dem die Auftriebskraft angreift (Abb. 18/6, die die Querschnitts-Schwerebene zeigt). Bei einer Drehung φ_1 ändert sich die Form der verdrängten Wassermasse. Das Volumen $\int f_1 \, dx$ fällt weg, dafür kommt $\int f_2 \, dx$ hinzu (Bezeichnungen s. Abb. 18/6). Beide Größen sind gleich, da der Auftrieb sich nicht ändern kann;

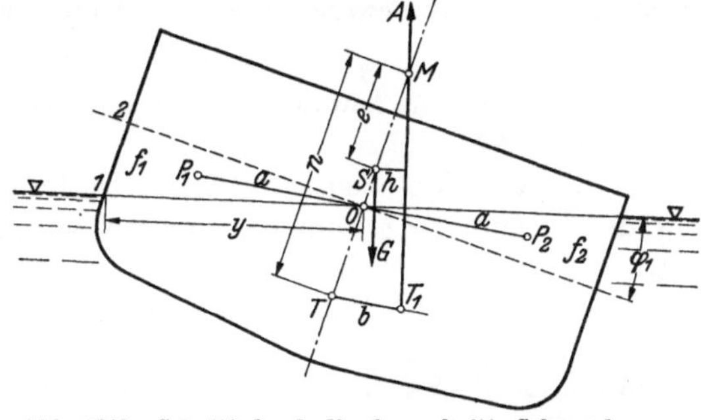

Abb. 18/6. Schnitt durch die Querschnitts-Schwerebene.

sind die Wände parallel, so ist auch $f_1 = f_2 = f$: Das Schiff dreht sich um die Längsschwerachse. Ändern mußte sich jedoch der Angriffspunkt des Auftriebes, der der Schwerpunkt der verdrängten Masse ist. Er hat sich parallel $\overline{P_1 P_2}$ (Verbindungslinie der Schwerpunkte der Flächen f_1 und f_2) um die Strecke b von T nach T_1 verschoben. Wenn $y(x)$ die Ordinate der „Schiffswasserlinie" (Umriß der Schwimmfläche) angibt, so gilt für kleine Winkel φ_1 angenähert

$$\overline{P_1 O} = \overline{P_2 O} = a = \frac{2}{3} \, y \quad \text{und} \quad f = y^2 \frac{\varphi_1}{2} ,$$

daher

$$b = \frac{2 \int a f \, dx}{V} = \frac{\frac{2}{3} \int y^3 \, dx}{V} \, \varphi_1 = \frac{J}{V} \, \varphi_1 . \tag{18.8a}$$

J ist das äquatoriale Flächenträgheitsmoment der Schwimmfläche in bezug auf die Längsachse O.

Bezeichnet man den Schnittpunkt der Wirkungslinie des Auftriebs (Lotrechte in T_1) mit der Symmetrielinie des Querschnittes durch M, und die Strecke $\overline{TM}$ mit n, so gilt

$$n = \frac{b}{\varphi_1} = \frac{J}{V}. \qquad (18.8\,\mathrm{b})$$

M heißt das *Metazentrum*, sein Abstand n von T ist durch (18.8 b) festgelegt. Die Höhe von M über dem Schwerpunkt S, $\overline{MS} = e$, heißt die ,*metazentrische Höhe*'. Das Rückstellmoment, das der Auftrieb ausübt, ist gegeben durch

$$R = G\,h = G\,e \sin \varphi_1; \qquad (18.9\,\mathrm{a})$$

die Kennlinie ist also wieder eine Sinuslinie, und das Rückstellmoment ist der metazentrischen Höhe proportional.

Die Bewegungsgleichung lautet

$$\Theta\,\ddot{\varphi}_1 + G\,e \sin \varphi_1 = 0; \qquad (18.9\,\mathrm{b})$$

daher ist für kleine Schwingungen

$$\omega^2 = g\,\frac{e}{k^2}, \qquad (18.9\,\mathrm{c})$$

wenn k den Trägheitsarm des Schiffes für seine Längsschwerachse bezeichnet. Die reduzierte Pendellänge beträgt

$$l' = k^2/e. \qquad (18.9\,\mathrm{d})$$

Für andere als parallele Wände und nicht mehr kleine Winkel φ_1 wird h irgendeine andere Funktion $h(\varphi_1)$; die Bewegungsgleichung lautet dann

$$\Theta\,\ddot{\varphi}_1 + G\,h(\varphi_1) = 0$$

und muß nach den Anweisungen für pseudoharmonische Schwingungen (Abschn. C) behandelt werden.

Analog dem Metazentrum für die Drehungen φ_1 um die Längsachse läßt sich für die Drehungen φ_2 um die Querachse ein ,,Quermetazentrum'' finden. Es liegt stets höher als das erste. Für die Schwingungen in der Koordinate φ_2 spielt es die gleiche Rolle wie jenes für die in φ_1.

Erwähnt seien noch die Bezeichnungen für die drei Arten von Schwingbewegungen: die in z heißt *Wogen*, die in φ_1 *Rollen* oder *Schlingern*, die in φ_2 *Stampfen*.

γ) Ein weiteres Beispiel, das vom physikalischen Standpunkt aus hierher gehört, ist das *Rollpendel*, denn auch dieses besteht aus einem starren Körper, der durch Schwerkräfte in schwingende Bewegung versetzt wird. Die Behandlung dieser Aufgabe paßt jedoch nicht mehr in den bisherigen Rahmen, da die Rollbewegung weder eine Schiebung noch eine Drehung um eine feste Achse ist. Die Bewegungsgleichung kann also nicht mehr in der einfachen Form von Gl. (11.1) angeschrieben werden. Zur Behandlung dieser Aufgabe sind anders geartete Hilfsmittel erforderlich, die wir erst später kennenlernen werden (Ziff. 29 δ).

19. Beispiele für Pendelbewegungen; Ermittlung von Trägheitsmomenten. α) Eine Aufhängung eines starren Körpers an mehreren Fäden findet man in manchen elektrischen und magnetischen Meßgeräten vor, für welche sie erstmals von Gauss vorgeschlagen wurde. In der Regel sind dann zwei Fäden verwendet (bifilare Aufhängung).

Das Gehänge eines Magnetometers besteht aus einem dünnen Magnetstab von 5 cm Länge, der im Abstand von 3 cm (symmetrisch) an zwei Fäden (ohne nennenswerte Torsionssteifigkeit) von 10 cm Länge aufgehängt ist. Welche Schwingungsdauer hat das System, und wie lang ist das gleichwertige mathematische Pendel?

Die Antwort steckt in Gl. (18.4). Von den dort eingehenden Größen kennen wir $g = 981$ cm/s^2, $l = 10$ cm, $a = 1,5$ cm; es fehlt noch k. Das Trägheitsmoment eines dünnen Stabes in bezug auf eine Querachse durch den Schwerpunkt ist $\Theta = m L^2/12$ und daher $k^2 = L^2/12$. In (18.4) eingesetzt, ergibt sich

$$\omega^2 = \frac{981 \cdot 2{,}25 \cdot 12}{10 \cdot 25}\ \text{s}^{-2} = 105{,}95\ \text{s}^{-2}$$

und

$$T = \frac{2\,\pi}{\omega} = 0{,}626\ \text{s}.$$

Die reduzierte Pendellänge beträgt nach Gl. (18.5)

$$l' = l\,\frac{k^2}{a^2} = \frac{10 \cdot 25}{12 \cdot 2{,}25}\ \text{cm} = 9{,}26\ \text{cm}.$$

β) Das Trägheitsmoment Θ eines Schwungrades für seine Achse soll ermittelt werden. Der Schwerpunkt ist bekannt, er liegt in der Achse. Das Gewicht des Rades ist G.

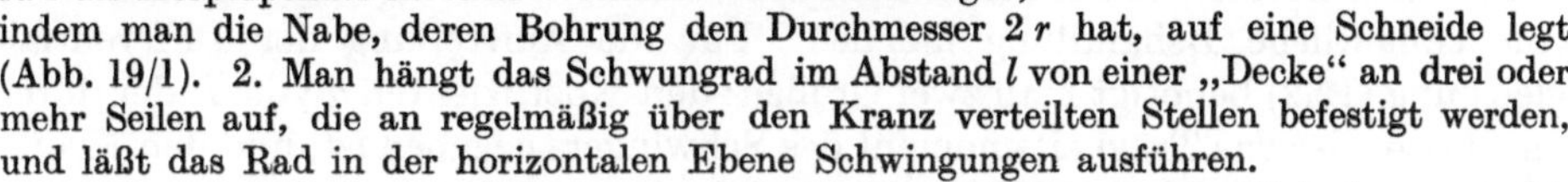

Abb. 19/1. Aufhängung eines Schwungrades als Körperpendel.

Es gibt zwei Möglichkeiten: 1. Man läßt das Schwungrad als Körperpendel in einer vertikalen Ebene schwingen, indem man die Nabe, deren Bohrung den Durchmesser $2\,r$ hat, auf eine Schneide legt (Abb. 19/1). 2. Man hängt das Schwungrad im Abstand l von einer „Decke" an drei oder mehr Seilen auf, die an regelmäßig über den Kranz verteilten Stellen befestigt werden, und läßt das Rad in der horizontalen Ebene Schwingungen ausführen.

1. Aus einer Reihe von Schwingungen ermittelt man die Dauer einer Schwingung zu T_1, rechnet als Hilfsgröße die reduzierte Pendellänge $l'_1 = \dfrac{g\,T_1^2}{4\,\pi^2}$ aus und findet das Quadrat des Trägheitsarms aus (17.6) zu

$$k^2 = s\,(l'_1 - s) = r\,(l'_1 - r).$$

Das Trägheitsmoment selbst ist

$$\Theta = \frac{G}{g}\,k^2.$$

2. Aus der Schwingdauer T_2 der zweiten Anordnung findet man nach (18.4)

$$k^2 = \frac{g}{l}\,\frac{a^2}{\omega^2} = \frac{g}{l}\,\frac{a^2\,T_2^2}{4\,\pi^2},$$

wenn a der Abstand der Fußpunkte der Seile von der Achse ist, und deshalb

$$\Theta = \frac{G}{g}\,k^2 = G\,\frac{a^2\,T_2^2}{4\,\pi^2\,l}.$$

γ) Die zur Bildebene senkrechte Schwerachse einer Pleuelstange (Abb. 19/2) und das Trägheitsmoment für diese Achse sollen ermittelt werden. (Die Kenntnis dieser Größen ist z. B. erforderlich zur Bestimmung der Gelenkdrucke des Kurbeltriebes.)

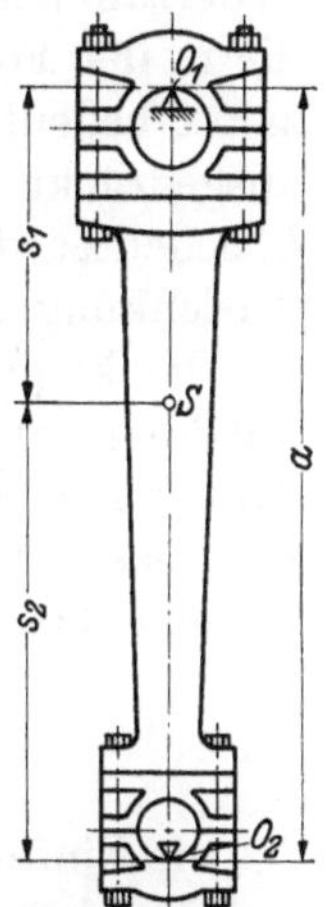

Abb. 19/2. Pleuelstange mit Aufhängepunkten.

Kennt man das Gewicht, so lassen sich die gesuchten Größen aus Schwingungsversuchen finden. Am bequemsten ist in diesem Fall die Anordnung als Körperpendel. Und zwar muß man die Stange auf zwei verschiedene Arten schwingen lassen, etwa mit O_1 und O_2 als Drehachse. Der (bekannte) Abstand der Drehachsen sei a, die (unbekannten) Abstände der Schwerachse von den Drehpunkten O_1 und O_2 seien s_1 und s_2 und der gesuchte Trägheitsarm k. Die Schwingungen um O_1 mögen die Dauer T_1, jene um O_2 die Dauer T_2 haben. Aus beiden Werten errechnet man als Hilfsgrößen die reduzierten Pendellängen:

$$l_1 = \frac{g\,T_1^2}{4\,\pi^2}, \qquad l_2 = \frac{g\,T_2^2}{4\,\pi^2}.$$

Dann stehen wegen (17.6) die drei Gleichungen

$$\left. \begin{aligned} k^2 + s_1^2 &= s_1\,l_1 \\ k^2 + s_2^2 &= s_2\,l_2 \\ s_1 + s_2 &= a \end{aligned} \right\}$$

zur Bestimmung der drei Unbekannten s_1, s_2 und k zur Verfügung. Aus ihnen findet man ohne Mühe

$$s_1 = a\,\frac{l_2 - a}{l_1 + l_2 - 2a}\,, \qquad s_2 = a\,\frac{l_1 - a}{l_1 + l_2 - 2a}\,,$$

daraus dann

$$k^2 = s_1\,(l_1 - s_1) \qquad \text{oder} \qquad k^2 = s_2\,(l_2 - s_2)$$

und schließlich das Trägheitsmoment selbst

$$\Theta = \frac{G}{g}\,k^2.$$

c) Die elastischen Schwinger.

20. Federzahl, Einflußzahl; allgemeine Eigenschaften. Als elastische Schwinger bezeichnen wir diejenigen Systeme, deren Rückstellkräfte ihre Ursache in der Elastizität eines aus seiner natürlichen Gestalt verzerrten Gebildes haben. Trotz der Verschiedenartigkeit der Gebilde und ihrer Beanspruchungen ist doch eine einheitliche Behandlung möglich. Für die Aufstellung der Differentialgleichung (12.2) benötigt man zwei Größen: den Koeffizienten a von $\ddot{q}$, der durch die Masse oder das Trägheitsmoment des Schwingers gegeben ist, und den Koeffizienten c von q, die *Federzahl*. Für kleine Schwingungen ist c durch das Steigungsmaß der Tangente an die Kennlinie des Schwingers bestimmt. An Stelle der Federzahl c kann man auch ihren Kehrwert $h = 1/c$ benutzen. Er ist eine Größe, die in der Festigkeitslehre häufig verwendet wird: die *Einflußzahl*. Die Federzahl c bedeutet das Verhältnis von Kraft zum erzeugten Ausschlag oder, anders ausgedrückt, die zur Erzeugung des Einheitsausschlags notwendige Kraft, h bedeutet das Verhältnis von Auslenkung zur erzeugenden Kraft, d. h. die Auslenkung unter der Wirkung einer Einheitskraft.

Die kinetische Aufgabe der Aufstellung der Bewegungsgleichung und Ermittlung der Eigenfrequenz ist auf diese Weise zurückgeführt auf eine Aufgabe der Festigkeitslehre, nämlich die Ermittlung der Einflußzahl des untersuchten Gebildes für die Stelle der aufgesetzten Masse. Ist diese Einflußzahl bekannt, so folgt das Quadrat der Kreisfrequenz aus

$$\omega^2 = \frac{c}{a} = \frac{1}{h\,a}\,. \tag{20.1}$$

Die Einflußzahl (oder die Federzahl) und damit die Frequenz eines elastischen Gebildes kann, wenn dieses einfach genug gebaut ist, durch Rechnung gefunden werden. Wir werden eine Reihe solcher Rechnungen in den folgenden Abschnitten durchführen. Wo eine Rechnung nicht möglich oder nicht angängig ist, kann h auch aus einem Versuch gewonnen werden. Man belastet das System mit einer beliebigen Kraft (oder einem Moment) P_1, die (das) in Richtung des Weges der zu untersuchenden Schwingung liegt, und stellt die zugehörige Verschiebung (Drehung) w_1 fest; der Quotient w_1/P_1 liefert unter Voraussetzung gerader Kennlinie die Einflußzahl h.

Wird nicht die zu *irgendeiner* Kraft P gehörige Verschiebung w festgestellt, sondern diejenige Verschiebung d, die unter Wirkung des *Gewichtes* $G = mg$ der aufgesetzten Masse m eintritt, so ist $h = d/G$ und daher

$$\omega^2 = \frac{1}{h\,m} = \frac{1}{m}\,\frac{G}{d} = \frac{g}{d}\,. \tag{20.2}$$

Diese Gleichung liefert uns den sehr allgemeinen Satz, daß die Quadrate der Schwingzahlen zweier einläufiger elastischer Systeme sich umgekehrt verhalten wie die statischen Durchsenkungen, welche die Systeme unter der Wirkung des Gewichtes der aufgesetzten Massen erfahren;

$$\omega_1^2 : \omega_2^2 = f_1^2 : f_2^2 = d_2 : d_1. \tag{20.3}$$

Der Vergleich der Gl. (16.3) für die Frequenz eines Punktpendels mit der Gl. (20.2) für die Frequenz eines elastischen Schwingers zeigt, daß der elastische Schwinger dieselbe Frequenz hat wie ein Punktpendel, dessen Pendellänge gleich der statischen Einsenkung des Gebildes unter dem Einfluß des Gewichtes der aufgesetzten Masse ist. Man nennt die Größe d auch die *Frequenzhöhe* des Schwingers. Sie ist ein Analogon zur reduzierten Pendellänge.

Aus (20.2) kann man noch eine Faustformel zur Abschätzung der Eigenfrequenzen elastischer Systeme herleiten. Mit $\omega^2 d = g$ wird

$$f^2 d = \frac{g}{4\,\pi^2} \approx 25 \text{ cm s}^{-2}. \tag{20.4}$$

So ist z. B. für

$$
\begin{array}{lll}
d = 1 \text{ cm} & f^2 \approx \;\;\; 25 \text{ s}^{-2} & f \approx \;\; 5 \text{ Hz} \\
d = 0{,}1 \text{ cm} & f^2 \approx \;\; 250 \text{ s}^{-2} & f \approx 16 \text{ Hz} \\
d = 0{,}01 \text{ cm} & f^2 \approx 2500 \text{ s}^{-2} & f \approx 50 \text{ Hz}.
\end{array}
$$

In den vorstehenden Überlegungen ist Gebrauch gemacht von den Begriffen des Gewichtes und der Schwerebeschleunigung. Man beachte jedoch wohl, daß diese Größen mit der Schwingung selbst *nichts* zu tun haben und nur zur Ermittlung der Einflußzahl — gewissermaßen nebenher — eingeführt wurden. Wie aus der Differentialgleichung hervorgeht, wird die Schwingung nur bestimmt durch die Masse des Schwingers und seine elastische Rückstellkraft. Ein Schwerefeld braucht nicht vorhanden zu sein. Wenn es vorhanden ist, beeinflußt es die Bewegung nur insoweit, als es die Ruhelage des Systems, d. i. die Nullage der Schwingung verschiebt. Das System schwingt nicht mehr um den spannungslosen Zustand, sondern um eine statische Gleichgewichtslage, die dadurch bestimmt ist, daß das Gewicht gleich ist der rückführenden elastischen Kraft, die durch die statische Durchsenkung geweckt wird. Solange die gesamten Auslenkungen jedoch noch in den Bereich der geraden Kennlinie fallen, wird die Schwingung und ihre Frequenz durch eine solche Vorbelastung nicht geändert.

Selbst dann, wenn die statischen Auslenkungen so groß geworden sind, daß sie nicht mehr in den Bereich der geraden Kennlinie fallen, können die überlagerten Schwingungen, wenn ihre Amplitude nur klein genug ist, als mit gerader Kennlinie verlaufend und damit als harmonisch angesehen werden. Allerdings hat dann die die Schwingungen bestimmende angenäherte Kennlinie (Tangente) eine andere Steigung als der statischen Durchsenkung entspricht, es entfallen die durch die Gln. (20.2) und (20.3) ausgedrückten Beziehungen zwischen f und d. Die Schwingungen haben jetzt eine andere Frequenz als die um die spannungslose Lage erfolgenden. Am besten lassen sich diese Zusammenhänge an der Kennlinie ablesen: In Abb. 20/1 bedeutet k die gekrümmte Kennlinie eines Schwingers. Für kleine Schwingungen um die spannungslose Lage kann die Kennlinie durch ihre Tangente t_1 ersetzt werden, deren Steigung c_1 man experimentell angenähert durch die Steigung P_1/w_1 einer Sehne s_1 als $\operatorname{tg}\alpha_1 = c_1'$ messen würde. Wird das

Gebilde durch eine Kraft P_0 so weit vorbelastet, daß es die Auslenkung w_0 erfährt, und überlagern sich nun diesem Zustand Schwingungen mit kleiner Amplitude, so kann als deren Kennlinie die Tangente t_2 in (w_0, P_0) genommen werden. Ihre Steigung c_2 würde man angenähert aus dem Quotienten

$$c_2' = \operatorname{tg}\alpha_2 = \frac{P_2 - P_0}{w_2 - w_0}$$

finden, der die Neigung einer Sehne s_2 angibt. Die Federzahl c_2 weicht ab sowohl von c_1, der Neigung der Tangente t_1 im Ursprung, wie von $c_0' = P_0/w_0$, der scheinbaren oder resultierenden Federzahl, die der Neigung der Sehne s_0 entspricht. Ist die Kennlinie in der Weise gekrümmt, wie die Abb. 20/1 angibt, so verlaufen die Schwingungen um so rascher, je stärker die Vorbelastung ist.

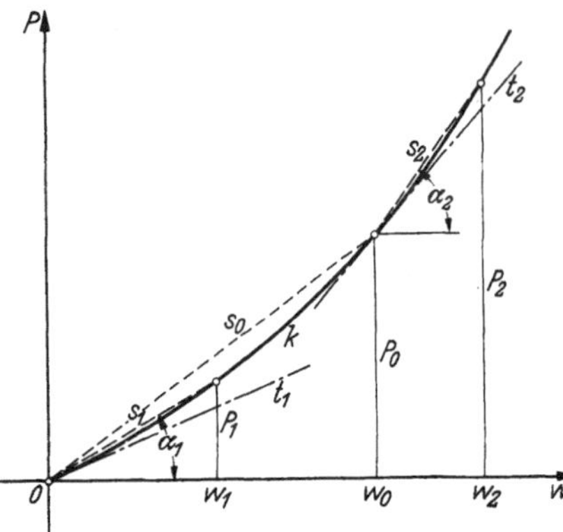

Abb. 20/1. Gekrümmte Kennlinie; Schwingungen unter Vorbelastung.

Ein Unterschied ist jedoch zu beachten: Die Tangente im Ursprung ist Wendetangente, die in einem außerhalb liegenden Punkt im allgemeinen jedoch nicht. Dadurch wird zwar qualitativ an der beschriebenen Erscheinung nichts geändert, quantitativ jedoch insofern, als die Wendetangente (mit einer sog. dreipunktigen Berührung) die Kurve besser annähert als eine gewöhnliche Tangente (mit zweipunktiger Berührung).

Durch Vergrößerung der Masse eines Schwingers verringert sich (bei gleichbleibender Federzahl) die Eigenfrequenz. Im Schwerefeld bedeutet Vergrößerung der Masse stets auch eine Erhöhung der „Vorbelastung" der Feder; falls die Kennlinie gekrümmt, und zwar nach oben hohl ist, wächst dann die Federzahl und damit die Frequenz. Man kann nun fragen: Welche Form muß die Kennlinie haben, damit die Eigenfrequenz des Schwingers bei jeder Größe der Masse (Last) dieselbe ist?

Wegen $c = dP/dw$ und $P = mg$ folgt aus (20.1)

$$\omega^2 = \frac{dP}{dw}\,\frac{g}{P}$$

als Differentialgleichung für die Charakteristik $P(w)$. Mit der Abkürzung $g/\omega^2 = w_0$ schreibt sie sich

$$\frac{dw}{w_0} = \frac{dP}{P}$$

und liefert, wenn $P = P_0$ für $w = 0$ ist, als Charakteristik

$$w/w_0 = \ln(P/P_0) \quad \text{oder} \quad P = P_0\, e^{w/w_0}. \tag{20.5}$$

Die Kennlinie muß daher nach einer Exponentialfunktion gekrümmt sein.

In den nachfolgenden Abschnitten untersuchen wir nun eine Reihe von elastischen Gebilden, die wir mit einer so großen Masse belastet annehmen, daß die eigene Masse der Gebilde ihr gegenüber vernachlässigt werden kann. Zur Bestimmung der Eigenfrequenz der Schwingungen um die unverzerrte Gleichgewichtslage genügt nach dem Gesagten die Ermittlung der Einflußzahl. Für die verschiedenen Einspannungsformen und Belastungsarten eines einzelnen Stabes sind diese Einflußzahlen bekannt, sie werden in Ziff. 21 und 23 daher nur angeführt. In den anderen Abschnitten wird die Ermittlung der Einflußzahlen einiger Anordnungen (z. B. in Ziff. 22 für Stabwerke und in Ziff. 24 für Schraubenfedern) im einzelnen durchgeführt.

21. Biegungs- und Dehnungsschwingungen von Stäben. Für das in Abb. 11/5a gezeichnete Beispiel eines am linken Ende eingespannten, am rechten Ende freien Stabes, der an diesem freien Ende eine Masse m trägt, ist die Einflußzahl für *Biegung* in der Zeichenebene

$$h = \frac{l^3}{3\,E\,J},\tag{21.1}$$

denn die Durchsenkung unter einer Kraft P, die an der Stelle von m angreift, ist $w = P\,l^3/3\,E\,J$, so daß der Quotient w/P für h den Wert (21.1) liefert. E ist die Elastizitätszahl des Stoffes, J das Flächenträgheitsmoment des Stabquerschnittes bezogen auf die zur Zeichenebene senkrechte Schwerachse. Die Differentialgleichung der Bewegung lautet daher

$$m\,\ddot{w} + \frac{3\,E\,J}{l^3}\,w = 0,$$

und das Quadrat der Kreisfrequenz der Eigenschwingung wird

$$\omega^2 = \frac{3\,E\,J}{m\,l^3}.\tag{21.2a}$$

Für einen beiderseits frei aufliegenden Stab, der die Last in der Mitte trägt (Abb. 11/5b), ist die Einflußzahl $h = l^3/48\,E\,J$; es ist deshalb

$$\omega^2 = \frac{48\,E\,J}{m\,l^3}.\tag{21.2b}$$

Sitzt die Last nicht in der Mitte, sondern im Abstand a und b von den Stützen, so liefert die Lehre von der Balkenbiegung die Einflußzahl $h = a^2 b^2/3\,E\,J\,l$; daher ist hier

$$\omega^2 = \frac{3\,E\,J\,l}{m\,a^2 b^2}.\tag{21.2c}$$

Es macht für die Ermittlung von ω^2, wenn h bekannt ist, natürlich keinen Unterschied mehr, ob es sich um eine statisch bestimmte oder unbestimmte Befestigung handelt. Für den an beiden Enden eingespannten Stab (Abb. 11/5c) ist die Einflußzahl $h = a^3 b^3/3\,E\,J\,l^3$ und deshalb

$$\omega^2 = \frac{3\,E\,J\,l^3}{m\,a^3 b^3}.\tag{21.2d}$$

Sitzt die Masse in der Mitte, ist $a = b = l/2$, so wird $h = l^3/192\,E\,J$ und

$$\omega^2 = \frac{192\,E\,J}{m\,l^3}.\tag{21.2e}$$

Beispiel. Ein an beiden Enden unnachgiebig eingespannter Stab, der aus einem Walzeisen von I Querschnitt NP 30 besteht ($J = 9800$ cm^4) und 4 m lang ist, trägt in der Mitte eine Masse von 1,2 t Gewicht. Wie groß ist die Eigenfrequenz seiner Biegeschwingungen? Mit $l = 400$ cm, $G = mg = 1200$ kg, $E = 2,2 \cdot 10^6$ kg cm^{-2} kommt $\omega^2 = 192\,E\,J/m\,l^3 = 192\,g\,E\,J/G\,l^3 = 52900$ s^{-2}; also $\omega = 230$ s^{-1} oder $f = 36,6$ Hz.

Auch für die Beanspruchung eines Stabes auf *Dehnung* können wir eine Einflußzahl finden. Unter der Wirkung einer Zugkraft P verlängert sich ein Stab von der Länge l, dem Querschnitt F und der Elastizitätszahl E des Stabstoffes um die Strecke $v = P\,l/E\,F$, die zugehörige Einflußzahl ist also

$$h = \frac{l}{E\,F}.\tag{21.3}$$

Damit lautet die Bewegungsgleichung der Dehnungsschwingungen eines Stabes von der Länge l, der an einem Ende befestigt ist und am anderen eine Masse m trägt (Abb. 11/6),

$$m\ddot{v} + \frac{EF}{l} v = 0,$$

und das Quadrat der Kreisfrequenz seiner Eigenschwingung ist

$$\omega^2 = \frac{EF}{ml}. \tag{21.4}$$

Der eine Masse tragende Stab ist eigentlich ein System von *zwei* Freiheitsgraden. Die Masse m kann nach jedem Punkte eines gewissen ebenen Bereiches in der Umgebung der Ruhelage gebracht werden, man bedarf also zweier Koordinaten, um ihre Lage zu beschreiben. Hierzu können etwa die oben benutzten Koordinaten v und w dienen; nach der einen Richtung w sind die Auslenkungen mit einer Biegung des Stabes, nach der anderen v mit einer Dehnung verbunden. Damit man ein solches System als einfachen Schwinger behandeln kann, muß die Schwingungsrichtung vorgeschrieben werden. Dabei darf man aber nicht eine beliebige Gerade vorschreiben, sondern nur eine solche, für welche die durch die Auslenkung geweckten, rückführenden elastischen Kräfte wie beim einfachen Schwinger nach dem Ausgangspunkt hin gerichtet sind. Solche Richtungen heißen *Hauptrichtungen*. Für jedes elastische Gebilde mit einer Einzelmasse, die sich in der Ebene bewegen kann, gibt es zwei Hauptrichtungen; wenn eine Symmetrielinie vorhanden ist, so bezeichnet sowohl sie selbst als auch die auf ihr Senkrechte je eine Hauptrichtung (ausführlich im zweiten Band). Durch die Weisung, Biegeschwingungen oder Dehnungsschwingungen zu betrachten, wird die Schwingungsrichtung vorgeschrieben. Da die Stabachse Symmetrielinie ist, stellen die Richtung der Dehnungsschwingungen und die zu ihr senkrechte Richtung der Biegeschwingungen Hauptrichtungen dar, in denen die Schwingungen geradlinig und unabhängig voneinander verlaufen, so daß sie, wie dies oben geschah, als Bewegungen von Systemen eines Freiheitsgrades behandelt werden können.

Sieht man noch genauer zu, so erkennt man, daß die Beschränkung auf *zwei* Freiheitsgrade von der Voraussetzung herrührt, es sollen nur Bewegungen *in* der Zeichenebene betrachtet werden. Die Stäbe können aber auch Auslenkungen aus der Zeichenebene heraus erfahren. Durch solche Auslenkungen werden ebenfalls elastische Rückstellkräfte geweckt. Da für alle in einer Ebene angeordneten Gebilde diese Ebene Symmetrieebene ist, so ist die zu ihr senkrechte Richtung stets eine Hauptrichtung; in ihr verlaufen die Schwingungen unabhängig von den sonstigen Schwingungsmöglichkeiten und deshalb so, als ob es sich um einen einzigen Freiheitsgrad handelte. Von Schwingungen in dieser dritten Richtung wollen wir, da sie ebenfalls Biegeschwingungen sind und daher nichts wesentlich Neues bringen, im folgenden zunächst ganz absehen, indem wir die Bewegungsmöglichkeit auf die Ebene einschränken.

Da das Quadrat der Eigenfrequenz umgekehrt proportional der Einflußzahl ist, so verlaufen die Schwingungen in jener Richtung, für die das Gebilde „weicher" ist, also eine größere Einflußzahl aufweist, langsamer als in der zweiten Richtung, in der das Gebilde steifer ist, d. h. eine kleinere Einflußzahl besitzt. Der Stab ist weicher für Biegung als für Dehnung; die Biegeschwingung verläuft daher langsamer als die Dehnungsschwingung. Und zwar ist das der Fall, solange die Einflußzahl für Biegung größer ist als die für Dehnung, also für das Beispiel des Stabes mit Endmasse, solange $l^3/3\,EJ > l/EF$, d. h. $l^2/3\,k^2 > 1$ oder $\lambda^2 > 3$, solange also das Quadrat des *Schlankheitsgrades* λ (Verhältnis von Stablänge zu Trägheitsarm des Querschnitts) größer bleibt als 3. Ein Gebilde, für das diese Voraussetzung nicht zutrifft, bezeichnen wir nicht mehr als einen Stab; es würde dann auch die elementare Biegungstheorie nicht mehr gelten, die der Herleitung der Gl. (21.1) zugrunde liegt.

22. Schwingungen von Stabwerken. Nicht nur die einfachen Stäbe, sondern auch die Stabwerke stellen Gebilde dar, die zum Bereiche unserer Untersuchungen gehören. Als Beispiele behandeln wir den Stabzweischlag nach Abb. 22/1a und den Rahmenträger nach Abb. 22/2.

Die angegebenen Systeme besitzen (in der Ebene) jeweils zwei Grade der Freiheit, denn die Masse m kann nach jedem Punkte eines ebenen Bereiches in der Umgebung der Ruhelage gebracht werden, so daß es zweier Koordinaten zur Beschreibung ihrer Lage bedarf. Ein solches System kann jedoch für Bewegungen in seinen Hauptrichtungen (aber nur für diese) wie ein einfacher Schwinger behandelt werden.

α) Der *Stabzweischlag* nach Abb. 22/1a besteht aus zwei untereinander und mit einer festen Wand gelenkig verbundenen Stäben, an deren Knoten C eine Masse sitzt. Da die Gerade $\overline{DC}$ Symmetrielinie ist, bedeuten die Waagerechte und die Lotrechte durch C Hauptrichtungen. Um die Frequenz der freien Schwingungen in diesen Hauptrichtungen zu bestimmen, muß

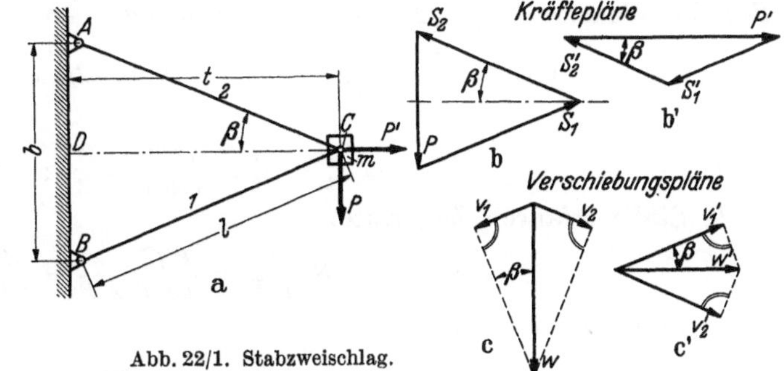

Abb. 22/1. Stabzweischlag.

man die Einflußzahlen des Gebildes für diese Richtungen ermitteln.

Dazu dienen drei Schritte:

1. Ermittlung der Stabkräfte S_1 und S_2 bzw. S_1' und S_2' für die der vorgegebenen Schwingungsrichtung entsprechende Kraft P bzw. P'.

2. Ermittlung der Längenänderungen v_1 und v_2 bzw. v_1' und v_2' der Stäbe unter Wirkung dieser Stabkräfte.

3. Ermittlung der Verschiebung w bzw. w' des Kraftangriffspunktes zufolge der Längenänderungen der Stäbe.

Die Stabkräfte können entweder zeichnerisch in einem Kräfteplan oder hier auch sehr einfach durch Rechnung gefunden werden. Die Längenänderungen v_1 und v_2 ergeben sich aus den Stabkräften S_1 und S_2 nach

$$v_i = S_i \frac{l}{EF}.$$

Die eintretende Verschiebung w von C erhält man aus v_1 und v_2 durch einen WILLIOTschen Verschiebungsplan [1] oder die ihm entsprechende Rechnung.

Wir führen die Ermittlung der Einflußzahl und der Frequenz zunächst für die Lotrechte aus. Die Rechnung liefert, da

$$\sin\beta = \frac{b}{2l} = \frac{P}{2S} = \frac{v}{w}$$

ist (Abb. 22/1a, b, c),

1. $$S = |S_1| = |S_2| = \frac{P/2}{\sin\beta} = P\frac{l}{b}.$$

S_1 ist eine Druckkraft, S_2 eine Zugkraft.

2. $$v = |v_1| = |v_2| = S\frac{l}{EF} = \frac{P/2}{\sin\beta}\frac{l}{EF} = P\frac{l^2}{b\,EF}.$$

v_1 ist eine Verkürzung, v_2 eine Verlängerung.

3. $$w = \frac{v}{\sin\beta} = \frac{P/2}{\sin^2\beta}\frac{l}{EF} = P\frac{2\,l^3}{b^2\,EF}.$$

Die Einflußzahl ist

$$h = \frac{w}{P} = \frac{2\,l^3}{b^2\,E\,F} \qquad (22.1\text{a})$$

und daher das Quadrat der Kreisfrequenz der in der Lotrechten erfolgenden Eigenschwingung

$$\omega^2 = \frac{1}{h\,m} = \frac{b^2\,E\,F}{2\,l^3\,m} = \sin^2\beta\,\frac{2\,E\,F}{l\,m}. \qquad (22.2\,\text{a})$$

Für die Waagerechte findet man entsprechend

$$\cos\beta = \frac{t}{l} = \frac{P'}{2\,S'} = \frac{v'}{w'} \qquad [\text{Abb. } 22/1\,\text{a, b}', \text{c}']$$

und

1. $$S' = S_1' = S_2' = \frac{P'/2}{\cos\beta} = \frac{P'\,l}{2\,t}\,;$$

beide Stäbe erfahren Zugkräfte.

2. $$v' = v_1' = v_2' = S'\,\frac{l}{E\,F} = \frac{P'/2}{\cos\beta}\,\frac{l}{E\,F} = \frac{P'\,l^2}{2\,t\,E\,F}\,;$$

beide Stäbe werden länger.

3. $$w' = \frac{v'}{\cos\beta} = \frac{P'/2}{\cos^2\beta}\,\frac{l}{E\,F} = P'\,\frac{l^3}{2\,t^2\,E\,F}.$$

Somit ist die zweite Einflußzahl

$$h' = \frac{w'}{P'} = \frac{l^3}{2\,t^2\,E\,F} \qquad (22.1\,\text{b})$$

und das Quadrat der Kreisfrequenz der waagerecht verlaufenden Eigenschwingung

$$\omega'^{\,2} = \frac{1}{h'\,m} = \frac{2\,t^2\,E\,F}{l^3\,m} = \cos^2\beta\,\frac{2\,E\,F}{l\,m}. \qquad (22.2\,\text{b})$$

Als Verhältnis der beiden Frequenzen erhält man

$$f : f' = \omega : \omega' = \operatorname{tg}\beta.$$

Für Winkel $\beta < 45°$ ist der Zweischlag für Beanspruchung in der Lotrechten weicher als für solche in der Waagerechten, die lotrecht verlaufenden freien Schwingungen haben kleinere Frequenz als die in der Waagerechten. Für Winkel $\beta > 45°$ liegen die Verhältnisse umgekehrt.

Der Stabzweischlag ist das denkbar einfachste *Fachwerk* (Stabwerk mit gelenkig verbundenen Stäben). Wie hier geht man grundsätzlich in jedem Falle vor, wenn auf einem Fachwerk eine Last sitzt, deren Masse die der Stäbe beträchtlich überwiegt. Da die Zurückführung der Bewegungen der Systeme von zwei Freiheitsgraden auf die Bewegungen einfacher Schwinger nur für Hauptrichtungen möglich ist, so muß man diese kennen. Wie sie bei nicht symmetrischen Anordnungen gefunden werden können, wird bei der Behandlung der Systeme von zwei Freiheitsgraden im zweiten Bande gezeigt werden.

β) Auch für die *Rahmenträger*, die aus eckensteif verbundenen Stäben aufgebaut sind, wählen wir ein ganz einfaches Beispiel, und zwar eine symmetrische Anordnung, um Gewißheit über die Hauptrichtungen zu haben (Abb. 22/2). In der Mitte des Riegels sitzt die Masse m.

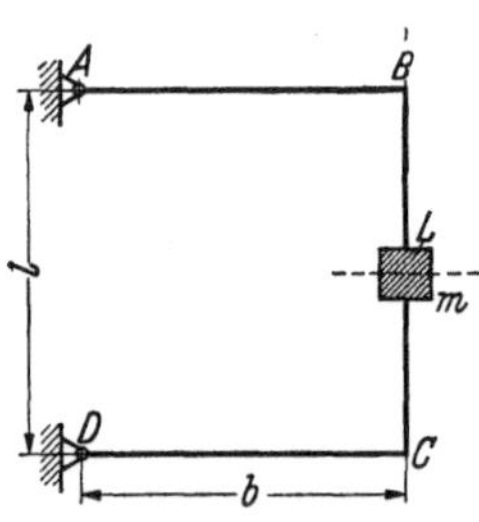

Abb. 22/2. Rahmenträger mit Masse m in der Mitte des Riegels.

Da die Waagerechte durch m Symmetrielinie der Anordnung ist, ist sie selbst eine und die Lotrechte durch m die andere Hauptrichtung. Wir wollen nur die in der Lotrechten verlaufenden Schwingungen genauer untersuchen. Dazu benötigen wir die Einflußzahl des Rahmens, der an der Stelle L mit einer lotrechten Kraft P belastet ist, für die Laststelle (Abb. 22/3a).

Wir setzen voraus, daß Stiele (Länge b) und Riegel (Länge l) gleiche Elastizitätszahl E und gleiche Trägheitsmomente J aufweisen. Die lotrechten Auflagerkräfte sind aus Symmetriegründen $V_A = V_D = P/2$. In der Waagerechten gilt $H_A = -H_D = Pb/l$.

Die Momentenverteilung ist in Abb. 22/3a einge-
tragen. Die Verformungen, die sie im Gefolge hat, gehen aus Abb. 22/3b hervor, wo auch die Beanspruchungen der Stäbe angegeben sind, soweit sie Verformungen hervorrufen. Der Riegel ist durch die Momente M_B und M_C von der Größe $Pb/2$ und die Kräfte H_B und $-H_C$ vom Betrag Pb/l belastet. Er erfährt bei B Schiefstellungen. Die vom Moment $M_B = Pb/2$ herrührende Schiefstellung in B ist

$$\psi_{M_B} = \frac{M_B\, l}{3\,E\,J} = \frac{P\,b\,l}{6\,E\,J},$$

die in B vom Moment M_C hervorgerufene ist

$$\psi_{M_C} = -\frac{M_C\, l}{6\,E\,J} = -\frac{P\,b\,l}{12\,E\,J},$$

die resultierende Schiefstellung daher

$$\psi_B = \frac{P\,b\,l}{12\,E\,J}.$$

Die Durchsenkung der Stelle L ist dieselbe wie die der Stelle B. Diese setzt sich zusammen aus der Sen-
kung w_1 infolge der Schiefstellung ψ_B und der Durch-
biegung w_2 des Stieles (Abb. 22/3c).

$$w = w_1 + w_2 = b\,\psi_B + \frac{V\,l^3}{3\,E\,J} =$$
$$\frac{P\,b^2\, l}{12\,E\,J} + \frac{P\,b^3}{6\,E\,J} = P\,\frac{b^2}{12\,E\,J}\,(l + 2\,b).$$

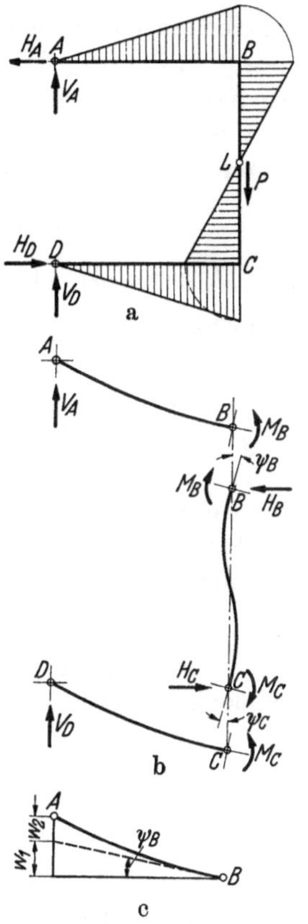

Abb. 22/3.
Rahmenträger durch Kraft P belastet. a Auflagerkräfte und Momentverteilung, b Verformungen, c Durchsenkung.

Die gesuchte Einflußzahl beträgt $h = \dfrac{w}{P} = \dfrac{b^2}{12\,E\,J}\,(l + 2\,b)$.

Für die in der Lotrechten verlaufenden freien Schwingungen gilt also

$$\omega^2 = \frac{1}{h\,m} = \frac{12\,E\,J}{m\,b^2\,(l + 2\,b)}.$$

Durch Aufsuchen der Einflußzahl h' für die Waagerechte findet man die Frequenz der Schwingung in der zweiten Hauptrichtung. Wir begnügen uns mit dem Ergebnis [2]: $h' = \dfrac{l^3}{192\,E\,J} \cdot \dfrac{8\,b + 3\,l}{2\,b + 3\,l}$, daher

$$\omega'^2 = \frac{192\,E\,J}{m\,l^3} \cdot \frac{2\,b + 3\,l}{8\,b + 3\,l}.$$

23. Drillungsschwingungen von Stäben.

Nach der Biegung und Dehnung betrachten wir die dritte Art von Beanspruchung stabförmiger Körper, durch welche in erster Näherung eine der Verzerrung proportionale Rückwirkung entsteht: die Verdrillung (Verdrehung oder Torsion). Es sei z. B. (Abb. 11/7) ein Stab von Kreisquerschnitt (eine Welle) an einem Ende eingespannt und trage am andern Ende eine Scheibe. (Wir werden uns nur mit Stäben von Kreisquerschnitt befassen, einmal weil diese fast ausschließlich praktische Verwendung finden, zum andern weil die Theorie der Torsion von Stäben mit anderen Querschnittsformen umfangreiche weitergehende Hilfsmittel erfordert.) Wird die Scheibe um einen kleinen Winkel φ gedreht, so daß ein vorher lotrechter Durchmesser in die angedeutete Lage kommt, so wird der Endquerschnitt der Welle gegen den Anfangsquerschnitt verdreht. Vermöge der Elastizität des Wellenstoffes wird ein rückdrehendes Moment (Drillungsmoment) geweckt, das nach den Sätzen der Festigkeitslehre den Betrag

$$M = \frac{J_p\,G}{l}\,\varphi \tag{23.1}$$

hat. $J_p = \pi\,d^4/32$ ist dabei das *polare* (Flächen-) *Trägheitsmoment* des Wellenquerschnittes, $G = \dfrac{m}{2\,(m+1)}\,E$ bedeutet die *Gleitzahl* des Stoffes.

Die den einzigen Freiheitsgrad beschreibende Koordinate φ ist ein Winkel, die Bewegung eine Drehung. Die Kennlinie des Systems gibt einen Zusammenhang zwischen Winkelausschlag und Drehmoment an, so daß die Federzahl $c = J_p\,G/l$ hier die Dimension $\mathsf{K\,L}$, nicht wie bei Verschiebungen $\mathsf{K\,L^{-1}}$ hat. Den Kehrwert von c, $h = 1/c = l/J_p\,G$, kann man auch hier die Einflußzahl nennen.

Hat die aufgesetzte Scheibe das Massenträgheitsmoment (die Drehmasse) Θ, so lautet die Differentialgleichung der freien Bewegung des Systems

$$\Theta\,\ddot{\varphi} + c\,\varphi = 0. \tag{23.2}$$

Die Bewegung ist eine harmonische Schwingung, das Quadrat ihrer Kreisfrequenz hat den Wert

$$\omega^2 = \frac{c}{\Theta} = \frac{G\,J_p}{l\,\Theta}. \tag{23.3}$$

Drillungsschwingungen sind eine häufige Erscheinung in den Wellen der Kraftmaschinen, vor allem der Kolbenmaschinen. Wir werden uns mit ihnen später (im zweiten Band) noch ausführlich zu beschäftigen haben. Die Maschinenwellen sind jedoch nicht wie die Welle des letzten Beispiels an einer Stelle festgehalten, sondern sie sind frei drehbar. Über eine gleichförmige Drehung der ganzen Welle lagern sich die Schwingungsausschläge. Eine einzige Drehmasse auf einer frei drehbaren Welle bildet noch kein schwingungsfähiges System, da Rückstellkräfte in ihm nicht

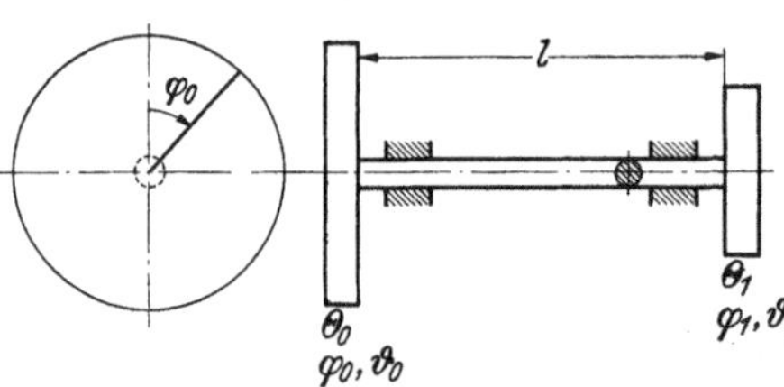

Abb. 23/1. Welle mit zwei Scheiben.

auftreten können; es müssen mindestens zwei solcher Drehmassen vorhanden sein. Das einfachste System, zu dem man so gelangt, ist in Abb. 23/1 angegeben: Zwei Drehmassen Θ_0 und Θ_1 sitzen an den Enden eines Wellenstückes von Kreisquerschnitt. Das System hat zunächst zwei Freiheitsgrade: die Verdrehung von Θ_0 wird durch eine Winkelkoordinate φ_0, die von Θ_1 durch φ_1 beschrieben. Wirken jedoch auf das System keine äußeren Kräfte ein, so fordert ein allgemeiner Satz der Mechanik die Konstanz des Dralles (Impulsmomentes)

$$D = \Theta_0\,\dot{\varphi}_0 + \Theta_1\,\dot{\varphi}_1 = \text{const} = (\Theta_0 + \Theta_1)\,\tilde{\omega}, \tag{23.4}$$

wo $\tilde{\omega}$ die Winkelgeschwindigkeit der gleichförmigen Drehung ist, über die sich die Schwingungen lagern.

Wir spalten von den Winkelkoordinaten φ_0 und φ_1 die Anteile $\tilde{\omega}\,t$ ab, die durch die gleichförmige Drehung zustande kommen,

$$\varphi_0 - \tilde{\omega}\,t = \vartheta_0, \qquad \varphi_1 - \tilde{\omega}\,t = \vartheta_1,$$

und erhalten

$$\dot{\vartheta}_0 = \dot{\varphi}_0 - \tilde{\omega}, \qquad \dot{\vartheta}_1 = \dot{\varphi}_1 - \tilde{\omega}.$$

Es ist also der Drall

$$D = \Theta_0\,\dot{\varphi}_0 + \Theta_1\,\dot{\varphi}_1 = (\Theta_0 + \Theta_1)\,\tilde{\omega} + \Theta_0\,\dot{\vartheta}_0 + \Theta_1\,\dot{\vartheta}_1,$$

und daher wegen (23.4)

$$\Theta_0\,\dot{\vartheta}_0 + \Theta_1\,\dot{\vartheta}_1 = 0. \tag{23.4a}$$

Integriert liefert diese Gleichung

$$\Theta_0\,\vartheta_0 + \Theta_1\,\vartheta_1 = C. \tag{23.4b}$$

Die Konstante C kann ohne Beschränkung der Allgemeinheit der Lösung (durch eine einfache Änderung der Zählung für ϑ_0 oder ϑ_1) ebenfalls auf Null gebracht werden. Durch die Gleichung

$$\Theta_0\,\vartheta_0 + \Theta_1\,\vartheta_1 = 0 \qquad \text{oder} \qquad \frac{\vartheta_0}{\vartheta_1} = -\frac{\Theta_1}{\Theta_0} \tag{23.5}$$

ist nun eine feste Beziehung zwischen den Koordinaten ϑ der beiden Drehmassen hergestellt. Nur eine von ihnen ist noch unabhängig. Das in Abb. 23/1 wiedergegebene System hat *als Schwinger* nur einen Freiheitsgrad. Um die Bewegungsgleichungen aufzustellen, genügt daher grundsätzlich *eine* Koordinate, etwa $\varrho = \vartheta_1 - \vartheta_0$, also auch *eine* Gleichung. Manche Einblicke in den Bewegungsablauf erhält man jedoch leichter, wenn man eine überzählige Koordinate zu Hilfe nimmt. Wir führen die Untersuchung auf beiden Wegen durch.

Zunächst benutzen wir als Koordinaten die der gleichförmigen Drehung überlagerten Ausschläge ϑ_0 und ϑ_1. Zur Aufstellung der Bewegungsgleichung betrachten wir die beiden Scheiben einzeln. Nehmen wir an, es sei $\vartheta_0 > \vartheta_1$, so wirkt auf Θ_0 ein rückdrehendes Moment vom Betrage $\dfrac{G J_p}{l}(\vartheta_0 - \vartheta_1)$, auf Θ_1 dasselbe Moment nach vorn drehend. Die Bewegungsgleichungen lauten daher

$$\ddot{\vartheta}_0 = -\frac{1}{\Theta_0}\frac{G J_p}{l}(\vartheta_0 - \vartheta_1) \qquad \text{und} \qquad \ddot{\vartheta}_1 = +\frac{1}{\Theta_1}\frac{G J_p}{l}(\vartheta_0 - \vartheta_1)$$

oder

$$\Theta_0\,\ddot{\vartheta}_0 + \frac{G J_p}{l}(\vartheta_0 - \vartheta_1) = 0 \qquad \text{und} \qquad \Theta_1\,\ddot{\vartheta}_1 + \frac{G J_p}{l}(\vartheta_1 - \vartheta_0) = 0. \tag{23.6}$$

Mit Benutzung von (23.5) wird aus der ersten Gleichung

$$\Theta_0\,\ddot{\vartheta}_0 + \frac{G J_p}{l}\,\vartheta_0\left(1 + \frac{\Theta_0}{\Theta_1}\right) = 0$$

oder

$$\frac{\Theta_0\,\Theta_1}{\Theta_0 + \Theta_1}\,\ddot{\vartheta}_0 + \frac{G J_p}{l}\,\vartheta_0 = 0. \tag{23.7a}$$

Für ϑ_1 ergibt sich genau dieselbe Gleichung und ebenso für die Differenz $\vartheta_1 - \vartheta_0 = \varrho$

$$\frac{\Theta_0\,\Theta_1}{\Theta_0 + \Theta_1}\,\ddot{\varrho} + \frac{G J_p}{l}\,\varrho = 0. \tag{23.7b}$$

Mit dem *Hauptschwingungsansatz*

$$\vartheta_0 = A_0\,e^{i\,\omega\,t}, \qquad \vartheta_1 = A_1\,e^{i\,\omega\,t} \qquad \text{oder} \qquad \varrho = B\,e^{i\,\omega'} \tag{23.8}$$

entstehen aus den Differentialgleichungen (23.6) und (23.7 b) die algebraischen Gleichungen, in denen $\dfrac{G\,J_p}{l} = c$ abgekürzt ist,

$$\begin{aligned} (c - \Theta_0\,\omega^2)\,A_0 - c\,A_1 &= 0 \\ -c\,A_0 + (c - \Theta_1\,\omega^2)\,A_1 &= 0 \end{aligned} \right\} \tag{23.9 a}$$

oder

$$\left(c - \frac{\Theta_0\,\Theta_1}{\Theta_0 + \Theta_1}\,\omega^2\right)B = 0. \tag{23.9 b}$$

Die Frequenzengleichung erhält man im ersten Fall aus dem Verschwinden der Determinante des Gleichungssystems (23.9 a)

$$D\,(\omega^2) \equiv (c - \Theta_0\,\omega^2)\,(c - \Theta_1\,\omega^2) - c^2 \equiv \Theta_0\,\Theta_1\,\omega^2\left(\omega^2 - c\,\frac{\Theta_0 + \Theta_1}{\Theta_0\,\Theta_1}\right) = 0, \tag{23.10}$$

im zweiten Fall stellt (23.9 b) schon selbst die Frequenzengleichung dar. Beide Male erhält man für die Frequenz das gleiche Ergebnis, das mit Benutzung der Abkürzungen

$$k = c/\Theta_0 \quad \text{und} \quad k' = c/\Theta_1 \tag{23.11}$$

so lautet:

$$\omega^2 = c\,\frac{\Theta_0 + \Theta_1}{\Theta_0\,\Theta_1} = k + k'. \tag{23.12}$$

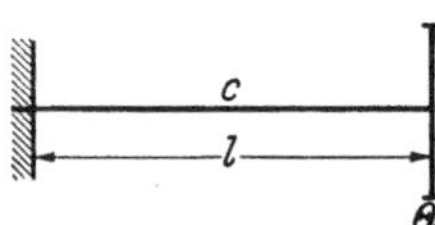

Abb. 23/2. „Teilsysteme" zu Abb. 23/1.

Die Größen k und k' sind leicht zu deuten: Sie stellen die Quadrate der Eigenfrequenzen der beiden *Teilsysteme* nach Abb. 23/2 dar.

Aus der Gl. (23.5) lesen wir noch mehr ab. Die Gleichung kann nur erfüllt werden, wenn einer der Schwingungsausschläge ϑ positiv, der andere negativ ist. Irgendwo zwischen den Scheiben gibt es daher eine Stelle, für die $\vartheta = 0$ ist. Da der Verdrehungsausschlag ϑ der Länge x proportional ist, die wir von Θ_0 aus rechnen wollen, so folgt

$$\vartheta = \vartheta_0 - (\vartheta_0 - \vartheta_1)\,x/l.$$

Die Stelle, an der $\vartheta = 0$ ist, hat die Abszisse

$$x_0 = l\,\frac{\vartheta_0}{\vartheta_0 - \vartheta_1} = l\,\frac{\Theta_1}{\Theta_0 + \Theta_1} \tag{23.13 a}$$

Abb. 23/3. Knotenlage.

und vom anderen Ende aus gezählt

$$l - x_0 = l\,\frac{\vartheta_1}{\vartheta_1 - \vartheta_0} = l\,\frac{\Theta_0}{\Theta_0 + \Theta_1}. \tag{23.13 b}$$

Wie Gl. (23.5) gilt auch (23.13) für alle Zeiten. An der Stelle x_0 ist der Ausschlag *dauernd* Null (Abb. 23/3). Eine solche Stelle nennt man einen *Knoten* der Schwingung.

Abb. 23/4. Im Knoten eingespannte Teilsysteme.

Wir wollen noch zeigen, daß die Frequenz ω der freien, mit zwei Scheiben besetzten Welle von der Länge l gleich ist der Frequenz ω_0 einer im Knoten K eingespannten Welle von der Länge x_0, die die Scheibe Θ_0 trägt, und der Frequenz ω_1 einer Welle von der Länge $(l - x_0)$ mit der Scheibe Θ_1 (Abb. 23/4). Wegen (23.3) und (23.13) ist

und

$$\begin{aligned} \omega_0^2 &= \frac{G\,J_p}{x_0\,\Theta_0} = \frac{G\,J_p}{l}\,\frac{\Theta_0 + \Theta_1}{\Theta_0\,\Theta_1} = \omega^2 \\ \omega_1^2 &= \frac{G\,J_p}{(l - x_0)\,\Theta_1} = \frac{G\,J_p}{l}\,\frac{\Theta_0 + \Theta_1}{\Theta_0\,\Theta_1} = \omega^2. \end{aligned} \right\} \tag{23.14}$$

Die freie Welle mit zwei Drehmassen schwingt also wie die beiden im Knoten eingespannten Wellenstücke, die die Scheiben einzeln tragen.

Auch der Fall, daß das Wellenstück nicht glatt ist, sondern aus zwei oder mehr Teilen von verschiedenem Durchmesser besteht, läßt sich auf den soeben behandelten zurückführen. Es ist üblich, an Stelle einer solchen abgesetzten Welle (Abb. 23/5a mit dem Ausschlagbild 23/5b) eine glatte Welle zu untersuchen, die dieselbe Steifigkeit und deshalb auch dieselbe Frequenz hat. Man „reduziert" die verschiedenen Wellenstücke auf einen beliebig gewählten Durchmesser d_0 mit dem Trägheitsmoment $J_{p\,0}$, indem man die Längen l_{red} bestimmt, mit denen man an Stelle der natürlichen rechnen muß, um das System gleichwertig zu halten.

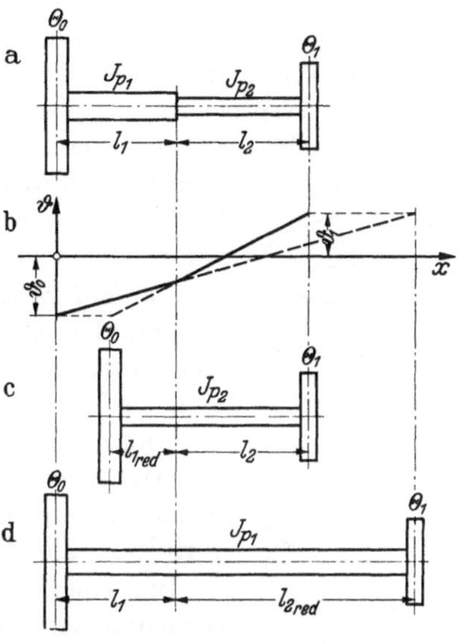

Abb. 23/5. Abgesetzte Welle und gleichwertige glatte Wellen.

Da $c_i = \dfrac{G J_{p\,i}}{l_i}$ für das i-te Wellenstück gleich

sein soll $c = \dfrac{G J_{p\,0}}{l_{\mathrm{red}}}$, so wird

$$l_{\mathrm{red}} = l_i \frac{J_{p\,0}}{J_{p\,i}}. \qquad (23.15)$$

Das ursprüngliche und das reduzierte Wellenstück haben also gleiche Steifigkeit und werden vom selben Drillungsmoment beansprucht, sie erfahren daher gleiche Verdrillungen (Abb. 23/5b). Reduziert man die abgesetzte Welle des Beispiels Abb. 23/5a auf den zweiten Durchmesser, so erhält man das System der Abb. 23/5c und durch Reduktion auf den ersten die Abb. 23/5d. Die Systeme der Abb. 23/5a, c und d sind gleichwertig; sie schwingen mit derselben Frequenz.

Was hier für Drillungsschwingungen von frei drehbaren Wellen mit zwei Drehmassen auseinandergesetzt wurde, gilt ganz analog auch für Schwinger mit anders gearteten Rückstellkräften. Sitzen z. B. zwei Massen auf einem Stab, der Längsschwingungen ausführen kann (Abb. 23/6), so hat auch dieses System, wenn die Verschiebungen in Richtung der Stabachse nicht behindert sind, als Schwinger nur einen Grad der Freiheit, denn der Impulssatz

$$m_0 \dot{v}_0 + m_1 \dot{v}_1 = (m_0 + m_1)\,\dot{\tilde{v}} = \mathrm{const}$$

liefert die der Gl. (23.5) analoge Gleichung

$$m_0 v_0 + m_1 v_1 = 0, \qquad (23.16)$$

wenn die Verschiebungen von m_0 und m_1 durch v_0 und v_1 bezeichnet werden. (Die in der Stabachse liegenden Verschiebungen sind in der Abbildung senkrecht zur Achse aufgetragen.) Auch hier tritt ein Knoten auf, der durch

Abb. 23/6.
Stab mit zwei
Endmassen.

Abb. 23/7.
Im Knoten eingespannte Teilsysteme.

$$x_0 = l\,\frac{v_0}{v_0 - v_1} = l\,\frac{m_1}{m_0 + m_1} \qquad (23.17)$$

analog Gl. (23.13a) gegeben ist. Die Frequenz des Schwingers folgt aus

$$\omega^2 = \frac{EF}{l}\,\frac{m_0 + m_1}{m_0\,m_1};$$ (23.18)

sie ist dieselbe wie die der beiden im Knoten festgehaltenen Stabstücke (Abb. 23/7), da $\omega^2 = \omega_0^2 = \omega_1^2$, mit

$$\omega_0^2 = \frac{EF}{x_0}\,\frac{1}{m_0}, \qquad \omega_1^2 = \frac{EF}{l-x_0}\,\frac{1}{m_1}.$$ (23.19)

24. Die zylindrische Schraubenfeder und die ebene Spiralfeder. α) Alle zuletzt besprochenen Systeme sind elastisch oder „federnd" und stellen in gewisser Weise Federn dar. Spricht man jedoch von einer Feder schlechthin, ohne nähere Angabe einer Gestalt, so meint man in der Regel die häufigste und gebräuchlichste Ausführungsform, die Schraubenfeder oder zylindrische Torsionsfeder (Abb. 24/1).

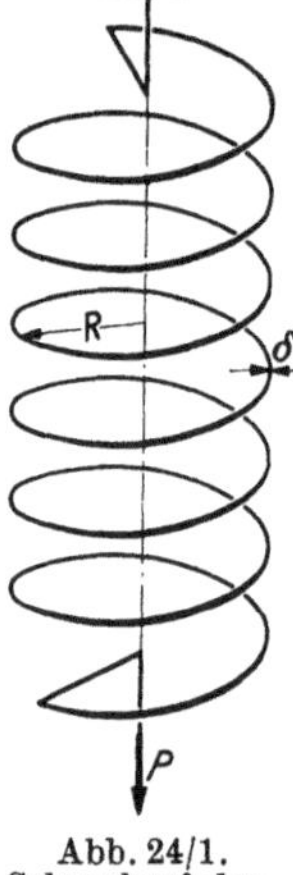
Abb. 24/1.
Schraubenfeder.

Die *Stärke* (oder *Härte*) einer solchen Feder wird durch die Federzahl c ausgedrückt, die — wie stets — den Quotienten aus Kraft und Durchsenkung angibt, $c = P/w$. Diese Federzahl kann dadurch bestimmt werden, daß man sowohl P wie w mißt. Will man die Federzahl ohne Messung kennenlernen, etwa die zu erwartende Federzahl einer projektierten Feder aus ihren Abmessungen bestimmen, so muß man die Beanspruchungen verfolgen, die die einzelnen Teile der Feder erleiden.

Bei einer oberflächlichen Betrachtung erscheint die Beanspruchungsart als eine (positive oder negative) Dehnung, etwa wie die eines Stabes von sehr kleiner Elastizitätszahl. In Wirklichkeit wird der Draht, aus dem die Feder besteht, verdreht. Jedes Element steht unter der Wirkung eines verdrehenden Momentes $M = PR$, wenn P die in der Achse angreifende Kraft, R den Halbmesser des Zylinders bezeichnet. Unter der Einwirkung eines Momentes M wird ein Teilchen von der Länge Δx um einen Winkel $\Delta\varphi$ verdreht, der nach den Sätzen der Festigkeitslehre $\Delta\varphi = \frac{\Delta x}{G J_p}\,M$ beträgt. G bedeutet dabei die Gleitzahl des Drahtstoffes (für Federstahl ist $G = 850\,000\ \mathrm{kg/cm^2}$), J_p das polare (Flächen-) Trägheitsmoment des (kreisförmigen) Drahtquerschnittes. Da jedes Teilchen dem gleichen Moment PR unterliegt, so ist der Verdrehungswinkel *einer* Windung $\varphi_1 = \frac{2\pi R}{G J_p}\,RP = \frac{2\pi R^2}{G J_p}\,P$. Die durch diese Verdrehung hervorgerufene Durchsenkung eines (durch einen starren Arm mit dem Federdraht verbunden gedachten) Punktes der Achse ist $w_1 = \varphi_1 R = \frac{2\pi R^3}{G J_p}\,P$. Für eine aus n Windungen bestehende Feder ist die Durchsenkung $w = n\,w_1 = \frac{2\pi n R^3}{G J_p}\,P$. Führt man noch den Ausdruck für J_p ein, $J_p = \frac{\pi \delta^4}{32}$, so erhält man $w = \frac{64 n R^3}{G \delta^4}\,P$ und schließlich die Einflußzahl

$$h = \frac{64 n R^3}{G \delta^4}$$ (24.1a)

oder die Federzahl

$$c = \frac{G \delta^4}{64 n R^3}.$$ (24.1b)

β) Eine häufige Ausführungsform der Anordnung nach Abb. 24/1 findet man in der *Federwaage*, einem Sonderfall des Federkraftmessers (Abb. 24/2). Es werden

dabei Lasten durch die Federkräfte gemessen, die sie ins Gleichgewicht setzen;
die Federkräfte zeigen sich an durch die elastischen Verformungen.

Die Feder hat im ungespannten Zustand die Länge L_0. Durch Anhängen
einer Last wird sie auf die Länge L ausgereckt. Die Verschiebung gibt das
gewünschte Maß für die Größe der Last. Die neue Gleichgewichtslage L wird
bestimmt durch

$$c\,(L-L_0) = mg\,. \tag{24.2}$$

Bei einer Auslenkung x aus der neuen Gleichgewichtslage
werden Rückführkräfte geweckt, die sich unter Beachtung aller
auftretenden Kräfte so schreiben:

$$R = c\,(L-L_0 + x) - m\,g\,.$$

Die Gleichung vereinfacht sich wegen (24.2) zur üblichen Form
$R = c\,x$, aus der die im Gleichgewicht stehenden Kräfte $c\,(L-L_0)$
und mg verschwunden sind. Eine Auslenkung hat daher freie ungedämpfte Schwingungen zur Folge, deren Frequenz gegeben ist
durch $\omega^2 = c/m$. Erfolgt z. B. das Anhängen der Last plötzlich
(aber ohne Stoß), so hat die Feder noch die Länge L_0, während
die neue Gleichgewichtsstellung schon bei L liegt. Es stellen sich
daher Schwingungen mit der Amplitude $(L-L_0)$ um die neue

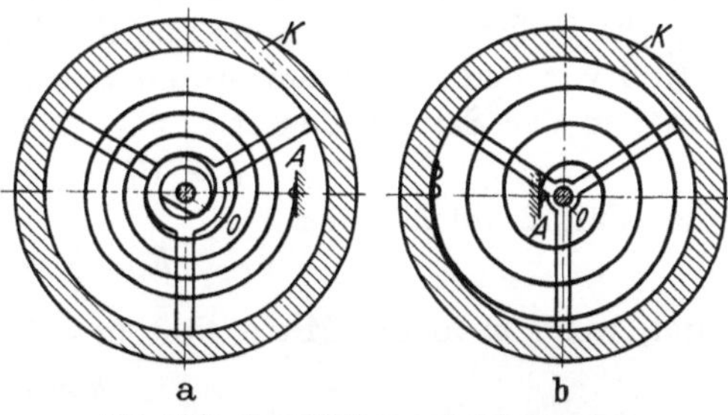

Abb. 24/2.
Federwaage.

Gleichgewichtslage ein. In gleicher Weise hat jede Änderung der Last Schwin-
gungen um die neue Gleichgewichtslage zur Folge, deren Amplitude gleich ist der
Differenz der Gleichgewichtslagen. Solange die Kennlinie des Schwingers eine
Gerade ist, verlaufen die Schwingungen alle mit derselben Frequenz.

γ) Unrichtigerweise bezeichnet man eine Schraubenfeder oft als Spiralfeder.
Eine Spirale ist eine ebene Kurve; *Spiralfedern* zeigt Abb. 24/3. Eine solche
Spiralfeder kann entweder an ihrem
inneren oder ihrem äußeren Ende
befestigt sein (Punkte A); dabei
hat man zunächst momentenfreie
und tangententreue Befestigung
zu unterscheiden. Als Teil eines
Schwingers ist sie am anderen
Ende in der Regel mit einem zylindrischen Schwungkörper K verbunden, der um die Achse O Drehungen ausführt.

Abb. 24/3. Spiralfedern mit Schwungring.

Vom Standpunkt der Festigkeitslehre aus ist eine solche Spiralfeder ein
Bogenträger (und wird angenähert als Kreisbogenträger betrachtet), der nur
auf Biegung beansprucht ist. Eine Drehung des Schwungkörpers um den Winkel φ
verformt die Feder und weckt Rückstellmomente, die in erster Näherung der Auslenkung proportional sind. Die Festigkeitslehre liefert als Beziehung zwischen M
und φ, gleichgültig ob die Feder innen oder außen befestigt ist und unabhängig von
der Befestigungsart,

$$M = \frac{E\,J}{L}\,\varphi\,, \tag{24.3}$$

wenn $E\,J$ die Biegesteifigkeit der Feder, L ihre Länge bedeutet. Die Federzahl
einer Spiralfeder ist daher $c = E\,J/L$, sie gibt das Rückstellmoment bei Auslenkung um eine Winkeleinheit ($\approx 57°\,18'$) an.

Die Bewegungsgleichung einer Anordnung, wie sie Abb. 24/3 zeigt, lautet (Θ ist das Trägheitsmoment des Schwungkörpers)

$$\Theta \ddot{\varphi} + \frac{E J}{L} \varphi = 0,$$

daher folgt die Eigenfrequenz aus

$$\omega^2 = \frac{E J}{L \Theta} \cdot \tag{24.4}$$

Beispiel. Der Schwungring einer Unruhe hat ein Trägheitsmoment von $18 \cdot 10^{-10}\,\mathrm{kg\,cm\,s^2}$. Wie lang muß die Unruhfeder von 0,18 mm Breite und 0,02 mm Dicke gemacht werden, damit die Schwingungen eine Frequenz von 5 Hz haben?

Aus (24.4) folgt sogleich

$$L = \frac{E J}{\Theta \omega^2} = \frac{2,15 \cdot 10^6\,\mathrm{kg\,cm^{-2}} \cdot 1/12 \cdot 0,18 \cdot 8 \cdot 10^{-10}\,\mathrm{cm^4}}{18 \cdot 10^{-10}\,\mathrm{kg\,cm\,s^2} \cdot 25 \cdot 4\,\pi^2\,\mathrm{s^{-2}}} = 14,5\,\mathrm{cm}\,.$$

25. Schwingungen von Saiten, Membranen und Platten. Mit den geraden oder krummen Stäben, die gedehnt, gebogen oder verdrillt werden, ist die Zahl der Gebilde noch nicht erschöpft, die auf eine Auslenkung mit elastischen Rückstellkräften antworten. Andere elastische Gebilde sind Saiten, Membranen und Platten. Die in ihnen bei einer Verformung geweckten Rückstellkräfte sind in erster Näherung ebenfalls der Auslenkung proportional, $R = cw$. Sitzt auf einem dieser Gebilde eine im Verhältnis zur Eigenmasse genügend große Masse, so stellt die Anordnung einen einfachen Schwinger dar, gleichgültig, ob die Rückstellkräfte von einem eindimensionalen Gebilde, Saite oder Stab, oder einem zweidimensionalen Gebilde, Membran oder Platte, herrühren. Solange die Kennlinie gerade verläuft, sind die sich einstellenden freien Schwingungen harmonisch. Für die Frequenz ist wieder nur die Einflußzahl des Gebildes für die Laststelle maßgebend. Die Ermittlung der Einflußzahlen ist Aufgabe der Festigkeitslehre. Wir begnügen uns mit der Angabe der Werte für einige typische Fälle.

Die Federzahl einer *Saite* von der Länge l, die an einem um die Strecken a und b von den Enden entfernten Punkt belastet wird, ist, wenn S die Spannkraft in der Saite bedeutet,

$$c = P/w = S\,[1/a + 1/b], \tag{25.1}$$

die Einflußzahl h daher

$$h = \frac{1}{c} = \frac{1}{S}\,\frac{a\,b}{a + b} \cdot \tag{25.2a}$$

und, wenn m in der Mitte sitzt ($a = b = l/2$),

$$h = l/4\,S. \tag{25.2b}$$

Die Einflußzahl für die Durchsenkung über eine starre Kreisfläche vom Halbmesser ϱ einer kreisförmigen, in der Mitte belasteten *Membran* vom Halbmesser R, in der die Spannkraft S (kg/cm) herrscht, ist

$$h = \frac{1}{2\,\pi\,S}\,\ln\frac{\varrho}{R} \cdot \tag{25.3}$$

Bei den *Platten* ist die Art der Einspannung von Bedeutung. Die Einflußzahl für die Laststelle einer in der Mitte belasteten, am Rande frei aufliegenden kreisförmigen Platte vom Halbmesser R und der Dicke δ ist

$$h = 0,586\,R^2/E\,\delta^3; \tag{25.4a}$$

ist die Platte am Rande eingespannt, so gilt

$$h = 0,224\,R^2/E\,\delta^3. \tag{25.4b}$$

(Die Poissonsche Zahl ist dabei zu 4 angenommen.)

Die Eigenfrequenzen von Schwingern, die aus einem der drei angeführten Systeme bestehen und jeweils *eine* Masse m an jener Stelle tragen, für welche die Einflußzahl berechnet wurde, folgen aus $\omega^2 = 1/hm$ mit den angegebenen Werten für h.

26. Ersatzsysteme; Parallel- und Reihenschaltung von Federn. Wir haben nun schon eine Reihe von Schwingern betrachtet. Trotz der Verschiedenheit in der äußeren Gestalt, ja selbst in der physikalischen Natur der Rückstellkräfte weisen sie viele verwandte Züge auf. Alle Schwinger, für die die Konstanten a und c in der Bewegungsgleichung dieselben Werte haben, führen (unter entsprechenden Anfangsbedingungen) dieselben Bewegungen aus. Wenn die physikalische Natur der Rückstellkräfte außer Betracht bleiben kann, untersucht man an Stelle eines vorliegenden Schwingers oft ein kinetisch gleichwertiges System, ein *Ersatzsystem,* das man sich in der Regel aus einer belasteten Schraubenfeder der besprochenen Art bestehend denkt, die die gleiche Federzahl aufweist, wie das gegebene System. Man kennzeichnet einen solchen allgemeinen Schwinger dann durch das Bild der Abb. 11/3. Im folgenden werden wir von dieser Möglichkeit des Ersatzes Gebrauch machen und nur von Schraubenfedern sprechen. An ihrer Stelle kann man sich ebensogut jedes andere elastische Gebilde denken. Häufig tritt der Fall ein, daß durch die Auslenkung an einer Stelle Rückstellkräfte *zweier* Gebilde hervorgerufen werden, und es erhebt sich dann die Frage, wie groß die Federzahl der gesamten Anordnung ist, wenn die Federzahlen der Teilgebilde bekannt sind. Dabei hat man zwei Fälle zu unterscheiden:

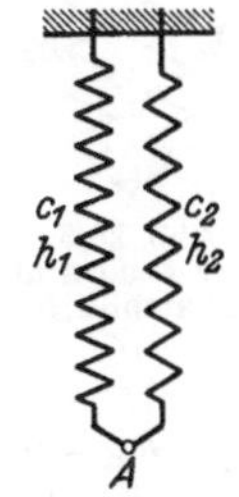

Abb. 26/1. Zwei Federn liegen *parallel.*

α) Die Federn liegen *parallel* (Abb. 26/1).

Eine Auslenkung des Punktes A bewirkt gleich große Verlängerungen beider Federn,

$$w = w_1 = w_2; \tag{26.1}$$

die Rückstellkräfte R_1 und R_2 halten zusammen der auslenkenden, in A angreifenden Kraft P Gleichgewicht,

$$P = R_1 + R_2. \tag{26.2}$$

Aus (26.2) folgt, wenn c_1 und c_2 die Federzahlen der Teilfedern sind,

$$c\,w = c_1 w_1 + c_2 w_2 \tag{26.2a}$$

und mit (26.1) daher

$$c = c_1 + c_2. \tag{26.3}$$

Die resultierende Federzahl ist gleich der Summe der Federzahlen der Teilsysteme. Für n parallel geschaltete Federn erhält man ebenso

$$c = \sum_{i=1}^{n} c_i. \tag{26.3a}$$

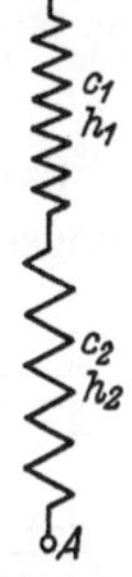

Abb. 26/2. Zwei Federn liegen *in Reihe.*

β) Die Federn liegen *in Reihe* (Abb. 26/2).

Hier wird jede der Teilfedern durch dieselbe Kraft beansprucht,

$$P = P_1 = P_2; \tag{26.4}$$

die Durchsenkung des Punktes A setzt sich zusammen aus den Verlängerungen der einzelnen Federn,

$$w = w_1 + w_2. \tag{26.5}$$

(26.5) schreibt sich mit Hilfe der Einflußzahlen h, h_1, h_2:

$$P\,h = P_1\,h_1 + P_2\,h_2, \qquad (26.5\,\text{a})$$

woraus mit (26.4)

$$h = h_1 + h_2 \qquad (26.6)$$

folgt. *Die resultierende Einflußzahl ist gleich der Summe der Einflußzahlen der Teilsysteme.* Liegen n Federn in Reihe, so gilt

$$h = \sum_{i=1}^{n} h_i. \qquad (26.6\,\text{a})$$

Unter Federn sind hier nicht nur *eigentliche* Federn wie Schraubenfedern od. dgl. zu verstehen, sondern alle Anordnungen, in denen durch eine Auslenkung eine dieser Auslenkung proportionale Rückstellkraft geweckt wird. Der Zweischlag nach Abb. 22/1a kann aufgefaßt werden als eine Parallelschaltung zweier Federn, deren jede dieselbe Federzahl hat wie einer der Stäbe in der Anordnung des Zweischlages; für die Lotrechte ist z. B. $c = b^2 E F / 4\,l^3$. Zwei nach Abb. 26/1 parallel geschaltete Federn mit diesen Federzahlen bilden ein Ersatzsystem (Ersatzschaltung) für den lotrecht schwingenden Zweischlag.

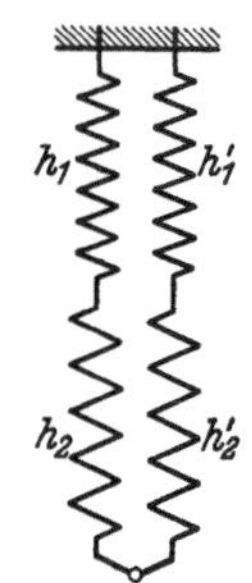

Abb. 26/3. Vier Federn als Ersatzbild für Abb. 22/2.

Im Rahmen nach Abb. 22/2 wirken vier Teilfedern zusammen; je zwei in Reihe liegende Federn bilden eine Gruppe, die beiden wegen der Symmetrie gleichen Gruppen sind parallel geschaltet (Abb. 26/3). Sind in dieser Abbildung die Einflußzahlen $h_1 = h_1'$ die der Stiele des Rahmens, also $h_1 = b^3 / 3\,EJ$, und $h_2 = h_2' = b^2 l / 6\,EJ$ die einer Riegelhälfte, so stellt die aus eigentlichen Federn aufgebaute Anordnung nach Abb. 26/3 ein Ersatzsystem für den vertikal schwingenden Rahmen dar, denn sie besitzt dieselben Schwingungseigenschaften wie dieser.

Auch wenn das elastische Gebilde etwa so gestaltet ist, wie Abb. 26/4 zeigt, wo am Ende eines Rundstabes (der rechts gelagert sein soll) ein biegbarer Hebel angebracht ist, auf dem die schwingende Masse sitzt, spricht man von zwei in Reihe liegenden Federn, weil die Einflußzahlen der Gebilde sich addieren.

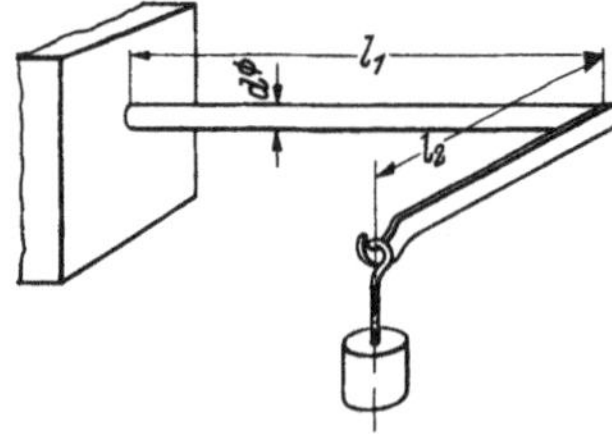

Abb. 26/4. Gebogener Arm und verdrehter Stab in Reihenschaltung.

$$h = h_1 + h_2 = \frac{l_2^2\,l_1}{G\,J_p} + \frac{l_2^3}{3\,E\,J} = \frac{32\,l_2^2\,l_1}{\pi\,G\,d^4} + \frac{l_2^3}{3\,E\,J}.$$

Parallelschaltung liegt auch dann vor, wenn ein Stab nach Abb. 26/5a Dehnungsschwingungen oder Drillungsschwingungen ausführt. In beiden Fällen hat man die Federzahlen der Stabstücke zu addieren. Für die Dehnungsschwingungen ist die Anordnung nach Abb. 26/5a gleichwertig mit der Anordnung nach Abb. 26/5b, in der deutlicher zum Ausdruck kommt, daß die Stäbe parallel liegen.

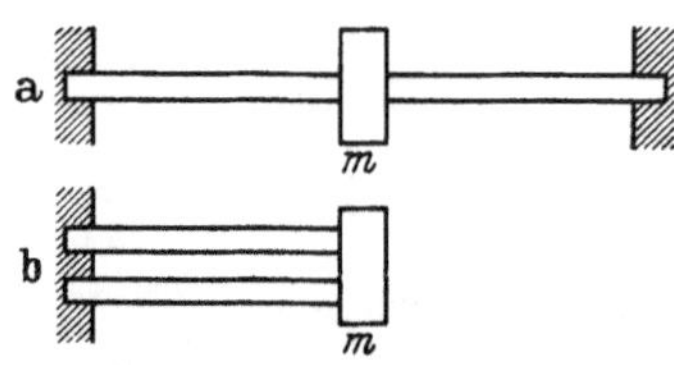

Abb. 26/5. Stäbe in Parallelschaltung.

Schließlich kann man jedes Gebilde, dessen Elemente in gleicher Weise beansprucht werden, auffassen als Reihenschaltung seiner Elemente oder der Stücke von Einheitslänge. Man gibt deshalb bisweilen auch *bezogene* Einflußzahlen, das sind Einflußzahlen je Längeneinheit,

$$\widetilde{h} = h/l \tag{26.7}$$

an. Dies ist in allen jenen Fällen möglich, in denen die Einflußzahl linear von der Länge abhängt.

Eine Schraubenfeder hat (Ziff. 24) eine Einflußzahl je Windung $h' = 64\,R^3/G\,\delta^4$. Die einzelnen Windungen liegen in Reihe, die Einflußzahlen addieren sich; eine Feder aus n Windungen hat deshalb die Einflußzahl $h = n\,h' = 64\,n\,R^3/G\,\delta^4$. Gehen n_0 Windungen auf die Längeneinheit, so ist die bezogene Einflußzahl $\widetilde{h} = n_0\,h' = 64\,n_0\,R^3/G\,\delta^4$.

Die bezogenen Einflußzahlen für *Dehnung* oder *Drillung* eines Stabes sind

$$\widetilde{h}_1 = 1/EF \qquad \text{bzw.} \qquad \widetilde{h}_2 = 1/G\,J_p\,.$$

Für die *Biegung* können solche bezogenen Einflußzahlen *nicht* gebildet werden, da der Biegepfeil bei keiner Art der Befestigung des Stabes der ersten Potenz der Stablänge proportional ist.

Beispiel 1. Gegeben sei eine Anordnung nach Abb. 24/1. Die Kreisfrequenz der freien Schwingungen der Masse m an der Feder von der Länge l betrage ω. Die Feder werde in der Mitte durchgeschnitten und dieselbe Masse m am Ende einer Federhälfte befestigt. Welche Eigenfrequenz hat der neue Schwinger?

Die Antwort folgt aus Gl. (26.7). Die bezogene Einflußzahl der Feder ist $\widetilde{h} = h_1/l$, daher die Einflußzahl der neuen Feder $h_2 = \widetilde{h}\,l/2 = h_1/2$; aus (20.1) folgt dann $\omega_2^2/\omega_1^2 = h_1/h_2 = 2$ und $\omega_2 = \omega_1\sqrt{2}$.

Dieselbe Überlegung gilt für alle entsprechend gebauten Systeme, etwa für die Drehschwingungen einer Scheibe auf einer drillungselastischen Welle nach Abb. 11/7. Wird das Wellenstück auf den n-ten Teil verkürzt, so steigt die Eigenfrequenz im Verhältnis $1:\sqrt{n}$.

Beispiel 2. Wie groß ist die Frequenz der freien Schwingungen um die in Abb. 26/6 gezeichnete Gleichgewichtslage?

Die Federzahl (oder Einflußzahl) der Feder für Reckung in ihrer Achsenrichtung ist gegeben; sie sei $c = P/w$. Wir benötigen die Federzahl c' für eine Auslenkung in der Lotrechten.

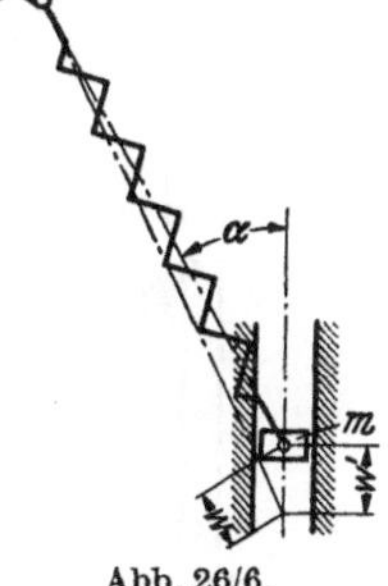

Abb. 26/6.
Gegen die Bewegungs-
richtung geneigte Feder.

Bedeuten P' und w' Kraft und Auslenkung in der Lotrechten, so wird

$$c' = \frac{P'}{w'} = \frac{P\cos\alpha}{w/\cos\alpha} = c\cos^2\alpha\,. \tag{26.8}$$

Die Federzahl ist mit dem Quadrat des Kosinus des Neigungswinkels gegen die Lotrechte zu multiplizieren. So kommt

$$\omega^2 = (c/m)\cos^2\alpha\,. \tag{26.9}$$

Einen Sonderfall dieser Anordnung trafen wir übrigens schon einmal an: In den Gln. (22.2a und b) sind die Dehnfederzahlen EF/l der Stäbe mit den Kosinusquadraten der Neigungswinkel der Stäbe (Federn) gegen die Bewegungsrichtung multipliziert.

27. Beispiele und Zusätze. Zu den Darlegungen der vorangehenden Abschnitte machen wir noch einige zusätzliche Bemerkungen, die zugleich das schon Gesagte beispielhaft erläutern.

α) In Abb. 26/4 war eine Anordnung gezeichnet worden, die sich von den sonst betrachteten dadurch unterscheidet, daß die Masse m an dem federnden Arm nicht *befestigt* ist, sondern nur an einem Haken hängt. Es muß dann die von dem Arm auf die Masse ausgeübte Kraft stets nach oben gerichtet sein. Bei Schwingungen, die um eine spannungslose Gleichgewichtslage erfolgen, ändert die Rückstellkraft ihr Zeichen bei jedem Nulldurchgang; solche Schwingungen sind hier also nicht möglich. Ist das System jedoch einer *Vorbelastung* unterworfen, die in dem vorliegenden Fall durch das Gewicht $G = mg$ der aufgesetzten Masse gegeben ist und die Gleichgewichtslage von der spannungslosen Lage nach der Durchsenkung $d = h\,G$ verschiebt, so können um diese neue Lage harmonische

Schwingungen ausgeführt werden. Die Frequenz der Schwingung bleibt $\omega^2 = g/d$. Ihre Amplituden dürfen nun aber nicht beliebige Werte annehmen, denn sie dürfen jenen Betrag nicht übersteigen, bei dem die Rückstellkraft die Vorbelastung überwiegt, weil sonst die Last sich vom Haken abhöbe. Aus Abb. 27/1 geht deutlich hervor, daß die Rückstellkraft R

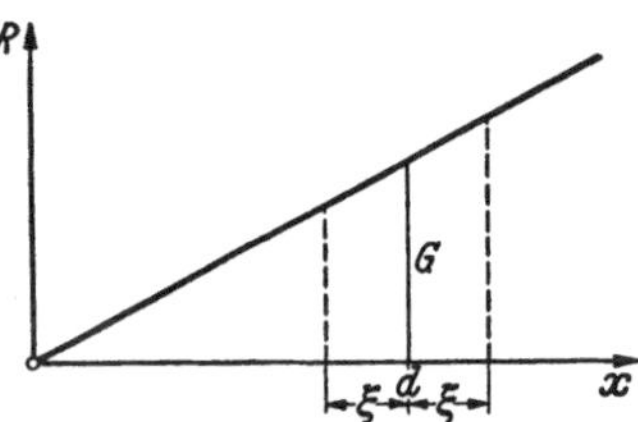
Abb. 27/1. Kennlinie eines Schwingers mit Vorbelastung.

einerlei Vorzeichen behält, solange die Amplitude ξ der um die vorgespannte Lage erfolgenden Schwingungen kleiner bleibt als die durch das Gewicht bewirkte statische Durchsenkung d. Was hier von der Anordnung Abb. 26/4 gesagt wurde, gilt für alle Systeme, in denen auf die Masse nur Kräfte nach einer Richtung ausgeübt werden können; in Abb. 27/1 bedeutet G dann allgemein die Vorbelastung.

Die Erscheinung, daß in nur einseitig belastbaren (kraftschlüssigen) Systemen bei Vergrößerung der Amplitude über einen vorgegebenen Betrag hinaus ein Abheben der Masse eintritt, kann dazu verwendet werden, die Amplituden von Schwingungen zu messen. Wir beschreiben das Verfahren schematisch.

Es sei (in Abb. 27/2) $A\,B$ eine sich harmonisch nach rechts und links bewegende Platte oder Membran; ihre Auslenkung an der Stelle A sei $y = a\,e^{i\Omega t}$. Die Amplitude a dieser Schwingung soll ermittelt werden. Zu diesem Zweck wird ein kleiner Pendelkörper m an einem Faden von der Länge l an die ruhende Platte zunächst so angelegt, daß er sie gerade

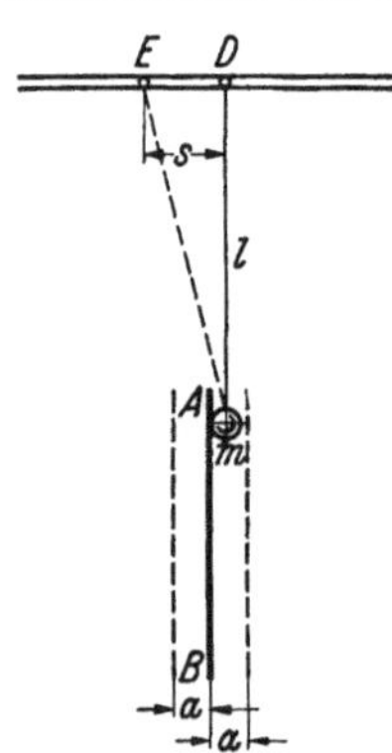
Abb. 27/2. Vorrichtung zum Messen von Schwingungsamplituden.

berührt. Der Aufhängepunkt sei in D. Führt die Platte darauf Schwingungen aus, so tritt ein fortwährendes Abheben und Anlegen des Pendelkörpers ein, das sich in einem Klappern kundtut. Nun verschiebt man den Aufhängepunkt des Pendels in horizontaler Richtung soweit nach links, bis das Klappern eben aufhört. Der Aufhängepunkt sei jetzt in E, die Strecke $\overline{DE}$ sei s.

Das Klappern hört auf, und die Masse m macht die Schwingungen $a\,e^{i\Omega t}$ des Punktes A der Platte vollständig mit, wenn die Kraft, die die Masse m gegen die Platte drückt, nämlich die Rückstellkraft des Pendels, groß genug geworden ist, um die Trägheitskraft $m\,a\,\Omega^2$ der Schwingung $a\,e^{i\Omega t}$ im rechten Umkehrpunkt aufzuheben. Es gilt dann, wenn c die „Federzahl" des Pendels angibt, $m\,a\,\Omega^2 = c\,(s + a)$ oder wegen $c = m\,g/l$ weiter $a\,\Omega^2 = g\,(s + a)/l$. Nun ist $g/l = \omega^2$ das Quadrat der Kreisfrequenz der Pendelschwingung, so daß für die Amplitude

$$a = \frac{\omega^2}{\Omega^2 - \omega^2}\, s \qquad (27.1\,\mathrm{a})$$

gilt. Die Strecke $\overline{DE} = s$ ist also unmittelbar ein Maß für die Amplitude a. Wenn überdies ω^2 klein ist gegen Ω^2, dann kommt einfach

$$a = \frac{\omega^2}{\Omega^2}\, s, \qquad (27.1\,\mathrm{b})$$

d. h. s muß mit dem Verhältnis der Quadrate der Frequenzen der Pendeleigenschwingung und der Plattenschwingung multipliziert werden, um a zu liefern.

Mit der beschriebenen Methode ist es gelungen, Amplituden (etwa von Lautsprechermembranen u. dgl.) bis herunter zur Größenordnung von 10^{-6} cm zu messen.

β) Nicht immer bestimmt sich die Amplitude einer Schwingung so einfach wie in Ziff. 13, wo Ausschlag und Geschwindigkeit in einem Anfangszeitpunkt gegeben sind.

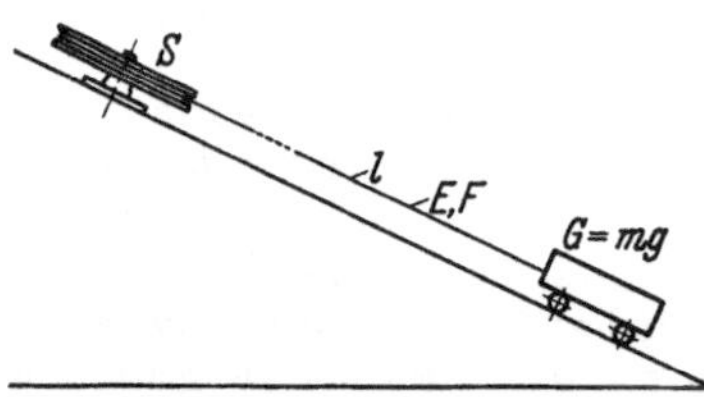
Abb. 27/3. Schema einer Seilbahn.

Wir wählen ein Beispiel: Der Wagen einer Seilbahn (Abb. 27/3) fährt mit der Geschwindigkeit $v_0 = 3{,}6$ km/h abwärts. Die Treibscheibe S wird durch eine Bandbremse so abgebremst, daß sie nach einer Zeit von $t_0 = 3$ s zum Stillstand kommt. (Die Verzögerung soll als konstant betrachtet werden.) Mit welcher Frequenz ω und Amplitude C verlaufen die durch das Abbremsen hervorgerufenen freien Längsschwingungen des Wagens am Seil? Die

Elastizitätszahl des Seiles kann zu $E = 1,3 \cdot 10^6$ kg/cm² angenommen werden; der wirksame Querschnitt des Seiles sei $F = 3$ cm², die Länge beim Stillsetzen betrage $l = 1,3$ km und das Gewicht des Wagens $G = 2,94$ t.

Wenn wir trotz des Abrollens des Seiles mit unveränderlicher Federzahl rechnen, was wegen der Kleinheit der Längenänderung $\dfrac{\Delta l}{l} = \dfrac{1,5 \text{ m}}{1300 \text{ m}}$ in dem betrachteten Zeitraum von 3 s durchaus statthaft ist, so können wir das folgende Ersatzsystem betrachten (Abb. 27/4): Zwischen zwei Punkten A und B, die sich mit konstanter Geschwindigkeit v_0 bewegen, liegt eine Feder. In B befindet sich eine Masse $m = G/g$. Von einem Augenblick $t = 0$ an wird die Geschwindigkeit $\dot{x}_1$ des Punktes A durch eine konstante Verzögerung in $t_0 = 3\,s$ von v_0 bis auf Null herabgesetzt, von da an bleibt A in Ruhe (Abb. 27/5). Wir fragen nach der Bewegung von B.

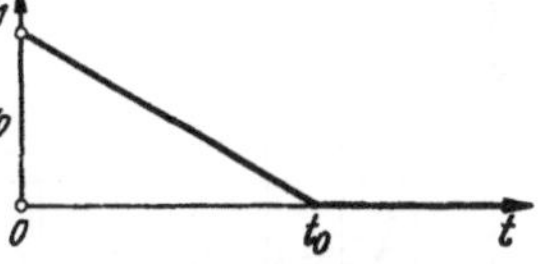

Abb. 27/4. Ersatzsystem für Abb. 27/3.

Wäre die Verbindung starr, so würde für $0 < t < t_0$

$$x_2 = x_1 = v_0\,t - b\,t^2/2 \quad \text{mit} \quad b = v_0/t_0 \tag{27.2}$$

gelten. Wegen der elastischen Verbindung lautet die Bewegungsgleichung der Masse m in jenem Intervall jedoch $m\,\ddot{x}_2 + c\,(x_2 - x_1) = 0$. Hierin ist $x_1(t)$ bekannt (27.2), $x_2(t)$ gesucht. Wir schreiben deshalb

$$\ddot{x}_2 + \omega^2 x_2 = \omega^2\,[v_0\,t - b\,t^2/2]. \tag{27.3}$$

$\omega = \sqrt{c/m}$ ist dabei die Kreisfrequenz der freien Schwingungen der Masse m am Seil.

Die Differentialgleichung (27.3) für x_2 hat ein *Störungsglied* (rechte Seite). Es handelt sich in gewissem Sinn um erzwungene Schwingungen; das Störungsglied ist jedoch nicht periodisch. Wir können diesen einfachen Fall hier schon erledigen: Die Lösung einer linearen inhomogenen Differentialgleichung (mit bekannter rechter Seite) setzt sich additiv zusammen aus der vollständigen Lösung x_h der *verkürzten* (homogenen) Gleichung und einem partikularen Integral x_p der unverkürzten, $x_2 = x_h + x_p$, wobei $x_h = A\cos\omega t + B\sin\omega t$ ist. Ein partikulares Integral x_p verschaffen wir uns, indem wir mit unbestimmten Koeffizienten ansetzen

$$x_p = \alpha + \beta\,t + \gamma\,t^2.$$

Durch Einsetzen in die Differentialgleichung und Vergleich der beiden Seiten finden wir

$$x_p = \frac{b}{\omega^2} + v_0\,t - \frac{b}{2}\,t^2,$$

also

$$x_2 = A\cos\omega t + B\sin\omega t + \frac{b}{\omega^2} + v_0\,t - \frac{b}{2}\,t^2.$$

Die Anfangsbedingungen zur Zeit $t = 0$ lauten $x_2 = 0$ und $\dot{x}_2 = v_0$. Aus ihnen bestimmen sich die Integrationskonstanten A und B, so daß die Dauergleichung der Bewegung im Intervall $0 < t < t_0$ schließlich lautet

$$x_2 = \frac{b}{\omega^2}\,[1 - \cos\omega t] + v_0\,t - \frac{b}{2}\,t^2 = x_1 + \frac{b}{\omega^2}\,[1 - \cos\omega t]. \tag{27.4}$$

Im nächsten Intervall $t > t_0$ lautet die Bewegungsgleichung des Punktkörpers B, wenn mit $\xi = x_2 - x_1$ der Ausschlag gegenüber der Ruhelage bezeichnet wird, d. i. jener Lage, die B bei starrem Seil annähme,

$$m\,\ddot{\xi} + c\,\xi = 0. \tag{27.5}$$

Die Bewegung ist eine harmonische Schwingung, deren Amplitude durch die Anfangswerte von ξ_0 und $\dot{\xi}_0$ im neuen Intervall bestimmt wird. Wir erhalten sie aus der Bewegungsgleichung (27.4) des vorhergehenden Intervalls für $t = t_0$

$$\xi_0 \equiv \xi(t_0) = \frac{b}{\omega^2}\,[1 - \cos\omega t_0] \quad \text{und} \quad \dot{\xi}_0 \equiv \dot{\xi}(t_0) = \frac{b}{\omega}\sin\omega t_0. \tag{27.6}$$

Durch Einsetzen von (27.6) in Gl. (13.11) folgt

$$\xi = \frac{b}{\omega^2}\left[(1 - \cos \omega t_0)\cos \omega (t - t_0) + \sin \omega t_0 \sin \omega (t - t_0)\right]$$

oder

$$\xi = \frac{b}{\omega^2}\left[\cos \omega (t - t_0) - \cos \omega t\right] = \frac{2b}{\omega^2}\sin \omega \frac{t_0}{2}\sin \omega \left(t - \frac{t_0}{2}\right). \qquad (27.7)$$

Die Schwingung vollzieht sich mit der Amplitude

$$C = \frac{2b}{\omega^2}\sin \omega \frac{t_0}{2} = \frac{v_0}{\omega}\frac{T}{\pi t_0}\sin \pi \frac{t_0}{T}. \qquad (27.8)$$

($T = 2\pi/\omega$ ist die Eigenschwingzeit des Systems). Unter Benutzung der Abkürzung $\varphi = \pi t_0/T = \omega t_0/2$ schreibt sich

$$C = \frac{v_0}{\omega}\frac{\sin \varphi}{\varphi}. \qquad (27.9)$$

Die Amplitude hängt also außer von v_0/ω noch von dem Verhältnis t_0/T ab. Die Abb. 27/6 zeigt diese Abhängigkeit. In der Grenze, für $t_0 \to 0$, geht $C \to v_0/\omega$, wie wir aus (13.10) wissen. Besonders bemerkenswert ist, daß, sobald t_0 ein ganzzahliges Vielfaches von T wird, C verschwindet, der Punktkörper B also für $t > t_0$ in Ruhe verharrt. Im allgemeinen bleiben

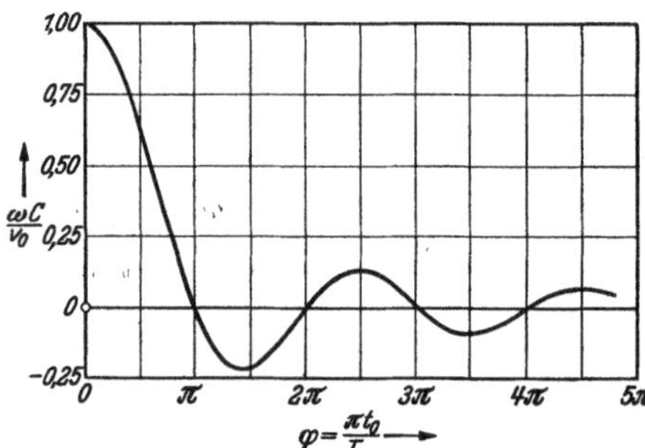

Abb. 27/6. Amplitude C der freien Schwingung in Abhängigkeit von t_0/T.

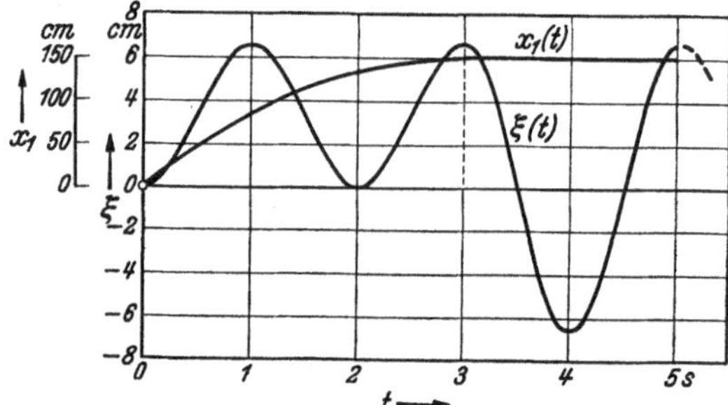

Abb. 27/7. Weg-Zeitdiagramm.

harmonische Schwingungen übrig, deren Amplitude um so kleiner ist, je langsamer A zum Stehen kommt. Die Abnahme der Amplitude mit t_0 erfolgt nicht monoton, sondern um Null oszillierend. Man beachte jedoch wohl, daß die Abb. 27/6 nicht etwa die Schwingungen $\xi(t)$ angibt. Diese verlaufen harmonisch (Abb. 27/7).

Schließlich führen wir die Rechnung noch mit den in der ursprünglichen Aufgabe angegebenen Zahlenwerten durch. Die Federzahl des Seiles beträgt $c = \dfrac{EF}{l} = \dfrac{1{,}3 \cdot 10^6 \cdot 3}{1{,}3 \cdot 10^5}$ kg/cm $=$ 30 kg/cm, die Masse des Wagens $m = G/g = 3$ kg cm^{-1}s^2, so daß $\omega^2 = 10/\text{s}^2$ und $\omega = 3{,}16/\text{s}$ wird. Die Amplitude $C = \dfrac{2b}{\omega^2}\sin \omega \dfrac{t_0}{2}$ wird zu $C = 6{,}67$ cm. Nach dem Anhalten der Treibscheibe führt der Wagen harmonische Schwingungen mit der Frequenz von rund 0,5 Hz und einer Amplitude von 6,7 cm aus. Nach einem plötzlichen (stoßartigen) Anhalten der Treibscheibe hätten die Schwingungen eine Amplitude von $\dfrac{v_0}{\omega} = \dfrac{100 \text{ cm/s}}{3{,}16/\text{s}} = 31{,}6$ cm erlangt.

Die Abb. 27/7 zeigt den Verlauf des Schwingungsausschlages $\xi(t)$, der sich der bei starrem Seil einstellenden Bewegung $x_1(t)$ überlagert. (Die Maßstäbe der beiden Kurven sind nicht die gleichen.)

d) Die Energie in der freien Schwingung.

28. Der Energieumsatz. Die kinetische Untersuchung eines Schwingers nahmen wir bisher in der Weise vor, daß wir das Kräftespiel zwischen Trägheits- und Rückstellkräften verfolgten. So wurden wir zur Differentialgleichung der

Bewegung geführt; aus ihr konnten wir auf die Frequenz der Schwingung schließen. Die Untersuchung einer anderen kinetischen Größe, nämlich der *Energie*, ist geeignet, uns neue Aufschlüsse über die Schwingungsvorgänge zu liefern.

In Ziff. 11 hatten wir die ungedämpfte Bewegung eines Schwingers mit der Differentialgleichung (12.1) *konservativ*, d. i. energieerhaltend genannt. Wir tragen den formalen Beweis dafür nun nach. Zu diesem Zweck multiplizieren wir die Bewegungsgleichung (12.1) mit $\dot{q}$ und integrieren von 0 bis t:

$$\left. \begin{array}{c} \int\limits_0^t a\,\ddot{q}\,\dot{q}\,dt + \int\limits_0^t R\,(q)\,\dot{q}\,dt = \mathsf{E} \\[2mm] a\,\dfrac{\dot{q}^2}{2} + \mathsf{A} = \mathsf{E}. \end{array} \right\} \qquad (28.1)$$

Der erste Ausdruck auf der linken Seite stellt die kinetische Energie T der Bewegung dar, der zweite die von der Gleichgewichtslage bis zum Ausschlag q gegen die Rückstellkräfte geleistete Arbeit A, die dort umkehrbar in Gestalt von potentieller Energie U aufgespeichert wird. Gl. (28.1) sagt aus, daß die Summe $\mathsf{T} + \mathsf{U}$ in jedem Augenblick t einer Konstanten E gleich ist,

$$\mathsf{T} + \mathsf{U} = \mathsf{E}; \qquad (28.1\,\mathrm{a})$$

(28.1 a) spricht den *Energiesatz* für ein konservatives System aus. Für eine harmonische Schwingung ist z. B. $q = Q \cos \omega t$ und deshalb $\dot{q} = -Q\,\omega \sin \omega t$. Als Funktion von t betrachtet, lautet der Ausdruck für die kinetische Energie T dieser Schwingung

$$\mathsf{T}\,(t) = \frac{1}{2}\,a\,\dot{q}^2 = \frac{1}{2}\,a\,\omega^2\,Q^2 \sin^2 \omega\,t, \qquad (28.2\,\mathrm{a})$$

der für die potentielle Energie U

$$\mathsf{U}\,(t) = \frac{1}{2}\,c\,q^2 = \frac{1}{2}\,c\,Q^2 \cos^2 \omega\,t. \qquad (28.2\,\mathrm{b})$$

In den Augenblicken $\omega\,t = \dfrac{\pi}{2},\ \dfrac{3\,\pi}{2},\ \dfrac{5\,\pi}{2}$ usw., den Nulldurchgängen, ist die gesamte Energie E in Form von kinetischer Energie T vorhanden,

$$\mathsf{T}_{\max} = \frac{1}{2}\,a\,\omega^2\,Q^2 = \mathsf{E}, \qquad (28.3\,\mathrm{a})$$

in den Augenblicken $\omega\,t = 0,\ \pi,\ 2\,\pi$ usw. sind die Ausschläge am größten, die Geschwindigkeit ist Null und die gesamte Energie als potentielle Energie U aufgespeichert,

$$\mathsf{U}_{\max} = \frac{1}{2}\,c\,Q^2 = \mathsf{E}. \qquad (28.3\,\mathrm{b})$$

Da sowohl $\mathsf{T}_{\max}$ wie $\mathsf{U}_{\max}$ gleich der Konstanten E ist, so sind sie unter sich gleich; daraus folgt die Gleichheit der Amplituden von $\mathsf{T}\,(t)$ und $\mathsf{U}\,(t)$ in (28.2).

Im Diagramm Abb. 28/1 zeigen die Ordinaten der

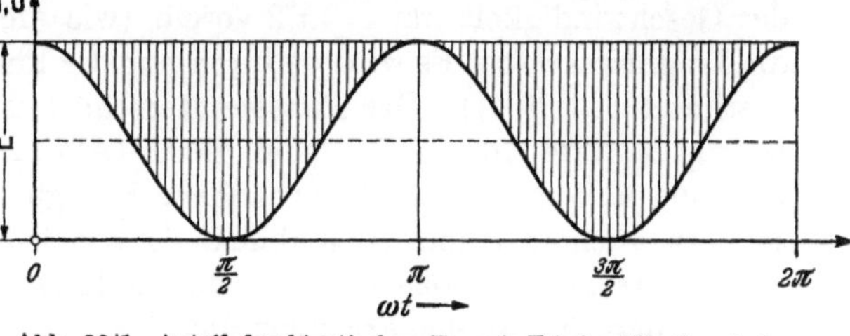

Abb. 28/1. Anteil der kinetischen Energie T (schraffiert) und der potentiellen Energie U an der Gesamtenergie E bei einer Kosinusschwingung.

hellen Flächen die potentielle Enenrgie, die der schraffierten die kinetische Energie während einer Kosinusschwingung an; man überblickt den Energieumsatz, d. i. die Änderung des relativen Anteils der beiden Energieformen mit der Zeit. Der

Sachverhalt kann auch so ausgedrückt werden: Die Energie E pendelt mit der Frequenz $2\,\omega$ zwischen den beiden Beträgen U_{max} und T_{max}. Der formale Ausdruck hierfür folgt aus den Gleichungen

$$\cos^2 \omega\, t = \frac{1}{2}\,[1 + \cos 2\,\omega\, t] \qquad \text{und} \qquad \sin^2 \omega\, t = \frac{1}{2}\,[1 - \cos 2\,\omega\, t],$$

die zusammen mit (28.2)

$$T = \frac{E}{2}\,[1 - \cos 2\,\omega\, t] \qquad \text{und} \qquad U = \frac{E}{2}\,[1 + \cos 2\,\omega\, t]$$

liefern. $E/2$ ist sowohl Mittelwert wie Schwankungsamplitude einer jeden der beiden Energieformen.

Für die Bildung von kinetischer Energie ist das Vorhandensein einer Masse (oder Drehmasse) notwendig; man nennt die Masse deshalb auch den *Speicher* für die kinetische Energie. Die potentielle Energie ist bei den elastischen Schwingern als elastische Formänderungsarbeit in der Feder aufgespeichert, bei den Pendeln als Energie der Lage im Schwerefeld oder Magnetfeld.

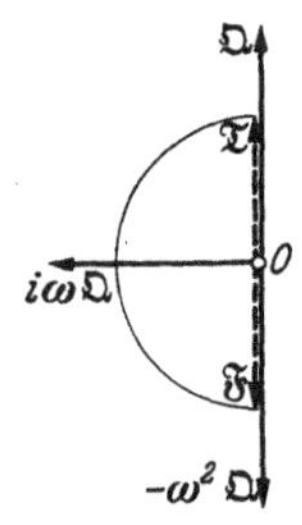

Abb. 28/2. Komplexe Amplituden von Ausschlag ($\mathfrak{Q}$), Geschwindigkeit ($i\,\omega\,\mathfrak{Q}$), Beschleunigung ($-\omega^2\mathfrak{Q}$), Federkraft ($\mathfrak{F}$) und Trägheitskraft ($\mathfrak{T}$).

Die Umformungen, die zu (28.1) führen, lassen sich für die Schwinger mit gerader Kennlinie (die harmonische Schwingungen ausführen) noch in anderer Weise deuten. (12.1) drückt das Gleichgewicht aus, das zwischen Trägheitskraft und Federkraft bei der Auslenkung q besteht. Die drei Größen ändern sich harmonisch und mit ihnen auch Geschwindigkeit $\dot{q}$ und Beschleunigung $\ddot{q}$. Die komplexen Amplituden $\mathfrak{T}$, $\mathfrak{F}$, $\mathfrak{Q}$, $i\,\omega\,\mathfrak{Q}$, $-\omega^2\mathfrak{Q}$ der fünf Schwingungen liegen so, wie Abb. 28/2 anzeigt. Die in der ersten Zeile von (28.1) vorgenommenen Multiplikationen bedeuten also Produktbildungen zwischen harmonisch veränderlichen Größen, deren komplexe Amplituden aufeinander senkrecht stehen. Da der eine Faktor jeweils eine Kraft, der andere eine Geschwindigkeit ist, stellen die Produkte die Leistungen der Kräfte dar. In Ziff. 9 stellten wir fest, daß der Mittelwert der Leistung über eine Periode verschwindet, wenn die komplexen Amplituden orthogonal stehen. Beide Leistungen sind daher Blindleistungen. Die in einer Viertelperiode (der Ausschlagschwingung) aufgewendete Leistung fließt im nächsten Viertel wieder zurück. Dabei ist es im Ergebnis gleichgültig, ob die Kraft der Geschwindigkeit um $\varepsilon = \pi/2$ voreilt (wie die Federkraft) oder nacheilt (wie die Trägheitskraft). Es wird dadurch nur die Phasenlage der Energieschwingung bestimmt [Gl. (9.4)]. Der Phasenunterschied der beiden Energieschwingungen beträgt π, ihre Amplituden sind gleich (Abb. 28/1). Das Zeitintegral über die Leistung läßt deshalb eine vorhandene Energie nicht nur im Mittel ungeändert, sondern auch in jedem Augenblick, da mit jeder positiven Leistung der einen Kraft eine gleich große negative der anderen verbunden ist.

29. Berechnung der Frequenz aus Energieausdrücken. Aus der Betrachtung der Energie gewinnen wir ein zweites Verfahren zur Berechnung der Eigenfrequenz eines Schwingers. In den einfachsten Fällen liefert dieses Verfahren zwar nichts Neues, in verwickelteren Fällen eröffnet sich jedoch ein Weg, der oft kürzer oder bequemer ist als der über die Differentialgleichungen. Nach Definition ist für den einfachen Schwinger, der harmonische Bewegungen ausführt,

$\mathsf{U} = \dfrac{1}{2} c q^2$ und $\mathsf{T} = \omega^2 \left(\dfrac{1}{2} a q^2 \right)$. Den letzten Ausdruck formen wir um in $\mathsf{T} = \omega^2 \mathsf{T}^*$. T^* bedeutet somit eine quadratische Form, die nach Analogie der kinetischen Energie, aber aus der Amplitude q der Auslenkung statt der Geschwindigkeit gebildet ist. Aus (28.3) folgt für die Scheitelwerte $\mathsf{U}_0 = \mathsf{T}_0 = \omega^2 \mathsf{T}_0^*$ und daraus das Quadrat der Eigenfrequenz eines Schwingers

$$\omega^2 = \frac{\mathsf{U}_0}{\mathsf{T}_0^*} = \frac{\mathsf{U}}{\mathsf{T}^*}. \tag{29.1}$$

Für den aus *einer* Feder und *einer* Masse bestehenden Schwinger liefert dieses Verfahren

$$\omega^2 = \frac{\mathsf{U}}{\mathsf{T}^*} = \frac{\dfrac{1}{2} c q^2}{\dfrac{1}{2} a q^2} = \frac{c}{a},$$

also (wie erwähnt) nichts Neues. Wir zeigen jedoch sogleich eine Reihe von Beispielen, in denen die neue Methode rascher zum Ziel führt als der Weg über die Differentialgleichungen.

α) **Zwei Punktmassen auf einer starren, masselosen und drehbaren Stange** (Abb. 29/1).

Der Schwinger ist trotz der beiden Massen ein System von nur einem Freiheitsgrad, da wegen der Starrheit der Stange eine Koordinate hinreicht, die Bewegung des Systems zu beschreiben. Bezeichnet man die Amplituden der (kleinen) Ausschläge beider Massen auf den Kreisen um O jeweils mit w_1 und w_2,

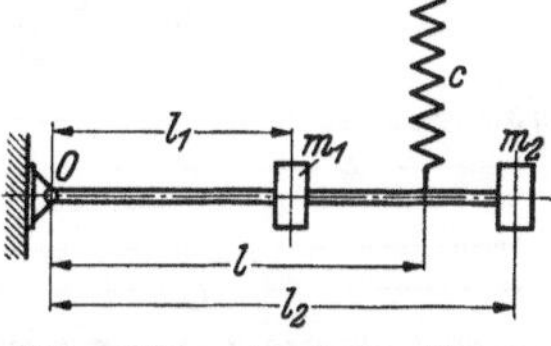
Abb. 29/1. Zwei Punktmassen auf einer starren, drehbaren Stange.

die der Feder mit w, so gilt $w:w_1:w_2 = l:l_1:l_2$. Die Amplitude der potentiellen Energie (Federenergie) im Zähler von (29.1) ist $\mathsf{U} = \dfrac{1}{2} c w^2$. Der Nenner T^* setzt sich aus zwei Anteilen zusammen,

$$\mathsf{T}^* = \frac{1}{2} [m_1 w_1^2 + m_2 w_2^2] = \frac{1}{2} \left[m_1 \left(\frac{l_1}{l} \right)^2 + m_2 \left(\frac{l_2}{l} \right)^2 \right] w^2.$$

Daher ist das Quadrat der Eigenfrequenz des Schwingers gegeben durch

$$\omega^2 = \frac{c}{m_1 \, (l_1/l)^2 + m_2 \, (l_2/l)^2}. \tag{29.2}$$

Die Gleichung sagt aus, daß eine Masse $\hat{m} = m_1 (l_1/l)^2 + m_2 (l_2/l)^2$ am Angriffspunkt der Feder gleichwertig ist den beiden Massen m_1 und m_2 in der gezeichneten Lage. Das Ergebnis ist in der Kinetik unter der Bezeichnung *Reduktion der Massen* bekannt. Für n Massen ergibt sich

$$\omega^2 = \frac{c}{\displaystyle\sum_{i=1}^{n} m_i \, (l_i/l)^2}. \tag{29.2a}$$

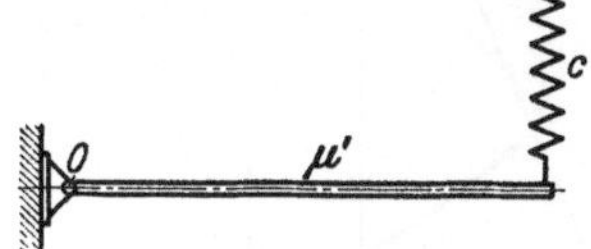
Abb. 29/2. Starre Stange mit verteilter Masse.

β) **Stange mit verteilter Masse und Feder am Ende** (Abb. 29/2).

Dieses Beispiel stellt einen Grenzfall des vorigen dar. Die Längendichte des Stabes (Masse je Längeneinheit) sei μ', die Ausschlagamplitude an einer Stelle x ist $w\,x/l$, daher $2\,\mathsf{U} = c\,w^2$ und

$$2\,\mathsf{T}^* = \int_0^l \mu' \left(w \frac{x}{l} \right)^2 dx = \frac{w^2 \mu'}{l^2} \int_0^l x^2 \, dx = w^2 \frac{\mu' l}{3} = w^2 \frac{m}{3},$$

wenn mit m die Masse des ganzen Stabes bezeichnet wird. Das Frequenzquadrat wird

$$\omega^2 = \frac{c}{m/3}, \qquad (29.2\,\mathrm{b})$$

d. h. der Schwinger verhält sich so, als ob ein Drittel der verteilten Stabmasse am Ende angebracht wäre.

Beispiel. An welcher Stelle l_1 eines masselosen Stabes müßte man die ganze Masse m anbringen, damit die Frequenz des Schwingers der Abb. 29/2 sich nicht ändert? Die Antwort folgt aus $\omega^2 = \dfrac{c}{m/3} = \dfrac{c}{m\,(l_1/l)^2}$ zu $l_1 = \dfrac{1}{3}\sqrt{3}\, l \approx 0{,}577\, l$.

γ) Starre Stange mit einer Masse und mehreren Federn (Abb. 29/3).

Auch dieser Schwinger hat einen einzigen Freiheitsgrad, seine Lage ist durch den Ausschlag irgendeines seiner Punkte bestimmt. Auch hier verhalten sich bei kleinen Schwingungen $w : w_1 : w_2 : w_3 = l : l_1 : l_2 : l_3$.

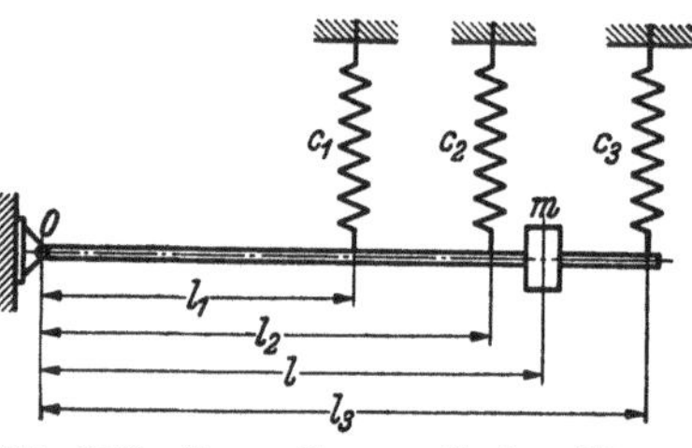

Abb. 29/3. Starre Stange mit einer Masse und mehreren Federn.

Die Formen U und T^* werden hier zu

$$2\mathsf{U} = \sum c_i w_i^2 = w^2 \sum c_i (l_i/l)^2 \quad \text{und} \quad 2\mathsf{T}^* = m w^2,$$

daher ist das Frequenzquadrat

$$\omega^2 = \frac{\sum c_i\, (l_i/l)^2}{m}. \qquad (29.3)$$

Auch die Federzahlen werden im Verhältnis der Quadrate der Abstände reduziert.

δ) Ein weiteres Beispiel wird erst augenfällig zeigen, wie die Energiemethode der Differentialgleichungsmethode zur Aufsuchung der Frequenz überlegen sein kann. Die Überlegenheit tritt besonders zutage, wenn es sich um Bewegungen handelt, die — wie das *Rollen* — nicht mehr durch einfache Gleichungen vom Typ $a\ddot{q} + cq = 0$ beschrieben werden können. Wir suchen die Frequenz kleiner Schwingungen des in Ziff. 18 γ schon erwähnten *Rollpendels* auf. Das Pendel besteht aus einem starren zylindrischen Körper, der, soweit er mit der ebenen, horizontalen Unterlage beim Rollen in Berührung kommt, eine kreiszylindrische Begrenzung (p) vom Halbmesser r hat; sein Schwerpunkt S liegt um die Strecke s unter der Zylinderachse M. Abb. 29/4 zeigt einen Querschnitt durch den Körper. B bezeichnet die Berührungsgerade des Zylinders mit der Unterlage im Gleichgewichtszustand, B' nach einer

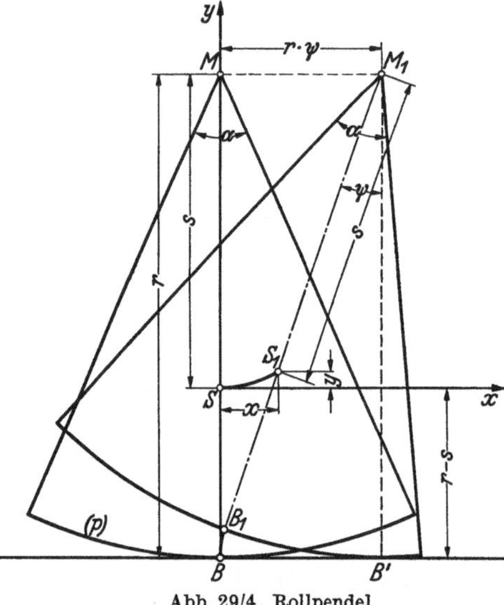

Abb. 29/4. Rollpendel.

Auslenkung um den *Rollwinkel* ψ. Bei der Auslenkung bewegt sich der Schwerpunkt S nach S_1 auf der gestreckten Zykloide

$$x = r\,\psi - s \sin \psi, \qquad y = s\,(1 - \cos \psi). \qquad (29.4)$$

Die potentielle Energie U im ausgelenkten Zustand rührt her von der Hebung des Schwerpunktes um die Strecke $y = s\,(1 - \cos\psi)$, beträgt also

$$\mathsf{U} = m\,g\,s\,(1 - \cos\psi). \tag{29.5a}$$

Die kinetische Energie besteht aus zwei Anteilen, aus der Wucht der Drehung um den Schwerpunkt und aus der Wucht, die im Fortschreiten des Schwerpunktes liegt. Bezeichnet m die Masse des Körpers und k seinen Trägheitsarm für die Schwerachse, so ist

$$\mathsf{T} = \frac{1}{2}\,m\,k^2\,\dot{\psi}^2 + \frac{1}{2}\,m\,[\dot{x}^2 + \dot{y}^2].$$

Die Form T^* wird deshalb zu

$$\mathsf{T}^* = \frac{1}{2}\,m\,k^2\,\psi^2 + \frac{1}{2}\,m\,[(r\,\psi - s\,\sin\psi)^2 + s^2\,(1 - \cos\psi)^2]. \tag{29.5b}$$

Wir wollen nur die kleinen, harmonisch verlaufenden Schwingungen betrachten. Unter Beschränkung auf Glieder 2. Ordnung lauten die Formen U und T^*

$$\mathsf{U} = m\,g\,s\,\frac{\psi^2}{2} \qquad \mathsf{T}^* = \frac{1}{2}\,m\,\psi^2\,[k^2 + (r - s)^2]. \tag{29.6}$$

Nach (29.1) ist daher das Frequenzquadrat

$$\omega^2 = g\,\frac{s}{k^2 + (r - s)^2} \tag{29.7a}$$

oder die reduzierte Pendellänge

$$l' = \frac{g}{\omega^2} = \frac{k^2 + (r - s)^2}{s}. \tag{29.7b}$$

Die angestellten Betrachtungen haben noch über die Grenzen, die durch die oben genannten Voraussetzungen gezogen sind, hinaus Gültigkeit. Ist die Begrenzungskurve (p) des zylindrischen Schnittes kein Kreisbogen wie in Abb. 29/4, sondern eine andere Kurve, so tritt bei Beschränkung auf genügend kleine Ausschläge an die Stelle des Halbmessers r der Krümmungshalbmesser ϱ der Kurve (p) an der Berührungsstelle B. Aber auch nicht-zylindrische Körper können auf die besprochene Art behandelt werden. Stellt Abb. 29/4 z. B. den Meridianschnitt eines Kugelsektors dar, der eine ebene Rollbewegung ausführt, so bleibt die Betrachtung vollständig dieselbe. Nur liegt jetzt der Schwerpunkt S höher als beim Zylinderschnitt.

ε) Wir untersuchen noch einen zweiten Schwinger, dessen Bewegungsgleichung nicht ohne weiteres auf die Form (12.2) gebracht werden kann: Die schwingende Wassersäule im U-Rohr mit nicht konstantem Querschnitt (Abb. 29/5). Das U-Rohr mit konstantem Querschnitt läßt Vereinfachungen zu, die seine Behandlung in Ziff. 15 möglich machten. Die Form des

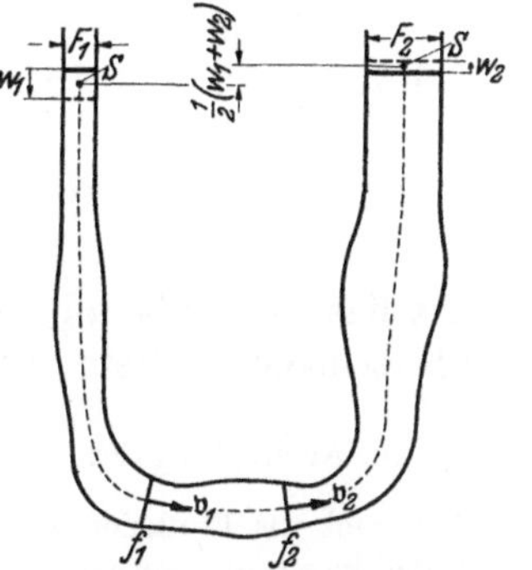

Abb. 29/5. Wassersäule in U-Rohr mit nicht konstantem Querschnitt.

Rohres soll allerdings noch so beschaffen sein, daß der Querschnitt wenigstens auf jenen beiden Wegen, die die schwankenden Flüssigkeitsspiegel zurücklegen, jeweils konstant ist; der Querschnitt des linken Schenkels in Höhe des Spiegelweges sei F_1, der des rechten F_2. Im übrigen ist der Querschnitt f eine Funktion des Ortes, $f = f(s)$; s möge dabei etwa auf einem „mittleren" Stromfaden gemessen werden. Die Länge dieses Stromfadens von Spiegel zu Spiegel sei l.

Je nach dem Querschnitt ändert sich die Geschwindigkeit der strömenden Flüssigkeit. Dabei gilt, wenn plötzliche Querschnittsänderungen nicht auftreten und eine Gleichverteilung der Geschwindigkeit über den Querschnitt angenommen werden darf,

$$v_1/v_2 = f_2/f_1 , \tag{29.8}$$

denn in einem Zeitelement Δt strömt in einen abgegrenzten Raumteil die Menge $f_1 v_1 \Delta t$ ein und die gleich große Menge $f_2 v_2 \Delta t$ wieder aus. Als kennzeichnende Koordinate führen wir den lotrechten Ausschlag w des Spiegels in einem Schenkel, etwa w_1 im linken Schenkel, ein.

Die kinetische Energie der strömenden Flüssigkeit beträgt ($\mu = \gamma/g$ bedeutet die Dichte)

$$\mathsf{T} = \frac{1}{2} \int_0^l \mu \, v^2 f \, ds = \frac{1}{2} \mu \, \dot{w}_1^2 F_1^2 \int_0^l \frac{ds}{f} ;$$

daher ist

$$\mathsf{T}^* = \frac{1}{2} \mu \, w_1^2 F_1^2 \int_0^l \frac{ds}{f} . \tag{29.9}$$

Die potentielle Energie bei einer Auslenkung w findet man am einfachsten als Energie der Lage der über dem tieferen Spiegel stehenden Flüssigkeitssäule

$$\mathsf{U} = (\mu \, g \, F_1 \, w_1) \frac{w_1 + w_2}{2} = \mu \, g \, w_1^2 \frac{F_1}{F_2} \frac{F_1 + F_2}{2} . \tag{29.10}$$

Das Quadrat der Kreisfrequenz der freien Schwingungen wird dann

$$\omega^2 \equiv \frac{\mathsf{U}}{\mathsf{T}^*} = \frac{F_1 + F_2}{F_1 F_2} \frac{g}{\int_0^l ds/f} . \tag{29.11}$$

Ebenso wie bei dem in Ziff. 15 behandelten Rohr mit unveränderlichem Querschnitt gilt auch hier, daß die Schwingungsweiten (solange die Flüssigkeitsspiegel ihre Fläche nicht ändern) beliebig groß werden können, ohne daß die Frequenz sich ändert. Sind die beiden Schenkel gleich weit, $F_1 = F_2 = F$, so wird aus (29.11)

$$\omega^2 = \frac{2 g}{F \int_0^l ds/f} , \tag{29.11 a}$$

hat das Rohr überall gleichen Querschnitt $f = F$, so folgt die früher durch eine überschlägliche Betrachtung abgeleitete Gl. (15.3).

Die Auswertung des Integrals $\int_0^l ds/f$ geschieht, wenn f nicht etwa durch einen analytischen Ausdruck als Funktion von s gegeben ist, am besten durch eine graphische Integration. Dabei kann man entweder $1/f(s)$ aufzeichnen und eines der üblichen Verfahren verwenden, oder man zeichnet $f(s)$ selbst auf und benutzt das Verfahren zur „Integration über den Kehrwert" [1].

30. Das RAYLEIGHsche Näherungsverfahren. Die in der vorigen Ziffer besprochene Energiemethode liefert die genauen Werte der Schwingzahlen. Eine besondere Bedeutung erhält das Verfahren noch dadurch, daß es als *Näherungsverfahren* zur Berechnung der (kleinsten) Eigenschwingzahl eines verwickelter gebauten Gebildes dienen kann. Die Anwendung der Methode auf die komplizierteren schwingungsfähigen Systeme stützt sich dabei auf eine Reihe von

Eigenschaften solcher Schwinger, die wir im einzelnen hier noch nicht erörtern können. Des großen praktischen Nutzens wegen, den das Näherungsverfahren uns gewähren kann, wollen wir es dennoch hier schon kennenlernen, und zwar benutzen wir es, um auf eine häufig gestellte Frage zu antworten. Die in den früheren Abschnitten untersuchten einfachen Schwinger waren nur deshalb Systeme von einem Freiheitsgrad, weil wir die Trägheit des federnden Gebildes, das doch stofflich ausgebildet sein muß, außer acht ließen. Eine solche Vernachlässigung wird um so geringere Fehler zur Folge haben, je größer die Einzelmasse im Verhältnis zu der über die Feder verteilten Masse ist. Oft ist es jedoch erwünscht, auch den Einfluß der verteilten Masse wenigstens angenähert zu berücksichtigen. Sobald wir die verteilten Massen mit in Betracht ziehen, haben wir es — streng genommen — mit Systemen von unendlich vielen Freiheitsgraden oder sog. kontinuierlichen Systemen zu tun, da erst die Angabe einer Funktion $w(x)$ oder $w(x, y)$, in der die Werte für unendlich viele Argumente stecken, die Lage des Systems beschreibt. Nun sind sowohl U wie T^* Funktionen der Ausschlagform $w(x)$. Werden sie für die bei der Schwingung wirklich auftretende Ausschlagform gebildet, so ergibt der Quotient nach (29.1) die wirkliche Schwingzahl an. Bildet man sie jedoch für Ausschlagformen, die von der wirklichen (etwas) abweichen, so gibt der Quotient (29.1) nach dem Satze von RAYLEIGH einen zwar angenäherten, aber doch sehr gut brauchbaren Wert für die Schwingzahl. Überdies ist der Näherungswert $\widetilde{\omega}$ stets größer als der wahre Wert ω, so daß man auch die Richtung des Fehlers kennt.

Um die Eigenschwingzahl eines Schwingers mit Berücksichtigung der verteilten Masse nach dem RAYLEIGHschen Verfahren zu berechnen, müssen wir daher eine Annahme darüber treffen, in welcher Weise die einzelnen Punkte des federnden Gebildes ausgelenkt werden. Wir nehmen ein übersichtliches Beispiel: Ein Punktkörper in der Mitte einer gespannten Saite führt nach den Überlegungen von Ziff. 25 Schwingungen mit einer Frequenz $\omega = \sqrt{4\,S/m\,l}$ aus, wenn die Saite (die hier die Feder darstellt) keine Masse besitzt. Die *Schwingungsform* der trägheitsfreien Saite besteht dabei aus zwei Geradenstücken; die der trägen Saite kennen wir nicht. Könnten wir U und T^* aus den richtigen Auslenkungen berechnen, so würden wir ω^2 genau erhalten. Aber auch eine angenähert richtige Annahme führt uns zu Werten $\widetilde{\omega}^2$, die den wahren sehr nahe kommen.

Die einfachste Annahme ist die, daß die Saite auch dann noch gerade bleibt, wenn sie außer der Masse des aufgesetzten Punktkörpers selbst eine verteilte Masse besitzt. Das ist zwar nicht mehr genau, aber für kleine Werte der verteilten Masse doch sehr nahe richtig. Was liefert das RAYLEIGHsche Verfahren unter dieser Voraussetzung?

Die Längendichte (Masse je Längeneinheit) der Saite sei μ'. Wir nehmen an, es sei $w(x) = w_1 \dfrac{x}{l/2}$, und erhalten

$$2\,\mathsf{T}^* = m\,w_1^2 + 2\,\mu' \int\limits_0^{l/2} w^2\,dx = w_1^2 \left[m + \frac{\overline{m}}{3}\right].$$

Mit $\overline{m} = \mu'\,l$ ist die Masse der Saite bezeichnet. Die verteilte Masse wirkt daher so, als ob ihr dritter Teil in der Mitte der Saite konzentriert wäre. Die potentielle

Energie U ist wie für die trägheitsfreie Saite

$$2\,U = c\,w_1^2 = \frac{4\,S}{l}\,w_1^2,$$

daher der Näherungswert

$$\widetilde{\omega}^2 = \frac{4\,S}{l\,(m + \overline{m}/3)}\,. \tag{30.1}$$

Eben dasselbe Ergebnis, daß nämlich der Einfluß der verteilten Masse eines belasteten Systems durch Zuschlag eines Drittels der verteilten Masse zur Einzelmasse berücksichtigt werden kann, gilt überall, wo wir als Auslenkungsform des eindimensionalen federnden Gebildes eine Gerade annehmen dürfen; so z. B. für die Längsschwingungen eines Stabes (vgl. Abb. 11/6), die Torsionsschwingungen einer Welle (vgl. Abb. 11/7 und 23/1) und auch für die Schwingungen einer zylindrischen Schraubenfeder (Abb. 24/1).

Die Auslenkungsform eines belasteten Stabes, der *Querschwingungen* ausführt, ist jedoch auch für den *trägheitsfreien* Stab keine Gerade, sondern eine Parabel 3. Ordnung, entsprechend der elastischen Linie des durch eine Einzellast gebogenen Stabes. Man wird deshalb die Frequenz des belasteten und *trägen* Stabes unter der Annahme errechnen, daß die Schwingungsform die des trägheitsfreien Stabes sei.

Als erstes Beispiel betrachten wir den in der Mitte belasteten Balken nach Abb. 11/5b, der beiderseits frei aufliegt. Ist die Auslenkung unter der Last w_1, so ist die statische Biegelinie, die gleich ist der Schwingungsform des trägheitsfreien Stabes,

$$w(x) = w_1\,\frac{3\,x\,l^2 - 4\,x^3}{l^3} \quad \text{im Bereich} \quad 0 \leqq x \leqq \frac{l}{2}.$$

Die Formen U und T^* für den trägen Balken werden unter Voraussetzung der genannten Schwingungsform zu

$$2\,U = c\,w_1^2$$

$$2\,T^* = m\,w_1^2 + 2\int_0^{l/2} \mu'\,w^2\,dx = m\,w_1^2 + \frac{2\,\mu'\,w_1^2}{l^6}\int_0^{l/2}(3\,x\,l^2 - 4\,x^3)^2\,dx =$$

$$= w_1^2\left[m + \frac{17}{35}\,\overline{m}\right],$$

wenn $\overline{m}$ wieder die verteilte Eigenmasse $\mu'l$ bezeichnet. Daraus folgt als Näherungswert für das Frequenzquadrat

$$\widetilde{\omega}^2 = \frac{c}{m + \dfrac{17}{35}\,\overline{m}}\,. \tag{30.2}$$

Man hat in diesem Fall nicht ein Drittel, sondern 17/35, also rund die Hälfte, der verteilten Masse zur Masse der Last zuzuschlagen. Daß der Zuschlag hier größer sein muß als bei geradem Verlauf der elastischen Linie, überlegt man sich leicht: Die einzelnen Teilchen des Stabes schwingen über die vom Auflager nach der Last führende Gerade hinaus, vergrößern daher die kinetische Energie und damit T^*.

Dagegen werden wir beim einseitig eingespannten Stab (Abb. 11/5a) erwarten, daß der Zuschlag weniger als ein Drittel der verteilten Masse ausmacht, da die

Auslenkungen hinter der Geraden zurückbleiben. Wir rechnen nach und finden wegen

$$w\,(x) = w_1 \frac{3\,x^2\,l - x^3}{2\,l^3}$$

für den Nenner

$$2\,\mathsf{T}^* = m\,w_1^2 + \int\limits_0^l \mu'\,w^2\,dx = m\,w_1^2 + \frac{\mu'\,w_1^2}{4\,l^6} \int\limits_0^l (3\,x^2\,l - x^3)^2\,dx = w_1^2\Big[m + \frac{33}{140}\,\overline{m}\Big],$$

daher

$$\widetilde{\omega}^2 = \frac{c}{m + \dfrac{33}{140}\,\overline{m}}. \tag{30.3}$$

Der Zuschlag beträgt hier 33/140, also rund ein Viertel der Systemmasse.

Als Faustregel können wir deshalb aussprechen: Um den Einfluß einer verteilten Masse auf die Eigenfrequenz eines mit einer Einzelmasse belasteten Schwingers angenähert zu berücksichtigen, schlägt man der Lastmasse einen Bruchteil der verteilten Masse zu. Dieser Bruchteil hängt von der Auslenkungsform des Systems ab. Schwingt das System etwa nach einer Geraden, so fügt man der Last ein Drittel, ist die Auslenkungsform nach der Ruhelage hin konkav, die Hälfte, ist sie dorthin konvex, ein Viertel der Systemmasse zu (Abb. 30/1).

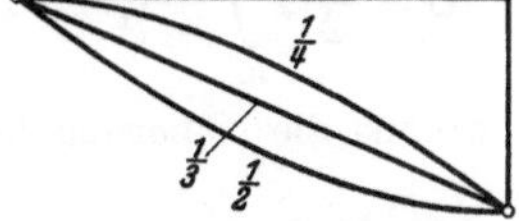
Abb. 30/1. Massenzuschläge für verschiedene Auslenkungsformen.

Nach Erledigung der Aufgabe, welche ursprünglich die Einführung des Rayleighschen Näherungsverfahrens an dieser Stelle veranlaßte, nämlich die verteilten Massen belasteter Systeme angenähert zu berücksichtigen, behandeln wir noch ein Beispiel für kontinuierliche Systeme ohne Einzelmassen. Wir werden auf diese Weise einen Anhalt dafür bekommen, wie genau das Verfahren selbst bei groben Annahmen arbeitet.

Ein übersichtliches Beispiel bietet wieder die querschwingende Saite (Abb. 30/2). Wir wissen schon, daß sie als Ersatzsystem gelten kann für den beiderseits festgehaltenen, längsschwingenden Stab und für die Schraubenfeder (zylindrische Torsionsfeder). Die Saite habe eine konstante Längendichte μ' und eine Spannkraft S.

Die *Eigenschwingungsform* für die Grundschwingung, deren Frequenz wir suchen, ist — wie hier ohne Beweis angeführt sei — eine Sinoide

$$w\,(x) = w_1 \sin \frac{\pi\,x}{l}. \tag{30.4a}$$

Abb. 30/2. Saite mit stetig verteilter Masse.

Der für diese Funktion $w(x)$ gebildete Quotient $\mathsf{U}\,(w)/\mathsf{T}^*\,(w)$ muß daher den genauen Wert der Schwingzahl liefern. Die potentielle Energie einer ausgelenkten Saite erhält man am einfachsten durch Berechnung der für die Verlängerung der Saite notwendigen Arbeit $\mathsf{U} = \int\limits_0^l S\,dl$; dl ist dabei die Differenz der Längen eines Elementes im ausgelenkten und im Ruhezustand, $dl = dx' - dx$ (Abb. 30/2). Für kleine Neigungen gilt daher mit $dx' = dx/\cos \varphi$ und

$$\frac{1}{\cos \varphi} \approx \frac{1}{1 - \varphi^2/2} \approx 1 + \frac{\varphi^2}{2}\,,$$

mit $\varphi = w'$, sowie unter Vernachlässigung der Veränderung der Spannkraft S

$$\mathsf{U} = \int\limits_0^l S\,dl = \int\limits_0^l S(dx' - dx) = \int\limits_0^l S\Big[\frac{1}{\cos \varphi} - 1\Big]\,dx = \frac{1}{2} \int\limits_0^l S\,\varphi^2\,dx = \frac{S}{2} \int\limits_0^l w'^2\,dx.$$

Benutzt man (30.4a), so kommt

$$\mathsf{U} = w_1^2 \frac{S \pi^2}{2 l^2} \int_0^l \cos^2 \frac{\pi x}{l} \, dx.$$

Die Form T^* ist leicht zu bilden:

$$\mathsf{T}^* = \frac{\mu'}{2} \int_0^l w^2 \, dx = w_1^2 \frac{\mu'}{2} \int_0^l \sin^2 \frac{\pi x}{l} \, dx.$$

Die Integrale von $\sin^2$ und $\cos^2$ über eine Halbperiode sind gleich, so daß (29.1)

$$\omega_1^2 = \frac{\mathsf{U}}{\mathsf{T}^*} = \frac{S}{\mu'} \frac{\pi^2}{l^2} = \frac{S}{\mu' l^2} \cdot 9{,}8696 \qquad (30.4)$$

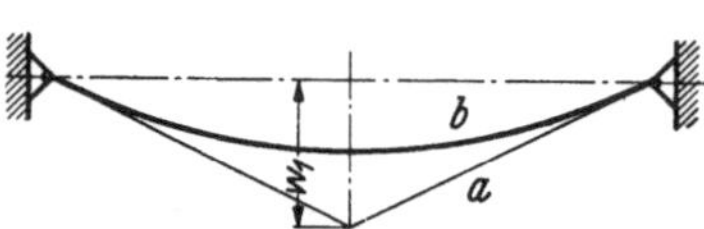

Abb. 30/3. Wirkliche Auslenkungsform (b) und Annäherung (a).

als genauen Wert des Quadrates der Grundschwingzahl liefert.

Wir bilden ferner Näherungswerte $\widetilde{\omega}^2$ auf Grund verschiedener Annahmen über die Auslenkungsform $w(x)$. Eine erste, sicher recht grobe, Annahme ist

$$w(x) = 2 w_1 \, x/l \qquad \text{für} \qquad 0 \leq x \leq l/2$$

mit einer symmetrischen Fortsetzung (Abb. 30/3). Sie liefert

$$\mathsf{U} = \frac{S}{2} 2 \int_0^{l/2} \frac{(2 w_1)^2}{l^2} \, dx = \frac{S}{2} \frac{(2 w_1)^2}{l} \quad \text{und} \quad \mathsf{T}^* = \frac{\mu'}{2} 2 \int_0^{l/2} \frac{(2 w_1)^2}{l^2} x^2 \, dx = \frac{(2 w_1)^2}{l^2} \mu' \frac{l^3}{24},$$

woraus die Näherung folgt

$$\widetilde{\omega}^2 = \frac{\mathsf{U}}{\mathsf{T}^*} = \frac{S}{\mu' l^2} \cdot 12 . \qquad (30.5)$$

Statt des Faktors 9,8696 steht hier der Faktor 12; das macht einen Fehler von allerdings 21,6%. Bedeutend näher kommen wir dem richtigen Wert für die Schwingzahl, wenn wir statt eines Geradenzuges eine Parabel als Schwingungsform voraussetzen. Mit

$$w(x) = 4 w_1 \, x(l - x)/l^2 \qquad \text{und} \qquad w'(x) = 4 w_1 (l - 2 x)/l^2$$

folgt

$$\mathsf{U} = \frac{S}{2 l^4} \int_0^l (4 w_1)^2 (l - 2 x)^2 \, dx = \frac{1}{3} \frac{S}{2 l} (4 w_1)^2$$

und

$$\mathsf{T}^* = \frac{\mu'}{2 l^4} \int_0^l (4 w_1)^2 x^2 (l - x)^2 \, dx = \frac{l}{30} \frac{\mu'}{2} (4 w_1)^2,$$

so daß der Näherungswert

$$\widetilde{\omega}^2 = \frac{S}{\mu' l^2} \cdot 10 \qquad (30.6)$$

wird. Hier macht der Fehler nur noch 1,32% aus.

Die Begründung und den Ausbau dieses Verfahrens und weiterer Näherungsverfahren müssen wir auf später verschieben (Bd. III).

31. Herstellung von Ersatzsystemen mit Hilfe von Energiebetrachtungen. In Ziff. 23 haben wir zur Berechnung der Drillungsschwingungen einer „abgesetzten" Welle an Stelle dieser Welle ein kinetisch gleichwertiges System, ein *Ersatzsystem*, eingeführt und in Ziff. 26 Ersatzgebilde für andere schwingungsfähige Systeme erörtert. Die Benutzung der Energieausdrücke erlaubt nun eine allgemeinere Behandlung dieser Aufgabe. Zwei Systeme sind nämlich kinetisch gleichwertig, wenn die kinetische Energie T und die potentielle Energie U der beiden Systeme den gleichen Wert haben (denn auch die Bewegungsgleichungen z. B. können aus den Energieausdrücken hergestellt werden, wie in Band II im einzelnen dargelegt werden wird).

Ohne Beschränkung auf die Systeme von einem Freiheitsgrad zeigen wir, wie das Hilfsmittel der Energieausdrücke erlaubt, verwickelt gebaute Systeme auf einfachere, kinetisch gleichwertige zurückzuführen. Einleitend behandeln wir auf dem neuen Weg die in Ziff. 23 schon gelöste Aufgabe, an Stelle einer abgesetzten Welle eine gleichwertige glatte herzustellen. Alle Teile der Welle Abb. 23/5a erfahren das gleiche Drillungsmoment D. Die in den einzelnen Stücken mit den Trägheitsmomenten J_{pi} bei einer Beanspruchung durch dieses Moment aufgespeicherte Formänderungsarbeit ist

$$\mathsf{U} = \frac{D^2}{2} \sum \frac{1}{c_i} = \frac{D^2}{2G} \sum \frac{l_i}{J_{pi}}.$$

Sie soll gleich sein der in einer Bezugswelle mit dem Trägheitsmoment J_{p0} unter Einfluß des gleichen Momentes gespeicherten Energie

$$\mathsf{U} = \frac{D^2}{2G} \frac{l}{J_{p0}}.$$

Die Länge l dieser Bezugswelle, die wir die *reduzierte Länge* der ursprünglichen Welle nennen, ist deshalb

$$l_{\text{red}} = J_{p0} \sum \frac{l_i}{J_{pi}}.$$

Wie ist weiterhin das in Abb. 31/1a gezeichnete, mit Übersetzungsgetrieben versehene System durch ein *glattes* (Abb. 31/1b) gleichwertig zu ersetzen?

Die Übersetzungsverhältnisse der Getriebe seien $\varrho_1 = r_2/r_1$ und $\varrho_2 = r_4/r_3$, so daß

$$\omega_2 = \frac{1}{\varrho_1}\,\omega_1, \quad \omega_3 = \omega_2$$

und

$$\omega_4 = \frac{\omega_3}{\varrho_2} = \frac{\omega_1}{\varrho_1\varrho_2}$$

wird; dagegen lauten die Drillungsmomente

$$D_2 = \varrho_1 D_1, \quad D_3 = D_2$$

und

$$D_4 = \varrho_2 D_3 = \varrho_1\varrho_2 D_1.$$

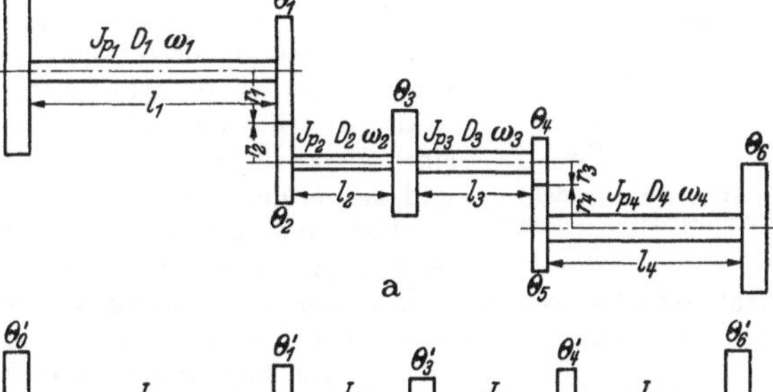

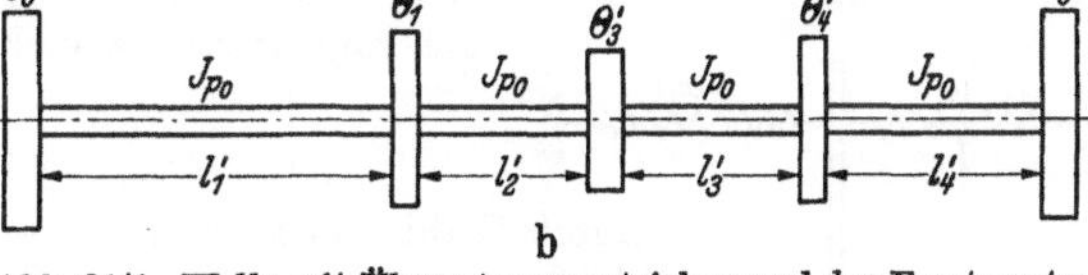

Abb. 31/1. Welle mit Übersetzungsgetrieben und das Ersatzsystem.

Wir wählen das erste Wellenstück als Bezugswelle, $J_{p0} = J_{p1}$, und müssen deshalb fordern, daß

1. für eine gegebene Winkelgeschwindigkeit ω_1 dieses Wellenstücks die kinetische Energie einer jeden Drehmasse des Ersatzsystems gleich ist der kinetischen Energie der entsprechenden Drehmasse im ursprünglichen System,

2. bei Anwendung eines Drillungsmomentes D_1 im ersten Wellenstück die Formänderungsarbeit in den Wellenstücken des Ersatzsystems gleich ist der Formänderungsarbeit in den Wellenstücken des ursprünglichen Systems.

Mit Benutzung der Bezeichnungen der Abb. 31/1 folgen daher erstens für die Drehmassen die Beziehungen

$$\Theta_0'\,\omega_1^2 = \Theta_0\,\omega_1^2 \qquad\qquad \Theta_0' = \Theta_0$$

$$\Theta_1'\,\omega_1^2 = \Theta_1\,\omega_1^2 + \Theta_2\,\omega_2^2 = \left(\Theta_1 + \frac{\Theta_2}{\varrho_1^2}\right)\omega_1^2 \qquad\qquad \Theta_1' = \Theta_1 + \frac{\Theta_2}{\varrho_1^2}$$

$$\Theta_3'\,\omega_1^2 = \Theta_3\,\omega_2^2 = \frac{\Theta_3}{\varrho_1^2}\,\omega_1^2 \qquad\qquad \Theta_3' = \frac{\Theta_3}{\varrho_1^2}$$

$$\Theta_4'\,\omega_1^2 = \Theta_4\,\omega_3^2 + \Theta_5\,\omega_4^2 = \left(\frac{\Theta_4}{\varrho_1^2} + \frac{\Theta_5}{\varrho_1^2\varrho_2^2}\right)\omega_1^2 \qquad\qquad \Theta_4' = \frac{\Theta_4}{\varrho_1^2} + \frac{\Theta_5}{\varrho_1^2\varrho_2^2}$$

$$\Theta_6'\,\omega_1^2 = \Theta_6\,\omega_4^2 = \frac{\Theta_6}{\varrho_1^2\varrho_2^2}\,\omega_1^2 \qquad\qquad \Theta_6' = \frac{\Theta_6}{\varrho_1^2\varrho_2^2}$$

und zweitens wegen

$$\frac{D_1^2\,l_i'}{G\,J_{p1}} = \frac{D_i^2\,l_i}{G\,J_{pi}}$$

unter Beachtung des jeweiligen Übersetzungsverhältnisses für die Längen

$$l'_1 = l_1 \qquad l'_2 = \frac{J_{p1}}{J_{p2}} l_2 \varrho_1^2 \qquad l'_3 = \frac{J_{p1}}{J_{p3}} l_3 \varrho_1^2 \qquad l'_4 = \frac{J_{p1}}{J_{p4}} l_4 \varrho_1^2 \varrho_2^2.$$

e) Schwinger mit besonderen Eigenschaften.

32. Einrichtungen der Meßgeräte für mechanische Schwingungen; Schwinger kleiner Frequenz. Wenn auch die Messung einer Schwingung das Vorhandensein einer erzwingenden periodischen Kraft voraussetzt, so daß die eingehende Behandlung der Meßmethoden erst in dem Abschnitt über erzwungene Schwingungen erfolgen wird, so können wir doch die wesentlichen Einrichtungen der Meßgeräte selbst hier schon erörtern. Sowohl für physikalische (insbesondere seismische) wie für technische Messungen benötigt man Systeme, die in einer vorgegebenen Richtung — meist in der Horizontalen oder Vertikalen — Schwingungen mit langen Perioden ausführen. Wie kann man solche großen Perioden (oder kleinen Frequenzen) erreichen?

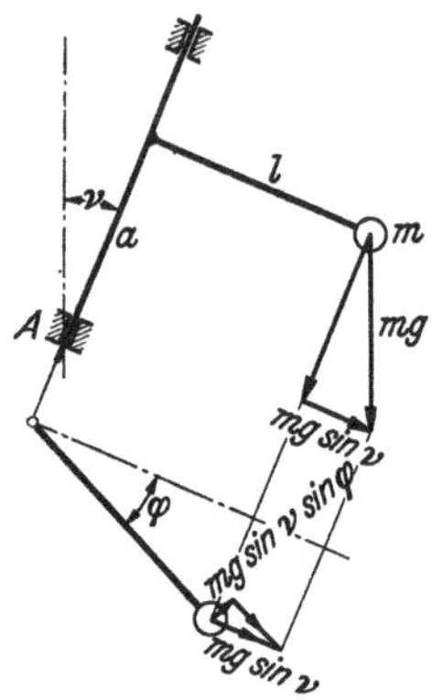
Abb. 32/1. Pendel mit geneigter Achse.

α) **Pendel mit geneigter Achse.** Soll ein Punktpendel (mathematisches Pendel) langsam schwingen, so muß es sehr lang sein. Für $T = 10$ s wird z. B. $l \approx 25$ m. Üblicherweise schwingt ein Pendel um eine waagerechte Achse, seine Rückführkraft ist $m g \sin \varphi \approx m g \varphi$, seine „Federzahl" daher $m g$. Wird die Achse lotrecht gestellt, so tritt überhaupt keine Rückführkraft auf. Die Federzahl eines Pendels mit geneigter Achse muß daher Werte zwischen 0 und $m g$ annehmen.

Der Neigungswinkel der Achse a gegen die Lotrechte sei ν (Abb. 32/1). Die in der Ruhelage in Richtung der Stange wirkende Kraft ist dann $m g \sin \nu$. Bei einer Auslenkung um den Winkel φ in der zur Achse senkrechten Ebene tritt daher als Rückführkraft $R = m g \sin \nu \sin \varphi \approx (m g \sin \nu) \varphi$ auf, und die Eigenfrequenz rechnet sich aus

$$\omega^2 = \frac{g}{l} \sin \nu. \tag{32.1}$$

Durch Wahl von ν hat man es in der Hand, die Frequenz beliebig klein zu machen.

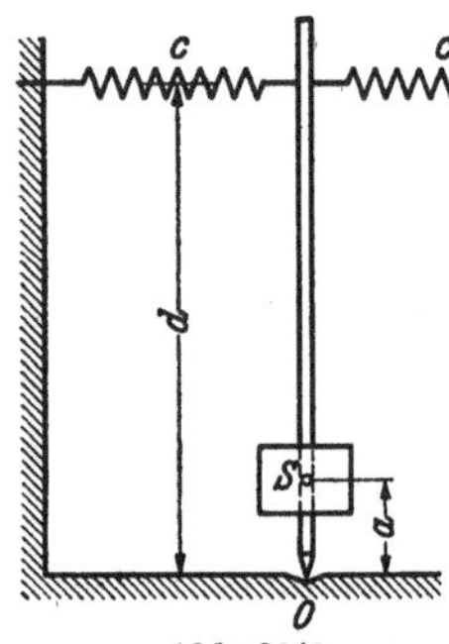
Abb. 32/2. Labilitätspendel.

β) **Labilitätspendel.** Eine andere, für Seismographen häufig benutzte Anordnung zeigt Abb. 32/2. Sie besteht aus einem Pendelkörper, dessen Schwerpunkt S im Abstand a über dem Unterstützungspunkt O liegt. Das Pendel wird von zwei Federn gehalten, die im Abstand d über dem Drehpunkt angreifen. Die Bewegungen des Systems sind Drehungen um O. Bei einer kleinen Auslenkung φ kommen folgende Momente ins Spiel:

rückführend $\quad F = 2 c x d = 2 c d^2 \varphi,$ \qquad auslenkend $\quad E = m g a \varphi.$

Das auslenkende Moment der Schwerkräfte schwächt das rückführende der Federkräfte, so daß $R = F - E = [2 c d^2 - m g a] \varphi$ bleibt. Ist k der Trägheitsarm des Pendelkörpers für die Schwerachse, so lautet die Bewegungsgleichung

$$m (k^2 + a^2) \ddot{\varphi} + [2 c d^2 - m g a] \varphi = 0$$

und daher das Quadrat der Eigenfrequenz

$$\omega^2 = \frac{2 c d^2 - m g a}{m (k^2 + a^2)}. \tag{32.2}$$

Durch geeignete Wahl der Federn kann das Rückstellmoment und damit auch die Frequenz beliebig klein gemacht werden. Mit $2 c d^2 = m g a$ wird sowohl R wie ω^2 zu Null; das Pendel ist dann im indifferenten Gleichgewicht. Bei weiterer Verringerung der Federstärke wird das Gleichgewicht labil.

γ) Im SCHLICKschen Pallographen (Abb. 32/3) ist das schwingende System vom kinematischen Standpunkt aus eine sog. Kurbelschwinge [1], deren Hülsen H, H überdies in gewissen Grenzen gehoben oder gesenkt werden können, so daß die Entfernung $\overline{AH} = l$

verändert werden kann. Am Ende der Lenkerstange HBC sitzt der Pendelkörper; er hat die Masse m. Um die Frequenz seiner kleinen Schwingungen zu ermitteln, benötigt man nach (16.6b) den Krümmungsradius ϱ seiner Bahn (d. i. der Bahn des Punktes C) an der Gleichgewichtsstelle. Man findet ihn zu

$$\varrho = \left|\frac{R\,(l - R + b)^2}{(l - R)^2 - R\,b}\right| . \qquad (32.3)$$

Die Herleitung ist weiter unten angegeben. Mit (32.3) wird das Frequenzquadrat nach (16.6b) zu

$$\omega^2 = \frac{g}{\varrho} = g\left|\frac{(l - R)^2 - R\,b}{R\,(l - R + b)^2}\right| . \qquad (32.4)$$

Dieser Wert wird Null, wenn

$$(l - R)^2 = R\,b$$

oder die einstellbare Entfernung

$$l = R + \sqrt{R\,b} \qquad (32.5)$$

gemacht wird.

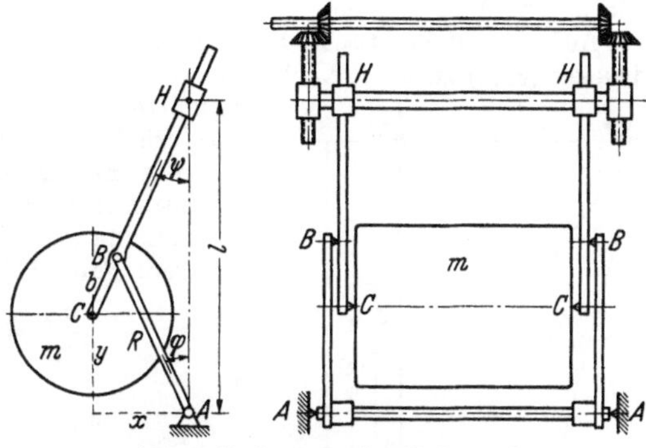

Abb. 32/3. Schlickscher Pallograph.

Da das Ergebnis (32.3) von den bisher veröffentlichten Lösungen [2, 3] abweicht, soll die Herleitung ausführlich, und zwar auf zwei methodisch wesentlich verschiedenen Wegen gegeben werden. Zunächst ermitteln wir ϱ auf dem *analytischen* Weg. Die Bahn von C habe die Gleichung $y(x)$. Dann ist der Krümmungsradius ϱ gegeben durch

$$\varrho = \left|\frac{\sqrt{(1 + y'^2)^3}}{y''}\right| . \qquad (32.6)$$

Mit den Bezeichnungen der Abb. 32/3 lautet die Gleichung der Bahnkurve in Parameterform

$$x = R\sin\varphi + b\sin\psi; \qquad y = R\cos\varphi - b\cos\psi .$$

Zwischen den Winkeln φ und ψ besteht die Beziehung

$$\operatorname{ctg}\psi = \frac{l - R\cos\varphi}{R\sin\varphi} .$$

Die erste Ableitung dy/dx wird daher zu

$$y' \equiv \frac{dy}{dx} = \frac{dy/d\varphi}{dx/d\varphi} = \frac{-R\sin\varphi + b\sin\psi\,\dfrac{d\psi}{d\varphi}}{R\cos\varphi + b\cos\psi\,\dfrac{d\psi}{d\varphi}} \equiv \frac{Z(\varphi)}{N(\varphi)}, \qquad (32.7\,\mathrm{a})$$

wobei

$$\frac{d\psi}{d\varphi} = \frac{-R^2 + l\,R\cos\varphi}{l^2 + R^2 - 2\,l\,R\cos\varphi} \qquad (32.7\,\mathrm{b})$$

ist. Für die zweite Ableitung kann man schreiben

$$y'' \equiv \frac{dy'}{dx} = \frac{dy'/d\varphi}{dx/d\varphi} . \qquad (32.8)$$

Diesen Ausdruck benötigen wir nicht für den ganzen Bereich des Argumentes φ, sondern nur für die Stelle $\varphi = 0$. Dadurch vereinfacht sich die Rechnung. Kürzen wir (wie oben angedeutet) Zähler und Nenner im Ausdruck (32.7a) mit $Z(\varphi)$ und $N(\varphi)$ ab, so schreibt sich, wenn die Punkte über Z und N Ableitungen nach φ bedeuten,

$$\frac{dy'}{d\varphi} = \frac{N\dot{Z} - Z\dot{N}}{N^2} \quad\text{und}\quad \frac{dx}{d\varphi} = N .$$

An der Stelle $\varphi = 0$ wird

$$\left(\frac{d\psi}{d\varphi}\right)_{\varphi=0} = \frac{R}{l - R}, \quad (Z)_{\varphi=0} = 0 \quad\text{und damit}\quad (y'')_{\varphi=0} = \left(\frac{\dot{Z}}{N^2}\right)_{\varphi=0}; \qquad (32.9)$$

auch (32.6) vereinfacht sich zu

$$(\varrho)_{\varphi=0} = \left(\frac{1}{y''}\right)_{\varphi=0} = \left(\frac{N^2}{\dot{Z}}\right)_{\varphi=0} . \qquad (32.10)$$

Klotter, Schwingungslehre I.   6

Aus dieser letzten Form erhält man

$$(\varrho)_{\varphi=0} = \left| \frac{R(l-R+b)^2}{Rb-(l-R)^2} \right|,$$

wie in (32.3) angegeben.

Auf rein kinematische Betrachtungen geht die folgende zweite Herleitung des Ausdruckes (32.3) zurück. Nach dem Verfahren von W. HARTMANN [4] kann man den Krüm-

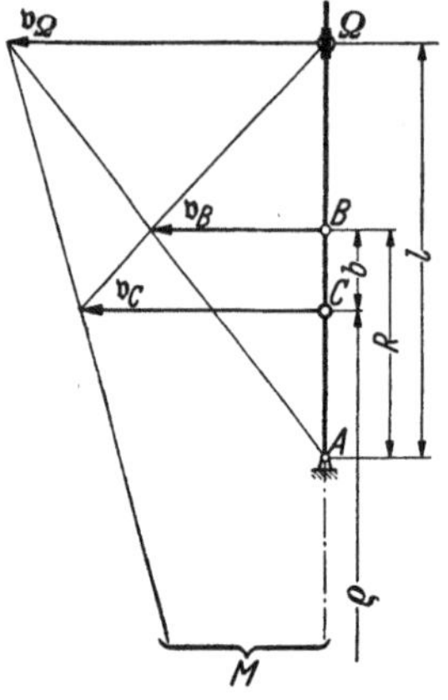
Abb. 32/4. Ermittlung des Krümmungsradius.

mungsmittelpunkt unter Benutzung der Polwechselgeschwindigkeit $\mathfrak{v}_\Omega$ erhalten. Der Drehpol Ω fällt in unserem Beispiel mit dem Drehpunkt H der Hülsen zusammen; die Richtung der Polwechselgeschwindigkeit ist von vornherein bekannt, sie ist die Senkrechte zu ΩBC. Die bezüglichen Gleichungen lauten in unserem Fall (Abb. 32/4)

$$\frac{v_\Omega}{v_C} = \frac{\Omega M}{C M} = \frac{l-R+b+\varrho}{\varrho} \tag{32.11 a}$$

und

$$v_\Omega = v_B \frac{l}{R}, \qquad v_C = v_B \frac{l-R+b}{l-R},$$

also

$$\frac{v_\Omega}{v_C} = \frac{l(l-R)}{R(l-R+b)}. \tag{32.11 b}$$

Aus (32.11 a) und (32.11 b) folgt

$$\varrho = \left| \frac{R(l-R+b)^2}{(l-R)^2 - Rb} \right|$$

wie in (32.3).

δ) **Pendel mit gekröpfter Stange.** Die Bewegungsrichtung der drei vorangehenden Schwinger lag horizontal. Wir betrachten nun noch die vertikal schwingenden Systeme der Abb. 32/5 und 32/6. Nach den Überlegungen und Regeln von Ziff. 24β und 29 lautet die Bewegungsgleichung von Abb. 32/5 unter Berücksichtigung aller Kraftglieder

$$m\,b^2\,\ddot{\varphi} + c\,(L-L_0)\,a + c\,a^2\,\varphi - m\,g\,b = 0;$$

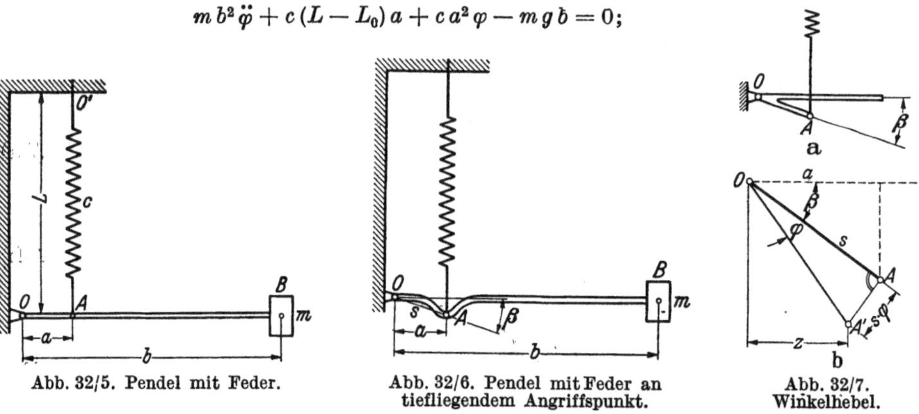

Abb. 32/5. Pendel mit Feder.   Abb. 32/6. Pendel mit Feder an tiefliegendem Angriffspunkt.   Abb. 32/7. Winkelhebel.

sie vereinfacht sich wegen $c\,(L-L_0)\,a - m\,g\,b = 0$ und liefert das Frequenzquadrat

$$\omega^2 = \frac{c}{m}\left(\frac{a}{b}\right)^2.$$

Durch Verkleinerung von a/b kann man die Frequenz erniedrigen; jedoch nicht unbeschränkt, da bei gegebenem m die Beanspruchung der Feder $F = m\,g\,b/a$ mit b/a wächst und einen vorgegebenen Wert nicht übersteigen darf. Um sehr kleine Frequenzen zu erreichen, muß man den Angriffspunkt A der Feder unter die Achse $\overline{OB}$ legen, dadurch, daß man die Feder z. B. an einer Kröpfung der Stange OB (Abb. 32/6) oder an einem Winkelhebel (Abb. 32/7a) angreifen läßt.

Im statischen Gleichgewicht ist die Feder von der Länge L_0 des ungespannten Zustandes auf L ausgereckt; mit $\overline{OA} = s$ und $\sphericalangle BOA = \beta$ ist der Hebelarm der Federkraft $a = s\cos\beta$.

Mit horizontalem Arm $\overline{OB} = b$ lautet die statische Gleichgewichtsbedingung

$$c\,(L - L_0)\,s\cos\beta = m\,g\,b\,.\tag{32.12}$$

Bei einem kleinen Ausschlag φ um O macht der Federendpunkt A den Weg $x = s\,\varphi$; die Verlängerung der Feder wird $L - L_0 + s\,\varphi\cos\beta$, der Hebelarm der Federkraft ist $z = a - s\,\varphi\sin\beta = s\,[\cos\beta - \varphi\sin\beta]$ (Abb. 32/7 b). Damit wird die Bewegungsgleichung zu

$$m\,b^2\,\ddot\varphi + c\,[L - L_0 + s\,\varphi\cos\beta]\,[s\cos\beta - s\,\varphi\sin\beta] - m\,g\,b = 0\,.\tag{32.13a}$$

Nach Berücksichtigung der statischen Gl. (32.12) und unter Vernachlässigung der kleinen Größen 2. Ordnung (mit dem Faktor φ^2) ergibt sich

$$m\,b^2\,\ddot\varphi + c\,s\,\varphi\,[s\cos^2\beta - (L - L_0)\sin\beta] = 0\,.\tag{32.13b}$$

Die Frequenz folgt daher aus

$$\omega^2 = \frac{c}{m}\,\frac{s\,[s\cos^2\beta - (L - L_0)\sin\beta]}{b^2}\,.\tag{32.14}$$

Im Zähler dieses Ausdruckes steht nun wieder eine Differenz, und wir haben es durch Wahl geeigneter Abmessungen in der Hand, die Frequenz beliebig klein zu machen. Im Grenzfall $\omega \to 0$ hat man

$$\frac{\cos^2\beta_0}{\sin\beta_0} = \frac{L - L_0}{s}$$

oder wegen der statischen Gleichgewichtsbedingung (32.12)

$$\frac{\cos^3\beta_0}{\sin\beta_0} = \frac{m\,g\,b}{c\,s^2}\,.\tag{32.15}$$

Für den Wert $\beta = \beta_0$, der der Gl. (32.15) genügt, befindet sich das System im indifferenten Gleichgewicht; für Werte β, die etwas kleiner sind als β_0, ist das Gleichgewicht stabil, die Rückführkraft und die Frequenz sind jedoch noch klein.

ε) Ein Schwinger mit beliebig einstellbarer Bewegungs-richtung ist der GEIGERsche *Vibrograph* (Abb. 32/8). Er besteht aus einem um die Achse O drehbaren Pendelkörper K, der durch eine Spiralfeder F in einer (einstellbaren) Lage gehalten wird. In der Abbildung schließt die Symmetrie-achse OS des Pendelkörpers mit der Lotrechten den Winkel β ein. Bewegungsrichtung ist die Senkrechte zu OS. Wird $\beta = 0$, so liegt die Bewegungsrichtung horizontal, für $\beta = \pi/2$ vertikal.

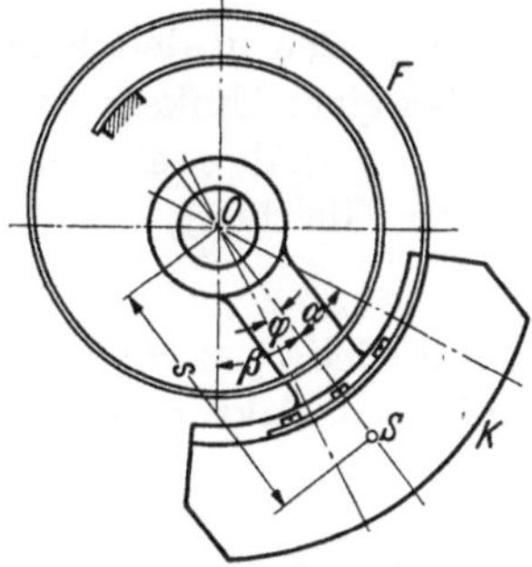
Abb. 32/8.
GEIGERscher Vibrograph.

Die Feder ist auch in der Gleichgewichtslage schon um einen Winkel α aus der unverzerrten Lage ausgelenkt. Ihre Federzahl ist $c = EJ/L$ (Ziff. 24). Die Gleichgewichtslage bestimmt sich durch die Momentengleichung (mit $s = \overline{OS}$)

$$c\,\alpha - m\,g\,s\sin\beta = 0\,.\tag{32.16}$$

Nach einer Auslenkung aus der Gleichgewichtslage um den Winkel φ ergibt sich ein rück-führendes Moment

$$R = c\,(\alpha + \varphi) - m\,g\,s\sin(\beta - \varphi)\,.$$

Für kleine Ausschläge φ ist dieser Ausdruck angenähert gleich

$$R = c\,(\alpha + \varphi) - m\,g\,s\,(\sin\beta - \varphi\cos\beta)\,;$$

wegen der Bedingung (32.16) vereinfacht er sich zu

$$R = (c + m\,g\,s\cos\beta)\,\varphi\,.$$

Daher lautet die Bewegungsgleichung, wenn $\Theta = m\,(k^2 + s^2)$ das Trägheitsmoment des Pendelkörpers für die Drehachse bezeichnet,

$$\Theta\,\ddot\varphi + (m\,g\,s\cos\beta + c)\,\varphi = 0\tag{32.17}$$

und das Quadrat der Eigenfrequenz

$$\omega^2 = \frac{s\,g\cos\beta}{k^2 + s^2} + \frac{c}{\Theta}\,.\tag{32.18a}$$

Mit Benutzung der Abkürzung $l' = (k^2 + s^2)/s$ (reduzierte Pendellänge) kann man dafür auch schreiben

$$\omega^2 = \left[\frac{g\cos\beta}{l'} + \frac{c}{\Theta}\right]\,.\tag{32.18b}$$

B. Freie, gedämpfte Schwingungen des einfachen Schwingers mit gerader Kennlinie.

33. Widerstandskräfte und Differentialgleichungen der Bewegung. Zu Anfang unserer Untersuchungen über die Kinetik der Schwinger (Ziff. 11) hatten wir die Art der in die Betrachtung einzubeziehenden Kräfte schrittweise eingeschränkt, bis zuletzt nur noch Trägheitskräfte und vom Ausschlag abhängige innere Kräfte übrigblieben. Durch das Wechselspiel zwischen diesen beiden Arten von Kräften ist die freie, ungedämpfte Schwingung bestimmt. Im Hinblick auf die Energie ist eine solche Bewegung konservativ. Wir gehen nun einen Schritt zurück und lassen neben den Trägheitskräften und den vom Ausschlag abhängigen inneren Kräften $J_1(q)$ auch solche innere Kräfte wieder zu, die von der Geschwindigkeit herrühren; in Ziff. 11 waren sie mit $J_2(\dot{q})$ bezeichnet worden. Wir setzen sogleich voraus, daß diese Kräfte in der Bahnrichtung liegen, und zwar sollen sie der Bewegung *entgegen* gerichtet sein. Solche Kräfte heißen *Reibungs-*, *Widerstands-* oder *Dämpfungs*kräfte. In den Formeln haben sie also stets das entgegengesetzte Zeichen wie die Geschwindigkeit.

In allen jenen Fällen, in denen die Widerstandskraft einer *ungeraden* Potenz der Geschwindigkeit proportional ist,

$$J_2(\dot{q}) = -b\,\dot{q}^{2n+1}, \qquad (n = 0, 1, 2, \ldots) \tag{33.1}$$

erübrigt sich in den Formeln eine besondere Festsetzung über das Vorzeichen, da bei einer Umkehr des Zeichens von $\dot{q}$ auch J_2 in (33.1) das Zeichen wechselt. Anders verhält es sich mit den einer *geraden* Potenz von $\dot{q}$ proportionalen Kräften. In der Gleichung

$$J_2(\dot{q}) = -b\,\dot{q}^{2n} \qquad (n = 0, 1, 2 \ldots)$$

würde sich J_2 nicht ändern, wenn $\dot{q}$ das Zeichen umkehrt. Man muß deshalb noch den Faktor (sgn $\dot{q}$) anbringen, der die gewünschte Umkehr hervorruft:

$$J_2(\dot{q}) = -(\text{sgn}\,\dot{q})\,b\,\dot{q}^{2n} \qquad (n = 0, 1, 2, ..). \tag{33.2}$$

Der Faktor sgn $\dot{q}$ heißt *signum* (Zeichen) *von* $\dot{q}$ und hat den Wert $+1$, wenn $\dot{q} > 0$, den Wert -1, wenn $\dot{q} < 0$ ist.

Das Diagramm, das die Abhängigkeit der Widerstandskräfte $W = -J_2(\dot{q})$ von der Geschwindigkeit $\dot{q}$ angibt, kann man [in Analogie zur *Federcharakteristik* $R(q) = -J_1(q)$] als *Dämpfungscharakteristik* bezeichnen. Eine solche Dämpfungscharakteristik kann im allgemeinen einen irgendwie gearteten Verlauf zeigen. Wir beschränken uns hier jedoch auf die Untersuchung dreier typischer Fälle: 0) Die Dämpfungskraft hat festen Betrag, 1) sie ist der Geschwindigkeit proportional, 2) sie ist dem Quadrat des Betrages der Geschwindig-

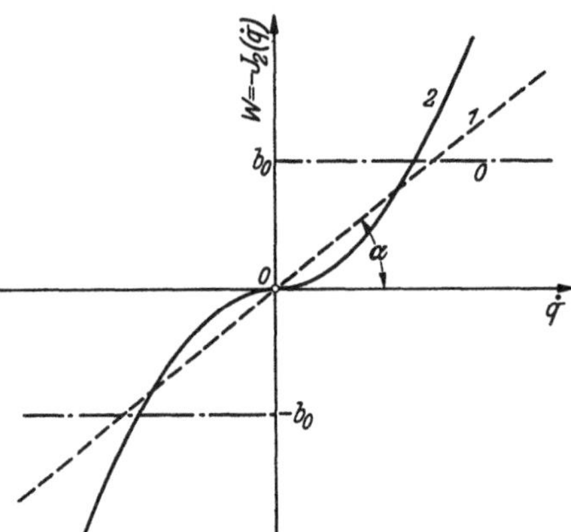

Abb. 33/1. Dämpfungscharakteristiken.

keit proportional (Kurven *0, 1, 2* der Abb. 33/1). Abhängigkeiten von höheren oder nicht ganzzahligen Potenzen pflegt man in der Regel nicht zu betrachten, da die aus Messungen gefundenen Werte für die Dämpfungskräfte in genügend genauer Weise durch eine Kurve vom Typ 0,1 oder 2 angenähert werden können (s. jedoch auch Abschnitt D c, Ziff. 59 und 62). Konstanter Betrag wird den Reibungskräften in der COULOMBschen Theorie der Reibung fester Körper zugeschrieben. Bei langsamen Bewegungen von Körpern in Flüssigkeiten und Gasen oder langsamem Strömen dieser Mittel durch Rohre und Kanäle (Öl- und Luftbremsen) und bei Bewegungen elektrischer Leiter in magnetischen Feldern (Wirbelstrombremsen) ist der Widerstand angenähert proportional der ersten Potenz der Geschwindigkeit, bei raschen Bewegungen von Flüssigkeiten in Rohren (oder von festen Körpern in Flüssigkeiten) wachsen die Widerstandskräfte etwa mit dem Quadrat der Geschwindigkeit. Entsprechend den Hauptvorkommen der einzelnen Reibungskräfte spricht man im ersten Falle auch von trockener Reibung (fester Körper), im zweiten von Flüssigkeitsreibung. Der Sprachgebrauch ist übrigens nicht ganz einheitlich. Oft bezeichnet man mit *Reibungskraft* nur eine Kraft COULOMBscher Art (die unabhängig ist von der Geschwindigkeit) und nennt die der ersten Potenz der Geschwindigkeit proportionalen Kräfte *Dämpfungskräfte*. Wir wollen diese Unterscheidung nicht übernehmen, sondern die Bezeichnungen nebeneinander gebrauchen.

Für die einer geraden Potenz der Geschwindigkeit proportionalen Widerstandskräfte wird die Charakteristik links und rechts vom Ursprung durch verschiedene Gleichungen beschrieben, und deshalb hat auch die Bewegungsgleichung für Hingang und Rückgang jeweils eine andere Gestalt. *Eine* Form der Gleichung beschreibt die Bewegung nur abschnittsweise.

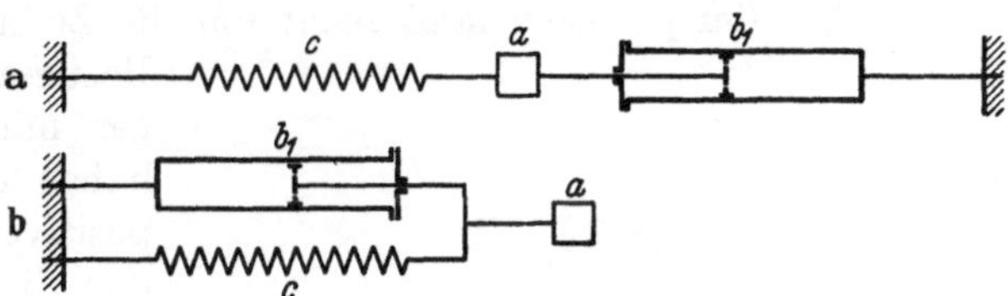

Abb. 33/2. Parallelschaltung von Feder und Dämpfer.

Nimmt man die in (11.2) mit dem negativen Zeichen auf der rechten Seite der Gleichung stehenden Widerstandskräfte mit dem positiven Zeichen nach links, so lauten die Bewegungsgleichungen der Schwinger mit linearer Federcharakteristik bei Anwesenheit einer von der nullten, ersten oder zweiten Potenz der Geschwindigkeit abhängigen Widerstandskraft

$$a\,\ddot{q} + (\operatorname{sgn}\dot{q})\,b_0 + c\,q = 0, \tag{33.3a}$$

$$a\,\ddot{q} + b_1\dot{q} + c\,q = 0, \tag{33.3b}$$

$$a\,\ddot{q} + (\operatorname{sgn}\dot{q})\,b_2\dot{q}^2 + c\,q = 0. \tag{33.3c}$$

Diese Gleichungen beschreiben freie, *gedämpfte* Bewegungen einfacher Schwinger.

Die Addition der Federkräfte und Widerstandskräfte in der Bewegungsgleichung setzt voraus, daß beide gemeinsam die Trägheitskraft ins Gleichgewicht setzen; beide Kräfte müssen also unmittelbar an der Masse angreifen, d. h. Feder und Dämpfer müssen parallel, nicht in Reihe geschaltet sein. In Abb. 33/2a und b sind die beiden möglichen

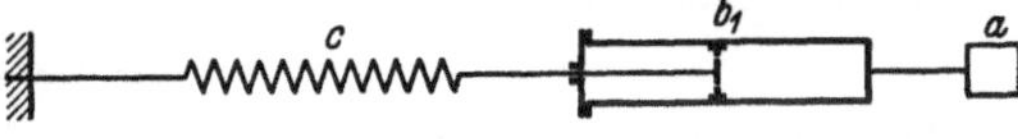

Abb. 33/3. Reihenschaltung von Feder und Dämpfer.

gleichwertigen Anordnungen (Parallelschaltung) schematisch gezeigt. Eine Anordnung nach Abb. 33/3 (Reihenschaltung) würde dagegen durch die Gln. (33.3) nicht erfaßt werden; dieses System hat vielmehr zwei Freiheitsgrade.

34. Dämpfungskraft mit festem Betrag. Die Bewegungsgleichung lautet

$$a\,\ddot{q} + (\operatorname{sgn}\dot{q})\,b_0 + c\,q = 0. \tag{34.1a}$$

Dabei ist $\operatorname{sgn}\dot{q} = +1$ falls $\dot{q} > 0$ und $\operatorname{sgn}\dot{q} = -1$ falls $\dot{q} < 0$ ist. Nach Division durch a erhält man mit den Abkürzungen

$$\frac{c}{a} = \omega^2 \quad \text{und} \quad \frac{b_0}{a} = s\,\omega^2 \tag{34.2}$$

die Bewegungsgleichung

$$\ddot{q} + \omega^2\,[q + (\operatorname{sgn}\dot{q})\,s] = 0. \tag{34.1b}$$

s ist eine Hilfsgröße von der Dimension einer Länge; sie ist ein Maß für die Reibungskraft (und zwar gibt sie wegen $b_0 = cs$ den größten Ausschlag an, bei dem die Reibungskraft die Rückstellkraft noch ins Gleichgewicht setzen kann). Nimmt man die Koordinatentransformation $\xi = q + (\operatorname{sgn}\dot{q})\,s$ vor, so bleibt einfach

$$\ddot{\xi} + \omega^2\,\xi = 0 \tag{34.3}$$

analog (12.2) mit der Lösung $\xi = A\cos(\omega t + \alpha)$; also lautet die Dauergleichung

$$q = -(\operatorname{sgn}\dot{q})\,s + A\cos(\omega t + \alpha). \tag{34.4}$$

Die sich einstellende Bewegung kann somit entstanden gedacht werden durch eine Zusammenfügung von harmonischen Halbschwingungen, die die Frequenz der entsprechenden ungedämpften Bewegung haben. Die Schwingungen verlaufen aber (im q-t-Diagramm) nicht um die Zeitachse, sondern wechseln ihre

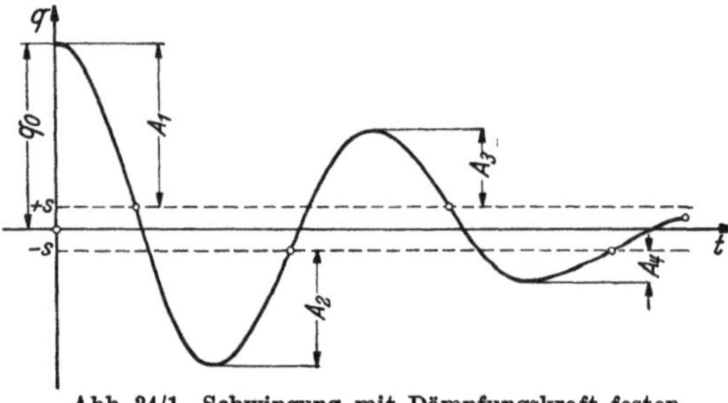

Abb. 34/1. Schwingung mit Dämpfungskraft festen Betrages; $q_0 = 8{,}5\,s$, $v_0 = 0$.

Bezugsachse. Die Halbschwingungen mit negativer Geschwindigkeit haben die Gerade $q = +s$, die mit positiver Geschwindigkeit verlaufenden die Gerade $q = -s$ zur Achse.

Beginnt die Bewegung wie im Beispiel der Abb. 34/1 mit einem positiven Ausschlag $q_0 > s$ und der Geschwindigkeit Null, so ist in (34.4) $\alpha = 0$, und das Bewegungsgesetz lautet, weil zunächst eine negative Geschwindigkeit auftritt, $q = +s + A_1 \cos \omega t$; die Amplitude A_1 bestimmt sich aus $q_0 = s + A_1$ zu $A_1 = q_0 - s$, so daß die *erste Halbwelle* die Gleichung besitzt

$$q = s + (q_0 - s)\cos\omega t. \tag{34.4a}$$

Der Schwinger verliert nach der Zeit $T/2 = \pi/\omega$ seine Geschwindigkeit. Der dann erreichte Ausschlag ist $q_1 = 2s - q_0 = -(q_0 - 2s)$. Von nun ab gilt das neue Bewegungsgesetz $q = -s + A_2 \cos\omega t$. Zur Bestimmung von A_2 dient die neue „*Anfangsbedingung*" (für $t = \pi/\omega$) $q_1 = -(q_0 - 2s)$; sie liefert aus $-q_0 + 2s = q_1 = -s - A_2$ die Amplitude $A_2 = q_0 - 3s$ und damit als Gleichung der *zweiten Halbwelle* (für $\pi/\omega \leqq t \leqq 2\pi/\omega$)

$$q = -s + (q_0 - 3s)\cos\omega t. \tag{34.4b}$$

Die Amplituden aufeinanderfolgender Halbwellen fallen daher in arithmetischer Folge: $A_{n+1} = A_n - 2s$. $2s$ ist das *Dekrement* der Schwingung.

Gerät der Umkehrpunkt einmal in den Streifen $-s \leqq q \leqq s$, so setzt sich der Schwinger nicht wieder in Bewegung; denn aus (34.1b) geht hervor, daß die Rückstellkraft von da ab nicht mehr ausreicht, die Reibung zu überwinden. Diese hat dann natürlich nicht mehr ihren maximalen Betrag $\omega^2 s$ (Gleitreibung), sondern ist als Haftreibung eine am Punktkörper angreifende Reaktionskraft, die der eingeprägten Kraft cq Gleichgewicht hält.

Ein Körper, der seine Bewegung mit dem Ausschlag $q = q_0$ ohne Geschwindigkeit beginnt, weist folgende Reihe der Amplituden der Halbschwingungen (um wechselnde Bezugsachsen) auf:

$$q_0 - s, \quad q_0 - 3s, \ldots q_0 - (2\varkappa - 1)s \ldots$$

Er macht so viele Halbschwingungen, wie ganze Zahlen in

$$(q_0 + s)/2s \tag{34.5}$$

enthalten sind. In dem Beispiel der Abb. 34/1 ist $q_0 = 8{,}5\,s$; der Schwinger führt daher vier Halbschwingungen aus.

Ist die Anfangsgeschwindigkeit v_0 von Null verschieden, so bestimmt sich die erste Amplitude A_1 und der Phasenwinkel α aus den beiden Gleichungen

$$q_0 = -(\operatorname{sgn} \dot{q})\,s + A_1 \cos\alpha \quad \text{und} \quad v_0 = -\omega A_1 \sin\alpha$$

zu

$$\operatorname{tg}\alpha = -\frac{v_0/\omega}{q_0 + (\operatorname{sgn} \dot{q})\,s} \quad \text{und} \quad A_1 = \sqrt{\left(\frac{v_0}{\omega}\right)^2 + (q_0 + (\operatorname{sgn}\dot{q})\,s)^2}. \tag{34.6a}$$

Die Bewegung bis zum ersten Umkehrpunkt verläuft nach der Gleichung

$$q = -(\operatorname{sgn}\dot{q})\,s + A_1 \cos(\omega t + \alpha) \tag{34.6b}$$

und von da ab weiter wie oben beschrieben. Die Abszisse t_1 des ersten Umkehrpunktes folgt aus $\sin(\omega t_1 + \alpha) = 0$ zu $t_1 = (\pi - \alpha)/\omega$.

Beispiel. Ein einfacher Schwinger besteht aus einem Punktkörper mit der Masse a und aus einer Feder, die eine gerade Kennlinie mit der Steigung c aufweist; er erfahre ferner Reibungskräfte, die einen festen Betrag b_0 haben, für den $s = b_0/c$ ein Maß ist. Zur Zeit $t = 0$ ist ein Ausschlag $q_0 = 5\,s$ vorhanden, die Anfangsgeschwindigkeit beträgt $v_0 = -4\,s\,\sqrt{c/a}$. Nach welcher Zeit t_1 kehrt der Schwinger seine Bewegung zum ersten Male um, nach welcher Zeit t_2 und wo kommt er dauernd zur Ruhe?

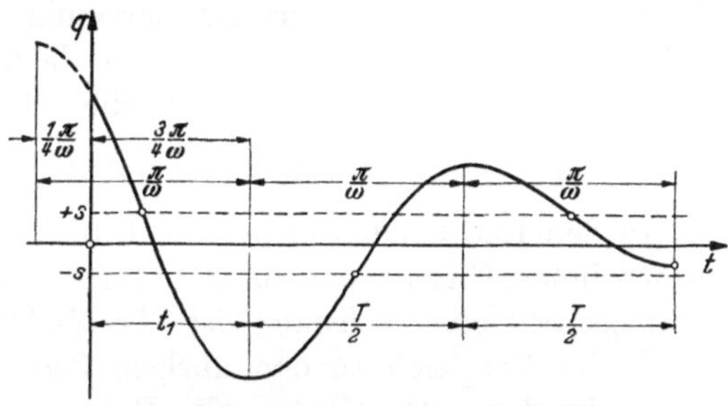

Abb. 34/2. Schwingung mit Dämpfungskraft festen Betrages; $q_0 = 5\,s$, $v_0 = -4\,s\,\omega$.

Die Bewegung bis zum ersten Umkehrpunkt erfolgt nach (34.6b). Amplitude und Phasenwinkel ergeben sich aus (34.6a). Für unser Beispiel (Abb. 34/2) ist $\operatorname{tg}\alpha = \dfrac{4s}{5s - s} = +1$, also $\alpha = \pi/4$ und $A_1 = s\sqrt{16 + 16} = 5{,}66\,s$. Daher ist $t_1 = \dfrac{\pi - \pi/4}{\omega} = \dfrac{3\pi}{4\omega}$.

Die Gesamtzahl der Halbschwingungen, aus denen sich die Bewegung zusammensetzt, ist (einschließlich der ersten unvollständigen Halbschwingung) gegeben durch die größte ganze Zahl, die in $(A_1 + 2s)/2s = 7{,}66/2$ enthalten ist, also 3; denn sie ist ebenso groß, als ob die Bewegung mit dem Ausschlag $A_1 + s$ und der Anfangsgeschwindigkeit $v_0 = 0$ begonnen hätte. Die Gesamtdauer der Bewegung beträgt $t_2 = t_1 + 2\,T/2 = 2{,}75\,\pi/\omega$. Der erste Umkehrpunkt liegt (wegen der negativen Anfangsgeschwindigkeit) auf der negativen Seite im Abstand $q_1 = -(A_1 - s) = -4{,}66\,s$, daher der dritte im Abstand $q_3 = q_1 + 2 \cdot 2s = -0{,}66\,s$. Dort kommt die Schwingung zum Stehen.

35. Der ersten Potenz der Geschwindigkeit proportionale Dämpfungskraft.
In diesem Fall beschreibt die Differentialgleichung

$$a\ddot{q} + b_1\dot{q} + c\,q = 0 \tag{35.1}$$

den Verlauf der *gesamten* Bewegung. Der Koeffizient b_1 der Geschwindigkeit $\dot{q}$ heißt der *Dämpfungsfaktor*.

Die Differentialgleichung ist wie die der ungedämpften Bewegung, $a\ddot{q} + c\,q = 0$, eine gewöhnliche lineare, homogene Differentialgleichung 2. Ordnung mit konstanten Koeffizienten. Nach (13.1) baut sich ihre Lösung auf aus Funktionen (partikularen Integralen) von der Form

$$q = A_h\,e^{ht}, \tag{35.2}$$

wobei h die Wurzeln der algebraischen Gleichung zweiten Grades

$$a\,h^2 + b_1\,h + c = 0$$

sind. Dividieren wir noch durch a, so lautet die *charakteristische Gleichung*

$$h^2 + \frac{b_1}{a}\,h + \frac{c}{a} = 0\,. \tag{35.3}$$

Die Koeffizientenverhältnisse kürzen wir durch

$$c/a = \omega^2 \quad\text{und}\quad b_1/a = 2\,\lambda$$

ab; sowohl ω wie λ haben die Dimension T^{-1}. λ nennen wir das *Dämpfungsmaß*. ω ist die Kreisfrequenz jener harmonischen Schwingung, die sich ohne Dämpfungskraft einstellen würde; sie gibt ein Maß für die Rückstellkraft. Die Gl. (35.3) hat die beiden Wurzeln

$$h_{1,\,2} = -\lambda \mp \sqrt{\lambda^2 - \omega^2}\,.$$

Zu jeder von ihnen gehört ein partikulares Integral der Differentialgleichung (35.1) in der Form (35.2). Aus den beiden Partikularintegralen können wir mit zwei Konstanten A_1 und A_2 die allgemeine Lösung aufbauen:

$$q = q_1 + q_2 = A_1\,e^{h_1 t} + A_2\,e^{h_2 t} = e^{-\lambda t}\left[A_1\,e^{-\sqrt{\lambda^2 - \omega^2}\,t} + A_2\,e^{+\sqrt{\lambda^2 - \omega^2}\,t}\right]. \tag{35.4}$$

In den Radikanden steht eine Differenz. Es bedeutet für die Lösung einen wesentlichen Unterschied, ob diese Differenz positiv oder negativ, die Dämpfungskraft „stark" oder „schwach" ist. Als Maß für die relative Stärke der Dämpfungskraft (im Vergleich zu den übrigen Kräften am System) betrachten wir den dimensionslosen Quotienten, die *Dämpfungszahl*

$$\delta = \frac{\lambda}{\omega} = \frac{b_1}{2\sqrt{a\,c}}\,. \tag{35.5}$$

α) **Schwache Dämpfung.** Wenn die Dämpfungszahl δ kleiner ist als Eins, $\delta < 1$, so sind die Radikanden $\lambda^2 - \omega^2$ negativ, die Wurzeln daher imaginär. Setzen wir

$$\sqrt{\lambda^2 - \omega^2} = i\,\nu, \tag{35.6a}$$

so bedeutet ν eine reelle Zahl, und die Lösung (35.4) erhält die Gestalt

$$q = e^{-\lambda t}\left[A_1\,e^{-i\nu t} + A_2\,e^{+i\nu t}\right]. \tag{35.7a}$$

Mit Hilfe der Beziehung (MOIVRESche Formel)

$$e^{i\nu t} = \cos\nu t + i\sin\nu t \tag{35.8a}$$

kann sie auf die Form

$$q = e^{-\lambda t}\,[B_1 \cos \nu t + B_2 \sin \nu t] \tag{35.7b}$$

oder

$$q = e^{-\lambda t}\,C \cos (\nu t + \varepsilon) \tag{35.7c}$$

gebracht werden. Die neuen Konstanten B_1 und B_2 gehen aus den alten, A_1 und A_2, nach den Gleichungen $B_1 = A_1 + A_2$ und $B_2 = i\,(A_2 - A_1)$ hervor; ferner sind C und ε mit B_1 und B_2 durch $C = \sqrt{B_1^2 + B_2^2}$ und $\operatorname{tg}\varepsilon = -\,B_2/B_1$ verbunden. (35.7b) oder (35.7c) zeigt die reelle Gestalt der Lösung; sowohl B_1 und B_2 wie C und ε sind reelle Größen, während die A_1 und A_2 komplex sein mußten, um ein reelles q zu liefern. Die Konstanten werden — wie stets — durch die Anfangsbedingungen bestimmt. So gehen z. B. B_1, B_2 und C, ε aus den zur Zeit $t = 0$ vorgegebenen Werten q_0 und v_0 hervor nach

$$B_1 = q_0, \qquad B_2 = \frac{v_0 + \lambda\,q_0}{\nu}$$

und

$$C = \sqrt{q_0^2 + \frac{(v_0 + \lambda\,q_0)^2}{\nu^2}}, \qquad -\varepsilon = \operatorname{arc\,tg}\left(\frac{\lambda}{\nu} + \frac{v_0}{\nu\,q_0}\right).$$

Die Gl. (35.7c) ist die *Dauergleichung* der Bewegung; sie läßt deren Verlauf leicht erkennen: Wäre nur der letzte Faktor vorhanden, so erhielten wir eine harmonische Schwingung der Amplitude Eins, die mit der Kreisfrequenz ν verliefe (Kurve 1 der Abb. 35/1): wegen (35.6a) ist $\nu = \sqrt{\omega^2 - \lambda^2}$, also kleiner als ω, sobald eine Dämpfungskraft vorhanden ist. Der Faktor C bewirkt eine ähnliche Vergrößerung der Ausschläge, der Faktor $e^{-\lambda t}$, daß die Amplituden der Schwingung nicht gleich groß bleiben, sondern nach einem Exponentialgesetz abnehmen (Kurve 2 der Abb. 35/1); λ heißt die Abklingkonstante. Den resultierenden Bewegungsablauf zeigt die Kurve 3 der Abb. 35/1.

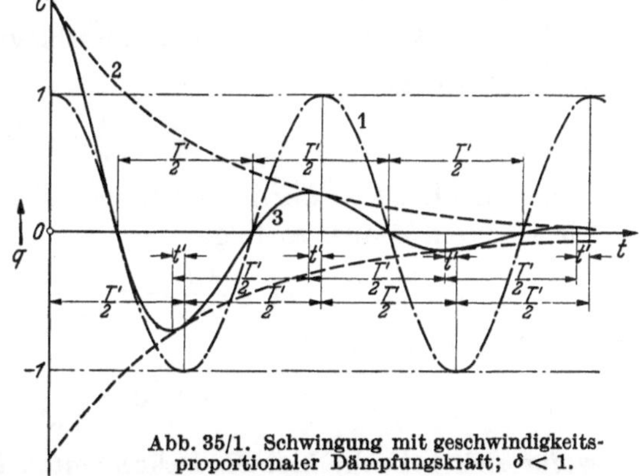

Abb. 35/1. Schwingung mit geschwindigkeitsproportionaler Dämpfungskraft; $\delta < 1$.

Aus den Eigenschaften der Kosinus-Linie 1 folgt, daß auch für die q-t-Linie 3 die Zeiten zwischen zwei Nulldurchgängen sowohl wie jene zwischen zwei Berührungspunkten mit der Exponentialkurve 2 gleich, und zwar jeweils $\pi/\nu \equiv T'/2$ sind, während Nulldurchgänge und Berührungspunkte um $T'/4$ auseinander liegen. Aber auch die Extrema haben den Abstand π/ν. Dies folgt aus der Bedingungsgleichung $\dot q = 0$, also

$$C\,e^{-\lambda t}\,[\lambda \cos (\nu t + \varepsilon) + \nu \sin (\nu t + \varepsilon)] = 0$$

oder

$$\operatorname{tg}(\nu t + \varepsilon) = -\,\lambda/\nu,$$

weil die Funktion Tangens die Periode π hat. Extrema und Berührungspunkte fallen jedoch nicht zusammen, sondern liegen um

$$t' = t_B - t_E = \frac{1}{\nu}\operatorname{arc\,tg}\frac{\lambda}{\nu}$$

auseinander. Für kleine Werte λ ist angenähert

$$t' \approx \frac{\lambda}{\nu^2} \approx \frac{\lambda}{\omega^2} = \frac{b_1}{2c}.$$

Dem in Abb. 35/1 angegebenen Beispiel liegen die folgenden Werte zugrunde:

$$\nu = \frac{\pi}{3}\Big/\mathrm{s}, \quad \delta = 0{,}268, \quad \omega = 1{,}18/\mathrm{s}.$$

Wir erhalten daher einen Nullpunktsabstand $T'/2 = 3$ s und eine Differenz zwischen Extrema und Berührungspunkten von $t' = 0{,}28$ s.

Die Beträge aufeinanderfolgender Maximalausschläge nehmen wegen des Faktors $e^{-\lambda t}$ ab. Welches Gesetz befolgen sie dabei?

Ist

$$q_k = C\,e^{-\lambda t_1}\cos(\nu t_1 + \varepsilon)$$

ein Maximalausschlag, so ist der nächste

$$q_{k+1} = C\,e^{-\lambda(t_1 + T'/2)}\cos[\nu(t_1 + T'/2) + \varepsilon] = -C\,e^{-\lambda(t_1 + T'/2)}\cos(\nu t_1 + \varepsilon),$$

da $\nu T'/2 = \pi$ ist. Daraus folgt, daß

$$\frac{|q_k|}{|q_{k+1}|} = e^{\lambda \frac{T'}{2}} = e^{\frac{\lambda \pi}{\nu}} = \mathrm{const}$$

ist: Das Verhältnis zweier aufeinanderfolgender Maximalausschläge ist konstant; die Maximalausschläge nehmen in *geometrischer* Folge ab (ihre Logarithmen deshalb in arithmetischer). Den natürlichen Logarithmus des Quotienten $\dfrac{|q_k|}{|q_{k+1}|}$, die konstante (von der Ausschlagweite und der Ordnungszahl k unabhängige) Größe

$$\mathsf{D} = \frac{\lambda}{\nu}\pi = \ln\frac{|q_k|}{|q_{k+1}|}$$

nennt man das *logarithmische Dekrement* der gedämpften Schwingung. Drücken wir D durch δ aus, so folgt

$$\mathsf{D} = \frac{\lambda \pi}{\nu} = \pi\,\frac{\lambda}{\sqrt{\omega^2 - \lambda^2}} = \pi\,\delta\,\frac{1}{\sqrt{1 - \delta^2}} \qquad (35.9\,\mathrm{a})$$

und deshalb umgekehrt

$$\delta = \frac{\mathsf{D}}{\sqrt{\pi^2 + \mathsf{D}^2}}, \qquad (35.9\,\mathrm{b})$$

wofür sich bei sehr kleinen Dekrementen D angenähert schreiben läßt

$$\delta \approx \frac{\mathsf{D}}{\pi}\left[1 - \frac{\mathsf{D}^2}{2\pi^2}\right] \approx \frac{\mathsf{D}}{\pi}.$$

In der Abb. 35/1 sind vier Halbschwingungen aufgezeichnet. Das bedeutet jedoch nicht, daß die Bewegung dann zur Ruhe gekommen ist. Die Amplituden gehen (bei Abwesenheit von Dämpfungskräften festen Betrages) asymptotisch gegen Null; die Schwingung dauert an. Die gezeichnete Kurve ist abgebrochen.

Da sich die Abnahme der Größtausschläge meist leicht beobachten läßt, so kann der *Ausschwingversuch* dazu dienen, die Dämpfungszahl der Schwingung und damit die auf den Schwinger wirkende Dämpfungskraft zu ermitteln.

Wir erörtern ein **Beispiel.** Durch einen Ausschwingversuch wird festgestellt, daß der Größtausschlag eines Schwingers mit der Masse $a = 0{,}1$ kg cm^{-1} s^2 nach 20 Halbschwingungen auf $^3/_4$ seines ursprünglichen Wertes zurückgegangen ist. Die 20 Halbschwingungen liefen in 16 s ab. Wie groß ist der Dämpfungsfaktor b_1 und die Federzahl c in der Schwingungsdifferentialgleichung?

Aus $\dfrac{|q_0|}{|q_{20}|} = \dfrac{4}{3}$ folgt wegen $\dfrac{|q_0|}{|q_1|} = \sqrt[20]{\dfrac{|q_0|}{|q_{20}|}}$ das logarithmische Dekrement $\mathsf{D} = \ln\dfrac{|q_0|}{|q_1|}$
$= (\ln 4 - \ln 3)/20 = 0{,}01445$ und damit die Dämpfungszahl $\delta \approx \mathsf{D}/\pi = 0{,}0046$. Ferner ist
$T' = 1{,}6$ s, also $\nu \approx \omega = 2\pi/1{,}6 = 3{,}92$ s^{-1}, daraus folgt $c = a\,\omega^2 = 1{,}54$ kgcm^{-1} und $b_1 = 2\,a\,\lambda$
$= 2\,a\,\delta\,\omega = 0{,}00361$ kgcm^{-1} s.

β) **Starke Dämpfung.** Stark nennen wir die Dämpfung, wenn $\delta^2 > 1$,
$\lambda^2 - \omega^2 > 0$ ist. Dann haben die Radikanden in (35.4) positive Werte, die Wurzeln
sind reell. Jetzt ist es zweckmäßig, den positiven Wurzelwert

$$\sqrt{\lambda^2 - \omega^2} = \mu \tag{35.6 b}$$

zu setzen. Die Dauergleichung der Bewegung erhält dadurch die Gestalt

$$q = e^{-\lambda t}[A_1 e^{-\mu t} + A_2 e^{+\mu t}] \tag{35.7 d}$$

oder nach einer Umformung, die (35.8a) entspricht,

$$q = e^{-\lambda t}[B_1\,\mathfrak{Cof}\,\mu t + B_2\,\mathfrak{Sin}\,\mu t]. \tag{35.7 e}$$

Die Konstanten B gehen dabei aus den A hervor nach $B_1 = A_1 + A_2$ und
$B_2 = A_2 - A_1$.

Im Ausschlag q_0 und der Geschwindigkeit v_0 zur Zeit $t = 0$ geschrieben, lautet (35.7e)

$$q = e^{-\lambda t}\left[q_0\,\mathfrak{Cof}\,\mu t + \frac{v_0 + \lambda q_0}{\mu}\,\mathfrak{Sin}\,\mu t\right] \tag{35.7 f}$$

und die Ableitung

$$\dot{q} = e^{-\lambda t}\left[v_0\,\mathfrak{Cof}\,\mu t + \left(\left(\mu - \frac{\lambda^2}{\mu}\right)q_0 - \frac{\lambda}{\mu}v_0\right)\mathfrak{Sin}\,\mu t\right]. \tag{35.7 g}$$

Da nach (35.6 b) $\lambda > \mu$ ist, so
stellen in (35.7 d) *beide* Summanden abklingende Ausschläge von
der Art der Abb. 35/2 dar. Im
Zusammenwirken zweier solcher
Kurven mit beliebigen Konstanten können noch die in Abb. 35/3
angegebenen Typen von Bewe-
gungsabläufen zustande kommen:
Anfangsausschlag wie Anfangs-
neigung können jeden Wert haben,
die Achse kann jedoch höchstens
einmal geschnitten werden, und
es kann höchstens ein Extremum
auftreten.

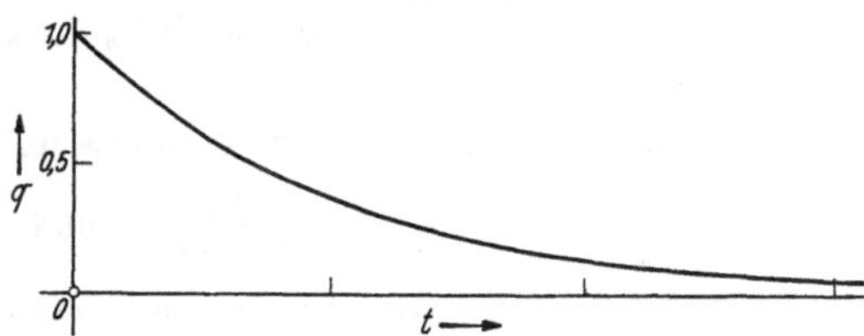

Abb. 35/2.   Abklingender Ausschlag,   Kriechbewegung;
$q = e^{-\alpha t}$.

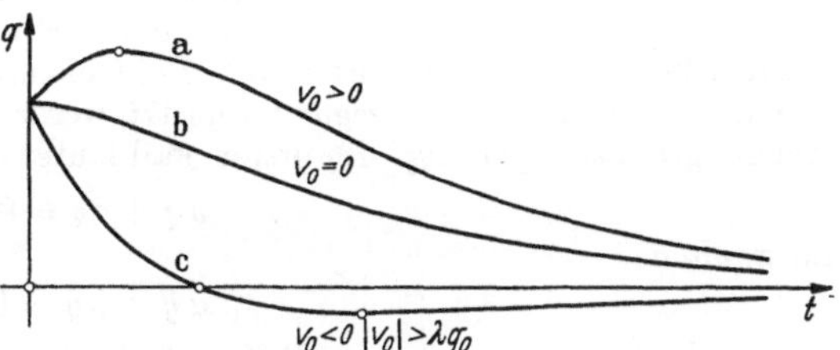

Abb. 35/3. Typen von Kriechbewegungen.

Diese Behauptungen folgen leicht
aus den Formen (35.7f und g) der
Dauergleichung und ihrer ersten Ab-
leitung. Ein Verschwinden des Ausschlages tritt ein für Werte t, die der Gleichung

$$\mathfrak{Tg}\,\mu t = -\frac{\mu\,q_0}{v_0 + \lambda q_0} \tag{35.10 a}$$

genügen, ein Verschwinden der Ableitung für Wurzeln der Gleichung

$$\mathfrak{Tg}\,\mu t = \frac{v_0}{\left(-\mu + \dfrac{\lambda^2}{\mu}\right)q_0 + \dfrac{\lambda}{\mu}v_0}. \tag{35.10 b}$$

Da der Hyperbel-Tangens eine monotone Funktion ist, gibt es jeweils nur einen Wert
von t, der den Gln. (35.10a) oder (35.10b) genügt. Damit er positiv ist, müssen

bestimmte Voraussetzungen über die Größen q_0 und v_0 erfüllt sein. So geht der Schwinger z. B. nur dann durch die Nullage, wenn bei positivem q_0 die Geschwindigkeit v_0 negativ und dem Betrage nach größer als λq_0 ist.

Die durch die Gln. (35.7 d—g) beschriebenen Bewegungen der stark gedämpften Schwinger heißen *Kriechbewegungen* im Gegensatz zu den *Schwingungen* (vgl. Ziff. 38).

Die Größe des Dämpfungsfaktors läßt sich bei den schwach gedämpften Schwingungen durch einen Ausschwingversuch feststellen, bei den stark gedämpften Kriechbewegungen jedoch nicht — wenigstens nicht in genügend einfacher Weise. In diesem Fall ist man auf andere Methoden angewiesen. (Erzwungene Schwingungen, s. Ziff. 58.)

γ) Von rein mathematischem Interesse ist der Grenzfall: $\delta^2 = 1$.

Für den Wert $\delta = 1$ fallen die beiden Wurzeln h_1 und h_2 der charakteristischen Gl. (35.3) zusammen, $h_1 = h_2 = -\lambda$, so daß nur *ein* partikulares Integral der Form $e^{ht} = e^{-\lambda t}$ existiert. Zum Aufbau der vollständigen Lösung benötigt man aber noch ein zweites. Aus der Theorie der linearen Differentialgleichungen weiß man (oder bestätigt leicht durch Einsetzen in die Differentialgleichung), daß in diesem Fall $q = t e^{-\lambda t}$ ein zweites Partikularintegral darstellt. Die vollständige Lösung lautet hier deshalb

$$q = e^{-\lambda t}[A_1 + A_2 t]. \tag{35.11}$$

Diese Dauergleichung beschreibt ebenfalls einen Kriechvorgang. Auch hier kann höchstens *ein* Nulldurchgang und *ein* Extremum auftreten; die Bewegung verläuft wieder nach den Typen der Abb. 35/3. Man erkennt das aus der Form, die (35.11) annimmt, wenn statt der allgemeinen Integrationskonstanten der Anfangsausschlag q_0 und die Anfangsgeschwindigkeit v_0 eingeführt werden:

$$q = e^{-\lambda t}[q_0 + (v_0 + \lambda q_0) t]$$
$$\dot{q} = e^{-\lambda t}[v_0 - \lambda t (v_0 + \lambda q_0)],$$

denn der Augenblick t_0 des Nulldurchganges und t_1 des Extremums sind gegeben durch

$$t_0 = -\frac{q_0}{v_0 + \lambda q_0} \quad \text{und} \quad t_1 = \frac{v_0/\lambda}{v_0 + \lambda q_0}.$$

δ) Sonderfälle der Kriechbewegungen: *Relaxationserscheinungen*. Kriechbewegungen kommen zustande, wenn $\delta = \dfrac{b}{2\sqrt{ac}} > 1$ ist. δ kann bei gegebenem b dadurch große Werte annehmen, daß entweder a oder c klein werden. In der Grenze, für sehr kleine a oder c, erhält man Vorgänge, die man besser unmittelbar untersucht als durch Grenzübergang aus den Formeln des Abschnittes 35β. Bei fehlender Masse a kann das System durch einen Anfangsausschlag q_0 in Bewegung versetzt werden, bei fehlender Federung c durch eine Anfangsgeschwindigkeit $\dot{q}_0$. Im ersten Fall lautet die Bewegungsgleichung

$$b\dot{q} + cq = 0, \tag{35.12a}$$

im zweiten

$$a\ddot{q} + b\dot{q} = 0. \tag{35.12b}$$

Beide Gleichungen sind lineare Differentialgleichungen *erster* Ordnung, die erste für q, die zweite für $\dot{q}$. Die Lösungen findet man durch Trennen der Veränderlichen. Im ersten Fall wird $dt = -\dfrac{b}{c}\dfrac{dq}{q}$, daher

$$t = -\frac{b}{c}(\ln q - \ln q_0) = -\frac{b}{c}\ln\frac{q}{q_0}$$

oder

$$q = q_0 e^{-(c/b)t}; \tag{35.13a}$$

entsprechend im zweiten

$$\dot{q} = \dot{q}_0 e^{-(b/a)t}. \tag{35.13b}$$

Beide Vorgänge verlaufen nach Abb. 35/2; doch bedeuten im ersten Fall die Ordinaten den Ausschlag q, im zweiten die Geschwindigkeit $\dot{q}$, die „Abklingkonstante" α ist im einen Fall gleich c/b, im anderen b/a. Beide Brüche haben die Dimension T^{-1}. Die Kehrwerte $1/\alpha$ lassen eine einfache Deutung zu: Aus (35.13) folgt, daß $1/\alpha$ jene Zeit ist, für die q/q_0 (oder $\dot{q}/\dot{q}_0$) gleich $1/e$ geworden ist, der Ausschlag (oder die Geschwindigkeit) also auf den e-ten Teil des Anfangswertes gesunken ist; sie heißt *Abklingzeit* oder *Relaxationszeit* $t_R = 1/\alpha$. Als *Halbwertszeit* t_H bezeichnet man jene Zeit, in der die Veränderliche auf die *Hälfte* ihres Anfangswertes gesunken ist. Es ist

$$t_H = \frac{1}{\alpha}\ln 2 = 0{,}693\, t_R.$$

Gelegentlich überträgt man die Begriffe Abklingzeit und Halbwertszeit, die an Kriechbewegungen entwickelt wurden, auch auf die Schwingungsbewegung des Teiles 35α). Man bezieht sie dann auf die das Ausschlagbild begrenzende Exponentialkurve 2 in Abb. 35/1, setzt also $\alpha = \lambda$. Für die Abklingzeit t_R findet man dann die folgenden Ausdrücke: $t_R = \dfrac{1}{\lambda} = \dfrac{1}{\delta\,\omega} = \dfrac{T}{2\,\pi\,\delta}$; bei ganz schwachen Dämpfungen, d. h. solange $\pi\,\delta = \mathsf{D}$ gilt, kann dafür auch $t_R = T/2\,\mathsf{D}$ geschrieben werden. Die Halbwertszeit t_H entsteht auch hier aus t_R durch Multiplikation mit $\ln 2 = 0{,}693$.

36. Dem Quadrat der Geschwindigkeit proportionale Dämpfungskraft. Die Differentialgleichung für diesen Fall ist in (33.3c) schon angegeben worden; sie lautet

$$a\,\ddot{q} + (\operatorname{sgn}\dot{q})\,b_2\,\dot{q}^2 + c\,q = 0. \tag{36.1}$$

Sie ist als Gleichung für die Funktion $q(t)$ nicht mehr linear. Zu ihrer Behandlung müssen wir Umwege einschlagen. Aus (36.1) können wir eine lineare Differentialgleichung herstellen, wenn wir statt der Zeit t den Ausschlag q als unabhängige und das Quadrat der Geschwindigkeit $\dot{q}^2$ als abhängige Veränderliche einführen. Wegen

$$\ddot{q} = \frac{d}{dt}\,\dot{q} = \frac{d\dot{q}}{dq}\cdot\frac{dq}{dt} = \dot{q}\,\frac{d\dot{q}}{dq} = \frac{1}{2}\,\frac{d}{dq}\,(\dot{q}^2)$$

erhalten wir aus (36.1) nach Division durch $a/2$ und mit Benutzung der Abkürzungen $2\,\lambda_2 = b_2/a$ und $\omega^2 = c/a$ die Gleichung

$$\frac{d\,(\dot{q}^2)}{dq} + (\operatorname{sgn}\dot{q})\,4\,\lambda_2\,\dot{q}^2 + 2\,\omega^2\,q = 0. \tag{36.2}$$

Sie ist eine lineare Differentialgleichung *erster* Ordnung (mit *nicht* konstanten Koeffizienten) für $(\dot{q}^2)$ als Funktion von q. Gleichungen von diesem Typ können allgemein integriert werden. Die allgemeine lineare Differentialgleichung 1. Ordnung für eine Funktion $y(q)$ lautet

$$dy/dq + p(q)\,y + r(q) = 0 \tag{36.3}$$

und hat das allgemeine Integral

$$y = e^{-\int p\,(q)\,dq}\left[C - \int r(q)\,e^{+\int p\,(q)\,dq}\,dq\right]; \tag{36.3a}$$

C ist die Integrationskonstante.

In unserem Fall bedeutet y das Quadrat der Geschwindigkeit, $y = \dot{q}^2$. Ferner sind die Koeffizienten

$$p(q) = (\operatorname{sgn}\dot{q})\,4\,\lambda_2 \quad\text{und}\quad r(q) = 2\,\omega^2\,q. \tag{36.4}$$

Aus (36.3a) entsteht mit diesen Ausdrücken

$$\dot{q}^2 = e^{-(\operatorname{sgn}\dot{q})\,4\,\lambda_2 q}\left[C - 2\,\omega^2 \int q\,e^{(\operatorname{sgn}\dot{q})\,4\,\lambda_2 q}\,dq\right].$$

Der Ausdruck in der Klammer läßt sich durch partielle Integration umformen; so entsteht

$$\dot{q}^2 = \frac{\omega^2}{8\,\lambda_2^2}\,(1 - (\operatorname{sgn}\dot{q})\,4\,\lambda_2\,q) + C\,e^{-(\operatorname{sgn}\dot{q})\,4\,\lambda_2 q}. \tag{36.5}$$

Die Konstante C wird bestimmt aus der Bedingung, daß für den vorangegangenen Umkehrpunkt $q = q_n$ die Geschwindigkeit $\dot{q} = 0$ war. Das liefert

$$C = -\frac{\omega^2}{8\,\lambda_2^2}\, e^{(\operatorname{sgn}\dot{q})\,4\,\lambda_2 q_n}\,[1 - (\operatorname{sgn}\dot{q})\,4\,\lambda_2 q_n],$$

in (36.5) eingesetzt, kommt

$$\dot{q}^2 = \frac{\omega^2}{8\,\lambda_2^2}\,\{[1 - (\operatorname{sgn}\dot{q})\,4\,\lambda_2 q] - e^{(\operatorname{sgn}\dot{q})\,4\,\lambda_2 (q_n - q)}\,[1 - (\operatorname{sgn}\dot{q})\,4\,\lambda_2 q_n]\}. \qquad (36.6)$$

Aus dieser Gleichung läßt sich ein Verfahren zur Ermittlung der aufeinanderfolgenden Schwingungsweiten q_n gewinnen: Im nächsten Umkehrpunkt q_{n+1} ist $\dot{q}$ wieder Null, so daß gilt, wenn z. B. $q_n > 0$, $q_{n+1} < 0$ und damit $\operatorname{sgn}\dot{q} = -1$ vorausgesetzt wird:

$$(1 + 4\,\lambda_2 q_{n+1})\,e^{-4\,\lambda_2 q_{n+1}} = (1 + 4\,\lambda_2 q_n)\,e^{-4\,\lambda_2 q_n}.$$

Daraus schließen wir, daß je ein positiver und darauffolgender negativer Wert $q_\varkappa$ zum gleichen Funktionswert $(1 + 4\,\lambda_2 q_\varkappa)\,e^{-4\,\lambda_2 q_\varkappa}$ führt. Diese beiden Werte, die dann zwei aufeinanderfolgende Schwingungsweiten festlegen, finden wir daher nach Aufzeichnen der Funktion

$$\eta = (1 + \xi)\,e^{-\xi}$$

oder auch

$$\zeta = \xi - \ln(1 + \xi) \qquad (36.7)$$

(Abb. 36/1) als Abszissen $\xi = 4\,\lambda_2 q_\varkappa$, die zum gleichen Ordinatenwert ζ gehören [1].

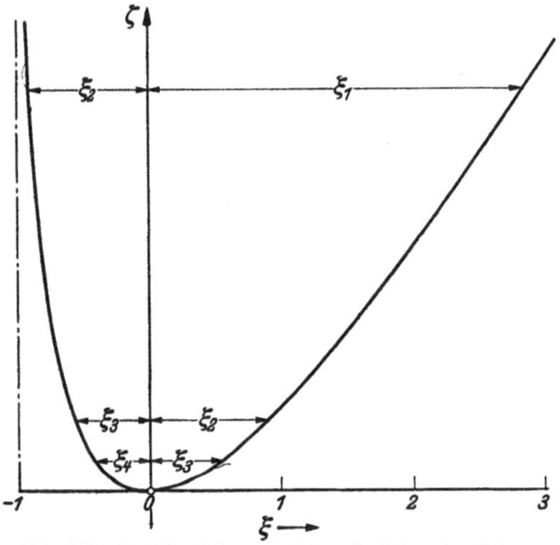

Zunächst erhalten wir wegen der Voraussetzungen über die Vorzeichen von q_n, q_{n+1} und $\dot{q}$ aus der Kurve jeweils nur den kleineren negativen Ausschlag aus dem größeren positiven. Für die nun folgende umgekehrte Aufgabe der Ermittlung der kleineren positiven Ausschläge aus den größeren negativen müßte nach neuen Festsetzungen über die Vorzeichen eine neue Funktion ζ gesucht und eine neue Kurve gezeichnet werden. Wenn wir uns aber einfach nach Ablauf jeder Halbschwingung die Achsenrichtung q umgekehrt denken, so können wir in Abb. 36/1 durch Auftragen von ξ_2 nach rechts wieder links ein ξ_3 finden usw. Wir kommen also mit der einen Kurve aus.

Bemerkenswert ist, daß wegen $|\xi_2| < 1$ stets der zweite Ausschlag $|q_2| < 1/(4\,\lambda_2)$ bleibt, wie groß auch der erste Ausschlag gewesen sein mag.

Wir suchen jetzt noch die *Zeit*, die die Bewegung von einem Nulldurchgang $q = 0$ bis zu einem größten Ausschlag $q = q_n$ benötigt. Gl. (36.6) gibt $\dot{q}$ als Funktion von q mit dem Parameter q_n. Die Zeit für die Bewegung von einem Ausschlag q' (nicht notwendig ein Größtausschlag) bis zu einem Ausschlag q'' beträgt

$$t = \int_{q'}^{q''} \frac{dq}{\dot{q}(q)},$$

Abb. 36/1. Zur Ermittlung aufeinanderfolgender Schwingungsweiten bei quadratischem Widerstandsgesetz; $\zeta = \xi - \ln(1 + \xi)$.

daher jene vom Nulldurchgang zum Größtausschlag

$$t = \int\limits_0^{q_n} \frac{dq}{\dot{q}\,(q)}\,.$$

In den Nenner des Integranden setzen wir nicht $\dot{q}$ aus (36.6) unmittelbar ein, da dieser Ausdruck eine Ausführung der Integration nicht erlauben würde, sondern entwickeln zunächst $\dot{q}^2$ nach Potenzen von q und q_n und behalten Glieder bis zur 2. Ordnung bei. Auf diese Weise ergibt sich aus (36.6)

$$\dot{q}^2 = \omega^2 (q_n^2 - q^2) \tag{36.6a}$$

und daher

$$t = \frac{1}{\omega} \int\limits_0^{q_n} \frac{dq}{\sqrt{q_n^2 - q^2}} = \frac{1}{\omega} \left[\arctan \sin \frac{q}{q_n}\right]_0^{q_n} = \frac{1}{\omega}\frac{\pi}{2} = \frac{T}{4}\,,$$

wenn T die Schwingdauer der ungedämpften Schwingung bezeichnet. Die Nulldurchgänge haben somit den zeitlichen Abstand $T/2$. Die Schwingungsdauer ist bis zu dem untersuchten Grad der Näherung gegenüber der ungedämpften Schwingung *nicht* verändert (s. Ziff. 37).

37. Überblick über die drei Arten von gedämpften Schwingungen. α) Art des Abklingens. Beim Vergleich der Bewegungen, die bei Anwesenheit von Reibungskräften verschiedener Art zustande kommen, stellen wir folgende Unterschiede fest: Bei Vorhandensein einer Reibungskraft festen Betrages nehmen die Schwingungsweiten in *arithmetischer* Folge, bei geschwindigkeitsproportionaler Reibung in *geometrischer* Folge ab, beim quadratischen Widerstandsgesetz in der durch Abb. 36/1 angezeigten Weise. Im ersten Fall hört die Schwingung nach einer endlichen Zeit auf; dabei kann ein von Null verschiedener Ausschlag innerhalb der *Sperrzone* $-s < q < +s$ übrigbleiben. Im zweiten und dritten Fall dauert die Bewegung an, die Maximalausschläge gehen asymptotisch nach Null.

β) Schwingdauer. Die Begriffe *Phasenwiederholung* und damit auch *Frequenz* und *Schwingdauer* sind zunächst nur für *periodische* Vorgänge erklärt (Ziff. 2). Eine gedämpfte Schwingung stellt keinen periodischen Vorgang dar, da infolge der Energiezerstreuung eine einmal vorhandene Phase nicht wiederkehren kann. Um einer gedämpften Schwingung eine Schwingdauer zuzuschreiben, muß man daher besondere Festsetzungen treffen. Wir tun dies, indem wir definieren: *Halbe Schwingdauer heiße der zeitliche Abstand zweier aufeinanderfolgender Nulldurchgänge* (nicht etwa zweier Größtausschläge, da diese sich fortwährend verändern).

Bei den Schwingungen, die nach dem quadratischen Widerstandsgesetz verlaufen, fanden wir, daß die so definierte Schwingdauer in erster Näherung nicht verschieden ist von jener der zugehörigen ungedämpften Schwingung. Bei den linear gedämpften Schwingungen ist $T'/2 = \pi/\nu$. Weil $\nu < \omega$ ist, wird $T'/2 > T/2$, die Schwingungsdauer ist größer als die der ungedämpften Schwingung. Das Verhältnis T'/T ist für einen gegebenen Schwinger konstant

$$\frac{T'}{T} = \frac{1}{\sqrt{1 - \dfrac{b_1^2}{4\,a\,c}}}\,,$$

es nimmt für kleine Dämpfungen angenähert den Wert $1 + \dfrac{b_1^2}{8\,a\,c}$ an.

Mehr Überlegungen beansprucht der erste Fall, in dem die Dämpfungskraft festen Betrag hat. In Ziff. 34 stellten wir fest, daß das Bild der eintretenden Bewegung im q-t-Diagramm aufgefaßt werden kann als eine Folge von Kosinusbogen, die abwechselnd um eine im Abstand $+s$ und $-s$ von der Zeitachse liegende Gerade verlaufen. Dabei ist die Dauer des Ablaufes einer solchen Halbwelle $T/2 = \pi/\omega$, also ebenso groß wie die halbe Periode einer ungedämpften Schwingung desselben Schwingers. $T/2$ ist jedoch nicht die oben definierte halbe Schwingdauer der gedämpften Schwingung. Zwar haben die *Umkehrpunkte* den Abstand $T/2$, nicht aber die *Nulldurchgänge*; deren Abstand soll jedoch die kennzeichnende Größe sein. Der Abstand der Nulldurchgänge und damit die Schwingdauer wächst vielmehr mit abnehmenden Ausschlagweiten. Qualitativ erkennt man dies einfach aus Abb. 34/1, zu quantitativen Ergebnissen führen die nachstehenden Betrachtungen.

Angenommen, die Schwingung beginne mit einem positiven Ausschlag, dann lautet die integrierte Form der Bewegungsgleichung bis zum ersten Umkehrpunkt nach (34.4)

$$q = s + A_1 \cos(\omega t + \alpha),$$

wo A_1 und α sich aus den Anfangsbedingungen bestimmen. Für die ungeradzahligen Teilschwingungen gilt

$$q = s + A_{2k-1} \cos(\omega t + \alpha)$$

mit

$$A_{2k-1} = A_1 - (k-1)\,4\,s$$

und für die geradzahligen

$$q = -s + A_{2k} \cos(\omega t + \alpha)$$

mit

$$A_{2k} = A_1 - (2k-1)\,2\,s.$$

Die Nulldurchgänge der ungeradzahligen Teilschwingungen finden statt zu den Zeiten

$$t_{2k-1} = \frac{1}{\omega}\left[\operatorname{arc\,cos}\frac{-s}{A_{2k-1}} - \alpha\right],$$

wobei der Wert der eckigen Klammer zwischen $(2k-2)\pi$ und $(2k-1)\pi$ liegt, die der geradzahligen Teilschwingungen zu den Zeiten

$$t_{2k} = \frac{1}{\omega}\left[\operatorname{arc\,cos}\frac{s}{A_{2k}} - \alpha\right]$$

mit $(2k-1)\pi < [\ldots] < 2k\pi$. Berechnet man den Überschuß der halben Schwingdauer über die der ungedämpften Schwingung, z. B.

$$t_{2k} - t_{2k-1} - T/2 = \Delta T_{2k}$$

und beachtet, daß $T/2 = \pi/\omega$ ist, so findet man wegen

$$\operatorname{arc\,cos} x = \operatorname{arc\,sin} x - \pi/2$$

und

$$\operatorname{arc\,sin}(-x) = \operatorname{arc\,sin} x \pm \pi$$

die Differenz

$$\Delta T_{2k} = \frac{1}{\omega}\left[\operatorname{arc\,sin}\frac{s}{A_{2k}} - \operatorname{arc\,sin}\frac{s}{A_{2k-1}}\right]. \quad (37.1)$$

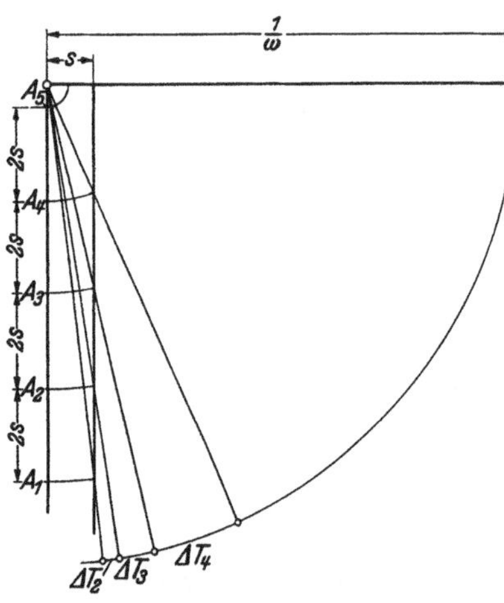

Abb. 37/1. Diagramm zur Ermittlung der Vergrößerung der Schwingzeit mit abnehmender Amplitude bei fester Reibung.

Die Differenzen besitzen keinen festen Wert, sondern ändern sich mit der Ausschlagweite. Für kleine Argumente der arc sin-Funktion gilt angenähert

$$\Delta T_n \approx \frac{1}{\omega}\left[\frac{s}{A_n} - \frac{s}{A_n + 2s}\right] = \frac{1}{\omega}\frac{2s^2}{A_n(A_n + 2s)}.$$

Die Gl. (37.1) läßt sich zur Grundlage eines graphischen Verfahrens machen, das die aufeinanderfolgenden ΔT_n aus den Amplituden liefert (Abb. 37/1). Die Zeichnung ist nach dem Gesagten verständlich.

γ) **Erzeugende Vektoren.** Die harmonischen Schwingungen konnten gedeutet werden als Projektionen von Kreisbewegungen. Dadurch veranlaßt schrieben wir des Bewegungsgesetz statt in der reellen auch in der die Kreisbewegung hervorhebenden komplexen

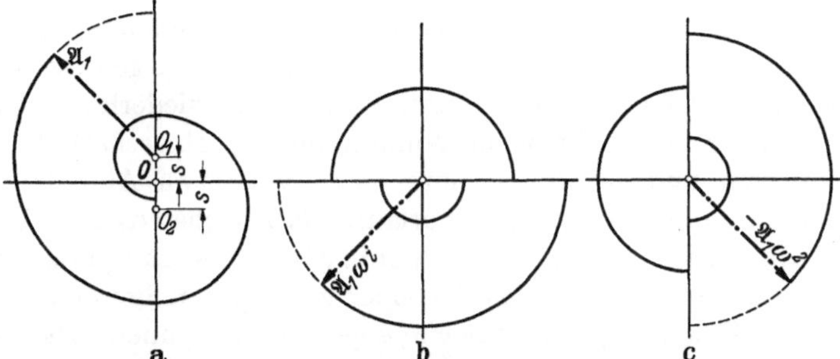

Abb. 37/2. Erzeugende Vektoren der Schwingung bei konstanter Reibung.

Form (Ziff. 5). Jene Deutung und Schreibweise läßt sich übertragen auf die gedämpften Schwingungen; genügend einfach wird sie jedoch nur für die konstante und die linear von der Geschwindigkeit abhängige Reibung. Die Bewegungsgleichung des Beispiels von S. 87 (Abb. 34/2), die in reeller Form

$$q = (-1)^k s + (5{,}66 - 2k) s \cos(\omega t + \pi/4); \quad k = 0, 1, 2, \ldots$$

lautet, läßt sich in die komplexe Form bringen

$$q = (-1)^k s + (5{,}66 - 2k) s\, e^{i(\pi/4 + \omega t)}; \quad k = 0, 1, 2, \ldots;$$

die Schwingung läßt sich daher als Projektion (auf die Lotrechte) der Drehbewegung eines (von O ausgehenden) Diagrammvektors $\mathfrak{A}_1$ auffassen, dessen Endpunkt auf der Bahn der Abb. 37/2a läuft. Die Bahn setzt sich zusammen aus Kreisbogen um O_1 und um O_2. Geschwindigkeit und Beschleunigung erhält man durch Projektion der Vektoren in Abb. 37/2b, c. Die Beschleunigung ist eine unstetige Funktion. Die weitere Diskussion ist einfach und kann dem Leser überlassen bleiben.

Bei linearer Dämpfung tritt an die Stelle der aus Kreisbogen zusammengesetzten Schneckenlinie eine logarithmische Spirale, denn $q = a e^{-\lambda t} \cos(\nu t + \varepsilon)$ nach (35.7c) ist Realteil von $q = \mathfrak{A} e^{(-\lambda + i\nu)t}$ mit $\mathfrak{A} = a\, e^{i\varepsilon}$. Abb. 35/1 kann ($\varepsilon = 0$) entstanden gedacht werden als Projektion aus Abb. 37/3a. Auch für die die Geschwindigkeit darstellende Kurve $\dot{q}/\omega$ ergibt sich eine Spirale mit demselben Abklingfaktor, ausgehend von $\mathfrak{A}_1 = \mathfrak{A}(-\delta + i\sqrt{1 - \delta^2})$. Die Spirale für die die Beschleunigung darstellende Kurve $\ddot{q}/\omega^2$ schließt sich mit dem gleichen Abklingfaktor an den Vektor $\mathfrak{A}_2 = \mathfrak{A}_1(-\delta + i\sqrt{1 - \delta^2})$ an. Alle drei Nullvektoren $\mathfrak{A}$, $\mathfrak{A}_1$, $\mathfrak{A}_2$ haben denselben Betrag a. In der Abb. 37/3b sind sie ohne die anschließenden Spiralen eingezeichnet.

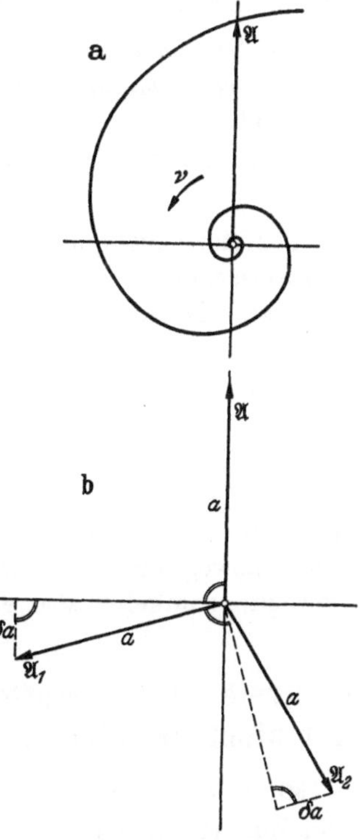

Abb. 37/3. Erzeugende Vektoren der Schwingung bei linearem Widerstandsgesetz.

38. Definitionen und Sprachgebrauch für „Schwingungen" und „Schwinger".

In Ziff. 2 waren die Schwingungen vom kinematischen Standpunkt aus bezeichnet worden als Vorgänge, bei denen bestimmte Merkmale regelmäßig wiederkehren. Mit einer besonderen Klasse von Schwingungen, den periodischen Schwingungen, haben wir uns dann ausführlich beschäftigt. In den Abschnitten über die Kinetik haben wir den Begriff des *Schwingers* eingeführt und mit diesem Wort solche Systeme bezeichnet, die als freie Bewegungen bei

Abwesenheit von Dämpfungskräften periodische Schwingungen ausführen. Inzwischen haben wir erfahren, daß ein Schwinger nicht immer periodische Schwingungen ausführt. Bei Anwesenheit von Dämpfungskräften sind die freien Bewegungen nicht mehr periodisch. Unter den gedämpften Bewegungen gibt es nun solche, die, obwohl nicht periodisch, dennoch gewisse, den periodischen Vorgängen eigentümliche Merkmale zeigen: wiederholte Umkehr der Bewegungsrichtung mit jeweiligem Nulldurchgang, abwechselnde Ausschläge nach der positiven und negativen Seite usw. (vgl. etwa Abb. 35/1), während in anderen Fällen die Bewegung so verläuft, daß höchstens eine Umkehrstelle und ein Nulldurchgang vorhanden ist (Abb. 35/3). Es ist Sprachgebrauch, die zuerst genannten Formen des Ablaufes einer gedämpften Bewegung ebenso wie die periodischen Bewegungen als *Schwingungen* zu bezeichnen. Die Bewegungen der zweiten Art können wir dagegen nicht mehr zu den Schwingungen rechnen; in Ziff. 35 nannten wir sie schon *Kriechbewegungen*. Die genaue Abgrenzung der beiden Formen gegeneinander muß allerdings durch eine willkürliche Festsetzung erfolgen. Wir treffen eine solche Festsetzung dadurch, daß wir übereinkommen, als Schwingungen solche Bewegungen zu bezeichnen, die *mehr als einmal* ihre Richtung umkehren.

Ein *Schwinger* kann daher als gedämpfte Bewegungen sowohl *Schwingungen* wie *Kriechbewegungen* ausführen. Die Kriechbewegungen werden oft auch als „aperiodische" Bewegungen bezeichnet. Dieser Ausdruck ist nicht treffend; auch die gedämpften Schwingungen sind nicht periodisch (in dem in Ziff. 2 erklärten Sinn).

Der hier gegebenen Einteilung zufolge verlaufen die Bewegungen nach dem quadratischen Widerstandsgesetz *stets* als Schwingungen; nach dem linearen Widerstandsgesetz treten Schwingungen auf, wenn $\delta < 1$ ist, Kriechbewegungen, wenn $\delta \geqq 1$ ist, so daß die Entscheidung durch die Kenngrößen des Schwingers geliefert wird, während bei Widerständen festen Betrages das Auftreten von Schwingungen oder Kriechbewegungen von den Anfangsbedingungen abhängt. Ist nämlich die Amplitude $A_1 \equiv \sqrt{(v_0/\omega)^2 + (q_0 + (\operatorname{sgn}\dot{q})\,s)^2} < 3\,s$, so kommt die Bewegung wegen (34.5) ohne Richtungsumkehr, ist $3\,s < A_1 < 5\,s$, so kommt sie nach *einer* Umkehr zur Ruhe. Beide Fälle müssen wir folgerichtig zu den Kriechbewegungen rechnen. Erst wenn $A_1 > 5\,s$ ist, kommt mehr als eine Bewegungsumkehr, also eine Schwingung zustande.

C. Freie ungedämpfte Schwingungen des einfachen Schwingers mit nicht gerader Kennlinie (pseudoharmonische Schwingungen).

39. Integration der Bewegungsgleichung. Wir knüpfen an die Betrachtungen von Ziff. 12 an, wo wir den Verlauf der Kennlinien (die die Rückstellkräfte R in Abhängigkeit vom Ausschlag q angeben) erörterten. An jener Stelle waren die Schwinger definiert worden als Systeme, deren Rückstellkräfte $R(q) = -J_1(q)$ bei positiven Ausschlägen positive, bei negativen Ausschlägen negative Werte annehmen. Weiterhin fanden wir, daß, wenn die Kennlinie eine *Gerade* ist, das System als freie ungedämpfte Bewegung eine *harmonische* Schwingung ausführt. Die freien ungedämpften Bewegungen der Systeme mit *nicht* gerader Kennlinie sind ebenfalls periodisch; wir hatten sie mit dem

Sammelnamen *pseudoharmonische Schwingungen* belegt. Die Differentialgleichung der Bewegung eines solchen Systems lautet allgemein

$$a\,\ddot{q} + R(q) = 0.\tag{39.1a}$$

Man pflegt sie in einer noch anderen Form anzugeben

$$\ddot{q} + \varkappa^2 f(q) = 0,\tag{39.1b}$$

indem man Konstanten und Dimensionen so in $\varkappa^2$ zusammenzieht, daß $f(q)$
von der gleichen Dimension wird wie q.

$\varkappa$ wäre bei kleinen Schwingungen, wo $f(q) = q$ ist, die Kreisfrequenz; hier hat es diese
Bedeutung verloren, denn bei einer nicht harmonischen Schwingung ist dieser Begriff
überhaupt nicht erklärt. Nach wie vor soll jedoch die Dimension von $\varkappa^2$ gleich T^{-2} sein.

(39.1b) ist eine (nicht lineare) Differentialgleichung 2. Ordnung. Ihre Integration führen wir in zwei Schritten durch, indem wir uns jeweils Differentialgleichungen 1. Ordnung herstellen. Das gelingt dadurch, daß wir zunächst
(ähnlich wie schon in Ziff. 36) als neue abhängige Veränderliche statt des Ausschlages q die Geschwindigkeit v und als neue unabhängige Veränderliche an
Stelle der Zeit t den Ausschlag q einführen (da ja auch f als Funktion von q
gegeben ist). Die Beschleunigung $\ddot{q}$ schreibt sich dann

$$\ddot{q} = \frac{dv}{dt} = \frac{dv}{dq}\cdot\frac{dq}{dt} = v\,\frac{dv}{dq} = \frac{d}{dq}\left(\frac{v^2}{2}\right).\tag{39.2}$$

Setzen wir diesen Wert in (39.1b) ein, so entsteht eine Differentialgleichung
erster Ordnung für v^2

$$\frac{d(v^2)}{dq} = -2\,\varkappa^2 f(q).\tag{39.3}$$

Ihre Integration liefert

$$v^2 = -\int\limits_{Q}^{q} 2\,\varkappa^2 f(q')\,dq' = 2\,\varkappa^2 \int\limits_{q}^{Q} f(q')\,dq'\tag{39.4a}$$

oder

$$|v(q)| = \varkappa\sqrt{2\int\limits_{q}^{Q} f(q')\,dq'},\tag{39.4b}$$

wenn mit Q jener Ausschlag, für den die Geschwindigkeit $v = 0$ ist (Größtausschlag), und mit q' die Integrationsveränderliche bezeichnet wird. Die Geschwindigkeit ergibt sich als Funktion des Ausschlages, $v = v(q)$.

Wir suchen die Funktion $q(t)$. Aus (39.4b) können wir leicht die Umkehrfunktion $t(q)$ erhalten. Da

$$v = \frac{dq}{dt}, \qquad \text{also} \qquad dt = \frac{dq}{v}\tag{39.5}$$

ist, wird (wenn wir die Zeitzählung mit dem Nulldurchgang $q = 0$ beginnen
und die Integrationsveränderliche hier mit q'' bezeichnen)

$$t = \int\limits_{0}^{q} \frac{dq''}{v(q'')},$$

also

$$t(q) = \int\limits_{0}^{q} \frac{dq''}{\varkappa\sqrt{2\int\limits_{q''}^{Q} f(q')\,dq'}}\tag{39.6a}$$

oder, wenn die Zeitzählung beim Größtausschlag Q beginnt,

$$t(q) = - \int_Q^q \frac{dq''}{\varkappa \sqrt{2 \int_{q''}^Q f(q')\,dq'}} . \qquad (39.6\,\mathrm{b})$$

Die Umkehrfunktion zu $t(q)$ gibt die Dauergleichung der Bewegung $q = q(t)$.

Ist $f(q)$ durch einen analytischen Ausdruck gegeben, so hängt die explizite Darstellbarkeit der Funktion $t(q)$ und damit auch der Funktion $q(t)$ davon ab, ob die Integrale in (39.6) auf bekannte und benannte Funktionen führen. In den Ausdrücken (39.6a und b) für $t(q)$ kommen zwei Integralzeichen vor, es sind daher zwei Quadraturen auszuführen. Das Integral $\int f(q')\,dq'$ wird selten Schwierigkeiten bereiten, da die Kennlinie in der Regel durch einen integrierbaren Ausdruck gegeben sein wird (oder wenigstens durch einen solchen, der sich in eine integrierbare Potenzreihe entwickeln läßt). Die Integration

$$\int_0^q f(q')\,dq' = J(q), \qquad \text{also} \qquad \int_{q''}^Q f(q')\,dq' = J(Q) - J(q'') \qquad (39.7)$$

wird sich daher ausführen lassen, so daß (39.6a) auch geschrieben werden kann

$$t(q) = \frac{1}{\varkappa \sqrt{2}} \int_0^q \frac{dq''}{\sqrt{J(Q) - J(q'')}} . \qquad (39.8)$$

Je nachdem, ob sich die Integration in (39.8) explizit ausführen läßt oder nicht, wollen wir weiterhin von „integrierbaren" und „nichtintegrierbaren" Fällen sprechen. Integrierbare Fälle behandeln wir in Ziff. 40. Sind die Integrale dagegen „nicht ausführbar", d. h. nicht identisch mit schon benannten Funktionen, so muß man ihre Eigenschaften aus der Integralform ablesen. Man bedient sich dazu der Verfahren der numerischen oder der graphischen Integration. Diese Verfahren müssen auch dann angewendet werden, wenn $f(q)$ nicht analytisch, sondern als Kurve oder durch eine Reihe von Funktionswerten gegeben ist. Beispiele dieser Art behandeln wir in Ziff. 41 und 42.

40. „Integrierbare" Fälle. Die Behandlung der Differentialgleichung (39.1) war wesentlich verschieden von der in Ziff. 12 durchgeführten Integration der Differentialgleichung (12.2) für Schwinger mit gerader Kennlinie. (12.2) ist als Sonderfall $R(q) = c\,q$ in (39.1a) enthalten. Die Dauergleichung (13.6) muß sich daher auch auf dem hier beschriebenen Wege gewinnen lassen. Als Vorbereitung auf die späteren Fälle führen wir in α) die Integration von (12.2) auf dem neuen Wege durch. Hernach behandeln wir in β) die Kennlinien $f(q) = \sin q$, die bei fast allen Pendelarten auftreten, in γ) die Fälle

$$f(q) = (\operatorname{sgn} q)\,q^{2n} \qquad \text{und} \qquad f(q) = q^{2n-1} \qquad (40.1)$$

und in δ) die Kennlinien vom Typ

$$\alpha f(q) = \alpha q + \beta q^3. \qquad (40.2)$$

Die Kennlinien (40.1) bezeichnen Parabeln höherer Ordnung. Die Differentialgleichungen der zugehörigen Schwinger sind dann nicht mehr linear, so daß die Ergebnisse nicht mehr überlagert werden dürfen. Fälle mit zusammengesetzten Rückstellkräften sind daher gesondert zu behandeln. (40.2) gibt ein Beispiel. Wir befassen uns mit ihm deshalb ausführlicher, weil (40.2) als

zweite Näherung für jede beliebige, zum Ursprung punktsymmetrische Kennlinie dienen kann. Sowohl die sinusförmigen Kennlinien wie diejenigen, die aus
Parabeln bis zur 3. Ordnung bestehen, führen in (39.8) auf elliptische Integrale;
die Umkehrfunktionen $q(t)$ sind dann elliptische Funktionen.

α) **Gerade Kennlinie** $f(q) = q$. Die der Gl. (39.1b) entsprechende Form
der Bewegungsgleichung (12.2) ist

$$\ddot{q} + \varkappa^2 q = 0. \tag{40.3}$$

Nach Wahl der neuen Veränderlichen v und q an Stelle von q und t lautet die
Differentialgleichung 1. Ordnung, die (39.3) entspricht,

$$\frac{d(v^2)}{dq} = -2\varkappa^2 q$$

und ihr Integral entsprechend (39.4)

$$v^2 = \varkappa^2 [Q^2 - q^2] \qquad \text{oder} \qquad |v(q)| = \varkappa \sqrt{Q^2 - q^2}.$$

Daraus findet man als nächste Differentialgleichung entsprechend (39.5) (etwa
für einen Hingang mit positiver Geschwindigkeit)

$$\frac{dq}{dt} = \varkappa \sqrt{Q^2 - q^2}$$

und an Stelle von (39.6a)

$$t(q) = \frac{1}{\varkappa} \int_0^q \frac{dq''}{\sqrt{Q^2 - q''^2}} = \frac{1}{\varkappa} \int_0^{q/Q} \frac{d(q''/Q)}{\sqrt{1 - (q''/Q)^2}} = \frac{1}{\varkappa} \arcsin \frac{q}{Q}. \tag{40.4a}$$

Die Umkehrfunktion liefert

$$q(t) = Q \sin \varkappa t \tag{40.4b}$$

als Gleichung jener Bewegung, die zur Zeit $t = 0$ den Ausschlag $q = 0$ hat.
$\varkappa$ ist hier identisch mit der Kreisfrequenz ω der Schwingung. Das Ergebnis
stimmt — wie es sein muß — überein mit jenem von Ziff. 13.

β) **Sinusförmige Kennlinie** $f(q) = \sin q$. Die Kennlinien vieler Pendelarten sind Sinuslinien (Ziff. 16, 17, 18). Für kleine Ausschläge hatten wir sie
durch die Tangenten im Ursprung ersetzt und so gerade Kennlinien erhalten;
für große Ausschlagweiten muß man jedoch mit der genauen Kennlinie rechnen.
Die Differentialgleichungen haben dann die allgemeine Form

$$\ddot{q} + \varkappa^2 \sin q = 0 \tag{40.5}$$

mit $\varkappa^2 = g/l$, wo l wirkliche oder reduzierte Pendellänge ist. Die erste Integration liefert entsprechend (39.4a)

$$v^2 = 2\varkappa^2 \int_q^Q \sin q' \, dq' = 2\varkappa^2 (\cos q - \cos Q)$$

und daher nach (39.6a)

$$t = \frac{1}{\varkappa \sqrt{2}} \int_0^q \frac{dq''}{\sqrt{\cos q'' - \cos Q}}. \tag{40.6}$$

Unter Benutzung der Beziehung $\cos x = 1 - 2\sin^2(x/2)$ wird daraus

$$t = \frac{1}{\varkappa} \int_0^q \frac{\frac{1}{2} dq''}{\sqrt{\sin^2 \frac{Q}{2} - \sin^2 \frac{q''}{2}}}.$$

Wir führen eine neue Integrationsveränderliche ein, indem wir setzen $\xi = \sin q/2$ und demgemäß $\Xi = \sin Q/2$, $\xi'' = \sin q''/2$, $dq''/2 = d\xi''/\sqrt{1-\xi''^2}$; damit erhalten wir

$$t = \frac{1}{\varkappa} \int\limits_0^\xi \frac{d\xi''}{\sqrt{(\Xi^2 - \xi''^2)(1 - \xi''^2)}}. \tag{40.7}$$

Das Integral der rechten Seite von (40.7) ist identisch mit dem elliptischen Integral erster Gattung; man erhält (vgl. z. B. JAHNKE-EMDE, Funktionentafeln und Kurven, S. 130. Berlin 1933)

$$t = \frac{1}{\varkappa} F\left(\Xi, \frac{\xi}{\Xi}\right) = \frac{1}{\varkappa} F\left(\frac{Q}{2}, \text{arc } \sin \frac{\sin q/2}{\sin Q/2}\right), \tag{40.8}$$

je nachdem, ob man (in der Bezeichnungsweise der Tabellen) k und x oder α und φ als Parameter und Argument des elliptischen Integrals einführt. Das elliptische Integral erster Gattung F ist eine Funktion zweier Veränderlicher, in unserem Fall von ξ/Ξ und von Ξ, also dem relativen Ausschlag und der absoluten Größe der Schwingungsweite.

Die Viertelperiode ist diejenige Zeit, die vom Nulldurchgang bis zur Erreichung des größten Ausschlages verstreicht:

$$\frac{T}{4} = \frac{1}{\varkappa} F\left(\frac{Q}{2}, \text{arc } \sin 1\right) = \frac{1}{\varkappa} F\left(\frac{Q}{2}, \frac{\pi}{2}\right) = \frac{1}{\varkappa} \mathsf{K}\left(\frac{Q}{2}\right). \tag{40.9}$$

Sie wird durch das *vollständige* elliptische Integral erster Gattung K angegeben, dessen Argument die halbe Schwingungsweite $Q/2$ (im Bogenmaß) ist. K ist für Werte $Q > 0$ größer als $\pi/2$. Das bedeutet, daß die Schwingzeit mit dem Ausschlag wächst. Abb. 40/1 gibt $\mathsf{K}(Q/2)$, d. i. $\varkappa T/4$ als Funktion von $Q/2$ an. Um die Differenz zwischen der genauen Schwingzeit T und der unter Voraussetzung einer geraden Kennlinie sich ergebenden Schwingzeit T_0 zu berechnen, bilden wir [1]

$$\Delta = \frac{2}{\pi} \mathsf{K} - 1; \tag{40.10a}$$

dann wird

$$T = T_0(1 + \Delta). \tag{40.10b}$$

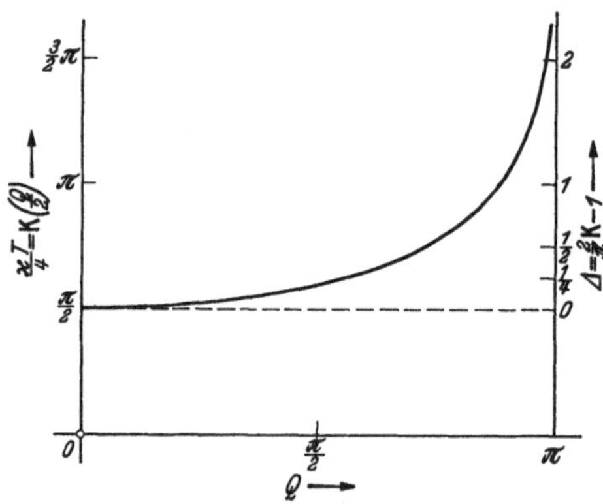

Abb. 40/1. Schwingdauer eines Pendels in Abhängigkeit von der Schwingungsweite.

Die nachstehende Tabelle gibt Δ als Funktion der Schwingungsweite Q an, aus der Abb. 40/1 kann Δ mit Hilfe des am rechten Rand angebrachten Maßstabes abgelesen werden. Man sieht, daß der Fehler bis zu einer Schwingungs-

Q	Δ	Q	Δ	Q	Δ	Q	Δ
0°	0,0000	22°	0,0093	60°	0,0732	120°	0,3729
7°	0,0010	30°	0,0174	70°	0,1022	150°	0,7622
10°	0,0019	40°	0,0313	80°	0,1375	180°	∞
20°	0,0076	50°	0,0498	90°	0,1804		

weite von 7° kleiner bleibt als $1^0/_{00}$, bei 22° beträgt er etwa 1%. Aus der Reihenentwicklung für K (JAHNKE-EMDE, S. 145)

$$\frac{2}{\pi}\,\mathsf{K}\,(\varXi) = 1 + \frac{1}{4}\,\varXi^2 + \frac{9}{64}\,\varXi^4 + \frac{25}{256}\,\varXi^6 + \cdots \tag{40.11a}$$

findet man unter Berücksichtigung der Glieder bis zur *zweiten* Ordnung

$$\varDelta = \frac{2}{\pi}\,\mathsf{K} - 1 = \left(\frac{Q^\circ}{10}\right)^2 \left(\frac{0{,}1745}{4}\right)^2 = 19 \cdot 10^{-6}\,(Q^\circ)^2, \tag{40.11b}$$

wo Q° bedeutet, daß der Ausschlag in *Winkelgraden* auszudrücken ist. Diese zweite Näherung gibt die Schwingdauer noch bei Ausschlägen von 70° auf 1% genau an.

Wollen wir die Bewegungsgleichung $q(t)$ in der üblichen Form herstellen, so müssen wir die Umkehrfunktion zu (40.8) bilden. Die Umkehrfunktion des elliptischen Integrals erster Gattung ist die als *Sinusamplitude* bekannte elliptische Funktion. Die Bewegungsgleichung lautet dann

$$\sin q/2 \equiv \xi = \varXi\,\mathrm{sn}\,(\varkappa\,t,\varXi). \tag{40.12}$$

Wir begnügen uns mit diesem Hinweis, da alles Wissenswerte schon aus der Form $t(q)$ von (40.8) abgelesen werden kann.

γ) **Parabolische Kennlinien.**

$$f(q) = (\mathrm{sgn}\,q)\,q^{2n} \qquad\qquad\qquad f(q) = q^{2n-1}.$$

Der Form (39.1b) der Differentialgleichung entspricht hier

$$\ddot{q} + (\mathrm{sgn}\,q)\,\varkappa^2\,q^{2n} = 0 \qquad\qquad \ddot{q} + \varkappa^2\,q^{2n-1} = 0. \tag{40.13}$$

Die erste Integration liefert

$$J(q) = \frac{q^{2n+1}}{2n+1} \qquad\qquad\qquad J(q) = \frac{q^{2n}}{2n},$$

daher wird

$$t(q) = \frac{1}{\varkappa}\sqrt{\frac{2n+1}{2}}\;\frac{1}{Q^{\frac{2n-1}{2}}}\int_0^{q/Q}\frac{d\,(q'/Q)}{\sqrt{1-(q'/Q)^{2n+1}}} \qquad\Big|\qquad t(q) = \frac{\sqrt{n}}{\varkappa}\,\frac{1}{Q^{n-1}}\int_0^{q/Q}\frac{d\,(q'/Q)}{\sqrt{1-(q'/Q)^{2n}}}. \tag{40.14}$$

Die Schwingzeit von $q = 0$ bis $q = Q$, also die Viertelperiode, ist

$$\frac{T}{4} = \frac{1}{\varkappa}\sqrt{\frac{2n+1}{2}}\;\frac{1}{Q^{\frac{2n-1}{2}}}\int_0^1\frac{d\xi}{\sqrt{1-\xi^{2n+1}}} \qquad\Big|\qquad \frac{T}{4} = \frac{\sqrt{n}}{\varkappa}\,\frac{1}{Q^{n-1}}\int_0^1\frac{d\xi}{\sqrt{1-\xi^{2n}}}. \tag{40.15}$$

Die Integrale sind jeweils von Q unabhängige reine Zahlen. Man sieht, daß mit Ausnahme des Falles $(2n-1) = 1$, der auf eine gerade Kennlinie führt, die Periode von der Schwingungsweite Q abhängt. In den Fällen $2n = 2$ und $(2n-1) = 3$ sind die Integrale elliptisch. Den Tafeln (JAHNKE-EMDE) entnimmt man wieder, daß für

$$2n = 2; \quad n = 1 \qquad\qquad\qquad\qquad 2n-1 = 3; \quad n = 2$$

$$\sqrt{\frac{3}{2}}\int_0^1\frac{d\xi}{\sqrt{1-\xi^3}} = \frac{\sqrt{3/2}}{\sqrt[4]{3}}\,F\left(75°, \arccos\frac{\sqrt{3}-1}{\sqrt{3}+1}\right) \qquad\Big|\qquad \sqrt{2}\int_0^1\frac{d\xi}{\sqrt{1-\xi^4}} = \mathsf{K}\left(\frac{1}{\sqrt{2}}\right) = 1{,}8541 \tag{40.16}$$

$$= \sqrt{3/2}\cdot 0{,}7598\cdot 1{,}8437 = 1{,}714$$

ist, so daß in diesen Fällen

$$\frac{T}{4} = \frac{1}{\varkappa}\,\frac{1,714}{\sqrt{Q}} \qquad\qquad\qquad \frac{T}{4} = \frac{1}{\varkappa}\,\frac{1,8541}{Q} \qquad (40.17)$$

wird. Man erkennt die Abhängigkeit von Q.

An dieser Stelle ist eine Bemerkung über die Dimensionen am Platz. Beim Anschreiben der Gl. (39.1b) hatten wir festgesetzt, daß Konstanten und Dimensionen so in $\varkappa^2$ zusammengezogen werden sollten, daß $f(q)$ dieselbe Dimension erhält wie q und somit $\varkappa^2$ die Dimension T^{-2}. Falls nun q in (40.13) eine Winkelkoordinate von der Dimension Eins ist, ist die Voraussetzung erfüllt; nicht aber, wenn q eine Längenkoordinate bedeutet. Um auch in diesem Fall $\varkappa^2$ die Dimension T^{-2} zuzuerkennen, muß man an Stelle von (40.13) genauer schreiben

$$\ddot{q} + (\operatorname{sgn} q)\,\varkappa^2\,\frac{q^{2n}}{\mathsf{E}^{2n-1}} = 0 \qquad\qquad\qquad \ddot{q} + \varkappa^2\,\frac{q^{2n-1}}{\mathsf{E}^{2n-2}} = 0, \qquad (40.13\,\mathrm{a})$$

wobei E die Strecke von Einheitslänge bedeutet (1 cm). Dementsprechend wird dann z. B. aus (40.15)

$$\frac{T}{4} = \frac{1}{\varkappa}\,\sqrt{\frac{2n+1}{2}}\left(\frac{\mathsf{E}}{Q}\right)^{\frac{2n-1}{2}}\int\limits_0^1 \frac{d\xi}{\sqrt{1-\xi^{2n+1}}} \qquad\qquad \frac{T}{4} = \frac{\sqrt{n}}{\varkappa}\left(\frac{\mathsf{E}}{Q}\right)^{n-1}\int\limits_0^1 \frac{d\xi}{\sqrt{1-\xi^{2n}}} \quad (40.15\,\mathrm{a})$$

und aus (40.17)

$$\frac{T}{4} = 1,714\,\frac{1}{\varkappa}\,\sqrt{\frac{\mathsf{E}}{Q}} \qquad\qquad\qquad \frac{T}{4} = 1,8541\,\frac{1}{\varkappa}\,\frac{\mathsf{E}}{Q}. \qquad (40.17\,\mathrm{a})$$

δ) **Sonderfall: Kennlinie** $\alpha f(q) = \alpha q + \beta q^3$. Mit dieser Kennlinie beschäftigen wir uns deshalb besonders, weil sie (wie erwähnt) als *zweite Näherung* für jede zum Ursprung punktsymmetrische Kennlinie dienen kann. Die Differentialgleichung lautet

$$\ddot{q} + \varkappa^2\left(q + \frac{\beta}{\alpha}\,q^3\right) = 0 \qquad (40.18)$$

mit $\varkappa^2 = \alpha/m$ und $f(q) = q + q^3\beta/\alpha$. (Der Massenfaktor ist hier ausnahmsweise mit m anstatt mit a bezeichnet, da in den Tafeln das Zeichen a eine ganz andere und festgelegte Bedeutung hat, von der wir nicht abgehen wollen.) Die Zeit t vom Nulldurchgang bis zu einem Ausschlag q, also die Funktion $t(q)$ ergibt sich zu

$$t(q) = \sqrt{\frac{2m}{\beta}}\int\limits_0^q \frac{dq''}{\sqrt{\left(Q^4 + \dfrac{2\alpha}{\beta}\,Q^2\right) - \left(q''^4 + \dfrac{2\alpha}{\beta}\,q''^2\right)}}. \qquad (40.19)$$

Das elliptische Integral kann auf die LEGENDRESche Normalform gebracht werden. Die Tafeln sagen aus, daß

$$\int\limits_0^x \frac{dt}{\sqrt{a^2 - t^2}\,\sqrt{b^2 + t^2}} = \frac{1}{c}\,F\left(\frac{a}{c},\varphi\right) \qquad (40.20\,\mathrm{a})$$

ist, wobei

$$\frac{\sin\varphi}{\sqrt{1 - \dfrac{a^2}{c^2}\sin^2\varphi}} = \frac{c\,x}{a\,b} \qquad \text{und} \qquad a^2 + b^2 = c^2 \qquad (40.20\,\mathrm{b})$$

ist. F bezeichnet wieder das elliptische Integral erster Gattung. a und b erhält man aus den Nullstellen des Radikanden von (40.19), danach werden c und φ aus (40.20b) bestimmt. Der Radikand $r(Q, q'')$ im Nenner von (40.19) ist

$$r(Q, q'') = (Q^2 - q''^2)\left(\frac{2\alpha}{\beta} + Q^2 + q''^2\right). \tag{40.21}$$

Daher wird

$$a^2 = Q^2 \quad \text{und} \quad b^2 = \frac{2\alpha}{\beta} + Q^2; \tag{40.22a}$$

ferner ist

$$c^2 \equiv a^2 + b^2 = 2\,(\alpha/\beta + Q^2), \tag{40.22b}$$

deshalb

$$k^2 \equiv \frac{a^2}{c^2} = \frac{Q^2}{2\left(\dfrac{\alpha}{\beta} + Q^2\right)} \tag{40.22c}$$

und schließlich

$$\sin^2\varphi = \frac{c^2 q^2}{a^2\,(b^2 + q^2)} = \frac{2\left(\dfrac{\alpha}{\beta} + Q^2\right) q^2}{Q^2\left(Q^2 + \dfrac{2\alpha}{\beta} + q^2\right)}. \tag{40.22d}$$

Führt man die dimensionslosen Abkürzungen $\zeta = \dfrac{q}{Q}$ und $\dfrac{\beta\,Q^2}{\alpha} = \vartheta$ ein, so kommt

$$c^2 = 2\,Q^2(1 + 1/\vartheta), \qquad k^2 = \frac{1}{2\,(1 + 1/\vartheta)}, \qquad \sin^2\varphi = \frac{2\,\zeta^2\,(1 + 1/\vartheta)}{1 + \zeta^2 + 2/\vartheta} \tag{40.22e}$$

und somit

$$t(q) = \frac{\sqrt{m/\alpha}}{\sqrt{1 + \vartheta}}\, F\left(\frac{1}{\sqrt{2\,(1 + 1/\vartheta)}}, \varphi\right). \tag{40.23}$$

Die Viertelperiode $t(Q) = T/4$ führt, weil mit $\zeta = 1$ das Argument $\sin\varphi = 1$, also $\varphi = \pi/2$ wird, zum *vollständigen* elliptischen Integral

$$\frac{T}{4} = \frac{\sqrt{m/\alpha}}{\sqrt{1 + \vartheta}}\, \mathsf{K}\left(\frac{1}{\sqrt{2\,(1 + 1/\vartheta)}}\right). \tag{40.24}$$

Der Faktor vor F und K in (40.23) und (40.24) kann auch in der Form $\dfrac{1}{Q}\,\dfrac{\sqrt{m/\beta}}{\sqrt{1 + 1/\vartheta}}$ geschrieben werden. Der Grenzübergang zu $\alpha \to 0$ liefert wegen $1/\vartheta \to 0$

$$t(q) = \frac{1}{Q}\sqrt{\frac{m}{\beta}}\, F\left(\frac{1}{\sqrt{2}}, \varphi\right)$$

mit

$$\sin^2\varphi = \frac{2\,\zeta^2}{1 + \zeta^2} \quad \text{und} \quad \zeta = \frac{q}{Q},$$

sowie

$$\frac{T}{4} = \frac{1}{Q}\sqrt{\frac{m}{\beta}}\, \mathsf{K}\left(\frac{1}{\sqrt{2}}\right) = \frac{1{,}8541}{Q}\sqrt{\frac{m}{\beta}}$$

wie in (40.17). Geht jedoch $\beta \to 0$, so folgen mit $\vartheta \to 0$

$$t(q) = \sqrt{\frac{m}{\alpha}}\, F\,(0, \zeta) \equiv \sqrt{\frac{m}{\alpha}}\, \text{arc}\sin\zeta \quad \text{und} \quad \frac{T}{4} = \sqrt{\frac{m}{\alpha}}\,\frac{\pi}{2},$$

d. s. die Ausdrücke für harmonische Schwingungen.

Für das später noch nach anderen Methoden behandelte Beispiel:

$$m = 0{,}03\ \text{kg cm}^{-1}\text{s}^2, \qquad \alpha = 3\ \text{kg cm}^{-1}, \qquad \beta = 2\ \text{kg cm}^{-3} \tag{40.25}$$

erhält man, wenn Q in cm gemessen wird,

$$\frac{T}{4} = \sqrt{\frac{3}{3 + 2\,Q^2}}\, \mathsf{K}\left(\frac{Q}{\sqrt{3 + 2\,Q^2}}\right) \cdot 10^{-1}\,\text{s}. \tag{40.26}$$

ε) **Zugeordnete Kreisfrequenz.** Wir führen hier noch einen Begriff ein, der uns später (bei der Untersuchung der erzwungenen Schwingungen von Systemen mit nicht gerader Kennlinie in Ziff. 64) nützlich sein wird, den der *zugeordneten Kreisfrequenz*. Wenn die Kennlinie gekrümmt ist, so ist die Schwingungsbewegung nicht harmonisch; es ist dann auch nicht möglich, von einer bestimmten Kreisfrequenz zu sprechen. Die Ausschlag-Zeit-Linien unterscheiden sich jedoch selbst dann, wenn die Kennlinie erheblich von einer Geraden abweicht, nicht viel von der Sinusform, so daß man sie oft durch Sinuslinien ersetzen darf.

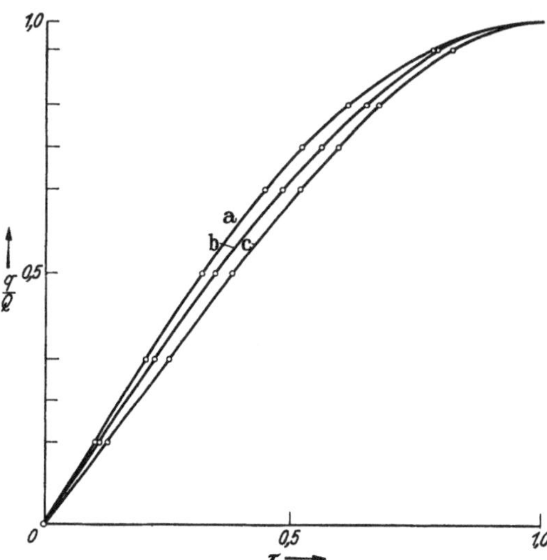

Abb. 40/2. Ausschlag-Zeit-Diagramme für Schwinger mit verschiedenen Kennlinien (in dimensionslosen Koordinaten).

Wir vergleichen beispielsweise mit einer Sinusbewegung erstens die Bewegung eines Pendels nach (40.8) mit einer Weite von $Q = 90°$, zweitens die Bewegung eines Schwingers nach (40.23) und den Werten des Beispiels (40.25) mit einem Ausschlag von $Q = 3$ cm, so daß $\vartheta = 6$ wird. Um einen Vergleich zu ermöglichen, tragen wir die Kurven in dimensionslosen Koordinaten auf, indem wir setzen $\tau = \dfrac{t}{T/4}$. So erhalten wir für die Sinusbewegung die Kurve (b) der Abb. 40/2 mit der Gleichung

$$\tau = \frac{\text{arc}\sin(q°/Q°)}{\pi/2} \qquad \text{mit} \qquad Q° = 90°, \tag{40.27 b}$$

für das Pendel die Kurve (a) mit der Gleichung

$$\tau = \frac{F(45°, \varphi°)}{\mathsf{K}(45°)} \qquad \text{mit} \qquad \sin\varphi° = \frac{\sin q°/2}{\sin 45°}, \tag{40.27 a}$$

für den zweiten Schwinger die Kurve (c) mit der Gleichung

$$\tau = \frac{F(\sqrt{3/7}, \varphi)}{\mathsf{K}(\sqrt{3/7})} \quad \text{mit} \quad \varphi = \text{arc}\sin\sqrt{\frac{7\zeta^2}{4+3\zeta^2}} \quad \text{und} \quad \zeta = \frac{q}{Q}. \tag{40.27 c}$$

Die Kreisfrequenz der ersetzenden Sinusbewegung nennen wir die *zugeordnete* Kreisfrequenz und bezeichnen sie mit $\hat{\omega}$. Sie ist definiert durch

$$\hat{\omega} = \frac{\pi/2}{T/4} = \frac{2\pi}{T}. \tag{40.28}$$

Für die Pendel gilt nach (40.9)

$$\hat{\omega} = \varkappa\,\frac{\pi/2}{\mathsf{K}(Q/2)} \qquad \text{mit} \qquad \varkappa = \sqrt{\frac{g}{l}}, \tag{40.29}$$

für Schwinger mit der in δ) behandelten Kennlinie nach (40.24)

$$\hat{\omega} = \varkappa\,\sqrt{1+\vartheta}\,\frac{\pi/2}{\mathsf{K}\left(\sqrt{\dfrac{\vartheta}{2(1+\vartheta)}}\right)} \qquad \text{mit} \qquad \varkappa = \sqrt{\frac{\alpha}{m}}. \tag{40.30}$$

$\varkappa$ bedeutet für die hier erwähnten Schwinger jeweils die Kreisfrequenz der zugehörigen kleinen, harmonischen Schwingungen. Für die parabolischen Kennlinien zweiten und dritten Grades nach γ) (mit horizontaler Tangente im Ursprung) folgt aus (40.17)

$$\frac{\hat{\omega}}{\varkappa} = \frac{\pi/2}{1{,}714}\sqrt{Q} \quad \text{und} \quad \frac{\hat{\omega}}{\varkappa} = \frac{\pi/2}{1{,}8541}\,Q \tag{40.31}$$

oder aus (40.17a)

$$\frac{\hat{\omega}}{\varkappa} = \frac{\pi/2}{1{,}714}\sqrt{\frac{Q}{\mathsf{E}}} \quad \text{und} \quad \frac{\hat{\omega}}{\varkappa} = \frac{\pi/2}{1{,}8541}\left(\frac{Q}{\mathsf{E}}\right). \tag{40.31a}$$

Die Kurve (a) der Abb. 40/3 zeigt entsprechend (40.29) die Abhängigkeit des Quotienten $(\hat{\omega}/\varkappa)^2$ von der Ausschlagweite $Q = \Phi$ bei Pendeln, Kurve (b)

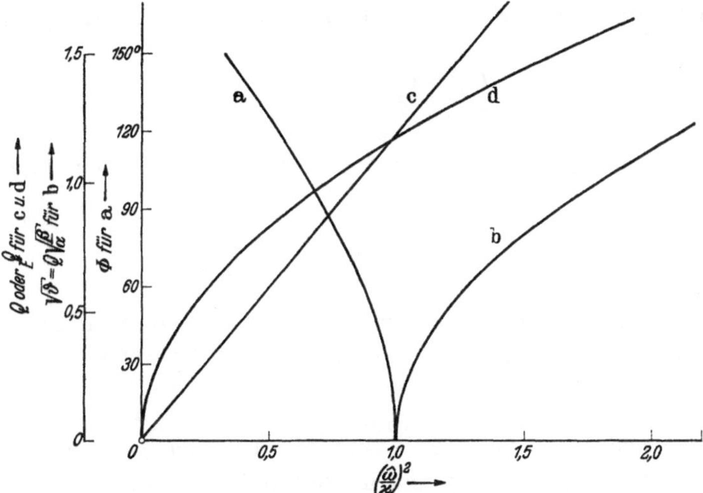

Abb. 40/3. Zusammenhang zwischen Schwingungsweite und zugeordneter Kreisfrequenz $\hat{\omega}$. a für Pendel, b für Schwinger mit Kennlinie (40.2), c für Schwinger mit Kennlinie $f(q) = q^2$, d für Schwinger mit Kennlinie $f(q) = q^3$.

entsprechend (40.30) die Abhängigkeit des Quotienten $(\hat{\omega}/\varkappa)^2$ von $\sqrt{\vartheta} = Q\sqrt{\beta/\alpha}$ bei Schwingern mit Kennlinien nach (40.2), Kurven (c) und (d) entsprechend (40.31) die Quotienten $(\hat{\omega}/\varkappa)^2$ der Schwinger mit den parabolischen Kennlinien zweiten und dritten Grades in Abhängigkeit von Q.

41. Die „nichtintegrierbaren" Fälle. *Näherungsverfahren* [1]. Führt das Integral (39.8) nicht mehr auf eine bekannte und benannte Funktion, so muß man seine Eigenschaften aus der Integralform (39.8) selbst ablesen. Dazu dienen die Methoden der *graphischen* oder der *numerischen* Integration. Beide Integrationsarten werden in der Regel auf Einzelfälle mit bestimmt vorgegebenen Zahlenwerten angewendet. Es haftet ihnen dann der schwerwiegende Nachteil an, daß der Einfluß irgendwelcher Veränderungen sowohl in den Richtkräften wie in den Anfangsbedingungen (z. B. den Ausschlagweiten) auf das Ergebnis schlecht zu überblicken ist; bei Vornahme solcher Abänderungen muß in der Regel die gesamte Integration wiederholt werden. Es gibt jedoch zwei Verfahren, die eine allgemeine Behandlung weiterhin zulassen. Das erste besteht in der Anwendung der (meist nur für Einzelfälle benutzten) numerischen Integrationsmethoden, z. B. der SIMPSONschen Regel, auf den allgemeinen

Ausdruck (39.8), das zweite darin, daß man die nicht gerade Kennlinie durch einen gebrochenen Streckenzug ersetzt. Beide Verfahren liefern also Näherungswerte.

α) **Integration nach der Simpsonschen Regel.** Die Simpsonsche Regel besagt [2], daß das Integral $I = \int_a^b \varphi(x)\,dx$ angenähert gleich ist der folgenden Summe (wenn wir das Intervall in vier gleiche Teile teilen, so daß $b-a = 4h$ wird):

$$I \approx \frac{h}{3}\left[\varphi(a) + 4\varphi(a+h) + 2\varphi(a+2h) + 4\varphi(a+3h) + \varphi(a+4h)\right]. \tag{41.1}$$

Solange in (39.8) $q < Q$ ist, kann dieser Ausdruck leicht gebildet werden. Wir schreiben ihn gar nicht ausführlich an. Erstreckt man das Integral jedoch bis zur Grenze $q = Q$, so wird der Integrand an dieser Stelle singulär und damit auch das letzte Glied der Summe (41.1); die Simpsonsche Regel versagt. In diesem Fall hilft aber eine leichte Umformung über die Schwierigkeit hinweg. Im Integral

$$\frac{T}{4} = \frac{1}{\varkappa\sqrt{2}} \int_0^Q \frac{dq''}{\sqrt{J(Q) - J(q'')}} \tag{41.2}$$

führen wir eine neue Integrationsveränderliche $z^2 = Q - q''$ ein. Dadurch geht (41.2) über in

$$\frac{T}{4} = \frac{\sqrt{2}}{\varkappa} \int_0^{\sqrt{Q}} \frac{z\,dz}{\sqrt{J(Q) - J(Q - z^2)}}. \tag{41.3}$$

Jetzt wird der Integrand an der unteren Grenze $z = 0$ zunächst unbestimmt. Durch den Grenzübergang (unter Benutzung des Mittelwertsatzes der Differentialrechnung)

$$\lim_{z \to 0} \frac{z}{\sqrt{J(Q) - J(Q - z^2)}} = \lim_{z \to 0} \frac{z}{\sqrt{z^2 J'(\zeta)}} = \lim_{z \to 0} \frac{1}{\sqrt{f(\zeta)}} = \frac{1}{\sqrt{f(Q)}} \tag{41.4}$$

mit $Q < \zeta < Q - z^2$ findet man seinen Wert dort zu $1/\sqrt{f(Q)}$.

Auf (41.3) können wir nun die Simpsonsche Regel anwenden und erhalten mit (41.4)

$$\frac{T}{4} = \frac{Q\sqrt{2}}{12\,\varkappa}\left\{\frac{1}{\sqrt{Q\,f(Q)}} + \frac{1}{\sqrt{J(Q) - J\left(\frac{15}{16}Q\right)}} + \frac{1}{\sqrt{J(Q) - J\left(\frac{3}{4}Q\right)}}\right.$$
$$\left. + \frac{3}{\sqrt{J(Q) - J\left(\frac{7}{16}Q\right)}} + \frac{1}{\sqrt{J(Q)}}\right\}. \tag{41.5}$$

Diese Gleichung gibt die Viertelperiode als Funktion der Ausschlagweite Q explizit — allerdings nur angenähert — an. Die Näherung durch die Simpsonsche Regel ist jedoch, wie man weiß, in der Regel vorzüglich (gegebenenfalls verwendet man andere numerische Methoden).

Wir wollen die Güte der Übereinstimmung an einem Beispiel nachprüfen und wählen dafür die in Ziff. 40 streng gelöste Differentialgleichung (40.18), so daß $\varkappa^2 = \alpha/m$ und $f(q) = q + \frac{\beta}{\alpha}q^3$ wird. Das Integral über $f(q)$ liefert $J(q) = \frac{q^2}{2} + \frac{\beta}{\alpha}\frac{q^4}{4}$, und die Gl. (41.5) wird, wenn $\vartheta = \frac{\beta Q^2}{\alpha}$ bedeutet, zu

$$\frac{T}{4} = \frac{1}{6\,\varkappa}\left\{\frac{1}{\sqrt{2(1+\vartheta)}} + \frac{1}{\sqrt{\frac{31}{256} + \frac{\vartheta}{2}\frac{14\,911}{65\,536}}} + \frac{1}{\sqrt{\frac{7}{16} + \frac{\vartheta}{2}\frac{175}{256}}} + \frac{3}{\sqrt{\frac{207}{256} + \frac{\vartheta}{2}\frac{63\,135}{65\,536}}} + \frac{1}{\sqrt{1 + \frac{\vartheta}{2}}}\right\}. \tag{41.6}$$

Setzt man hierin $\varkappa$ und ϑ entsprechend dem Zahlenbeispiel (40.25) ein, so erhält man mit dem Rechenschieber dieselben Werte wie nach der strengen Gl. (40.26). Die Kurve (o) der Abb. 42/6 zeigt die aus (40.26) oder (41.6) folgenden Werte; dort ist ξ an Stelle von Q geschrieben.

β) **Ersatz der Kennlinie durch einen Streckenzug.** Führt die gegebene Kennlinie $f(q)$ über (39.7) auf nichtintegrierbare Funktionen in (39.8), so liegt der Gedanke nahe, die Kennlinie durch Kurven zu ersetzen, die (39.8) integrierbar machen. Dabei wird man zunächst versuchen, zur Annäherung Geradenstücke zu verwenden, die Kennlinie also durch einen gebrochenen Streckenzug anzunähern. Gebraucht man dabei noch die Vorsicht, den Streckenzug entweder nur über oder nur unter die Kennlinie zu legen, so untersucht man Bewegungen, die entweder rascher oder langsamer verlaufen als die gesuchte; man kennt also die Richtung des Fehlers. Daneben gibt es noch Fälle, in denen die Kennlinie sich von vornherein aus Geradenstücken zusammensetzt (s. die Beispiele α, β, γ von Ziff. 42); das Vorgehen liefert dann keine angenäherten, sondern genaue Ergebnisse.

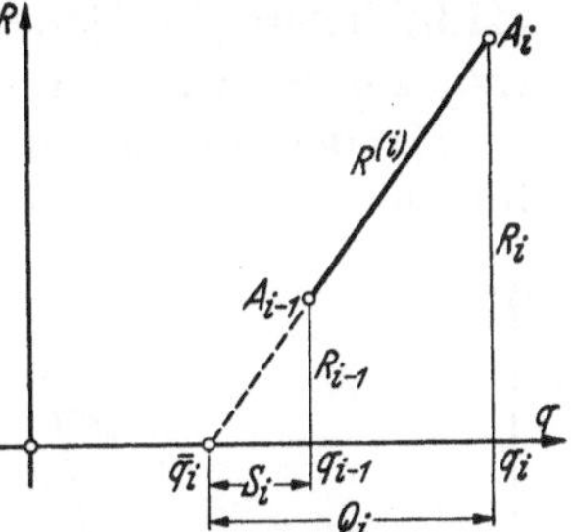

Abb. 41/1. Gerades Stück einer Kennlinie.

Um die Hilfsmittel für ein allgemeines Verfahren bereit zu stellen, bestimmen wir zunächst den Beitrag, den ein irgendwie gelegenes gerades Stück der Kennlinie zu Dauergleichung und Schwingzeit liefert. Vorgelegt sei also eine Strecke $\overline{A_{i-1}A_i}$ als Stück einer Kennlinie (Abb. 41/1). Sie verläuft zwischen den Abszissen q_{i-1} und q_i, ihre Randordinaten sind R_{i-1} und R_i, ihre Gleichung lautet $R^{(i)}(q) = c_i q + d_i$. Die Wurzel der Gleichung $R^{(i)}(q) = 0$ wird mit $\bar{q}_i$ bezeichnet; sie gibt den Durchgang der Geraden durch die Achse an. Ferner führen wir die Abkürzungen ein (Abb. 41/1):

$$Q_i = q_i - \bar{q}_i \quad \text{und} \quad S_i = q_{i-1} - \bar{q}_i \quad \text{sowie} \quad Y_i = -v_i/\omega_i, \qquad (41.7)$$

wobei $\omega_i = \sqrt{c_i/a}$ bedeutet und a der Massenfaktor des Schwingers ist; v_i ist die (negative) Geschwindigkeit, die der Schwinger hat, wenn er auf einem Rückgang bei $q = q_i$ in das zu untersuchende Intervall eintritt. Y_i ist eine Hilfsgröße von der Dimension einer Länge; sie ist positiv.

Mit Benutzung der eingeführten Abkürzungen erhält die Bewegungsgleichung in dem ins Auge gefaßten Intervall $q_i > q > q_{i-1}$ die Gestalt $a\ddot{q} + R^{(i)}(q) = 0$ oder

$$a\ddot{q} + c_i(q - \bar{q}_i) = 0. \qquad (41.8)$$

Ihr Integral lautet allgemein

$$q(t) = \bar{q}_i + A \cos \omega_i t + B \sin \omega_i t,$$

und die Ableitung (Geschwindigkeit) wird

$$\dot{q}(t) = -A \omega_i \sin \omega_i t + B \omega_i \cos \omega_i t.$$

Zählt man die Zeit vom Eintritt des Schwingers ins Intervall an, so hat man zur Bestimmung der Integrationskonstanten A und B die beiden Bedingungen, daß für $t = 0$

$$q = q_i \quad \text{und} \quad \dot{q} = v_i$$

sein muß. Das ergibt

$$A = Q_i \quad \text{und} \quad B = v_i/\omega_i = -Y_i,$$

daher wird die Dauergleichung der Bewegung

$$q = \bar{q}_i + Q_i \cos \omega_i t - Y_i \sin \omega_i t$$

oder

$$q = \bar{q}_i + Z_i \cos (\omega_i t + \varepsilon_i), \qquad (41.9)$$

wenn $Z_i = \sqrt{Q_i^2 + Y_i^2}$ und $\varepsilon_i = \operatorname{arc\ tg} (Y_i/Q_i)$ bedeutet.

Die Zeit t_i, die das System zum Durchlaufen des i-ten Intervalls braucht, folgt aus der Gleichung $q_{i-1} = q(t_i)$. Sie liefert $q_{i-1} = \bar{q}_i + Z_i \cos (\omega_i t_i + \varepsilon_i)$, also

$$\cos (\omega_i t_i + \varepsilon_i) = \frac{q_{i-1} - \bar{q}_i}{Z_i} = \frac{S_i}{Z_i}$$

und daher

$$t_i = \frac{1}{\omega_i} \left[\operatorname{arc\ cos} \frac{S_i}{Z_i} - \operatorname{arc\ tg} \frac{Y_i}{Q_i} \right]. \qquad (41.10)$$

(41.9) liefert die Dauergleichung der Bewegung im Intervall, (41.10) den Beitrag zur Schwingzeit.

Handelt es sich um einen Schwinger mit punktsymmetrischer Kennlinie, für den die Zeit von einem Umkehrpunkt zum Nulldurchgang ein Viertel der Schwingdauer bedeutet, und wird die Kennlinie durch einen Streckenzug von n Strecken angenähert (Abb. 41/2), so lautet der angenäherte Wert von $T/4$

$$\frac{T}{4} = \sum_{i=1}^{n} t_i = \sum_{i=1}^{n} \frac{1}{\omega_i} \left[\operatorname{arc\ cos} \frac{S_i}{Z_i} - \operatorname{arc\ tg} \frac{Y_i}{Q_i} \right]. \quad (41.11)$$

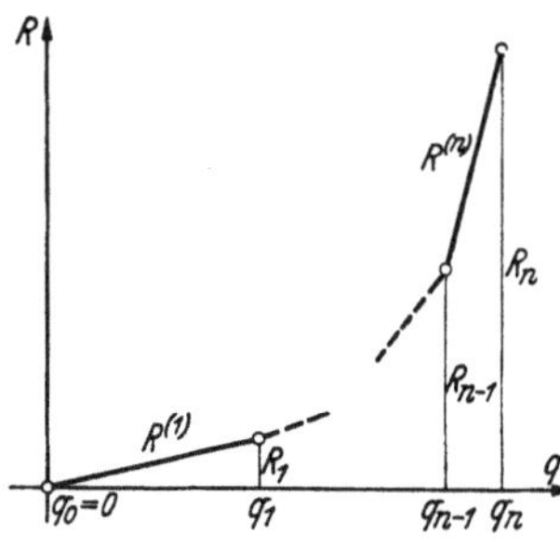

Abb. 41/2. Kennlinie ist ein Streckenzug.

Während die Größen S_i und Q_i bekannt sind, wenn die Gleichung der Geraden $R = R^{(i)}(q)$ gegeben ist:

$$S_i = \frac{R_{i-1}}{c_i} \qquad Q_i = \frac{R_i}{c_i},$$

hängt Y_i von v_i und damit von der „Vorgeschichte" der Bewegung ab. Wenn die Kennlinie aus einem Streckenzug besteht, so läßt sich Y_i aus den Konstanten des $(i+1)$-ten Abschnitts, oder Y_{i-1} aus denen des i-ten finden. Nach Definition ist nämlich $Y_{i-1} = -\dfrac{v_{i-1}}{\omega_{i-1}}$; die Geschwindigkeit v_{i-1} wird gegeben durch $v_{i-1} = v(t_i) = -Z_i \omega_i \sin (\omega_i t_i + \varepsilon_i)$. Nun fanden wir aber schon $\cos (\omega_i t_i + \varepsilon_i) = S_i/Z_i$, daher ist $\sin (\omega_i t_i + \varepsilon_i) = \sqrt{Z_i^2 - S_i^2}/Z_i$ und $v_{i-1} = -\omega_i \sqrt{Z_i^2 - S_i^2}$ oder

$$Y_{i-1} = + \frac{\omega_i}{\omega_{i-1}} \sqrt{Y_i^2 + Q_i^2 - S_i^2}. \qquad (41.12)$$

Wir haben damit eine *Rekursionsformel* gewonnen, die uns ausgehend von $Y_n = 0$ (wegen $v_n = 0$ im Umkehrpunkt) die Geschwindigkeiten in allen Intervallteilpunkten liefert.

Die arc cos-Funktionen und arc tg-Funktionen in (41.11) lassen sich — falls nötig — noch zusammenfassen: wegen $\operatorname{arc\ tg} u = \operatorname{arc\ cos} (1/\sqrt{1+u^2})$ ist $\operatorname{arc\ tg} Y_i/Q_i = \operatorname{arc\ cos} Q_i/Z_i$ und wegen $\operatorname{arc\ cos} u - \operatorname{arc\ cos} v = \operatorname{arc\ sin}(v \sqrt{1-u^2} - u \sqrt{1-v^2})$ gilt

$$\operatorname{arc\ cos} \frac{S_i}{Z_i} - \operatorname{arc\ tg} \frac{Y_i}{Q_i} = \operatorname{arc\ cos} \frac{S_i}{Z_i} - \operatorname{arc\ cos} \frac{Q_i}{Z_i} = \operatorname{arc\ sin} \frac{Q_i \sqrt{Z_i^2 - S_i^2} - S_i Y_i}{Z_i^2}.$$

Den letzten Ausdruck könnte man wegen (41.12) noch umformen zu

$$\text{arc sin} \frac{Q_i\, Y_{i-1}\, \dfrac{\omega_{i-1}}{\omega_i} - S_i\, Y_i}{Z_i^2}\,.$$

Alle oder einzelne Anteile t_i aus (41.11) kann man daher statt in der Form (41.10) in der folgenden Form anschreiben

$$t_i = \frac{1}{\omega_i}\,\text{arc sin}\,\frac{Q_i\,\sqrt{Z_i^2 - S_i^2} - S_i\, Y_i}{Z_i^2}\,; \tag{41.13}$$

dabei wird man sich die Schreibarten nach Zweckmäßigkeit aussuchen. Wir suchen die einfachsten Ausdrücke für einzelne Teilbereiche.

Im *letzten* Bereich $i = n$ gilt wegen $v_n = 0$ auch $Y_n = 0$. Hier empfiehlt sich als einfachste die Form (41.10)

$$t_n = \frac{1}{\omega_n}\,\text{arc cos}\,\frac{S_n}{Q_n}\,. \tag{41.14}$$

Im *ersten* Bereich $i = 1$ läßt sich eine Vereinfachung anbringen, wenn die Gerade die Gleichung $R^{(1)} = c_1 q$ hat, also durch den Nullpunkt geht. Dann ist nämlich $S_1 = 0$, und damit wird

$$t_1 = \frac{1}{\omega_1}\left[\frac{\pi}{2} - \text{arc tg}\,\frac{Y_1}{Q_1}\right]$$

oder

$$t_1 = \frac{1}{\omega_1}\,\text{arc sin}\,\frac{Q_1}{Z_1}$$

oder noch einfacher

$$t_1 = \frac{1}{\omega_1}\,\text{arc tg}\,\frac{Q_1}{Y_1}\,. \tag{41.15}$$

In der letzten Fassung spart man gegenüber der ersten das Subtrahieren von $\pi/2$, gegenüber der zweiten das Wurzelziehen $\sqrt{Q_1^2 + Y_1^2}$.

42. Beispiele für aus Geradenstücken zusammengesetzte Kennlinien. α) Ein erstes und einfachstes Beispiel für einen Schwinger, der als freie Bewegungen keine streng harmonischen Schwingungen mehr ausführt, bietet jedes System, bei dem die Rückstellkräfte bei einer Auslenkung nicht sogleich wirksam werden, in welchem also ein *Spiel s* vorhanden ist. Ein Schema einer solchen Anordnung zeigt Abb. 42/1a. Die Kennlinie verläuft dann nach Abb. 42/1b. Die Masse des Schwingers sei m. An Stelle der allgemeinen Koordinate q schreiben wir für den Weg hier x, und dementsprechend auch X_i statt Q_i.

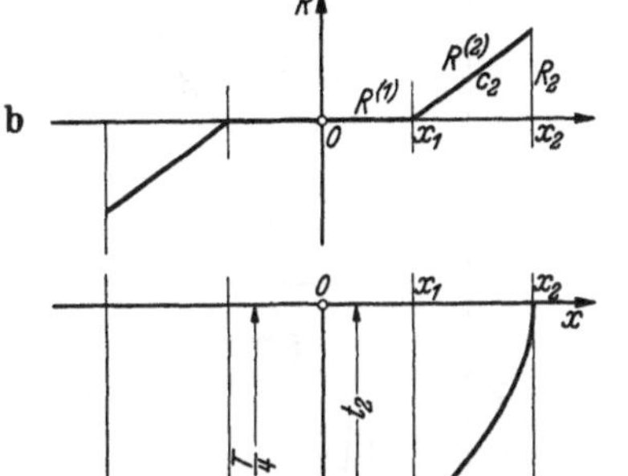

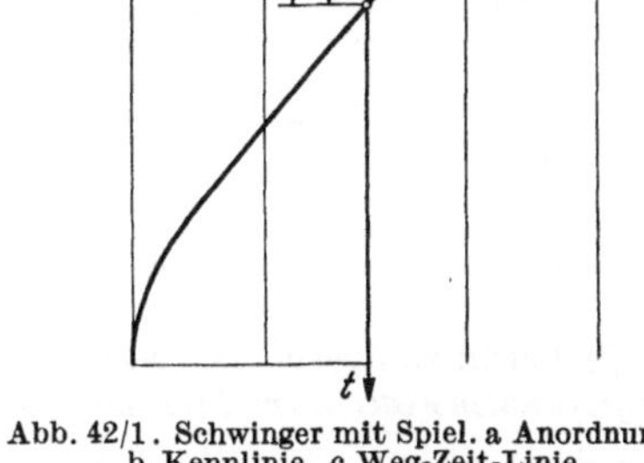

Abb. 42/1. Schwinger mit Spiel. a Anordnung, b Kennlinie, c Weg-Zeit-Linie.

Wir unterscheiden zwei Gebiete: (1) zwischen $0 \leqq x \leqq x_1$ und (2) zwischen $x_1 \leqq x \leqq x_2$. Die Gleichung der Kennlinie im Gebiet (2) lautet $R^{(2)}(x) = c_2(x - x_1)$, daher ist $S_2 = 0$ und $X_2 = x_2 - x_1$; ferner ist $Y_2 = 0$. Als Weg-Zeit-Kurve ergibt sich nach (41.9)

$$x = x_1 + (x_2 - x_1)\cos\omega_2 t$$

und als Durchlaufzeit nach (41.14) $t_2 = \dfrac{1}{\omega_2}\,\text{arc cos}\,0 = \sqrt{\dfrac{m}{c_2}}\,\dfrac{\pi}{2}$. Im Gebiet (1) bewegt sich der Schwinger mit der konstanten Geschwindigkeit $v_1 = -\omega_2(x_2 - x_1)$; die Weg-Zeit-Kurve ist eine Gerade, die Durchlaufzeit wird $t_1 = \dfrac{x_1}{|v_1|} = \dfrac{x_1}{\omega_2(x_2 - x_1)}$. Daher haben wir als Viertelschwingdauer

$$\frac{T}{4} = t_1 + t_2 = \sqrt{\frac{m}{c_2}}\left[\frac{\pi}{2} + \frac{x_1}{x_2 - x_1}\right].$$

Kürzt man das Verhältnis von halbem Spiel zu Größtausschlag mit $\varrho = x_1/x_2$ ab $[\varrho < 1]$, so wird

$$\frac{T}{4} = \sqrt{\frac{m}{c_2}} \left[\frac{\pi}{2} + \frac{\varrho}{1-\varrho} \right]. \tag{42.1}$$

Die Schwingzeit ist nicht mehr unabhängig vom Ausschlag, sie hängt jedoch nur vom Verhältnis x_1/x_2, nicht von diesen Größen einzeln ab. Verdoppelt man z. B. sowohl den Größtausschlag wie das Spiel, so bleibt die Schwingdauer ungeändert. Die Abhängigkeit der Schwingdauer von ϱ zeigt Abb. 42/2a, die vom Größtausschlag bei konstantem Spiel ist in Abb. 42/2b dargestellt. Die Weg-Zeit-Kurve setzt sich aus Sinusbogen und Geradenstücken zusammen (Abb. 42/1c).

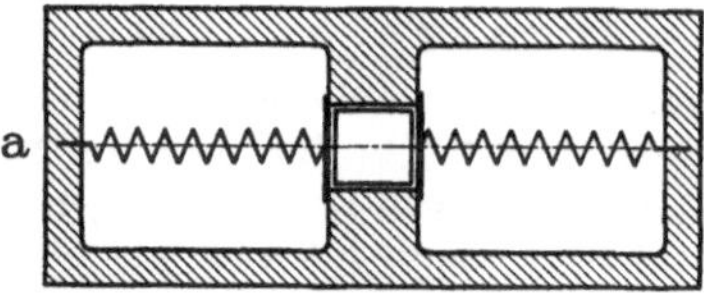

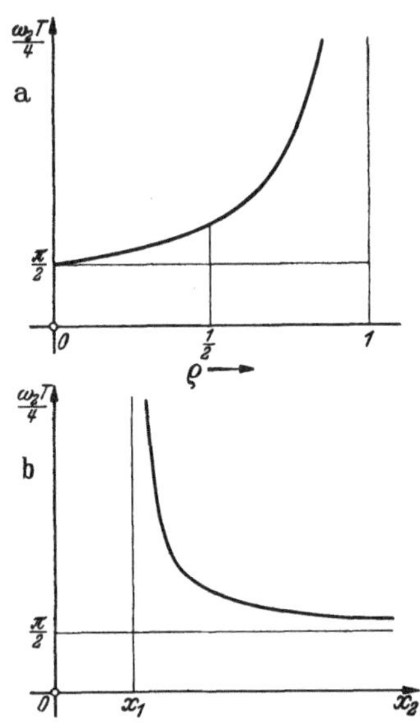

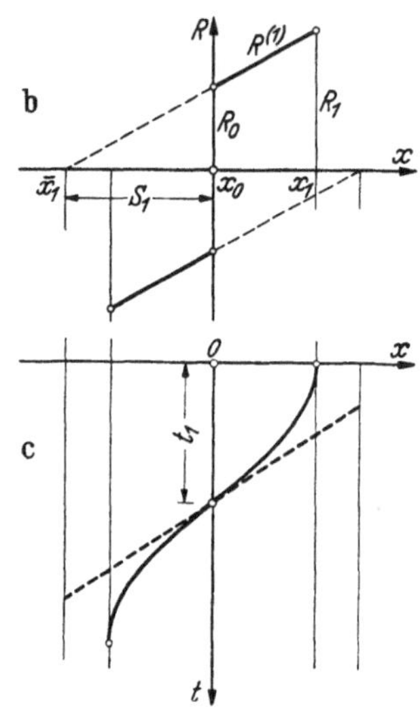

Abb. 42/2. Schwinger mit Spiel. a Abhängigkeit der Schwingdauer von $\varrho = x_1/x_2$, b Abhängigkeit der Schwingdauer vom Ausschlag x_2.

Abb. 42/3. Schwinger mit vorgespannten Federn. a Anordnung, b Kennlinie, c Weg-Zeit-Linie.

β) Leicht zu überblicken ist nun die Lösung für das nächste Beispiel, den Schwinger mit *vorgespannten Federn*. Die Anordnung zeigt Abb. 42/3a, die Kennlinie ist durch Abb. 42/3b dargestellt. Ihre Gleichung lautet in dem einzigen vorhandenen Gebiet $R^{(1)}(x) = \dfrac{R_1 - R_0}{x_1} x + R_0$.

Ferner ist $Y_1 = 0$, $S_1 = \dfrac{R_0}{c_1}$, $Z_1 = X_1 = \dfrac{R_1}{c_1}$, $\omega_1 = \sqrt{\dfrac{R_1 - R_0}{m\,x_1}}$. Die Weg-Zeit-Linie hat demnach die Gleichung

$$x = \bar{x}_1 + \frac{R_1}{c_1} \cos \omega_1 t;$$

sie setzt sich zusammen aus Kosinusbogen, die auf die durch $\pm \bar{x}_1$ gehenden Achsen bezogen sind (Abb. 42/3c). Die Viertelperiode ist

$$\frac{T}{4} = t_1 = \sqrt{\frac{m\,x_1}{R_1 - R_0}} \, \text{arc cos} \, \frac{R_0}{R_1}. \tag{42.2}$$

γ) Auch Anordnungen mit mehrfach gebrochenen Kennlinien können wirklich hergestellt werden; Abb. 42/4a zeigt eine solche. Nach einem Ausschlag x_1 trifft die Masse auf eine zweite Feder, so daß von dort ab die Federzahl erhöht wird. Die Kennlinie ist in Abb. 42/4b wiedergegeben.

Die Weg-Zeit-Linie setzt sich für eine Viertelschwingung aus zwei Kosinusbogen zusammen, deren erster die Gerade durch $\bar{x}_2$, deren zweiter die Gerade durch O zur Achse hat (Abb. 42/4c). Die Beiträge t_1 und t_2 zur Viertelperiode errechnen sich aus $\omega_2 t_2 = \mathrm{arc\ cos}\ S_2/X_2$ und $\omega_1 t_1 = \mathrm{arc\ tg}\ \dfrac{X_1}{Y_1}$. Dabei ist $Y_1 = \dfrac{\omega_2}{\omega_1}\sqrt{X_2^2 - S_2^2}$ mit $\omega_2 = \sqrt{\dfrac{R_2 - R_1}{m\,(x_2 - x_1)}}$ und $\omega_1 = \sqrt{\dfrac{R_1}{m\,x_1}}$; die übrigen Größen sind in die Abbildung eingezeichnet.

δ) Als viertes Beispiel führen wir eine *Näherungsrechnung* durch, indem wir eine gekrümmte Kennlinie durch Geradenzüge ersetzen. Wir wählen dafür die Parabel 3. Ordnung von Ziff. 40δ mit der Gleichung $R = \alpha\,x + \beta\,x^3$.

Der größte Ausschlag sei $x = \xi$. Die Annäherung nehmen wir auf *vier* Arten vor (Abb. 42/5), indem wir die Parabel ersetzen durch

I. die Sekante von 0 bis $R(\xi)$,

II. zwei Sekanten, von 0 bis $R(\xi/2)$ und von $R(\xi/2)$ bis $R(\xi)$,

III. drei Tangenten, je eine in den Punkten $x = 0$, $x = \xi/2$ und $x = \xi$,

IV. zwei Tangenten in den Punkten $x = 0$ und $x = \xi$.

Wir beschränken uns auf die Ermittlung der Schwingzeit. Wenn $\beta > 0$, die Parabel

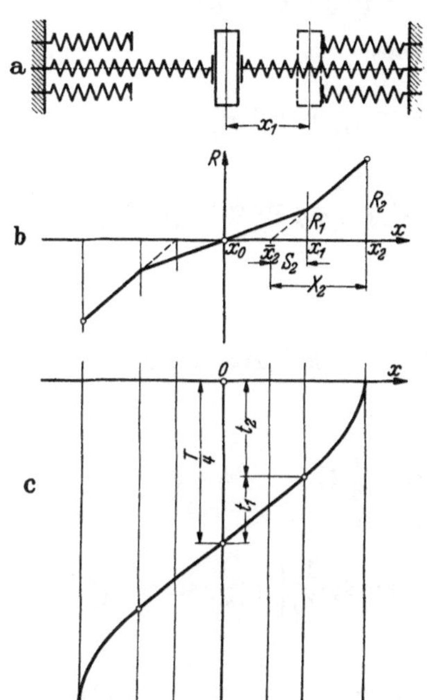

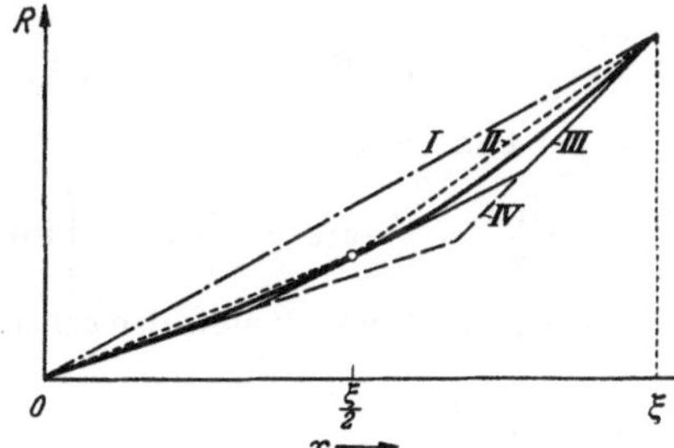

Abb. 42/4. Schwinger mit mehrfach gebrochener Kennlinie. a Anordnung, b Kennlinie, c Weg-Zeit-Linie.

Abb. 42/5. Ersatz einer parabolischen Kennlinie durch Streckenzüge.

also nach oben hohl ist, so liefern die Näherungen Werte

$$T_I < T_{II} < T < T_{III} < T_{IV};\qquad\qquad (42.3)$$

für $\beta < 0$ ändern sich die Zeichen $<$ in $>$. Der wahre Wert T liegt zwischen T_{II} und T_{III}. Die Näherungen I und IV sind zwar grober, aber rascher zu finden, so daß sie manchmal von Nutzen sein können.

I. Näherung durch *eine* Sehne; $n = 1$. Ihre Gleichung lautet

$$R^{(1)}(x) = (\alpha + \beta\,\xi^2)\,x,$$

daher ist

$$\omega_1 = \sqrt{\dfrac{\alpha + \beta\,\xi^2}{m}}\qquad \text{und}\qquad X_1 = \xi,\ S_1 = 0,$$

somit nach (41.14), wenn außerdem $\vartheta = \beta\,\xi^2/\alpha$ bedeutet,

$$\dfrac{T_I}{4} = t_1 = \sqrt{\dfrac{m}{\alpha}}\ \sqrt{\dfrac{1}{1 + \vartheta}}\ \dfrac{\pi}{2}.\qquad\qquad (42.4\,\mathrm{a})$$

II. Näherung durch *zwei* Sehnen. Es sind jetzt zwei Gebiete vorhanden, $n = 2$; die Gleichungen der Geraden lauten

$$R^{(1)}(x) = \dfrac{4\,\alpha + \beta\,\xi^2}{4}\,x \qquad \text{und} \qquad R^{(2)}(x) = \dfrac{4\,\alpha + 7\,\beta\,\xi^2}{4}\,x - \dfrac{3\,\beta\,\xi^3}{4},$$

daher wird

$$\omega_1 = \sqrt{\frac{4\,\alpha + \beta\,\xi^2}{4\,m}} \qquad \text{und} \qquad \omega_2 = \sqrt{\frac{4\,\alpha + 7\,\beta\,\xi^2}{4\,m}},$$

ferner

$$X_2 = \frac{4\,\xi\,(\alpha + \beta\,\xi^2)}{4\,\alpha + 7\,\beta\,\xi^2}, \qquad S_2 = \frac{4\,\alpha + \beta\,\xi^2}{2\,(4\,\alpha + 7\,\beta\,\xi^2)}\,\xi, \qquad Y_2 = 0$$

und

$$X_1 = \frac{\xi}{2}, \qquad S_1 = 0, \qquad Y_1 = \xi\,\sqrt{\frac{3}{4}\cdot\frac{4\,\alpha + 3\,\beta\,\xi^2}{4\,\alpha + \beta\,\xi^2}}\,.$$

Die Viertelperiode folgt nach (41.14) und (41.15) aus

$$\frac{T_{II}}{4} = t_1 + t_2 = \frac{1}{\omega_1}\,\text{arc tg}\,\frac{X_1}{Y_1} + \frac{1}{\omega_2}\,\text{arc cos}\,\frac{S_2}{X_2}$$

zu

$$\frac{T_{II}}{4} = \sqrt{\frac{m}{\alpha}}\left\{\sqrt{\frac{4}{4+\vartheta}}\,\text{arc tg}\,\sqrt{\frac{1}{3}\,\frac{4+\vartheta}{4+3\,\vartheta}} + \sqrt{\frac{4}{4+7\,\vartheta}}\,\text{arc cos}\,\frac{4+\vartheta}{8\,(1+\vartheta)}\right\}. \quad (42.4\,\text{b})$$

III. Näherung durch drei Tangenten; $n = 3$.

Die Gleichungen der drei Geraden lauten:

$$R^{(1)}(x) = \alpha\,x, \qquad R^{(2)}(x) = \frac{4\,\alpha + 3\,\beta\,\xi^2}{4}\,x - \frac{\beta\,\xi^3}{4}, \qquad R^{(3)}(x) = (\alpha + 3\,\beta\,\xi^2)\,x - 2\,\beta\,\xi^3.$$

Die Intervallendpunkte liegen bei

$$x_0 = 0, \qquad x_1 = \frac{1}{3}\,\xi, \qquad x_2 = \frac{7}{9}\,\xi, \qquad x_3 = \xi.$$

Die in der Summengleichung

$$\frac{T_{III}}{4} = \frac{1}{\omega_1}\,\text{arc tg}\,\frac{X_1}{Y_1} + \frac{1}{\omega_2}\left[\text{arc cos}\,\frac{S_2}{Z_2} - \text{arc tg}\,\frac{Y_2}{X_2}\right] + \frac{1}{\omega_3}\,\text{arc cos}\,\frac{S_3}{X_3}$$

auftretenden Ausdrücke lauten demgemäß

$$\omega_1 = \sqrt{\frac{\alpha}{m}} \qquad\qquad \omega_2 = \sqrt{\frac{4\,\alpha + 3\,\beta\,\xi^2}{4\,m}} \qquad\qquad \omega_3 = \sqrt{\frac{\alpha + 3\,\beta\,\xi^2}{m}}$$

$$X_1 = \frac{1}{3}\,\xi \qquad\qquad X_2 = \frac{4}{9}\,\frac{7\,\alpha + 3\,\beta\,\xi^2}{4\,\alpha + 3\,\beta\,\xi^2}\,\xi \qquad\qquad X_3 = \frac{\alpha + \beta\,\xi^2}{\alpha + 3\,\beta\,\xi^2}\,\xi$$

$$S_2 = \frac{4\,\alpha}{3\,(4\,\alpha + 3\,\beta\,\xi^2)}\,\xi \qquad\qquad S_3 = \frac{7\,\alpha + 3\,\beta\,\xi^2}{9\,(\alpha + 3\,\beta\,\xi^2)}\,\xi$$

$$Y_1 = \frac{2}{3}\,\xi\,\sqrt{\frac{2\,\alpha + \beta\,\xi^2}{\alpha}} \qquad\qquad Y_2 = \frac{4\,\sqrt{2}}{9}\,\xi$$

$$Z_2 = \frac{4}{3}\,\xi\,\frac{\sqrt{9\,\alpha^2 + 10\,\alpha\,\beta\,\xi^2 + 3\,\beta^2\,\xi^4}}{(4\,\alpha + 3\,\beta\,\xi^2)},$$

so daß wir — wieder unter Benutzung von ϑ — erhalten

$$\frac{T_{III}}{4} = \sqrt{\frac{m}{\alpha}}\left\{\text{arc tg}\,\frac{1}{2}\,\frac{1}{\sqrt{2+\vartheta}} + \sqrt{\frac{4}{4+3\,\vartheta}}\left[\text{arc cos}\,\frac{1}{\sqrt{9 + 10\,\vartheta + 3\,\vartheta^2}}\right.\right.$$

$$\left.\left. - \text{arc tg}\,\sqrt{2}\,\frac{4+3\,\vartheta}{7+3\,\vartheta}\right] + \frac{1}{\sqrt{1+3\,\vartheta}}\,\text{arc cos}\,\frac{7+3\,\vartheta}{9\,(1+\vartheta)}\right\}. \quad (42.4\,\text{c})$$

IV. Näherung durch zwei Tangenten; $n = 2$.

Die Gleichungen der Geraden lauten

$$R^{(1)}(x) = \alpha\,x \qquad\qquad R^{(2)}(x) = (\alpha + 3\,\beta\,\xi^2)\,x - 2\,\beta\,\xi^3.$$

Der Intervallteilpunkt liegt bei $x_1 = 2/3\,\xi$. Die im Ausdruck für die Viertelperiode

$$\frac{T_{IV}}{4} = \frac{1}{\omega_1}\,\text{arc tg}\,\frac{X_1}{Y_1} + \left.\begin{array}{l} \\ + \dfrac{1}{\omega_2}\,\text{arc cos}\,\dfrac{S_2}{X_2} \end{array}\right\}$$

benötigten Größen lauten:

$$\omega_1 = \sqrt{\frac{\alpha}{m}}\,,$$

$$\omega_2 = \sqrt{\frac{\alpha + 3\beta\,\xi^2}{m}}\,;$$

$$X_1 = \frac{2}{3}\,\xi\,,$$

$$X_2 = \frac{\alpha + \beta\,\xi^2}{\alpha + 3\beta\,\xi^2}\,\xi\,;$$

$$Y_1 = \frac{\xi}{3}\,\sqrt{\frac{5\,\alpha + 3\beta\,\xi^2}{\alpha}}\,,$$

$$S_2 = \frac{2\,\alpha}{3\,(\alpha + 3\beta\,\xi^2)}\,\xi\,;$$

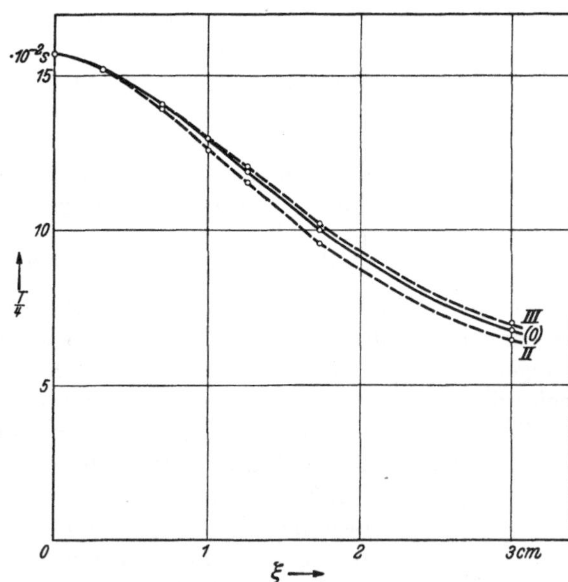

Abb. 42/6. Abhängigkeit der Schwingdauer eines Schwingers mit parabolischer Kennlinie von der Schwingungsweite.

daher wird

$$\frac{T_{IV}}{4} = \sqrt{\frac{m}{\alpha}}\left\{\text{arc tg}\,2\,\sqrt{\frac{1}{5 + 3\,\vartheta}} + \sqrt{\frac{1}{1 + 3\,\vartheta}}\,\text{arc cos}\,\frac{2}{3\,(1 + \vartheta)}\right\}. \qquad (42.4\,\text{d})$$

Die Gln. (42.4) und unter ihnen im besonderen die genaueren (42.4 b) und (42.4 c) erlauben nun, die Abhängigkeit der Schwingzeit T von verschiedenen Parametern — etwa der Schwingungsweite — im einzelnen zu verfolgen.

ε) Zum vorigen allgemeinen Beispiel geben wir noch *Zahlenwerte*. Für den Schwinger (40.25) erhält man für fünf verschiedene Schwingungsweiten ξ (in cm) nach der Näherung II und III die Viertelperioden (in 10^{-2} s)

ξ	0	$\sqrt{1/2}$	1	$\sqrt{3/2}$	$\sqrt{3}$	3
$T_{II}/4$	$10\,\dfrac{\pi}{2} = 15{,}7$	13,91	12,53	11,53	9,55	6,46
$T_{III}/4$	$10\,\dfrac{\pi}{2} = 15{,}7$	14,04	12,96	12,08	10,21	6,99

Aus diesen Werten sind die beiden Kurven II und III der Abb. 42/6 hergestellt. Die Kurve (0) der wahren Werte [aus der Gl. (40.26)] liegt zwischen ihnen.

D. Erzwungene Schwingungen des einfachen Schwingers mit gerader Kennlinie.

43. Die Differentialgleichung der Bewegung; Arten der Erregung. Bei der Aufstellung der Bewegungsgleichung eines einfachen Schwingers in Ziff. 11 hatten wir als Kräfte, die am Schwinger angreifen, neben den Trägheitskräften zunächst sowohl von Lage und Geschwindigkeit abhängige innere Kräfte wie auch als Funktion der Zeit gegebene äußere Kräfte zugelassen [Gl. (11.2)], dann aber von den äußeren Kräften wieder abgesehen. Die im Wechselspiel zwischen Trägheitskräften und inneren Kräften des Systems allein verlaufenden Bewegungen heißen *freie* Bewegungen; sie wurden in den Abschnitten A bis C behandelt. Eine *erzwungene* Bewegung entsteht, wenn von außen einwirkende, in bekannter Weise mit der Zeit sich ändernde Kräfte (die *erzwingenden, erregenden oder Zwangs*-Kräfte) ebenfalls vorhanden sind. Bezeichnen wir die Erregerkraft mit $p(t)$ und setzen fürs erste einen Schwinger mit linearer Feder- und Dämpfungscharakteristik voraus, so lautet die Bewegungsgleichung nach (11.2)

$$\ddot{q} = \frac{1}{a}\,[p - b\,\dot{q} - c\,q] \quad \text{oder} \quad a\,\ddot{q} + b\,\dot{q} + c\,q = p(t). \tag{43.1}$$

Während die *freien* Schwingungen durch *homogene* Differentialgleichungen beschrieben wurden, sind die Differentialgleichungen der *erzwungenen* Schwingungen *inhomogen*: Es tritt eine gegebene Funktion der Zeit (auf der rechten Seite der Gleichung) auf; sie heißt *Erregerfunktion* oder auch *Störungsfunktion*.

Da wir uns nur mit *Schwingungs*bewegungen befassen wollen, so nehmen wir an, daß die Erregerkräfte periodisch seien. Nach dem allgemeinen Satz von Ziff. 3 kann jede periodische Funktion in harmonische Bestandteile zerlegt werden. Es genügt daher (soweit die Bewegungen durch lineare Differentialgleichungen beschrieben werden) die Untersuchung harmonischer Erregerkräfte:

$$p(t) = P \sin(\Omega\, t + \alpha). \tag{43.2}$$

P ist die Amplitude, Ω die Kreisfrequenz der Erregerkraft. Zur Unterscheidung von der Eigenkreisfrequenz ω des Schwingers bezeichnen wir sie mit dem anderen Buchstaben. Die zu lösende Differentialgleichung lautet nun

$$a\,\ddot{q} + b\,\dot{q} + c\,q = P \sin(\Omega\, t + \alpha). \tag{43.3}$$

Sie ist linear; wir dürfen die Wirkungen der einzelnen Harmonischen der Erregerkraft getrennt untersuchen.

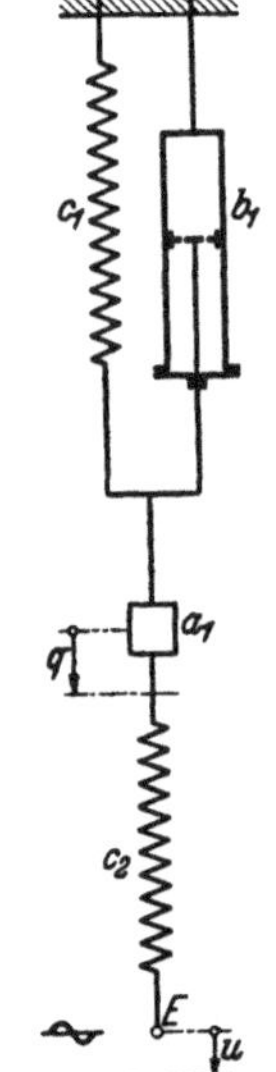

Abb.43/1. Schwinger mit Federkrafterregung (über zweite Feder).

Die Erregerkräfte können entweder unmittelbar am Schwingkörper selbst angreifen (Beispiele dafür bieten Feldkräfte — etwa magnetischer oder elektrischer Art — oder die von Gaskräften herrührenden Drehkräfte an den Kurbelzapfen der Kolbenmaschinen) oder sie können von der Zwangsbewegung irgendeines Systemteils herrühren. Dabei müssen wir drei verschiedene Arten von Umwandlungen der *Zwangs*- oder *Antriebsbewegungen* in Erregerkräfte unterscheiden. Wir machen sie uns an den drei schematischen Abb. 43/1—43/3 klar.

Abb. 43/1 stellt einen Schwinger von der Art der Abb. 33/2b dar, an den eine zweite Feder c_2 angeschlossen ist, deren Endpunkt E zwangläufig so geführt wird, daß er eine harmonische *Antriebsbewegung*

$$u(t) = U \sin \Omega\, t \tag{43.4}$$

macht (angedeutet durch das Zeichen $\curvearrowright$). Die auf den Schwingkörper a_1 durch die Feder c_2 übertragene Kraft ist $c_2(u - q)$. Zusammen mit den übrigen Kräften erhalten wir die Bewegungsgleichung

$$a_1\,\ddot{q} + b_1\,\dot{q} + c_1\,q = c_2(u - q)$$

oder

$$a_1\,\ddot{q} + b_1\,\dot{q} + (c_1 + c_2)\,q = c_2\,u, \tag{43.5a}$$

so daß hier die Erregerkraft

$$p(t) = c_2\, u(t) = c_2\, U \sin \Omega t \qquad (43.5\,\mathrm{b})$$

lautet. Ihre Amplitude hat den frequenzunabhängigen Betrag $c_2\, U$.

Der Schwinger der Abb. 43/2 entsteht aus Abb. 33/2 b durch Hinzufügen eines zweiten Dämpfers b_2. Wird nun in dieser Anordnung der Punkt E wieder harmonisch nach (43.4) bewegt, so ist die auf den Schwingkörper a_1 übertragene Kraft $b_2(\dot{u} - \dot{q})$. Daher lautet die Differentialgleichung der Bewegung dieses Schwingers

$$a_1\ddot{q} + (b_1 + b_2)\,\dot{q} + c_1\, q = b_2\,\dot{u}, \qquad (43.6\,\mathrm{a})$$

und die Erregerkraft wird

$$p(t) = b_2\,\dot{u}(t) = b_2\, U \Omega \cos \Omega t. \qquad (43.6\,\mathrm{b})$$

Ihre Amplitude ändert sich linear mit der Erregerfrequenz.

Im Schwinger der Abb. 43/3 laufen zwei exzentrisch zu den Achsen sitzende Massen $a_2/2$ gegenläufig auf Kreisen vom Halbmesser U um. Der relative Schwingungsausschlag der umlaufenden Massen $a_2/2$ gegenüber der Masse a_1 ist $u = U \sin \Omega t$. Beim Umlauf erzeugen die Massen Fliehkräfte, die sich zu der auf a_1 wirkenden harmonischen Erregerkraft

$$p(t) = a_2\, U \Omega^2 \sin \Omega t \qquad (43.7\,\mathrm{a})$$

zusammensetzen. Die Amplitude dieser Erregerkraft ändert sich mit dem Quadrat der Kreisfrequenz. Die Bewegungsgleichung des Schwingers 43/3 lautet

$$\left.\begin{array}{l}(a_1 + a_2)\,\ddot{q} + b_1\dot{q} + c_1\, q = \\[4pt] \qquad a_2\, U \Omega^2 \sin \Omega t.\end{array}\right\} \quad (43.7\,\mathrm{b})$$

Sonderfälle der Anordnungen Abb. 43/1 und 43/2 zeigen die Abb. 43/4 und 43/5. Hier erfolgen die Erregungen nicht über eine zweite Feder c_2 oder einen zweiten Dämpfer b_2, sondern über die ursprüngliche Feder c_1 oder den ursprünglichen Dämpfer b_1. Es wird der Fußpunkt F der Feder c_1 oder des Dämpfers b_1 selbst zwangläufig nach dem Gesetz (43.4) bewegt. Die Differentialgleichungen lauten dann im ersten Fall

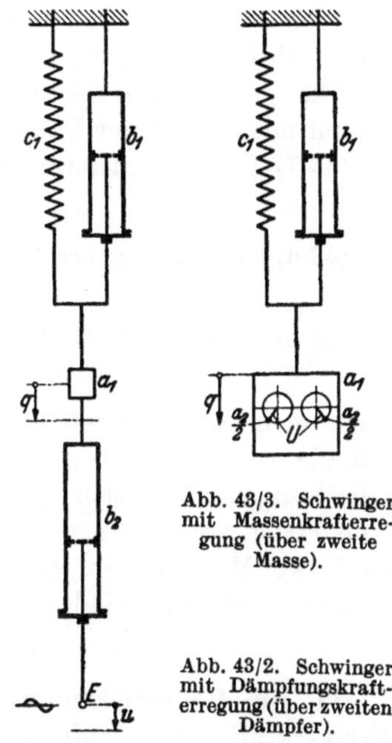

Abb. 43/3. Schwinger mit Massenkrafterregung (über zweite Masse).

Abb. 43/2. Schwinger mit Dämpfungskrafterregung (über zweiten Dämpfer).

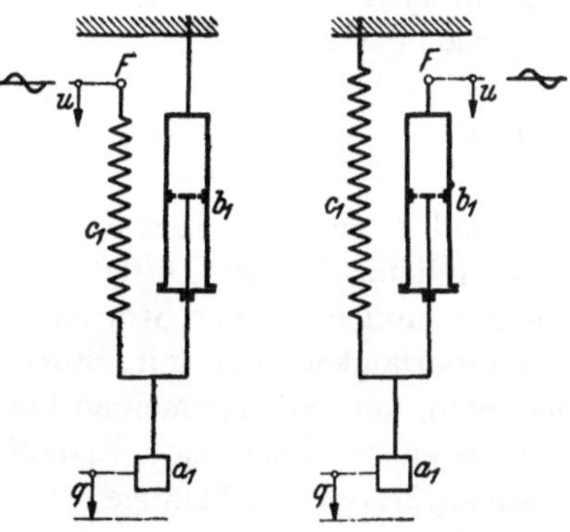

Abb. 43/4. Schwinger mit Federkrafterregung (über erste Feder).

Abb. 43/5. Schwinger mit Dämpfungskrafterregung (über ersten Dämpfer).

$$a_1\ddot{q} + b_1\dot{q} + c_1(q - u) = 0 \qquad \text{oder} \qquad a_1\ddot{q} + b_1\dot{q} + c_1\, q = c_1\, u(t), \qquad (43.5\,\mathrm{c})$$

im zweiten Fall

$$a_1\ddot{q} + b_1(\dot{q} - \dot{u}) + c_1\, q = 0 \qquad \text{oder} \qquad a_1\ddot{q} + b_1\dot{q} + c_1\, q = b_1\,\dot{u}(t). \qquad (43.6\,\mathrm{c})$$

Den Fall, in dem die Erregung über die Masse a_1 selbst erfolgt, so daß die Bewegungsgleichung

$$a_1(\ddot{q} - \ddot{u}) + b_1\dot{q} + c_1 q = 0 \quad \text{oder} \quad a_1\ddot{q} + b_1\dot{q} + c_1 q = a_1\dot{u}\,(t) \quad (43.7\,\text{c})$$

lautet, werden wir in Ziff. 48 γ bei der Untersuchung der Ausschläge einer Scheibe auf einer rotierenden Welle kennenlernen. $u(t)$ ist in allen drei Fällen nach (43.4) einzusetzen.

Die gemeinsame Form aller Gln. (43.5) bis (43.7) ist (43.3), wobei die Amplitude P und der Phasenverschiebungswinkel α der Erregerkraft die Werte in (43.7) (Massenkrafterregung)

$$P = a_i U \Omega^2, \quad \alpha = \pi, \tag{43.8a}$$

in (43.6) (Dämpfungskrafterregung)

$$P = b_i U \Omega, \quad \alpha = \pi/2, \tag{43.8b}$$

in (43.5) (Federkrafterregung)

$$P = c_i U, \quad \alpha = 0, \tag{43.8c}$$

annehmen (i bezeichnet dabei die Masse, den Dämpfer oder die Feder, über die die Erregung erfolgt); die Koeffizienten a, b, c auf der linken Seite der Gleichungen sind gleich a_1, b_1, c_1, wenn jeweils nur eine Masse, ein Dämpfer oder eine Feder vorhanden ist, dagegen werden sie zu $a_1 + a_2$, $b_1 + b_2$, $c_1 + c_2$, sobald zwei Massen, zwei (parallel liegende) Dämpfer oder zwei (parallel liegende) Federn vorhanden sind.

a) Ungedämpfte Schwinger.

44. Die Dauergleichung der dämpfungsfreien Bewegung bei harmonischer Erregerkraft. Die Differentialgleichung der erzwungenen Bewegung eines *dämpfungsfreien* Schwingers hat nach dem in der vorigen Ziffer Gesagten die allgemeine Gestalt

$$a\ddot{q} + c q = p(t), \tag{44.1a}$$

wobei

$$p(t) = P \sin \Omega t \tag{44.1b}$$

ist, und P eine der Formen (43.8a) oder (43.8c) annehmen kann. Sie ist eine gewöhnliche, lineare Differentialgleichung 2. Ordnung mit konstanten Koeffizienten und mit einer Störungsfunktion. Die allgemeine Lösung einer linearen Differentialgleichung mit Störungsfunktion setzt sich aus zwei Anteilen zusammen, aus der allgemeinen Lösung q_h der um das Störungsglied „verkürzten" (homogenen) Gleichung („Eigenlösung") und einem partikularen Integral q_p der „unverkürzten" (inhomogenen) Gleichung:

$$q = q_h + q_p. \tag{44.2}$$

Mechanisch gesprochen heißt das: Die entstehende Bewegung ist eine Überlagerung von freier Bewegung und eigentlicher erzwungener Bewegung. Die Eigenbewegung haben wir schon erörtert; wir wenden uns sogleich dem erzwungenen Bewegungsanteil zu.

Wenn p sich harmonisch mit der Frequenz Ω ändert, so muß auch q_p harmonisch mit dieser Frequenz und in Phase oder Gegenphase mit p verlaufen. Man erkennt dies entweder erstens unmittelbar durch Einsetzen des die genannten Tatsachen beschreibenden Ansatzes

$$q_p = Q \sin \Omega t \tag{44.3}$$

in die Differentialgleichung oder zweitens durch Betrachtung der erzeugenden Vektoren der ins Spiel tretenden Kräfte (s. Ziff. 46) oder drittens durch das Aufsuchen der Lösung q_p der Differentialgleichung (44.1) auf systematischem Weg (s. Ziff. 47). Wir begnügen uns an dieser Stelle mit der Verwendung des Ansatzes (44.3). Dieser Ansatz erfüllt (44.1) nur dann, wenn Q einen geeigneten Wert hat. Man findet ihn durch Einsetzen von (44.3) in die Differentialgleichung (44.1), die dadurch in die algebraische Gleichung

$$(c - a\Omega^2)\, Q = P \qquad\qquad (44.4)$$

übergeht; aus ihr folgt

$$Q = \frac{P}{c}\,\frac{1}{1 - \dfrac{\Omega^2}{\omega^2}} = \frac{P}{c}\,\frac{1}{1 - \eta^2}\,, \qquad\qquad (44.5)$$

wenn wir die Abkürzung

$$\eta = \Omega/\omega \qquad\qquad (44.6)$$

benutzen. Das heißt: *Die durch eine harmonische Kraft erregten Bewegungen sind harmonische Schwingungen, die mit der Frequenz der Erregerkraft verlaufen; für den dämpfungsfreien Schwinger sind sie mit der Kraft in Phase oder in Gegenphase, je nachdem, ob der Bruch* $1/(1 - \eta^2)$ *positiv oder negativ ist.* Die Amplitude Q der erzwungenen Bewegung ist völlig bestimmt. Und zwar nicht wie die der freien Bewegungen durch die Anfangsbedingungen, sondern durch Amplitude P und Frequenz Ω der Erregerkraft sowie die Konstanten a und c des Schwingers.

Die Größe Q in (44.5) haben wir als *Amplitude* der Schwingung bezeichnet. Das ist streng genommen insofern nicht ganz richtig, als (44.5) (für $\eta > 1$) auch negative Werte annehmen kann; die Amplitude einer Schwingung ist aber nach Definition (Ziff. 3) eine positive Größe. Um auch in den Bezeichnungen streng mit dem Früheren in Übereinstimmung zu bleiben, setzt man statt (44.3)

$$q_p = Q \sin(\Omega t - \varepsilon); \qquad\qquad (44.3\,\text{a})$$

dann erhält man für die Amplitude

$$Q = \frac{P}{c}\left|\frac{1}{1 - \eta^2}\right| \qquad\qquad (44.5\,\text{a})$$

und für den Phasenverschiebungswinkel $\varepsilon = 0$, wenn $\eta < 1$, $\varepsilon = \pi$, wenn $\eta > 1$ ist.

Die gesamte Lösung lautet

$$q = q_h + q_p = C \sin(\omega t + \gamma) + \frac{P}{c}\left|\frac{1}{1 - \eta^2}\right| \sin(\Omega t - \varepsilon). \qquad (44.7)$$

Die entstehende Bewegung ist daher eine Überlagerung *zweier* harmonischer Schwingungen mit den verschiedenen Frequenzen ω und Ω. Amplitude C und Phasenlage γ der mit ω verlaufenden Eigenschwingung wird durch die Anfangsbedingungen bestimmt, während der mit Ω verlaufende erzwungene Anteil die festgelegte Amplitude $\dfrac{P}{c}\left|\dfrac{1}{1 - \eta^2}\right|$ und einen festgelegten Phasenverschiebungswinkel ε hat.

Ist z. B. für $t = 0$ der Ausschlag $q = q_0$, die Geschwindigkeit $\dot q = v_0$, so berechnen sich die Integrationskonstanten C und γ aus

$$q_0 = C \sin\gamma \quad\text{und}\quad v_0 = C\,\omega \cos\gamma + \frac{P}{c}\,\Omega\,\frac{1}{1 - \eta^2};$$

es ist daher

$$\operatorname{tg}\gamma=\frac{\omega\,q_0}{v_0-\dfrac{P}{c}\,\Omega\,\dfrac{1}{1-\eta^2}}\qquad\text{und}\qquad C=\sqrt{q_0^2+\left(\frac{v_0-\dfrac{P}{c}\,\Omega\,\dfrac{1}{1-\eta^2}}{\omega}\right)^2}.\qquad(44.8)$$

Soll etwa der erzwungene Lösungsanteil allein vorhanden sein, so muß $C=0$ werden; das ist nur möglich, wenn der Anfangsausschlag q_0 verschwindet und die Anfangsgeschwindigkeit v_0 den Wert

$$v_0=\frac{P}{c}\,\Omega\,\frac{1}{1-\eta^2}\qquad(44.9)$$

hat. Der Eigenschwingungsanteil hat im allgemeinen jedoch keine große Bedeutung, da fast stets eine Dämpfung vorhanden ist, die ihn zum Abklingen bringt, so daß er nur den Beginn der Bewegung, den *Einschwingvorgang* beeinflußt (s. Ziff. 57).

45. Vergrößerungsfunktion; kinetische Einflußzahl, kinetische Federzahl. Die Amplitude der erzwungenen Schwingung hat nach (44.5a) den Betrag

$$Q=\frac{P}{c}\left|\frac{1}{1-\eta^2}\right|=\frac{P}{c}\,\mathsf{V}_3.\qquad(45.1)$$

Der Faktor

$$\mathsf{V}_3=\left|\frac{1}{1-\eta^2}\right|\qquad(45.1\,a)$$

heißt *Vergrößerungsfunktion* (oder auch *Resonanzfunktion*). Abb. 45/1a zeigt ihren Verlauf in Abhängigkeit von η [gestrichelt eingetragen ist der Verlauf von $1/(1-\eta^2)$ selbst]; Abb. 45/1b zeigt $\varepsilon(\eta)$. Wir wollen die Bedeutung der Funktion $\mathsf{V}_3(\eta)$ erörtern. Die Amplitude Q der erzwungenen Schwingung folgt aus der Amplitude P der erregenden Kraft nach (45.1). Der Faktor P/c gibt die Größe jenes statischen Ausschlags d an, den eine statische Kraft vom Betrage P an der Feder c hervorriefe, $d=P/c$; daher ist

$$Q=d\,\mathsf{V}_3.\qquad(45.2\,a)$$

Die Vergrößerungsfunktion V_3 gibt also an, um wieviel die Amplitude Q des harmonischen Ausschlags, der durch die harmonische Kraft von der Amplitude P hervorgerufen wird, größer ist als der statische Ausschlag d, den die statische Kraft P an derselben Feder erzeugte.

Schreiben wir (45.1) mit Benutzung der Einflußzahl $h=1/c$, so kommt

$$Q=P\,h\,\mathsf{V}_3.\qquad(45.2\,b)$$

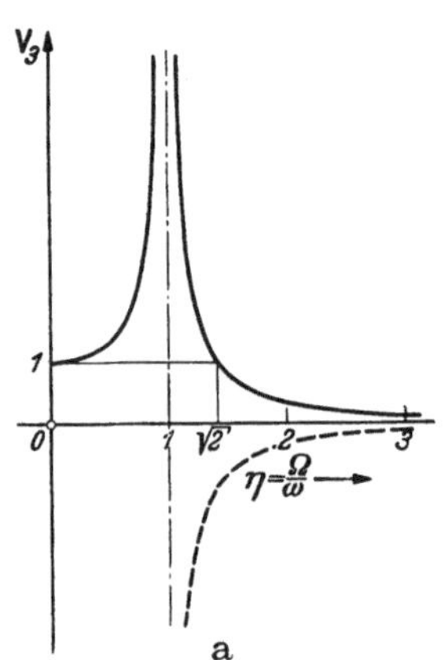

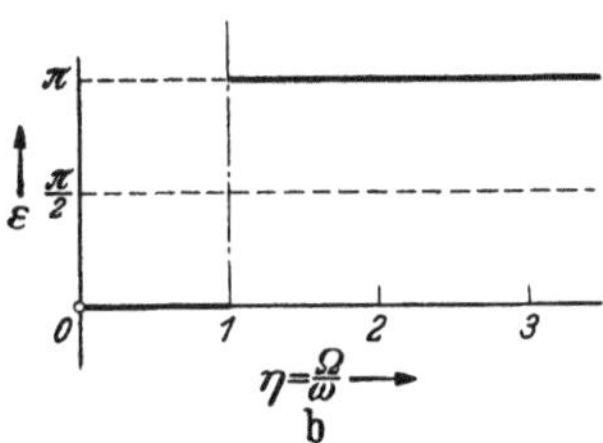

Abb. 45/1. a Vergrößerungsfunktion (Resonanzfunktion) $\mathsf{V}_3(\eta)$ für Erregerkraft konstanter Amplitude, b Phasenverschiebungswinkel $\varepsilon(\eta)$.

Unter Erweiterung des Begriffes der Einflußzahl können wir nun $h\,\mathsf{V}_3$ die *kinetische Einflußzahl* nennen, da sie aus der Amplitude P der harmonischen erregenden Kraft die Amplitude Q des harmonischen, erzwungenen Ausschlags herstellt, so wie die statische Einflußzahl h aus der statischen Kraft P den statischen Ausschlag $d=Ph$ herstellt. Entsprechend hätten wir c/V_3 die *kinetische Federzahl* zu nennen. Sie gibt an, wie groß die Kraft sein muß, die einen vorgegebenen Ausschlag bei den verschiedenen Frequenzen erzwingt.

Den Verlauf von $1/V_3 = |1 - \eta^2|$ gibt die Parabel oder ihr gespiegelter Teil in Abb. 45/2 wieder.

Es gibt noch weitere Deutungen für V_3. In der Anordnung Abb. 43/4 erfolgt die Erregung durch eine Zwangsbewegung des Federfußpunktes F. Als Differentialgleichung der (dämpfungsfreien) Bewegung des Schwingers fanden wir [(43.5c) mit $b_1 = 0$]

$$a_1 \ddot{q} + c_1 q = c_1 U \sin \Omega t.$$

Hier ist $P = c_1 U$, daher

$$Q = \frac{P}{c_1} V_3 = U V_3. \qquad (45.3)$$

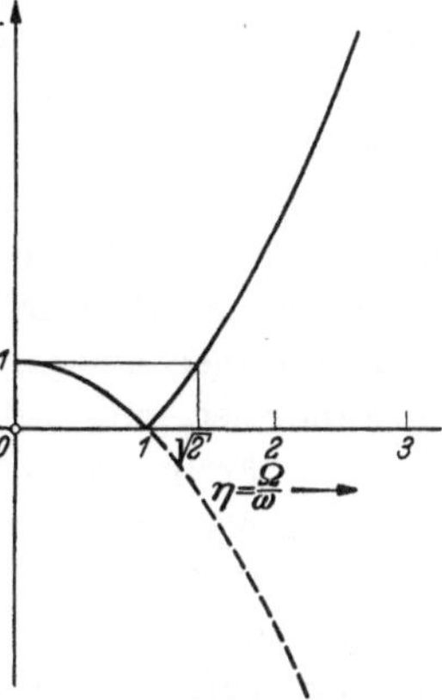

V_3 gibt hier an, um wievielmal die erzwungene Ausschlagamplitude Q des Schwingkörpers a_1 größer ist als die erregende Ausschlagamplitude U am Fußpunkt der Feder. Das gilt jedoch nur, wenn die Erregung über die Hauptfeder erfolgt. Bei Erregung über die Feder c_2 nach Abb. 43/1 lautet die Differentialgleichung [(43.5a) mit $b_1 = 0$]

$$a_1 \ddot{q} + (c_1 + c_2) q = c_2 U \sin \Omega t;$$

daher wird

$$Q = \frac{c_2}{c_1 + c_2} U V_3, \qquad (45.3a)$$

Abb. 45/2. Kehrwert $1/V_3$.

so daß noch das Verhältnis der Federzahlen mit ins Spiel kommt; außerdem bedeutet hier $\omega^2 = (c_1 + c_2)/a_1$ in V_3 das Eigenfrequenzquadrat des mit zwei Federn versehenen Schwingers.

Die dritte Deutung finden wir, wenn wir uns einen aus Feder c_1 und Masse a_1 bestehenden Schwinger mit einer (an der Masse angreifenden) Kraft der Amplitude P erregt denken und nach der Amplitude K der Reaktionskraft am Federfußpunkt F fragen. Wegen $K = c_1 Q$ folgt aus (45.1)

$$K = P V_3. \qquad (45.4)$$

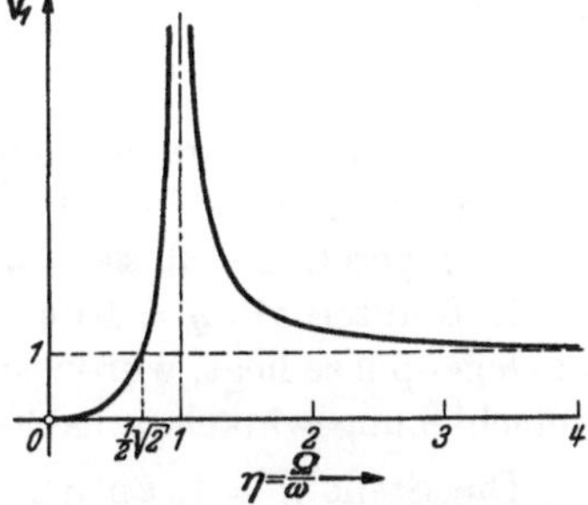

In diesem Fall bedeutet V_3 das Verhältnis der Reaktionskraft K am Federfußpunkt zur Erregerkraft P.

Bisher beschäftigten uns Erregerkräfte konstanter Amplitude P. Sie führten auf die Vergrößerungsfunktion $V_3(\eta)$. Erfolgt die Erregung jedoch nach Abb. 43/3, so wird nach (43.8a) $P = a_2 U \Omega^2$, und aus (44.4) folgt (wenn wir die Amplitude wieder nur positiv rechnen)

Abb. 45/3. Vergrößerungsfunktion $V_1(\eta)$ für eine dem Quadrat der Erregerfrequenz proportionale Erregerkraft.

$$Q = \left| \frac{a_2 U \Omega^2}{c_1 - (a_1 + a_2)\Omega^2} \right| = \frac{a_2}{a_1 + a_2} U \left| \frac{\Omega^2}{\omega^2 - \Omega^2} \right| = \frac{a_2}{a_1 + a_2} U \left| \frac{\eta^2}{1 - \eta^2} \right|. \qquad (45.5)$$

[ω^2 bedeutet dabei das Verhältnis $c_1/(a_1 + a_2)$]. Wir setzen den Faktor $\left| \frac{\eta^2}{1 - \eta^2} \right| = V_1(\eta)$. Den Verlauf dieser Funktion in Abhängigkeit von η zeigt Abb. 45/3. V_1 ist ebenfalls eine Vergrößerungsfunktion; sie gibt an, um wieviel der erzwungene Ausschlag Q größer ist als der mit dem Faktor $a_2/(a_1 + a_2)$ multiplizierte „Ausschlag" U der beiden Erregermassen $a_2/2$.

Wir können auch bei der Massenkrafterregung fragen, wie groß die Amplitude der Reaktionskraft am Fußpunkt der Feder wird. Die Antwort folgt aus (45.4) zusammen mit (43.8a) oder aus $K = c_1 Q$ mit (45.5) zu

$$K = a_2 \Omega^2 U \mathsf{V}_3 = \frac{a_2}{a_1 + a_2}\, c_1\, U \mathsf{V}_1 = a_2\, \omega^2\, U \mathsf{V}_1.$$
(45.6)

Die Vergrößerungsfunktion V_3 tritt auf, wenn es sich um eine Erregerkraft mit unveränderlicher Amplitude handelt (wie bei der Federkrafterregung), V_1 bei einer Kraftamplitude, die dem Quadrat der Frequenz proportional ist (wie bei der Massenkrafterregung). V_3 beginnt für $\eta = 0$ mit dem Wert 1. Das heißt, bei kleinen Erregerfrequenzen ist die kinetische Einflußzahl nahezu gleich der statischen. Dann wächst sie an, bis sie bei $\eta = 1$, wo die Erregerfrequenz Ω gleich der Eigenfrequenz ω des Systems ist, über alle Grenzen geht. Das bedeutet mechanisch, daß jede Kraftamplitude bei jenem Frequenzverhältnis imstande ist, eine sehr große Ausschlagamplitude zu erzeugen. Da bei einer mit der Frequenz ω verlaufenden Schwingung Trägheitskraft und Federkraft sich gegenseitig schon aufheben, kann die Erregerkraft nicht ins Gleichgewicht gesetzt werden. Oberhalb der Stelle $\eta = 1$ fällt die Funktion wieder ab und nähert sich für große η der Null. Eine sehr rasch verlaufende Erregerkraft ($\eta \to \infty$) ruft demnach keine merklichen Ausschläge mehr hervor. Die Trägheitskraft setzt dann die Erregerkraft nahezu allein schon ins Gleichgewicht.

Den Verlauf von V_1 kann man aus dem von V_3 ablesen, wenn man beachtet, daß $\mathsf{V}_1(\eta) = \mathsf{V}_3(1/\eta)$ ist. Es könnte also ein einziges Bild mit doppelt bezifferter Abszissenachse beide Funktionen wiedergeben (vgl. die Abb. 53/1). V_1 beginnt bei Null; das besagt, daß Erregungen von Massenkräften geringer Frequenz nur kleine Ausschläge des Schwingkörpers mit sich bringen. Dann erfolgt der Anstieg wie bei V_3, darauf ein Abfall bis auf $\mathsf{V}_1 = 1$ bei $\eta \to \infty$. Massenkräfte sehr hoher Frequenz rufen immer noch Ausschläge hervor. Es wird für $\eta \to \infty$ aus (45.5)

$$Q \to \frac{a_2}{a_1 + a_2}\, U.$$

Bei hohen Erregerfrequenzen verhält sich demnach die erzwungene Amplitude Q zum Erregerausschlag U wie die umlaufende Masse a_2 zur insgesamt in Bewegung gesetzten Masse $(a_1 + a_2)$. Der Gesamtschwerpunkt bleibt in Ruhe.

Daß unterhalb $\eta = 1$ der Ausschlag mit der Kraft in Phase, oberhalb jedoch in Gegenphase liegt, wurde schon erwähnt und geht aus dem Verlauf des Phasenverschiebungswinkels ε nach Abb. 45/1b hervor.

Die Stelle $\eta = 1$, an der Erregerfrequenz Ω und Eigenfrequenz ω in „Einklang" sind, pflegt man als *Resonanzstelle* und dementsprechend die Frequenz $\Omega = \omega$ als *Resonanzfrequenz* zu bezeichnen. An der Resonanzstelle gehen die erzwungenen Ausschläge des ungedämpften Schwingers über alle Grenzen. Man bezeichnet die Resonanzfrequenz deshalb auch als *kritische* Frequenz.

Bei alledem muß man wohl im Auge behalten, daß hier immer von *stationären* Zuständen die Rede ist. Trägt man die erzwungenen Amplituden Q oder die Vergrößerungsfunktionen V als Funktionen der Erregerfrequenz Ω oder des Frequenzverhältnisses $\eta = \Omega/\omega$ auf, so sind diese Kurven „punktweise" zu verstehen, sie sind *Zustandskurven* und geben an, wie groß die erregten Amplituden bei den verschiedenen Erregerfrequenzen sind. Diese Erregerfrequenzen sind dabei als *konstant* vorausgesetzt. Die Kurven der Abb. 45/1 und 45/3 können nicht etwa „durchlaufen" werden. Einem Durchlaufen entspräche eine Erregerkraft veränderlicher Frequenz, z. B. in der Form

$$p = P \sin (\Omega t + \lambda t^2),$$

wo 2λ eine Winkelbeschleunigung (des umlaufenden Diagrammvektors) bedeutet. Solche Vorgänge des „Anlaufens" oder „Auslaufens" der Schwinger untersuchen wir in Ziff. 67 und 68. Allenfalls kann man — ähnlich wie man das z. B. in der Thermodynamik tut — die Kurven „unendlich langsam" durchlaufen denken, um sich ein erstes Urteil über die zu erwartenden Vorgänge zu bilden. Keinesfalls können die Kurven aber besagen, daß bei jedem Durchlaufen der Stelle $\eta = 1$ (mit endlicher Änderungsgeschwindigkeit der Frequenz) die Ausschläge über alle Grenzen gehen.

Schließlich erwähnen wir noch, daß das Frequenzverhältnis $\eta = \Omega/\omega$ in der Literatur auch als *Abstimmung* bezeichnet wird, und daß gelegentlich außerdem eine Größe

$$\eta' = \eta - 1 = (\Omega - \omega)/\omega$$

benutzt wird, die dann *Verstimmung* heißt.

46. Vektordiagramme; Leistung der Erregerkraft. α) Ein anschauliches Bild vom Kräftespiel bei einer erzwungenen Schwingung mit harmonischer Erregung erhält man, wenn man die Darstellung einer harmonisch Veränderlichen durch den erzeugenden Vektor heranzieht, wie sie in Ziff. 4 erklärt wurde. Da wir uns auf die Betrachtung des erzwungenen Bewegungsanteils beschränken, so verlaufen sowohl der Ausschlag wie die Federkraft und Trägheitskraft harmonisch mit der Frequenz Ω der Erregerkraft. Es ist also möglich, den zeitlichen Ablauf aller Kräfte sowie des Ausschlags durch Vektoren zu beschreiben, die sich mit der gleichen Winkelgeschwindigkeit Ω drehen; dabei genügt die Angabe dieser Vektoren in der Nullstellung (als komplexe Amplituden).

Die Gleichung für die Augenblickswerte der Kräfte erhält man durch Einsetzen von (44.3) in (44.1). Sie lautet

$$Q(c - a\,\Omega^2) \sin \Omega t = P \sin \Omega t \tag{46.1}$$

oder in der Vektorschreibweise

$$(c - a\,\Omega^2)\, \mathfrak{Q}\, e^{i\,\Omega t} = \mathfrak{P}\, e^{i\,\Omega t}. \tag{46.1a}$$

Aus ihr folgt die Beziehung (44.4) zwischen den Amplituden. Die Vorzeichen in (46.1) sind so gewählt, daß positive Glieder auf der linken Seite *Rückführkräfte* bedeuten; sie heben die auslenkende Erregerkraft auf der rechten Seite der Gleichung auf.

Im „*unterkritischen Bereich*", $\eta < 1$ oder $a\,\Omega^2 < c$, überwiegt die rückführende Federkraft $c\,\mathfrak{Q}$ die auslenkende Trägheitskraft $-a\,\Omega^2\,\mathfrak{Q}$; Erregerkraft und Ausschlag sind in Phase.

Abb. 46/1. Komplexe Amplituden der erzeugenden Vektoren im unterkritischen Bereich. a Erregerkraft und Ausschlag, b Kräfte.

Abb. 46/1a zeigt die komplexen Amplituden $\mathfrak{P}$ und $\mathfrak{Q}$, Abb. 46/1b das Krafteck.

Im „*überkritischen Bereich*", $\eta > 1$ oder $a\,\Omega^2 > c$, sind Erregerkraft und Ausschlag in Gegenphase. Die Trägheitskraft überwiegt dann die Federkraft, so daß die Abb. 46/2a für die komplexen Amplituden und Abb. 46/2b für das Krafteck entsteht. Bei der *kritischen* Frequenz ist $a\,\Omega^2 = c$, Trägheitskraft und Federkraft heben sich schon auf, so daß die Erregerkraft überhaupt nicht ins Gleichgewicht gesetzt werden kann und ein stationärer Bewegungszustand nicht möglich ist.

Läßt man die angezeichneten Vektoren mit der Winkelgeschwindigkeit Ω kreisen, so liefern die Projektionen auf die Lotrechte die Augenblickswerte nach Gl. (46.1). Die Schaubilder kann man sich danach leicht herstellen. Wir benötigen sie gar nicht, sondern lesen alles Wissenswerte aus den Vektorbildern ab.

Aus den Vektorbildern (Abb. 46/1 b und 46/2 b) ist auch klar zu erkennen, daß der Ausschlag, wenn er harmonisch verläuft, nur die Frequenz Ω der Erreger-kraft haben kann, da sonst die „Kraftecke" sich nicht dauernd schließen könnten.

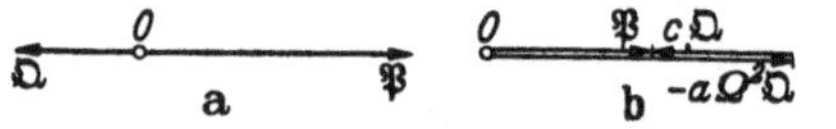

Abb. 46/2. Komplexe Amplituden der erzeu-genden Vektoren im überkritischen Bereich. a Erregerkraft und Ausschlag, b Kräfte.

β) Die Erregerkräfte und die Aus-schläge liegen bei allen Frequenzen (die Resonanzstelle bleibe zunächst außer Betracht) in Phase oder Gegenphase. Die von der Erregerkraft je Schwingung geleistete Arbeit beträgt demnach

$$A = \int\limits_0^T p\,\dot{q}\,dt = P\,Q \int\limits_0^T \sin\Omega t \cos\Omega t\,d(\Omega t) = \frac{P\,Q}{2} \int\limits_0^{2\pi} \sin 2\,\xi\,d\xi = 0; \quad (46.2)$$

die Erregerkraft leistet im Mittel keine Arbeit. Dasselbe Ergebnis kann man unter Benutzung der in Ziff. 9 gewonnenen Erkenntnisse ohne Rechnung unmittel-bar aus den Abb. 46/1 a und 46/2 a ablesen. Der Energieinhalt der Schwingung und damit die Amplituden behalten feste Werte.

Die Resonanzstelle wird durch einen singulären Punkt sowohl der Ampli-tudenkurve Abb. 45/1 a wie der Phasenkurve Abb. 45/1 b bezeichnet. Einen bestimmten Wert der Phasenlage des Ausschlags kann man dort von vornherein nicht angeben; wohl aber existiert ein unterer und ein oberer Grenzwert

$$\lim_{\eta \to 1-0} [\varepsilon] = 0 \quad \text{und} \quad \lim_{\eta \to 1+0} [\varepsilon] = \pi. \quad (46.3)$$

Die Funktion $\varepsilon(\eta)$ springt an der Stelle $\eta = 1$ um den Wert π. Um ihr einen bestimmten Wert zuschreiben zu können, ist eine besondere Definition not-wendig. Wir geben eine solche Definition, indem wir als Funktionswert sinn-gemäß jenen Wert festsetzen, der sich für *gedämpfte* Schwingungen bei abnehmen-den Dämpfungswerten einstellt. Mit $\delta \to 0$ erhält man aus der den Phasenwinkel bei gedämpften Schwingungen angebenden Gl. (53.2 b) den Wert $\varepsilon = \pi/2$, also das arithmetische Mittel der Grenzwerte (46.3). Das heißt, der Ausschlag eilt in der Resonanz der Erregerkraft um 90° nach. Zur Erregerkraft $p = P \sin\Omega t$ gehört demnach der Ausschlag $q = -Q \cos\Omega t$.

Rechnen wir nun die je Schwingung geleistete Arbeit aus, so finden wir

$$A = \int\limits_0^T p\,\dot{q}\,dt = P\,Q \int\limits_0^T \sin^2\Omega t\,d(\Omega t) = P\,Q \int\limits_0^{2\pi} \sin^2 \xi\,d\xi = P\,Q\,\pi. \quad (46.4)$$

Bei Resonanz wird demnach Energie von der Erregerkraft abgegeben und dem Schwinger zugeführt. Der Energieinhalt des Schwingers und damit auch die Ausschläge wachsen beständig an, ein stationärer Zustand stellt sich nicht ein. Auf den Verlauf des Anwachsens können wir aus den bisher angegebenen Gleichungen noch nicht schließen, da das die erzwungene Schwingung bestim-mende Partikularintegral (44.3) der Bewegungsgleichung einen stationären Zustand voraussetzt; ein solcher stellt sich im Resonanzfall jedoch nicht ein. In der folgenden Ziffer werden wir die Bewegungsgleichung deshalb unter allgemeineren Voraussetzungen integrieren.

47. Erzwungene Bewegung bei allgemeinem Verlauf der Erregerkraft. Auf die am Ende der vorigen Ziffer aufgeworfene und auf andere Fragen erhalten wir Antwort, wenn wir die Lösung der Differentialgleichung

$$a\ddot{q} + cq = f(t) \tag{47.1}$$

kennen, in der die Störungsfunktion $f(t)$ eine als *beliebige* Funktion der Zeit gegebene Kraft bezeichnen soll. Nach Division durch a erhält die Differentialgleichung die neue Gestalt

$$\ddot{q} + \omega^2 q = \psi(t); \tag{47.2}$$

$\psi(t) = \dfrac{1}{a} f(t)$ ist die auf die Masseneinheit bezogene Kraftfunktion. Ebenso wie früher genügt uns auch hier die Kenntnis eines partikularen Integrals der Differentialgleichung (47.2), da ein solches zusammen mit der Lösung (13.6) der verkürzten (homogenen) Differentialgleichung die allgemeine Lösung liefert.

Wir behaupten nun, die Funktion

$$q(t) = \frac{1}{\omega} \int_{t_0}^{t} \psi(\tau) \sin \omega(t - \tau)\, d\tau \tag{47.3}$$

genüge erstens der Differentialgleichung (47.2) und erfülle zweitens die Randbedingungen

$$q(t_0) = 0 \quad \text{und} \quad \dot{q}(t_0) = 0. \tag{47.4}$$

Der Beweis für diese Behauptung folgt daraus, daß die Ableitung der Funktion

$$z(y, t) = \int_{t_0}^{t} \varphi(y, \tau)\, d\tau \tag{47.5}$$

lautet (s. z. B. Hütte, 26. Aufl., S. 100):

$$dz/dt = \int_{t_0}^{t} \varphi_t'(t, \tau)\, d\tau + \varphi(t, t). \tag{47.6}$$

Die Funktion (47.3) ist vom Typ der Funktion (47.5). Deshalb lauten ihre Ableitungen

$$\dot{q} = \frac{1}{\omega} \psi(t) \sin \omega(t - t) + \frac{\omega}{\omega} \int_{t_0}^{t} \psi(\tau) \cos \omega(t - \tau)\, d\tau = \int_{t_0}^{t} \psi(\tau) \cos \omega(t - \tau)\, d\tau \tag{47.7 a}$$

und

$$\ddot{q} = \psi(t) \cos \omega(t - t) - \omega \int_{t_0}^{t} \psi(\tau) \sin \omega(t - \tau)\, d\tau = \psi(t) - \omega \int_{t_0}^{t} \psi(\tau) \sin \omega(t - \tau)\, d\tau. \tag{47.7 b}$$

Setzt man (47.7 b) in die Differentialgleichung (47.2) ein, so wird diese identisch befriedigt. Daß auch die Randbedingungen (47.4) erfüllt sind, sieht man daran, daß für $t = t_0$ die Grenzen in (47.3) und (47.7 a) übereinstimmen.

Wir wollen uns jedoch nicht mit der formalen Angabe der Lösung (47.3) begnügen, sondern noch zeigen, auf welche Weise man sich das Zustandekommen jener Funktion auch physikalisch anschaulich machen kann. Zu diesem Zweck erinnern wir uns, daß die Lösung der homogenen Differentialgleichung

$$\ddot{q} + \omega^2 q = 0 \tag{47.8 a}$$

unter den Randbedingungen

$$q(t_k) = 0 \quad \text{und} \quad \dot{q}(t_k) = v_k \tag{47.8 b}$$

nach (13.11) die Form

$$q(t) = \frac{v_k}{\omega} \sin \omega(t - t_k) \tag{47.9}$$

hat. Wirkt eine Störkraft $a\,\psi(t)$ während eines Zeitelementes Δt_1 auf den Schwinger ein, so wird diesem ein Impuls $a\,\psi(t_1)\,\Delta t_1 = a\,v_1$ erteilt, der einer Anfangsgeschwindigkeit v_1 entspricht. Die weitere Bewegung verläuft dann nach (47.9). Wirken nun viele solcher erregenden Impulse $a\,\psi(t_k)\,\Delta t_k$, so überlagern sich die entstehenden Schwingungen, und es wird

$$q(t) = \sum_{k} \frac{v_k}{\omega} \sin \omega(t - t_k) = \frac{1}{\omega} \sum_{k} \psi(t_k) \sin \omega(t - t_k)\, \Delta t_k. \tag{47.10}$$

Bei kontinuierlicher Einwirkung der Störkraft und damit der von ihr ausgehenden Impulse erhält man die Dauergleichung der Bewegung durch einen Grenzübergang zu verschwindenden Zeitelementen $\varDelta t_k$ aus (47.10), also

$$q(t) = \lim_{\varDelta t_k \to 0}\left[\frac{1}{\omega}\sum_k \psi(t_k)\sin\omega(t-t_k)\,\varDelta t_k\right] = \frac{1}{\omega}\int_{t_0}^{t}\psi(\tau)\sin\omega(t-\tau)\,d\tau,$$

wie in (47.3) angegeben.

Wir ziehen jetzt aus (47.3) eine Reihe von Schlüssen.

α) Zunächst bestätigen wir, daß die aus (44.7) folgende, den Randbedingungen (47.4) mit $t_0 = 0$ genügende Lösung

$$q(t) = \frac{P}{a}\frac{1}{\omega^2 - \Omega^2}\left[\sin\Omega t - \frac{\Omega}{\omega}\sin\omega t\right] \tag{47.11}$$

aus (47.3) mit

$$\psi(t) = \frac{P}{a}\sin\Omega t \tag{47.12}$$

ebenfalls gewonnen werden kann. Setzt man (47.12) in (47.3) ein und benutzt die Formel

$$\sin\alpha\sin\beta = \frac{1}{2}\left[\cos(\alpha-\beta) - \cos(\alpha+\beta)\right],$$

so folgt

$$q = \frac{1}{2\omega}\frac{P}{a}\int_0^{t}\{\cos[\omega t - (\Omega+\omega)\tau] - \cos[\omega t + (\Omega-\omega)\tau]\}\,d\tau.$$

Unbestimmt integriert kommt

$$q = -\frac{1}{2\omega}\frac{P}{a}\left[\frac{\sin[\omega t - (\Omega+\omega)\tau]}{\Omega+\omega} + \frac{\sin[\omega t + (\Omega-\omega)\tau]}{\Omega-\omega}\right]_{\tau=0}^{\tau=t}$$

und nach Einsetzen der Randwerte t und 0

$$q(t) = -\frac{1}{2\omega}\frac{P}{a}\left[\frac{\sin\Omega t}{\Omega-\omega} - \frac{\sin\Omega t}{\Omega+\omega} - \frac{\sin\omega t}{\Omega-\omega} - \frac{\sin\omega t}{\Omega+\omega}\right],$$

woraus dann (47.11) folgt.

β) Die Form (47.3) der Bewegungsgleichung gibt auch dann noch eine Lösung, wenn die Erregerkraft mit der Eigenfrequenz ω des Schwingers oszilliert. Mit

$$\psi(t) = \frac{P}{a}\sin\omega t \tag{47.13}$$

folgt aus (47.3)

$$q(t) = \frac{1}{\omega}\frac{P}{a}\int_0^{t}\sin\omega\tau\sin\omega(t-\tau)\,d\tau;$$

durch die zuvor beschriebenen Umformungen erhält man weiter

$$\left.\begin{aligned}
q(t) &= \frac{1}{2\omega}\frac{P}{a}\int_0^{t}[\cos(2\omega\tau-\omega t) - \cos\omega t]\,d\tau \\
&= \frac{1}{2\omega}\frac{P}{a}\left[\frac{\sin(2\omega\tau-\omega t)}{2\omega} - \tau\cos\omega t\right]_{\tau=0}^{\tau=t} = \frac{P}{2c}[\sin\omega t - \omega t\cos\omega t].
\end{aligned}\right\} \tag{47.14}$$

Das Glied $\omega t\cos\omega t$ in (47.14) zeigt das Anwachsen der Schwingungsausschläge. Die Lösung (47.14) gilt wieder für die Anfangswerte (47.4) mit $t_0 = 0$. Die allgemeine Lösung der Bewegungsgleichung für den Resonanzfall lautet

$$q(t) = A\cos\omega t + B\sin\omega t - \frac{1}{2}\frac{P}{c}\omega t\cos\omega t.$$

In der Form des letzten Gliedes erhalten wir übrigens nachträglich noch eine Bestätigung der in der vorigen Ziffer angestellten Überlegungen, wonach im Resonanzfall der Ausschlag um $\pi/2$ gegen die Erregerkraft verschoben ist, so daß er proportional $-\cos\omega t$ wird.

γ) Eine weitere Frage kann durch Benutzung von (47.3) sofort beantwortet werden: Welche Bewegungen führt ein schwingungsfähiges System aus, auf das vom Augenblick $t = 0$ an plötzlich eine Kraft K von konstanter Größe wirkt?

Die Störfunktion ist $\psi = K/a$; die Randbedingungen sind (47.4) mit $t_0 = 0$. Die Dauergleichung der Bewegung lautet somit

$$q(t) = \frac{1}{\omega}\frac{K}{a}\int\limits_0^t \sin\omega\,(t-\tau)\,d\tau = \frac{K}{c}\,[1 - \cos\omega\,t]. \tag{47.15}$$

Das System führt also harmonische Schwingungen um die neue Gleichgewichtslage $d = K/c$ mit der Amplitude d aus.

Schließlich geben wir für spätere Verwendung noch an, wie das partikulare Integral einer linearen Differentialgleichung mit Störungsfunktion aussieht, wenn die linke Seite der Differentialgleichung nicht gerade so lautet wie in (47.2), sondern wenn allgemein

$$L[q] = \psi(t) \tag{47.16}$$

vorliegt, wo $L[q]$ einen in q und seinen Ableitungen (bis zu einer beliebigen Ordnung n) linearen Differentialausdruck darstellt. Man bildet zunächst eine der verkürzten (homogenen) Differentialgleichung $L[q] = 0$ und den Anfangsbedingungen

$$q(0) = 0, \qquad \dot{q}(0) = 0, \qquad \ddot{q}(0) = 0,\ldots, \qquad q^{(n-2)}(0) = 0, \qquad q^{(n-1)}(0) = 1$$

genügende Lösung $\tilde{q}(t)$ und daraus dann

$$q(t) = \int\limits_0^t \tilde{q}(t-\tau)\,\psi(\tau)\,d\tau. \tag{47.17}$$

Dieser Ausdruck genügt der Differentialgleichung (47.16), wie man durch eine ähnliche Betrachtung nachweist, wie sie oben für (47.3) durchgeführt wurde, und erfüllt ferner die Bedingungen

$$q(0) = 0, \qquad \dot{q}(0) = 0,\ldots, \qquad q^{(n-1)}(0) = 0. \tag{47.18}$$

Man erkennt auch, daß (47.3) als Sonderfall in (47.17) enthalten ist.

48. Beispiele und Anwendungen. α) Der FÖTTINGERsche Torsionsindikator. Die schematischen Anordnungen der Abb. 43/1—43/5 stellen Ersatzsysteme für irgendwie gebaute Schwinger dar. Als Beispiel einer Ausführungsart betrachten wir den FÖTTINGERschen Torsionsindikator, und zwar zunächst in der durch Abb. 48/1a wiedergegebenen Bauform. Auf einer Welle W sind an zwei Stellen I und IV Rohre R, R befestigt, die an ihren freien Enden Scheiben S_2 und S_3 vom Trägheitsmoment Θ tragen. Der Relativausschlag der beiden Scheiben kann gemessen werden. Aus ihm soll auf die gegenseitige Verdrehung der Querschnitte I und IV geschlossen werden, die dem Drillungsmoment in der Welle proportional ist.

Mit $\varphi_1(t)$ und $\varphi_4(t)$ werden die Ausschläge der Welle an den Stellen I und IV, mit $\varphi_2(t)$ und $\varphi_3(t)$ die Ausschläge der

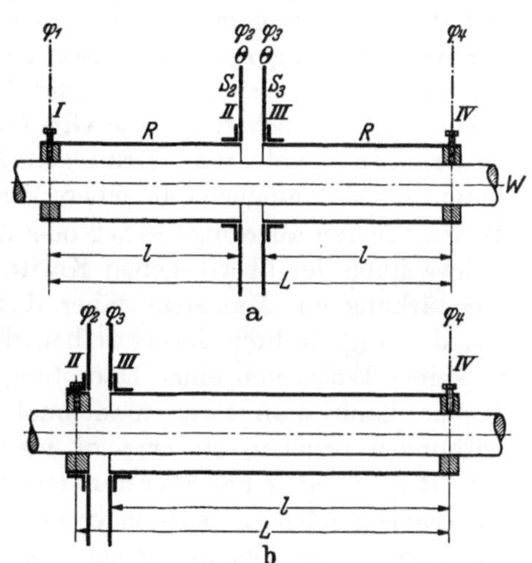

Abb. 48/1. FÖTTINGERscher Torsionsindikator.

beiden Scheiben S_2 und S_3 bezeichnet. Ferner mögen die Ausschläge φ_1 und φ_4 in ihre harmonischen Bestandteile aufgespalten werden:

$$\varphi_1(t) = \sum_j \Phi_1^{(j)}\cos\Omega_j t \qquad \text{und} \qquad \varphi_4(t) = \sum_j \Phi_4^{(j)}\cos\Omega_j t. \tag{48.1}$$

Jeder harmonische Teilausschlag erregt in den beiden schwingungsfähigen Systemen, die aus einem Rohr R (als Feder) und einer Scheibe S (als Drehmasse) bestehen, erzwungene Schwingungen. Und zwar liegt der Fall einer Fußpunktanregung nach Abb. 43/4 (mit $b_1 = 0$) vor. Demgemäß wird nach Gl. (45.3)

$$\Phi_2^{(j)} = \Phi_1^{(j)} \mathsf{V}_3 \qquad \text{und} \qquad \Phi_3^{(j)} = \Phi_4^{(j)} \mathsf{V}_3 . \tag{48.2a}$$

Daraus folgt

$$\Phi_3^{(j)} - \Phi_2^{(j)} = (\Phi_4^{(j)} - \Phi_1^{(j)}) \mathsf{V}_3 . \tag{48.2b}$$

Dabei bedeutet ω^2 in V_3 den Quotienten $GJ_p'/l\,\Theta$, wo J_p' und l sich auf die beiden (gleichen) Rohre beziehen. Das Drillungsmoment in der Welle wird

$$D^{(j)} = \frac{G\,J_p}{L} [\Phi_4^{(j)} - \Phi_1^{(j)}] = \frac{G\,J_p}{L} \frac{1}{\mathsf{V}_3} [\Phi_3^{(j)} - \Phi_2^{(j)}] . \tag{48.3}$$

J_p und L beziehen sich dabei auf die Welle.

Würde man nur *ein* Rohr verwenden, z. B. der Scheibe S_3 eine auf der Welle bei II befestigte Scheibe S_2 gegenüberstellen (ursprüngliche Bauform, Abb. 48/1 b) und den Relativausschlag $\Phi_3 - \Phi_2$ dieser Scheiben messen, so erhielte man

$$\begin{aligned}
\Phi_4^{(j)} - \Phi_2^{(j)} &= \frac{1}{\mathsf{V}_3} \Phi_3^{(j)} - \Phi_2^{(j)} = \frac{1}{\mathsf{V}_3} (\Phi_3^{(j)} - \Phi_2^{(j)}) - \Phi_2^{(j)} \left(1 - \frac{1}{\mathsf{V}_3}\right) \\
&= (1 - \eta^2)(\Phi_3^{(j)} - \Phi_2^{(j)}) - \eta^2 \Phi_2^{(j)}
\end{aligned} \tag{48.4}$$

[abweichend von der Angabe bei H. STEUDING [1], wo das zweite Glied der rechten Seite von (48.4) fehlt]. Der Ausschlag $\Phi_3^{(j)} - \Phi_2^{(j)}$ selbst wäre kein Maß für die Verdrehung $\Phi_4^{(j)} - \Phi_2^{(j)}$ und das zugehörige Drillungsmoment.

β) **Abschirmen von Schwingungen.** Eine Abschirmung von Schwingungen kann in zweierlei Weise erwünscht oder erforderlich sein. Entweder sollen von außen kommende, störende *Bewegungen* von irgendeinem Körper, etwa einem empfindlichen Meßgerät od. dgl. ferngehalten werden, oder es soll vermieden werden, daß die von einer Maschine ausgehenden periodischen *Kräfte* auf die Umgebung wirken, wo sie in unerwünschter Weise als Erregerkräfte für neue Schwingungen sich erweisen können. Nach dem in Ziff. 45 Gesagten ist der Weg zur Erreichung solcher Zwecke vorgezeichnet: Man muß federnde Zwischenglieder schaffen. Die Gln. (45.3) und (45.4) geben über die mit diesen Federungen erzielbaren Wirkungen Auskunft. Dadurch, daß $\mathsf{V}_3 < 1$ werden kann, ist die Möglichkeit einer Verminderung der Störwirkungen gegeben. Es muß hierzu allerdings $\eta^2 > 2$ oder $\Omega > \omega \sqrt{2}$ sein: Oberhalb $\eta^2 = 2$ tritt eine Schwächung der übertragenen Kräfte oder Bewegungen, unterhalb jedoch eine Verstärkung ein. Man sieht daher, daß falsch bemessene Federungen das Gegenteil des angestrebten Zweckes bewirken. Außerdem beachte man, daß dabei in keiner Weise von einer Dämpfung Gebrauch gemacht wird. Durch Dämpfungen kann man zwar manchmal ebenfalls eine Verminderung der Störwirkungen erzielen, oft erreicht man aber auch eine Verstärkung (s. z. B. Ziff. 54 δ); in jedem Fall aber muß man dabei einen Energieverlust in Kauf nehmen. Federungen arbeiten dagegen verlustfrei. Dies kann etwa im Fall des folgenden Beispiels 3 von Bedeutung sein, da man der Maschine dann keine Leistung entzieht.

Wir behandeln einige Beispiele, die zeigen, wie Federungen bemessen werden.

Beispiel 1. Ein Meßgerät soll nach Abb. 48/2 erschütterungsfrei aufgestellt werden. Wie ist die Federung zu bemessen, wenn das Gerät ein Gewicht von 2 kg hat und die Störausschläge bis herunter zur Frequenz $f = 50$ Hz auf wenigstens 1/20 ihres Betrages vermindert werden sollen?

Gegeben ist $G = 2$ kg, $Q/U = 1/20$, $f = 50$ Hz; gesucht ist $c_1 = c/3$. Nach (45.3) muß $V_3 = 1/20$ werden, also ist $\dfrac{1}{1 - \eta^2} = -\,1/20$ oder $\eta^2 = 21$. Da $\Omega^2 = 4\,\pi^2\,f^2 \approx 10^5/\mathrm{s}^2$, so wird $\omega^2 = 10^5/21\ \mathrm{s}^2 = 4760/\mathrm{s}^2$ und

$$c = m\,\omega^2 = \frac{G}{g}\,\omega^2 \approx 9{,}7\ \mathrm{kg/cm}\,.$$

Werden drei Federn verwendet, so darf die Federzahl einer einzelnen Feder den Betrag von $c_1 = 3{,}23$ kg/cm nicht überschreiten.

Beispiel 2. Für welche Frequenzen werden die Störbewegungen auf 1/20 abgeschirmt, wenn das Meßgerät 5 kg wiegt und die gleiche Federung angewendet wird wie im vorigen Beispiel?

Mit $c = 9{,}7$ kg/cm und $m = 5{,}1 \cdot 10^{-3}$ kg cm^{-1}s^2 wird $\omega^2 = 1902/\mathrm{s}^2$. Aus $\eta^2 = 21$ folgt $\Omega^2 = 39\,950/\mathrm{s}^2$ oder $\Omega = 200/\mathrm{s}$, also $f = 31{,}8$ Hz. Die größere Masse bewirkt also, daß die Störbewegungen bis herunter zur Frequenz von 31,8 Hz noch *genügend* abgeschirmt werden.

Beispiel 3. Eine Maschine hat 4 t Gewicht; ihr Rotor läuft mit $n = 300$ U/min. Die von der Maschine auf das Fundament übertragenen Kräfte sollen durch den Einbau einer elastischen Unterlage so geschwächt werden, daß sie höchstens noch $^1/_5$ ihres bisherigen Wertes betragen. Wie stark sind die Federn zu bemessen?

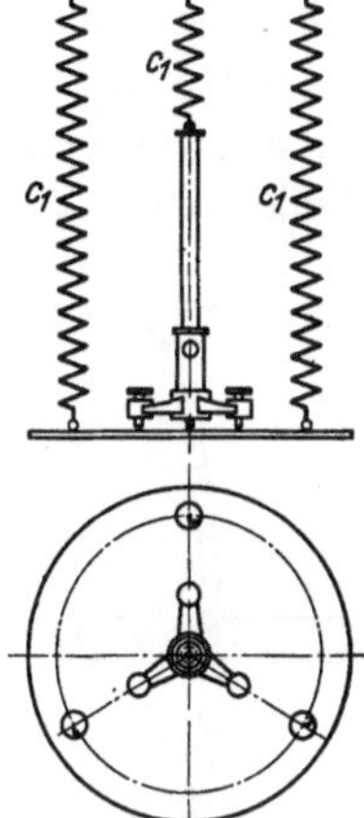

Abb. 48/2. Abschirmende Aufhängung.

Da die Erregerfrequenz bekannt ist, $\Omega = 2\,\pi\,f = \dfrac{\pi\,n}{30} = 31{,}4/\mathrm{s}$, rechnen wir am besten mit der ersten Fassung von (45.6). Die gestellte Forderung besagt, daß

$$V_3 = \frac{K}{a_2\,U\,\Omega^2} = \frac{1}{5}$$

werden soll. Daraus folgt, entweder aus der Kurve Abb. 45/1a oder nach Rechnung aus

$$\frac{1}{1 - \eta^2} = -\,\frac{1}{5}\,,$$

der Wert $\eta^2 = 6$. Die Eigenfrequenz der Maschine auf der Federung muß daher

$$\omega^2 = \Omega^2/6 = 165/\mathrm{s}^2$$

betragen. Da die Masse $a_1 = 4{,}08$ kg cm^{-1}s^2 ist, so muß die Federzahl $c = a_1\omega^2 = 672$ kg cm^{-1} werden.

Anmerkungen zum vorstehenden Beispiel: Die Federzahl darf *höchstens* 672 kg cm^{-1} betragen, wenn die gestellte Forderung nach Abschirmung der Kraftwirkung auf höchstens $^1/_5$ erfüllt werden soll. Weichere Federn schirmen noch besser ab (da sie noch größeren Werten η entsprechen). Ebenso wird eine schwerere Maschine (Vergrößerung des Fundamentblocks) noch besser abgeschirmt. Wenn die Federung z. B. aus 12 Schraubenfedern besteht, so darf jede Feder eine Federzahl von höchstens $c_1 = 672/12$ kg cm$^{-1} = 56$ kg cm^{-1} aufweisen. Auf dieser Bettung würde die Maschine von 4 t Gewicht um rund 6 cm einsinken. Es ist deshalb üblich, die Federn vor dem Einbau um etwa diesen Betrag *vorzuspannen*, so daß sie beim Einbau nur noch unwesentlich zusammengedrückt werden. Neuerdings zieht man die Benutzung von Zugfedern vor; man hängt also die Maschine mit ihrem Fundament an Federn auf.

Beispiel 4. Welche Schwingungsausschläge der Maschine auf der elastischen Unterlage hat man in der Anordnung des vorigen Beispiels zu erwarten, wenn angenommen werden kann, daß die Erregerkräfte herrühren von einer Unwucht, deren statisches Moment $S = 30$ cm kg beträgt? Mit welcher Kraft werden die Federn durch die Schwingungen zusätzlich beansprucht? Welche periodische Kraft übertragen sie weiter auf ihre Unterlage? Der Schwingungsausschlag folgt aus (45.5), da hier $a_1 + a_2 \approx a_1$ gesetzt werden darf, zu

$$Q = \frac{S}{a_1\,g}\left|\frac{\eta^2}{1 - \eta^2}\right| = \frac{30\ \mathrm{cm\,kg}}{4000\ \mathrm{kg}}\,\frac{6}{5} = 0{,}9 \cdot 10^{-2}\ \mathrm{cm}\,.$$

Die harmonisch veränderliche Kraft in den Federn, die gleich ist der auf die Unterlage übertragenen Kraft, hat die Amplitude

$$K = a_2\,U\,\Omega^2\,V_3 = \frac{S}{g}\,\Omega^2\,V_3 \approx 6\ \mathrm{kg}\,.$$

Auf eine Feder entfällt daher $K_1 \approx 0{,}5$ kg.

γ) **Ausschläge einer Scheibe auf einer umlaufenden Welle; biegekritische Drehzahlen.** Auf einer lotrecht stehenden biegeelastischen Welle sitze eine Scheibe mit der Masse a, deren Schwerpunkt S nicht genau mit dem Durchstoßpunkt M der Wellenachse durch die Scheibe übereinstimme (Abb. 48/3); es sei $\overline{MS} = U$. Wird die Welle angetrieben, so dreht sie selbst sich ebenso wie die auf ihr sitzende Scheibe (auch in einem ausgebogenen Zustande) um die Wellenachse LML'. Die Lage von S gegen M wird also durch den mit der Geschwindigkeit Ω umlaufenden Vektor $\mathfrak{u}$ vom Betrage U angezeigt, $\mathfrak{u} = U e^{i\Omega t}$. Durch die Drehung wird an der Scheibe eine Fliehkraft $\mathfrak{p}$ geweckt, die proportional ist dem Vektor $\mathfrak{u}$. Die Fliehkraft ist quer zur Wellenachse gerichtet und sucht die Welle zu biegen. Da die Fliehkraft stets die Richtung $\mathfrak{u} = \overrightarrow{MS}$ hat, dreht sie sich mit der Winkelgeschwindigkeit Ω der Welle. Wir haben einen mit Ω umlaufenden Vektor $\mathfrak{p}$ einer äußeren Kraft vor uns. Für den Ausschlag $\mathfrak{q}$ des Punktes M der Scheibe (von der Ruhelage O aus gerechnet) gilt die Differentialgleichung (in Vektorform)

$$a\,\ddot{\mathfrak{q}} + c\,\mathfrak{q} = \mathfrak{p}. \tag{48.5}$$

c ist die Federzahl für Biegung, a die Masse der Scheibe.

Da $\mathfrak{p} = a\,U\,\Omega^2 e^{i\Omega t}$ ist, so liegt (mit $b_1 = 0$) der durch Gl. (43.7 c) beschriebene Fall vor; man erhält den erzwungenen Ausschlag $\mathfrak{q}$ durch Einsetzen von $\mathfrak{q} = \mathfrak{D} e^{i\Omega t}$ in (48.5) aus der algebraischen Gleichung

$$(-a\,\Omega^2 + c)\,\mathfrak{D} = a\,U\,\Omega^2$$

zu

$$\mathfrak{D} = U\,\frac{a\,\Omega^2}{c - a\,\Omega^2} = U\,\frac{\eta^2}{1 - \eta^2} = \pm\,U\,V_1. \tag{48.6}$$

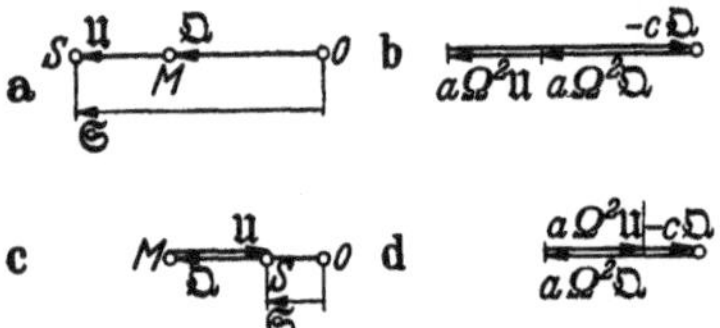

Abb. 48/3. Welle mit Scheibe.

Die komplexen Amplituden der Ausschläge und aller Kräfte (Erregerkraft, Federkraft und Trägheitskraft) zeigt Abb. 48/4 [dabei gelten a) und b) für $\eta < 1$, c) und d) für $\eta > 1$]. Die Vektoren sind hier nicht nur Hilfsvorstellung, sondern haben alle eine unmittelbare Bedeutung: *sie selbst (nicht erst ihre Projektionen) geben den Verlauf des Ausschlags und der Kräfte an.* Die Welle läuft im ausgebogenen Zustand um. Die Biegespannungen in den einzelnen Querschnitten haben einen *festen,* nicht einen zeitlich veränderlichen *Betrag;* die Welle ist einer *ruhenden,* nicht einer schwingenden *Biegebeanspruchung* unterworfen (im Gegensatz etwa zu den in der nächsten Ziffer zu besprechenden Drillungsbeanspruchungen).

Abb. 48/4. Ausschläge (a und c) und Kräfte (b und d) an der Scheibe. a und b für $\eta < 1$, c und d für $\eta > 1$.

Der Ausschlag $\mathfrak{s}$ des Schwerpunktes S der Scheibe setzt sich aus zwei dynamisch ganz verschiedenen Anteilen zusammen: erstens dem durch den Antrieb veranlaßten Umlauf um die Wellenachse $\mathfrak{u} = U e^{i\Omega t}$ und zweitens dem durch die Fliehkräfte erzwungenen Ausschlag $\mathfrak{q} = \mathfrak{D} e^{i\Omega t}$. Er wird also gegeben durch $\mathfrak{s} = \mathfrak{u} + \mathfrak{q}$ oder $\mathfrak{S} = U + \mathfrak{D}$, und es ist

$$\mathfrak{S} = \mathfrak{u} + \mathfrak{D} = U\left(1 + \frac{\eta^2}{1 - \eta^2}\right) = U\,\frac{1}{1 - \eta^2} = \pm\,U\,V_3. \tag{48.7}$$

Solange $\eta < 1$ ist, sind q und u in Phase (Abb. 48/4a und b). Bei Annäherung an den Wert $\eta = 1$ gehen die Ausschläge über alle Grenzen. Läßt man also eine Welle umlaufen mit einer Winkelgeschwindigkeit Ω, die nahe an der Kreisfrequenz ω ihrer freien Biegeschwingungen liegt, so wird die Welle wegen der stets vorhandenen geringen Exzentrizitäten u recht große Ausschläge machen, sie „schlägt". Man nennt die Drehgeschwindigkeit $\Omega = \omega \equiv \sqrt{c/a}$ die *kritische Drehgeschwindigkeit* und die zugehörige (minutliche) Drehzahl die *kritische Drehzahl*, und zwar insonderheit die *biegekritische* Drehzahl.

Oberhalb der kritischen Drehzahl sind die Vektoren q und u in Gegenphase (Abb. 48/4c und d); der Schwerpunkt liegt daher (weil $\mathfrak{Q} > \mathfrak{U}$ ist) zwischen O und M und rückt mit wachsender Drehzahl Ω, weil $V_1 \to 1$ oder $V_3 \to 0$ geht, immer mehr nach O hin. Die Scheibe läuft bei hohen Drehzahlen um den fast in O ruhenden Schwerpunkt S; sie macht geringere Ausschläge als bei den kleinen Drehzahlen unterhalb der kritischen.

Liegt die Welle waagrecht, so ändert sich an den beschriebenen Erscheinungen nur, daß die Nullage nicht mehr durch den unverzerrten Zustand, sondern durch die statische Gleichgewichtslage bestimmt wird.

Die Erscheinung des ruhigeren Laufes bei hohen Drehzahlen wurden an Turbinenwellen beobachtet (DE LAVAL 1883), bevor man sie rechnerisch verfolgt hatte. Sie ist auch bekannt unter der Bezeichnung *Selbstzentrierung einer Welle bei hohen Drehzahlen*. Seither ist die Untersuchung von kritischen Drehzahlen aller Art (biegekritischen, torsionskritischen) ein wichtiger Zweig der technischen Schwingungslehre geworden.

49. Das Zweimassensystem ohne Festpunkt. Eine besondere Klasse von einfachen Schwingern stellen die Systeme dar, deren Eigenschwingungen in Ziff. 23 behandelt wurden; sie bestehen aus zwei Massen mit zwischenliegender Feder (Abb. 23/1 und 23/6), die je nach Art der Bewegung auf Zug oder auf Drillung beansprucht wird. Da solche Systeme als Schwinger nur einen Grad der Freiheit aufweisen, beschreiben die Gleichungen von Ziff. 43—46 auch ihre erzwungenen Schwingungen vollständig. Die besonderen Umstände, die bei den Bewegungen dieser Systeme auftreten, machen jedoch eine eigene Diskussion erwünscht. Wir führen sie mit den Bezeichnungen für die *Drillungsschwingungen* durch.

Zur Untersuchung der erzwungenen Schwingungen genügt es anzunehmen, es greife an einer der Drehmassen Θ_0 oder Θ_1 ein Zwangsmoment m_0 oder m_1 an. Wenn die Schwingung von beiden Stellen her erregt wird, so erhält man das Ergebnis durch Überlagerung. Wegen der symmetrischen Bauart des Schwingers und der Gleichungen genügt überdies die Durchführung für einen der beiden Fälle. Wir nehmen also an, es greife ein Zwangsmoment $m_0 = P_0 e^{i\Omega t}$ an der linken Drehmasse Θ_0 des Systems Abb. 23/1 an. Dann lauten die Bewegungsgleichungen, wenn wir entsprechend den Gln. (23.6) die beiden Koordinaten ϑ_0 und ϑ_1 benutzen und ihnen komplexe Werte zuerkennen,

$$\Theta_0 \ddot{\vartheta}_0 + c\,(\vartheta_0 - \vartheta_1) = P_0 e^{i\Omega t}, \qquad \Theta_1 \ddot{\vartheta}_1 + c\,(\vartheta_1 - \vartheta_0) = 0. \qquad (49.1a)$$

Mit dem *Hauptschwingungsansatz*

$$\vartheta_0 = A_0 e^{i\Omega t}, \qquad \vartheta_1 = A_1 e^{i\Omega t} \qquad (49.2a)$$

folgen daraus die beiden algebraischen Gleichungen

$$\left. \begin{aligned} (c - \Theta_0 \Omega^2)\, A_0 - c\, A_1 &= P_0 \\ -c\, A_0 + (c - \Theta_1 \Omega^2)\, A_1 &= 0. \end{aligned} \right\} \qquad (49.3)$$

Die Auflösung ergibt, wenn analog (23.10) mit

$$D(\Omega^2) \equiv (c - \Theta_0 \Omega^2)(c - \Theta_1 \Omega^2) - c^2 = \Theta_0 \Theta_1 \Omega^2 (\Omega^2 - \omega^2)$$

die Determinante der Koeffizienten der linken Seite bezeichnet wird, und die Abkürzungen (23.11) verwendet werden,

$$\left.\begin{aligned}
A_0 &= \frac{c - \Theta_1 \Omega^2}{D(\Omega^2)}\, P_0 = -\frac{P_0}{\Theta_0}\, \frac{\Omega^2 - k'}{\Omega^2(\Omega^2 - \omega^2)} \\[2mm]
A_1 &= \frac{c}{D(\Omega^2)}\, P_0 = +\frac{P_0}{\Theta_0}\, \frac{k'}{\Omega^2(\Omega^2 - \omega^2)}\,.
\end{aligned}\right\} \tag{49.4a}$$

Obgleich wir hier eine überzählige Koordinate benutzen, führt dieser Weg am einfachsten zum Ziel. Wollten wir die Bewegungsgleichung für die erzwungenen Schwingungen unter Benutzung der *einen* Koordinate $\varrho = \vartheta_1 - \vartheta_0$ aufstellen, also in derjenigen Form, die (23.7b) entspricht, so wären folgende Überlegungen notwendig:

Die Differentialgleichung der freien Schwingungen ist (23.7b). Die Glieder der Gleichung bedeuten nicht Momente an der Drehmasse Θ_0; wir dürfen also, um die Gleichung für die durch das Zwangsmoment $\mathfrak{m}_0 = P_0 e^{i\Omega t}$ erzwungenen Schwingungen herzustellen, nicht einfach das Zwangsglied auf die rechte Seite setzen. Multiplizieren wir dagegen (23.7b) mit $\dfrac{\Theta_0 + \Theta_1}{\Theta_1}$, so kommt

$$\Theta_0 \ddot{\varrho} + \frac{\Theta_0 + \Theta_1}{\Theta_1}\, c\,\varrho = 0.$$

Diese Differentialgleichung kann aufgefaßt werden als Gleichung des im Knoten eingespannten linken Stückes der Welle, und die Glieder bedeuten Momente, die auf die Drehmasse Θ_0 wirken. Hier darf jetzt das Zwangsglied $P_0 e^{i\Omega t}$ eingesetzt werden (wegen $\varrho = \vartheta_1 - \vartheta_0$ mit dem negativen Zeichen)

$$\Theta_0 \ddot{\varrho} + \frac{\Theta_0 + \Theta_1}{\Theta_1}\, c\,\varrho = - P_0 e^{i\Omega t}. \tag{49.1b}$$

Mit dem Hauptschwingungsansatz $\varrho = B e^{i\Omega t}$ folgt

$$\left(c\,\frac{\Theta_0 + \Theta_1}{\Theta_1} - \Theta_0 \Omega^2\right) B = - P_0 \tag{49.2b}$$

und daraus

$$B = \frac{P_0}{\Theta_0}\, \frac{1}{\Omega^2 - \omega^2}\,. \tag{49.4b}$$

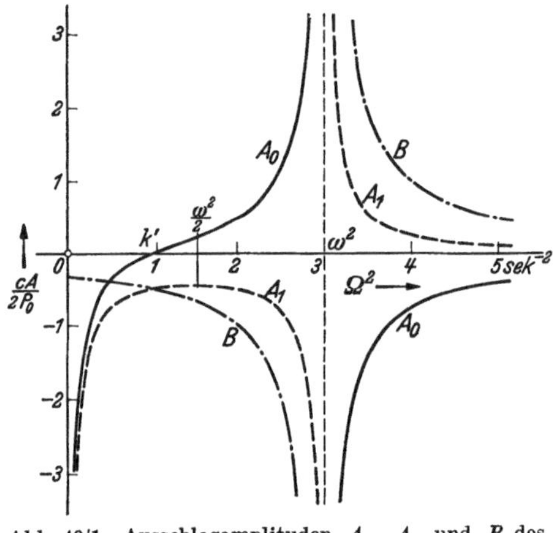

Wegen $\varrho = \vartheta_1 - \vartheta_0$ ist $B = A_1 - A_0$. Durch Bildung dieser Differenz aus den Ausdrücken (49.4a) folgt ebenfalls (49.4b). Das gleiche Ergebnis erhält man auch aus (44.5), wenn man beachtet, daß wegen (49.1b) an die Stelle von c der Ausdruck $c\,\dfrac{\Theta_0 + \Theta_1}{\Theta_1}$ treten muß; denn

$$B = \frac{-P_0}{c\,\dfrac{\Theta_0 + \Theta_1}{\Theta_1}}\, \frac{1}{1 - \eta^2} = \frac{-P_0}{\omega^2\,\Theta_0}\, \frac{1}{1 - \eta^2} = \frac{P_0}{\Theta_0}\, \frac{1}{\Omega^2 - \omega^2}\,.$$

Abb. 49/1. Ausschlagamplituden A_0, A_1 und B des Zweimassensystems bei Erregung der Drehmasse Θ_0.

Wir erörtern das Ergebnis an Hand der Gln. (49.4a). In der Abb. 49/1 ist eine den Ausschlägen A_0 und A_1 und dem Relativausschlag $B = A_1 - A_0$ proportionale dimensionslose Größe in Abhängigkeit vom Quadrat der Erregerfrequenz Ω^2 aufgetragen. Wir begnügen uns mit der Darstellung eines charakteristischen Falles. Der Abb. 49/1 liegen die folgenden Zahlenwerte zugrunde:

$\Theta_0 = \dfrac{c}{2}\,\mathrm{s}^2$ und $\Theta_1 = c\,\mathrm{s}^2$, also $k = 2/\mathrm{s}^2$, $k' = 1/\mathrm{s}^2$ und $\omega^2 = 3/\mathrm{s}^2$. Die Gleichungen der Kurven lauten daher

$$A_0 = -\frac{P_0}{\Theta_0}\,\frac{\Omega^2-1}{\Omega^2(\Omega^2-3\,\mathrm{s}^{-2})}, \qquad A_1 = \frac{P_0}{\Theta_0}\,\frac{1}{\Omega^2(\Omega^2-3\,\mathrm{s}^{-2})}, \qquad B = \frac{P_0}{\Theta_0}\,\frac{1}{\Omega^2-3\,\mathrm{s}^{-2}}$$

oder

$$\frac{c\,A_0}{2\,P_0} = -\frac{(\Omega^2-1)\,\mathrm{s}^{-2}}{\Omega^2(\Omega^2-3\,\mathrm{s}^{-2})}, \qquad \frac{c\,A_1}{2\,P_0} = \frac{\mathrm{s}^{-4}}{\Omega^2(\Omega^2-3\,\mathrm{s}^{-2})}, \qquad \frac{c\,B}{2\,P_0} = \frac{\mathrm{s}^{-2}}{\Omega^2-3\,\mathrm{s}^{-2}}$$

Die Lage des (reellen oder virtuellen) Schwingungsknotens findet man aus den Beziehungen (Abb. 49/2) $x/l = A_0/B$ oder $x'/l = A_1/B$, die

$$x/l = 1-(k'/\Omega^2) \qquad \text{oder} \qquad x'/l = k'/\Omega^2$$

liefern. Mit den angegebenen Zahlenwerten kommt $x/l = 1-(1\,\mathrm{s}^{-2}/\Omega^2)$ oder $x'/l = 1\,\mathrm{s}^{-2}/\Omega^2$.

Abb. 49/2. Ausschläge und Knoten.

In der Abb. 49/3 sind die Ausschlagbilder für die folgenden Werte der Erregerfrequenz zusammengestellt:

allgemein	Zahlenwert	Lage des Knotens
$0 < \Omega^2 < k'$	$\Omega^2 = 1/2\,\mathrm{s}^{-2}$	$x/l = -1$
$\Omega^2 = k'$	$\Omega^2 = 1\,\mathrm{s}^{-2}$	$x/l = 0$
$k' < \Omega^2 < \omega^2$	$\Omega^2 = 2\,\mathrm{s}^{-2}$	$x/l = 1/2$
$\Omega^2 = \omega^2$	$\Omega^2 = 3\,\mathrm{s}^{-2}$	$x/l = 2/3$
$\omega^2 < \Omega^2$	$\Omega^2 = 4\,\mathrm{s}^{-2}$	$x/l = 3/4$.

Man sieht aus Abb. 49/1 sowohl wie aus Abb. 49/3 (der Pfeil deutet das Zwangsmoment an), daß bei geringen Werten der Erregerfrequenz beide Drehmassen große Ausschläge machen, die mit dem Zwangsmoment in Gegenphase liegen. Mit wachsender Frequenz werden die Ausschläge kleiner (der Relativausschlag dagegen größer), bis bei $\Omega^2 = k'$ der Ausschlag A_0 verschwindet. Das System schwingt dann so, als ob es links eingespannt wäre; dabei wird das Einspannmoment vom Erregermoment geliefert. Denn mit $\Omega^2 = k'$ wird

$$A_1 = +\frac{P_0}{\Theta_0}\,\frac{1}{k'-\omega^2} = -\frac{P_0}{\Theta_0}\,\frac{1}{k} = -\frac{P_0}{c};$$

das Einspannmoment $E_0 = -c\,A_1$ ist also gleich P_0. Im nächsten Bereich $k' < \Omega^2 < \omega^2$ ist A_0 in Phase mit dem Zwangsmoment P_0, A_1 in Gegenphase, der Knoten liegt im Wellenstück. Der Ausschlag A_1 nimmt seinen (dem Betrage nach) kleinsten Wert an bei $\Omega^2 = \omega^2/2$, wie man durch Nullsetzen der Ableitung findet. Bei $\Omega^2 = \omega^2$ tritt Resonanz ein: Die Schwingung kann ohne Zwangsmoment auf

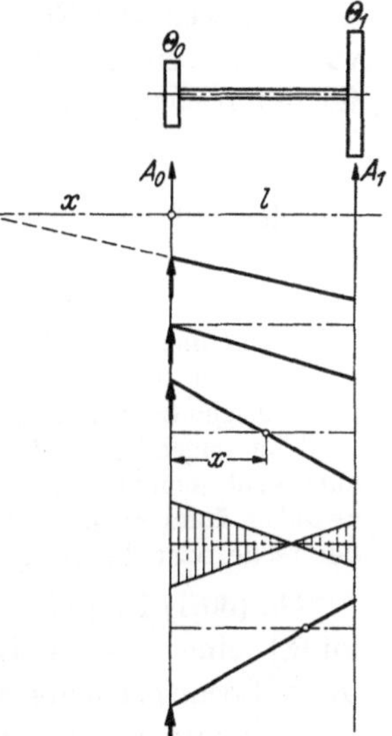

Abb. 49/3. Ausschlagbilder für verschiedene Erregerfrequenzen.

rechterhalten bleiben; bei endlichem Zwangsmoment gehen die Ausschläge über alle Grenzen. Für $\Omega^2 > \omega^2$ ist A_0 wieder in Gegenphase, jedoch A_1 in Phase mit der Erregung. Mit wachsender Frequenz rückt der Knoten immer weiter nach rechts.

Man beachte, daß diese Betrachtungen wie die früher durchgeführten Diskussionen der Vergrößerungsfunktionen nur für konstante Werte Ω gelten. Die Kurven sind „punktweise" zu verstehen.

Weil wir in späteren Abschnitten dieses Bandes und der folgenden Bände die hier abgeleiteten Ergebnisse noch häufig benutzen, sie dabei aber in mannigfacher Form antreffen werden, so geben wir schon hier weitere Schreibweisen für die Gln. (49.4) an. Neben jenen Fassungen gilt auch

$$\begin{aligned}
A_0 &= -\frac{P_0}{c}\,\frac{k\,(\Omega^2 - k')}{\Omega^2\,[\Omega^2 - (k + k')]} \\[2mm]
A_1 &= \frac{P_0}{c}\,\frac{k\,k'}{\Omega^2\,[\Omega^2 - (k + k')]} \\[2mm]
B &= \frac{P_0}{c}\,\frac{k}{\Omega^2 - (k + k')}\,.
\end{aligned} \tag{49.4 c}$$

b) Schwinger mit geschwindigkeitsproportionalen Dämpfungskräften.

50. Differentialgleichung und Dauergleichung der Bewegung. Zur Untersuchung der erzwungenen Schwingungen von Systemen mit Dämpfung greifen wir zunächst den Fall der geschwindigkeitsproportionalen Dämpfung heraus. Er ist am einfachsten zu behandeln, da die Differentialgleichung linear bleibt. Alle andern Arten von Dämpfungskräften führen auf nichtlineare Differentialgleichungen (s. Abschnitt c). Bei Anwesenheit einer der Geschwindigkeit proportionalen Dämpfungskraft werden die unter Voraussetzung der Dämpfungsfreiheit erzielten Ergebnisse (Abschnitt a) in manchen Punkten wesentlich abgeändert. Die für diesen Fall gültige Bewegungsgleichung ist (43.3) mit den verschiedenen Formen (43.8) für die Amplitude der Erregerkraft. Den größten Teil der weiteren Erörterung werden wir an die Vektordarstellung anschließen; wir schreiben die Bewegungsgleichung deshalb in die Vektorform um. Der Gl. (43.3) entspricht

$$a\,\ddot{\mathfrak{q}} + b\,\dot{\mathfrak{q}} + c\,\mathfrak{q} = \mathfrak{P}\,e^{i\,\Omega t} \tag{50.1}$$

mit den Gln. (43.8), die als Vektorgleichungen lauten:

$$\mathfrak{P} = a_i\Omega^2\,\mathfrak{U}, \qquad \mathfrak{P} = i b_i\Omega\,\mathfrak{U}, \qquad \mathfrak{P} = c_i\mathfrak{U}. \tag{50.1 a—c}$$

Mit kleinen deutschen (Fraktur-) Buchstaben sind (wie stets) die Augenblickswerte der erzeugenden Kreisbewegung, mit großen ihre komplexen Amplituden bezeichnet. Eine harmonische Schwingung mit der komplexen Amplitude $\mathfrak{A}$ der erzeugenden Kreisbewegung wird im folgenden der Kürze halber oft einfach „Schwingung $\mathfrak{A}$" genannt werden. Es wird auch noch einmal daran erinnert, daß nach den Verabredungen von Ziff. 4 eine Gleichung zwischen komplexen Größen, wie etwa (50.1), so zu verstehen ist, daß jeweils nur entweder der reelle oder der imaginäre Teil für die Beschreibung der Schwingung maßgebend ist.

Gl. (50.1) ist [wie die Bewegungsgleichung (44.1) der ungedämpften Schwingung] eine lineare Differentialgleichung 2. Ordnung mit Störungsfunktion, deren Lösung sich aus der Lösung der um das Störungsglied verkürzten Gleichung und einem partikularen Integral der unverkürzten zusammensetzt. Vom ersten Anteil [der in reeller Form durch (35.4) beschrieben wird] sehen wir zunächst ganz ab, da er abklingt und den sich schließlich einstellenden stationären Vorgang nicht mehr beeinflußt.

Als Partikularintegral müssen wir wieder eine Schwingung $\mathfrak{Q}$ mit der Kreisfrequenz Ω der Erregerkraft erhalten, da nur mit der gleichen Winkelgeschwindigkeit umlaufende Vektoren festen Betrages in jedem Augenblick ein geschlossenes Krafteck liefern können. Es ist also

$$\mathfrak{q} = \mathfrak{Q}\,e^{i\,\Omega t}. \tag{50.2}$$

Durch Einsetzen von (50.2) in die Differentialgleichung (50.1) folgt

$$\mathfrak{Q}(-a\Omega^2 + b\Omega i + c) = \mathfrak{P}. \qquad (50.3)$$

Diese Gleichung zeigt, in welcher Weise Gleichgewicht zwischen der Erregerkraft $\mathfrak{P}$ und den drei dem Ausschlag $\mathfrak{Q}$ proportionalen Kräften (Trägheitskraft, Dämpfungskraft und Federkraft) besteht. Aus ihr liest man auch ab, daß $\mathfrak{Q}$ und $\mathfrak{P}$ jetzt nicht mehr kollinear (d. i. in Phase oder Gegenphase) sein können. Nur ein gegen $\mathfrak{P}$ *nacheilender* Vektor $\mathfrak{Q}$ kann die Beziehung (50.3) erfüllen. Die Abb. 50/1 und 50/2 zeigen die zugehörigen Vektorbilder, und zwar a) Erregerkraft $\mathfrak{P}$ und Ausschlag $\mathfrak{Q}$, b) das Krafteck nach (50.3), c) das Büschel der komplexen Amplituden, das umlaufend (und projiziert) den zeitlichen Verlauf der vier Kräfte angibt. Abb. 50/1 ist ein Beispiel für eine Schwingung mit *unterkritischer Erregerfrequenz* $\Omega < \omega$, Abb. 50/2 für eine Schwingung mit *überkritischer Erregerfrequenz* $\Omega > \omega$.

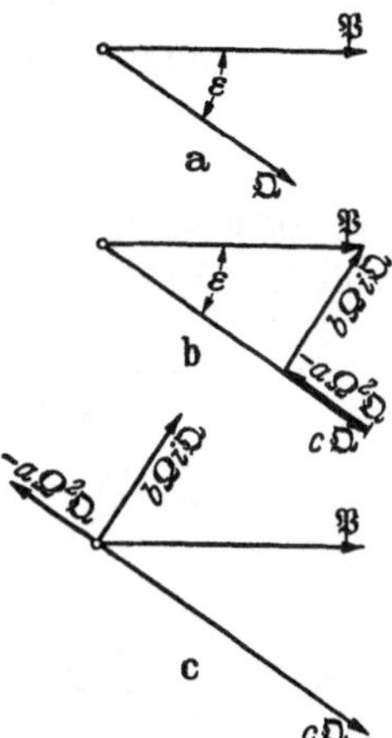

Abb. 50/1. Vektorbilder für unterkritische Erregerfrequenz $\Omega < \omega$. a Erregerkraft und Ausschlag, b Krafteck, c Kräfte einzeln.

Um den Betrag Q der Amplitude und den Nacheilwinkel ε zu erhalten, kann man zur reellen Schreibweise übergehen. Man findet dann durch Zerlegen der Vektoren von (50.3) in einen Sinus- und einen Kosinusanteil oder einfacher durch Ablesen aus dem rechtwinkligen Dreieck der Abb. 50/1 b oder 50/2 b

$$P^2 = Q^2\left[(c - a\Omega^2)^2 + b^2\Omega^2\right] \quad \text{oder} \quad Q = \frac{P}{\sqrt{(c - a\Omega^2)^2 + b^2\Omega^2}} \qquad (50.4\,\text{a})$$

und

$$\operatorname{tg}\varepsilon = \frac{b\Omega}{c - a\Omega^2}. \qquad (50.4\,\text{b})$$

Beide Größen, Q und ε, sind durch a, b, c und Ω festgelegt, außerdem ist Q noch P proportional. Die Abhängigkeit des erzwungenen Ausschlags von den verschiedenen Parametern untersuchen wir jedoch zunächst nicht an den reellen Formen (50.4), die wir erst in Ziff. 53 näher betrachten werden, sondern im Anschluß an die Vektorgleichung (50.3). In jener Gleichung stehen links die Trägheits-, Dämpfungs- und Federkraft

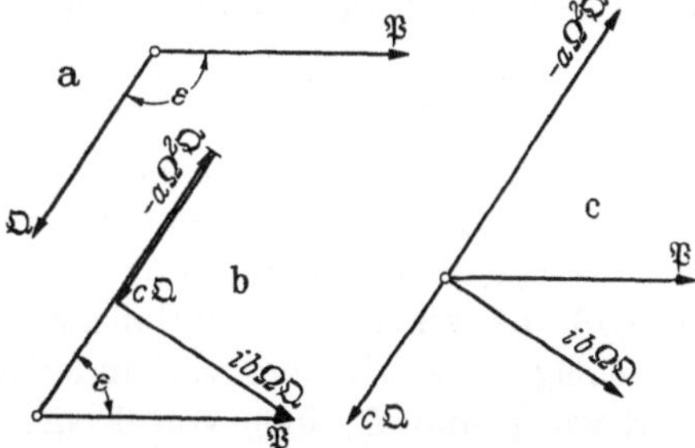

Abb. 50/2. Vektorbilder für überkritische Erregerfrequenz $\Omega > \omega$. a Erregerkraft und Ausschlag, b Krafteck, c Kräfte einzeln.

(mit positivem Zeichen, wenn sie den Schwingkörper zurückführen), rechts die Erregerkraft. Schreiben wir also $\mathfrak{P}_a + \mathfrak{P}_b + \mathfrak{P}_c = \mathfrak{P}$, so wird

$$\mathfrak{P}_a = -a\Omega^2\,\mathfrak{Q}, \qquad \mathfrak{P}_b = b\Omega i\,\mathfrak{Q}, \qquad \mathfrak{P}_c = c\,\mathfrak{Q}. \qquad (50.5\,\text{a--c})$$

Nun bilden wir die drei Quotienten

$$\mathfrak{y}_1 = \frac{\mathfrak{P}_a}{\mathfrak{P}} = \frac{-a\Omega^2}{-a\Omega^2 + b\Omega i + c} = \frac{-\eta^2}{(1 - \eta^2) + 2\delta\eta i} \qquad (50.6\,\text{a})$$

$$\mathfrak{y}_2 = \frac{\mathfrak{P}_b}{\mathfrak{P}} = \frac{b\Omega i}{-a\Omega^2 + b\Omega i + c} = \frac{2\delta\eta i}{(1 - \eta^2) + 2\delta\eta i} \qquad (50.6\,\text{b})$$

$$\mathfrak{y}_3 = \frac{\mathfrak{P}_c}{\mathfrak{P}} = \frac{c}{-a\Omega^2 + b\Omega i + c} = \frac{1}{(1 - \eta^2) + 2\delta\eta i}. \qquad (50.6\,\text{c})$$

Als Verhältnisse komplexer Größen sind die Quotienten $\mathfrak{y}$ selbst komplex, als Verhältnisse von Kräften dimensionslos. δ und η sind die früher (Ziff. 35 und 44) schon benutzten Abkürzungen $\delta = b/2 \sqrt{a\,c}$ und $\eta = \Omega/\omega$. Gl. (50.3) kann also in die Form

$$\mathfrak{y}_1 + \mathfrak{y}_2 + \mathfrak{y}_3 = 1 \qquad (50.7)$$

gesetzt werden. Je nach der Reihenfolge der Summanden ergeben sich verschiedene Vektorbilder. Drei von ihnen zeigt Abb. 50/3. Mit $\mathfrak{P}$ multipliziert entstehen aus den Abb. 50/3 die Kraftecke, so gehört z. B. Abb. 50/1b zu Abb. 50/3a.

Die Untersuchung der Vorgänge in der vektoriellen (d. i. komplexen) Schreibweise hat, weil der Zusammenhang mit dem anschaulichen Vorgang der Kreisbewegung stets gewahrt bleibt, große Vorteile gegenüber der reellen Betrachtungs- und Schreibweise, in der sich oft recht unübersichtliche Formeln ergeben. Auf jenem Wege ist ferner eine folgerichtige Weiterbildung von Begriffen möglich, die für die dämpfungsfreie Bewegung entwickelt worden sind (kinetische Einflußzahl, kinetische Federzahl).

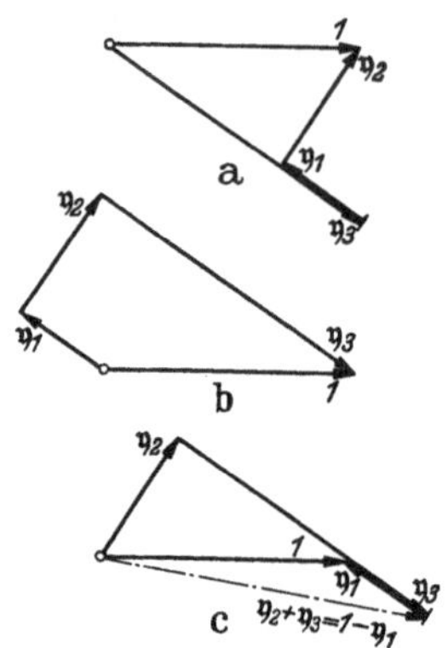

Abb. 50/3. Dimensionslose Trägheits-, Dämpfungs-, und Federkräfte (reduzierte kinetische Einflußzahlen); $\mathfrak{y}_1 + \mathfrak{y}_2 + \mathfrak{y}_3 = 1$.

51. Kinetische Einflußzahlen, kinetische Federzahlen und Ortskurven bei frequenzunabhängiger Amplitude der Erregerkraft. Den Zusammenhang zwischen Erregerkraft $\mathfrak{P}$ und erzwungenem Ausschlag $\mathfrak{Q}$ kann man mit Hilfe jeder der Gln. (50.5) zusammen mit der entsprechenden Gl. (50.6) herstellen. Für Erregerkräfte fester Amplitude empfiehlt sich die dritte Form. Man findet

$$\mathfrak{Q} = \frac{\mathfrak{P}c}{c} = \frac{1}{c}\,\mathfrak{P}\,\mathfrak{y}_3 \qquad \text{oder} \qquad \frac{\mathfrak{Q}}{\mathfrak{P}} = \frac{1}{c}\,\mathfrak{y}_3 = h\,\mathfrak{y}_3 = \mathfrak{h}\,. \qquad (51.1)$$

Den Quotienten aus erzwungenem Ausschlag und erregender Kraft bei harmonischen Schwingungen hatten wir für den dämpfungsfreien Schwinger in Ziff. 45 (in Analogie zu der Bedeutung des Ausdrucks für statische Kräfte und Ausschläge) als kinetische Einflußzahl bezeichnet. Für kollineare Kräfte und Ausschläge (wie sie dort vorhanden waren) ist der Quotient eine reelle Zahl. Hier, wo $\mathfrak{P}$ und $\mathfrak{Q}$ einen von 0 oder π verschiedenen Winkel miteinander einschließen, ist dieser Quotient komplex. $\mathfrak{h}$ ist eine komplexe Zahl, die wir wieder als *kinetische Einflußzahl* bezeichnen; sie geht aus $\mathfrak{y}_3$ durch Multiplikation mit der statischen Einflußzahl h hervor. $\mathfrak{y}_3$ selbst nennen wir deshalb die *reduzierte kinetische Einflußzahl*. Die kinetische Einflußzahl $\mathfrak{h}$ ist also wieder jene (jetzt komplexe) Zahl, mit der die (komplexe) Kraftamplitude $\mathfrak{P}$ zu multiplizieren ist, damit man die (komplexe) Ausschlagamplitude $\mathfrak{Q}$ erhält. Den Kehrwert $\mathfrak{c} = 1/\mathfrak{h}$ nennen wir auch hier die *kinetische Federzahl*. Sie stellt aus der (komplexen) Ausschlagamplitude die (komplexe) Kraftamplitude her. Es ist demnach

$$\frac{\mathfrak{P}}{\mathfrak{Q}} = \mathfrak{c} = \frac{1}{\mathfrak{h}} = \frac{1}{h}\,\frac{1}{\mathfrak{y}_3} = c\,\mathfrak{z}_3 \qquad \text{oder} \qquad \frac{\mathfrak{c}}{c} = \mathfrak{z}_3\,. \qquad (51.2)$$

Die dimensionslose komplexe Zahl $\mathfrak{z}_3 = 1/\mathfrak{y}_3$ heiße *reduzierte kinetische Federzahl*.

Den Zusammenhang zwischen $\mathfrak{P}$ und $\mathfrak{Q}$ bei verschiedenen Frequenzen Ω kennt man, wenn man den Verlauf der reduzierten kinetischen Einflußzahl $\mathfrak{y}_3$

oder ihres Kehrwertes, der reduzierten kinetischen Federzahl $\mathfrak{z}_3$, kennt. Denn Multiplikation des dimensionslosen Vektors $\mathfrak{h}_3$ mit der statischen Einflußzahl h und der (als unabhängig von Ω angenommenen) komplexen Amplitude $\mathfrak{P}$ der Erregerkraft gibt die komplexe Amplitude $\mathfrak{Q}$ des Ausschlags; oder: Multiplikation der reduzierten kinetischen Federzahl $\mathfrak{z}_3$ mit der statischen Federzahl c und dem Ausschlag $\mathfrak{Q}$ gibt die Erregerkraft $\mathfrak{P}$. *Die Erörterung des Verlaufs von $\mathfrak{h}_3$ oder $\mathfrak{z}_3$ gibt uns also über den zu untersuchenden Zusammenhang zwischen $\mathfrak{P}$ und $\mathfrak{Q}$ erschöpfend Auskunft.*

Der einfacheren Gleichungen wegen, zu denen diese Betrachtung führt, beginnen wir mit der Untersuchung des Verlaufs von $\mathfrak{z}_3$, der reduzierten kinetischen *Federzahl*. Aus (50.6 c) finden wir

$$\mathfrak{z}_3 = (1-\eta^2) + 2\,\delta\,\eta\,i \qquad (51.3\,\mathrm{a})$$

oder

$$\mathfrak{z}_3 = \left(1 - \frac{a\,\Omega^2}{c}\right) + \frac{b\,\Omega}{c}i. \qquad (51.3\,\mathrm{b})$$

Wir suchen die Abhängigkeit dieser Größe von den vier Bestimmungsstücken Ω, a, b, c getrennt auf.

1. Wenn die Systemgrößen a, b, c feste Werte haben und nur Ω sich ändert, so ändert sich in (51.3 a) die Größe $\eta = \Omega/\omega$, während δ einen festen Wert behält. Die Endpunkte aller Vektoren $\mathfrak{z}_3$, die nach (51.3 a) für festes δ und veränderliches η gebildet werden, liegen auf einer der Kurven der Abbildung 51/1a. Wird mit x und y Realteil und Imaginärteil von $\mathfrak{z}_3$ bezeichnet, so folgt aus (51.3 a) die Gleichung dieser Kurven mit η als Parameter zu

$$x = 1-\eta^2, \qquad y = 2\,\delta\eta.$$

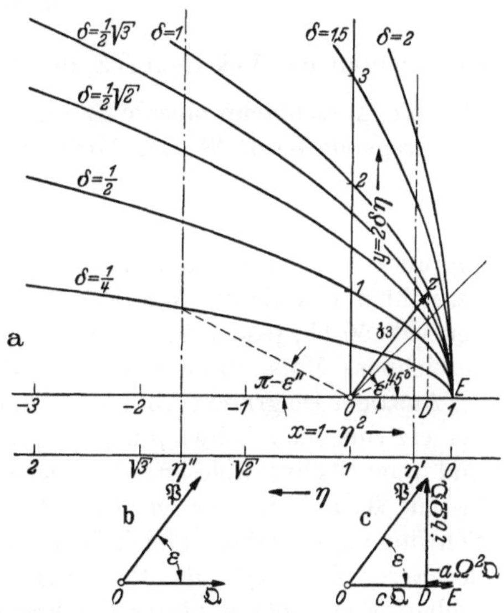

Abb. 51/1. Schar von Parabeln als geometrischer Ort der Endpunkte der Vektoren $\mathfrak{z}_3$ (reduzierte kinetische Federzahlen) bei Variation der Erregerfrequenz Ω mit δ als Scharparameter.

Eliminiert man den Parameter, so lautet die Beziehung zwischen x und y

$$y^2 + 4\,\delta^2\,(x-1) = 0. \qquad (51.4)$$

Die Kurven sind Parabeln [1]. Die einzelnen Parabeln der Schar unterscheiden sich durch die zugehörigen Werte δ. Die Zuordnung der Werte δ an die einzelnen Parabeln erfolgt am einfachsten mit Hilfe der Teilung auf der y-Achse; weil dort $\eta = 1$ ist, schneidet jede Parabel auf ihr den Wert 2δ ab. Für $\delta = 0$ artet die Parabel aus in die links vom Einheitspunkt gelegene Halbgerade der reellen Achse. Die Zuordnung der einzelnen Punkte zum Parameter η erkennt man aus der Teilung der x-Achse. Will man an Stelle von η^2 den Wert η selbst auftragen, so entsteht ein nach links gehender quadratisch geteilter Maßstab, dessen Nullpunkt mit dem Einheitspunkt der x-Achse zusammenfällt.

Wir machen uns an einem Beispiel noch einmal die Bedeutung des Diagramms klar: Der in Abb. 51/1a eingezeichnete Vektor $\overrightarrow{OZ}$ gibt die reduzierte kinetische Federzahl $\mathfrak{z}_3$ (für die Werte $\delta = 1$, $\eta^2 = 0{,}24$) an. Eine erzwungene Schwingung, deren erzeugender Vektor $\mathfrak{Q}$ in Abb. 51/1b ist, wird daher hervorgerufen durch eine mit derselben Frequenz verlaufende harmonische Kraft, deren komplexe Amplitude der Vektor $\mathfrak{P}$ derselben Abbildung ist.

Unter Berücksichtigung der Maßstäbe können wir den Sachverhalt auch folgendermaßen aussprechen: Die reduzierten kinetischen Federzahlen $\mathfrak{z}_3$ sind reine (komplexe) Zahlen. Sind sie so aufgetragen, daß die Einheit auf beiden Achsen durch n cm dargestellt wird, so ist der Maßstab für $\mathfrak{z}_3$

$$m_{\mathfrak{z}_3} = \frac{1}{n \text{ cm}}.\tag{51.5a}$$

Beträgt die statische Federzahl c kg/cm und benutzt man den Maßstab

$$m_c = \frac{c \text{ kg/cm}}{n \text{ cm}},\tag{51.5b}$$

so bedeuten die Vektoren $\overrightarrow{OZ}$ des Diagramms die kinetischen Federzahlen c.

Hat die Ausschlagamplitude $\mathfrak{Q}$ einen Betrag von Q cm, so gibt der Vektor $\overrightarrow{OZ}$ die erregende Kraft $\mathfrak{P}$ nach Größe und Phasenlage an, wenn man den Maßstab

$$m_P = \frac{c\,Q \text{ kg}}{n \text{ cm}}\tag{51.5c}$$

zugrunde legt. Das Diagramm liefert aber noch mehr: Der Streckenzug $OEDZ$ bezeichnet das Krafteck aus Feder-, Trägheits- und Widerstandskraft analog der Abb. 50/1 b, jedoch in anderer Lage zur Zeitlinie. In Abb. 51/1 c ist es herausgezeichnet. Maßstab ist m_P nach (51.5c).

Aus dem Diagramm Abb. 51/1 a können wir nun eine Reihe von Eigenschaften der erzwungenen Schwingung in übersichtlicher Weise unmittelbar (qualitativ und quantitativ) ablesen: Bei geringen Werten des Frequenzverhältnisses η haben $\mathfrak{P}$ und $\mathfrak{Q}$ nur geringe Phasenverschiebung, und die Amplitude der Schwingung ist nahezu gleich dem statischen Ausschlag. Mit steigender Frequenz der Erregung wächst die Phasenverschiebung zwischen Erregerkraft und Ausschlag. Dieser bleibt hinter der Erregerkraft zurück. Beim Frequenzverhältnis $\eta = 1$ ist die Phasenverschiebung 90° geworden. Federkraft und Trägheitskraft heben sich dann auf, $\overline{OE} = \overline{EO}$, die Erregerkraft ist gleich der Widerstandskraft. Mit weiterem Anstieg der Erregerfrequenz wächst auch die Phasenverschiebung weiter und geht bei großen Werten η gegen 180°. Der Betrag der Erregerkraft (dargestellt durch die Länge des Vektors $\overrightarrow{OZ}$), der zur Erzielung einer vorgegebenen Auslenkung nötig ist, nimmt (wenigstens für kleine δ) anfangs ab, hat noch vor $\eta = 1$ einen kleinsten Wert und wächst dann stark an.

Der Phasenverschiebungswinkel ε zwischen Erregerkraft $\mathfrak{P}$ und erzwungenem Ausschlag $\mathfrak{Q}$ tritt im Diagramm Abb. 51/1a auf als Winkel zwischen dem Vektor $\overrightarrow{OZ}$ und dem Vektor $\overrightarrow{OE}$. Er ist gegeben durch

$$\operatorname{tg} \varepsilon = \frac{\mathfrak{Im}\,\overrightarrow{OZ}}{\mathfrak{Re}\,\overrightarrow{OZ}} = \frac{y}{x} = \frac{2\,\delta\,\eta}{1 - \eta^2}.\tag{51.6}$$

Diese Beziehung kann man (an Stelle der Teilung der y-Achse) ebenfalls benutzen, um die Werte δ festzulegen, die den einzelnen Parabeln zugehören. Macht man nämlich

$$\frac{\eta}{1 - \eta^2} = +1 \qquad \text{oder} \qquad \frac{\eta}{1 - \eta^2} = -1,$$

so wird

$$\operatorname{tg} \varepsilon' = 2\,\delta \qquad \text{oder} \qquad \operatorname{tg}(\pi - \varepsilon'') = 2\,\delta.\tag{51.7}$$

Diese Forderungen liefern für η die quadratischen Gleichungen

$$\eta^2 + \eta - 1 = 0 \qquad \text{oder} \qquad \eta^2 - \eta - 1 = 0 \tag{51.8}$$

mit den beiden positiven Lösungen η' und η''

$$\eta' = 1 - \eta'^2 = \frac{1}{2}\left[-1 + \sqrt{5}\right] = 0{,}618$$

und

$$\eta'' = -(1 - \eta''^2) = \frac{1}{2}\left[1 + \sqrt{5}\right] = 1{,}618. \tag{51.9}$$

Die Stellen $1 - \eta'^2 = 0{,}618$ und $1 - \eta''^2 = -1{,}618$ sind in der Abb. 51/1a angemerkt. Die zugehörigen Phasenverschiebungswinkel sind ε' und ε''; für den ersten gilt $2\delta = \operatorname{tg}\varepsilon'$, für den zweiten $2\delta = \operatorname{tg}(\pi - \varepsilon'')$. Die Winkel ε' und ε'' sind als *Dämpfungswinkel* gelegentlich auch zur Kennzeichnung der Dämpfung (an Stelle des von uns bevorzugten δ) vorgeschlagen worden [2]. (In der Abb. 51/1a sind sie zum Wert $\delta = 1/4$ eingezeichnet.)

Des weiteren merken wir für den späteren Gebrauch (Ziff. 58) noch an, daß wegen (51.6) die Abszisse η_s des Schnittpunktes einer Parabel mit dem unter $\varepsilon = 45°$ gezogenen Strahl die Beziehung $2\delta = (1 - \eta_s^2)/\eta_s$ erfüllt. Auch dieser Strahl ist in Abb. 51/1a eingezeichnet.

Das Diagramm Abb. 51/1 reicht zur Festlegung des Vektors $\mathfrak{z}_3$ (und damit von $\mathfrak{c}$ und $\mathfrak{P}$) für alle Werte der vier Veränderlichen a, b, c und Ω vollkommen aus. Es erlaubt ferner eine eingehende Diskussion der Eigenschaften der durch eine harmonische Erregerkraft bei verschiedenen Frequenzen an einem gedämpften Schwinger erzwungenen Schwingungen. Zur Vertiefung des Einblicks in die Zusammenhänge wollen wir in ganz entsprechender Weise eine Erörterung der Abhängigkeit der reduzierten kinetischen Federzahl $\mathfrak{z}_3$ auch von den Kenngrößen a, b und c des Schwingers durchführen, da es gegebenenfalls wichtig sein kann zu erfahren, wie sich Abänderungen am schwingenden System auf den Verlauf der Bewegung auswirken. Es ist dabei vorteilhaft, die Gl. (51.3) in der Fassung b heranzuziehen.

2. a ändert sich, b, c und Ω haben feste Werte. Der Imaginärteil in (51.3b) ändert sich nicht. Die Kurven sind Parallele zur x-Achse (—— in Abbildung 51/2). Sie unterscheiden sich durch die ihnen zugeordneten festen Werte

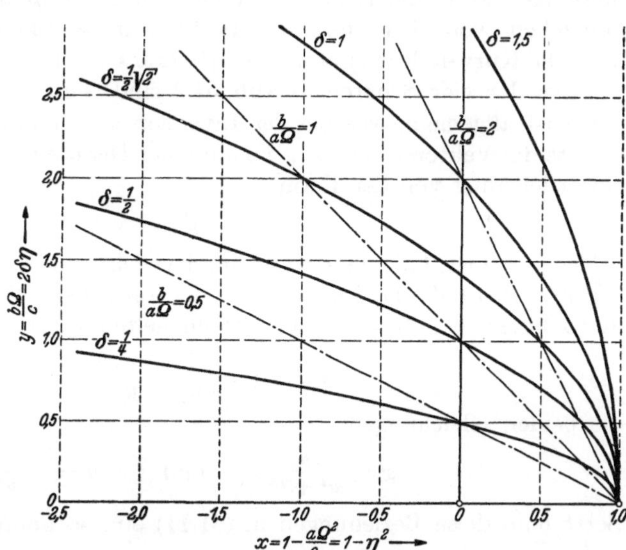

Abb. 51/2. Vier Scharen von Ortskurven für $\mathfrak{z}_3$. —— a, b, c, fest, Ω veränderlich, — — — Ω, b, c fest, a veränderlich, - - - - Ω, a, c fest, b veränderlich, — · — · — Ω, a, b fest, c veränderlich.

$y = b\Omega/c$ und tragen eine Bezifferung nach a, die aus der Teilung der Abszissenachse mit Hilfe der Gleichung $a = \dfrac{c}{\Omega^2}(1 - x)$ im Einzelfall herzustellen ist.

3. b ändert sich, a, c und Ω haben feste Werte. Der Realteil in (51.3b) ändert sich nicht. Die Kurven sind Parallele zur y-Achse ($\vdots$ in Abb. 51/2). Sie unterscheiden sich durch die ihnen zugeordneten festen Werte $x = 1 - \dfrac{a\Omega^2}{c}$

und tragen eine Bezifferung nach b, die aus der Teilung der Ordinatenachse mit Hilfe der Gleichung $b = c\,y/\Omega$ im Einzelfall herzustellen ist.

4. c ändert sich, a, b und Ω haben feste Werte. Hier ändert sich (wie in 1.) sowohl Realteil wie Imaginärteil von $\mathfrak{z}_3$. Durch Entfernen des Parameters c aus den beiden Gleichungen für x und y erhält man

$$y = (1 - x)\,\frac{b}{a\,\Omega}\,. \tag{51.10}$$

Die Kurven bilden ein Geradenbüschel durch den Einheitspunkt ($-\cdot-\cdot-$ in Abb. 51/2). Einer jeden Geraden ist ein fester Wert $b/a\,\Omega$ zugeordnet, dessen negativer Wert ihre Neigung angibt. Die Bezifferung nach dem Parameter c muß aus der Teilung der Abszissenachse mit Hilfe der Gleichung $c = \dfrac{a\,\Omega^2}{1 - x}$ im Einzelfall hergestellt werden.

In Abb. 51/2 sind alle vier Arten von Kurven übereinander gezeichnet. Die Kurven heißen *Ortskurven*, in Übertragung einer Bezeichnung aus der elektrischen Wechselstromtechnik. Die vier Ortskurven sind jeweils definiert als geometrische Örter für den Endpunkt des Vektors $\mathfrak{z}_3$, d. i. der reduzierten kinetischen Federzahl c/c, bei Variation eines der vier Bestimmungsstücke Ω, a, b, c, während die übrigen feste Werte haben.

Ebenso wie die reduzierte kinetische Federzahl $c/c = \mathfrak{z}_3$ kann man auch ihren Kehrwert, die reduzierte kinetische *Einflußzahl* $1/\mathfrak{z}_3 = \mathfrak{y}_3 = \mathfrak{h}/h$, in Abhängigkeit von den einzelnen Bestimmungsstücken auftragen. Man erhält dann die Kurven der reziproken Werte (die sog. „inversen" Kurven zu Abb. 51/2).

Drei der vier Scharen in Abb. 51/2 sind Geradenscharen. Wir untersuchen zunächst allgemein, was bei der Inversion aus Geraden wird. Liegen die Endpunkte der Vektoren $\mathfrak{z}_3 = x + i\,y$ auf einer Geraden, so besteht zwischen x und y eine Gleichung von der Form

$$\alpha\,x + \beta\,y + \gamma = 0, \tag{51.11}$$

in der $\gamma = 0$ ist, falls die Gerade durch O geht, und $\gamma \neq 0$ ist, falls sie nicht durch O geht. Realteil und Imaginärteil des reziproken Wertes $\mathfrak{y}_3 = 1/\mathfrak{z}_3$ seien mit u und v bezeichnet, $\mathfrak{y}_3 = u + i\,v$. Dann gelten wegen

$$x + i\,y = \mathfrak{z}_3 = \frac{1}{\mathfrak{y}_3} = \frac{1}{u + i\,v} = \frac{u - i\,v}{u^2 + v^2}$$

die beiden Gleichungen

$$x = \frac{u}{u^2 + v^2} \qquad \text{und} \qquad y = -\frac{v}{u^2 + v^2}\,.$$

Setzt man diese Beziehungen in (51.11) ein, so kommt

$$\alpha\,\frac{u}{u^2 + v^2} - \beta\,\frac{v}{u^2 + v^2} + \gamma = 0$$

oder

$$\gamma\,(u^2 + v^2) + \alpha\,u - \beta\,v = 0 \tag{51.12}$$

als Gleichung der inversen Kurve. Falls $\gamma \neq 0$ ist, stellt (51.12) einen Kreis durch den Nullpunkt dar, für $\gamma = 0$ wieder eine durch O gehende Gerade.

Die drei Scharen von Geraden (die als Ortskurven im Fall 2, 3, 4 gefunden wurden),

$$y - \frac{b\,\Omega}{c} = 0, \qquad x - \left(1 - \frac{a\,\Omega^2}{c}\right) = 0 \qquad \text{und} \qquad y + (x - 1)\,\frac{b}{a\,\Omega} = 0 \tag{51.13}$$

gehen daher durch Inversion über in die drei Scharen von Kreisen mit den Gleichungen

$$\frac{b\,\Omega}{c}(u^2+v^2)+v=0, \qquad \left(1-\frac{a\,\Omega^2}{c}\right)(u^2+v^2)-u=0$$

und

$$u^2+v^2-u+\frac{a\,\Omega}{b}\,v=0. \tag{51.14}$$

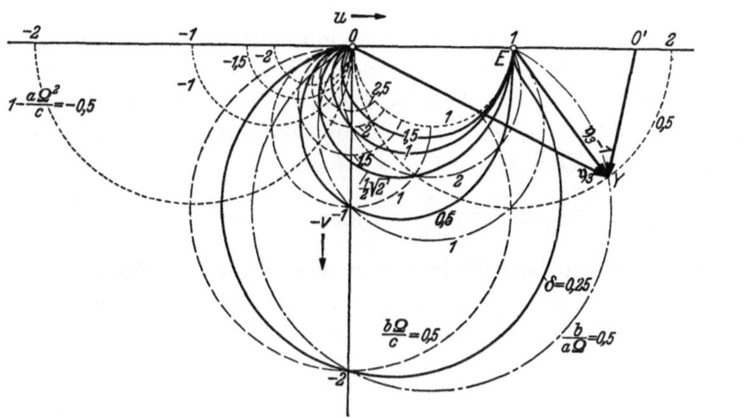

Abb. 51/3. Vier Scharen von Ortskurven für $\mathfrak{y}_3$. ——— a, b, c fest, Ω veränderlich, — — — Ω, b, c fest, a veränderlich, - - - - - Ω, a, c fest, b veränderlich, — · — · — Ω, a, b fest, c veränderlich.

Diese Kreisscharen sind die geometrischen Örter für $\mathfrak{y}_3$ bei Variation der Kenngrößen a, b, c des Schwingers. In Abb. 51/3 sind sie mit derselben Strichart eingezeichnet wie die Geradenscharen $\mathfrak{z}_3$, aus denen sie hervorgehen.

Durch Inversion der Parabelschar der Abb. 51/1a und 51/2 entsteht eine Schar von Kurven 4. Ordnung, die aber auch nahezu Kreise sind. In der Abb. 51/3 sind sie ebenfalls enthalten, in Abb. 51/4 aber noch gesondert gezeichnet.

Wir vergegenwärtigen uns noch einmal die Bedeutung der Darstellung: Der Vektor $\mathfrak{y}_3$ gibt mit der (statischen, reellen) Einflußzahl h multipliziert die kinetische (komplexe) Einflußzahl $\mathfrak{h}$. Wird diese mit dem Vektor der Erregerkraft $\mathfrak{P}$, der Diagrammvektor $\mathfrak{y}_3$ also mit $h\,\mathfrak{P}$ multipli-

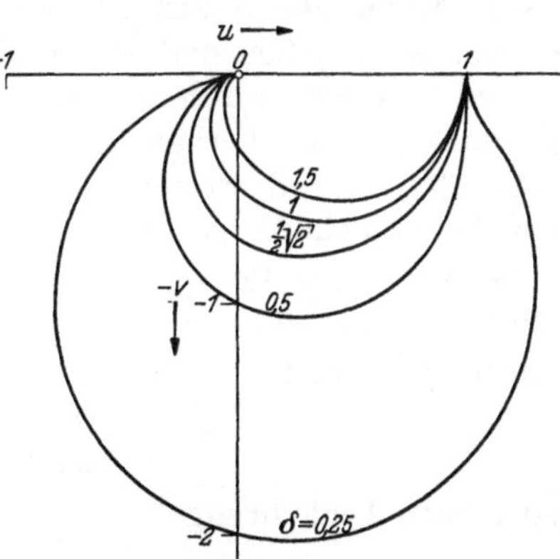

Abb. 51/4. Erste Schar von Abb. 51/3 (bizirkulare Quartiken).

ziert, so erhält man die komplexe Amplitude $\mathfrak{Q}$ des Ausschlags. Unter Beachtung der Maßstäbe gilt: $\mathfrak{y}_3$ ist eine dimensionslose Zahl, aufgetragen im Maßstab

$$m_{\mathfrak{y}_3}=1/n\ \mathrm{cm}, \tag{51.15a}$$

wenn die Einheit auf beiden Achsen durch n cm dargestellt wird. Mit Hilfe des Maßstabs

$$m_{\mathfrak{h}}=h\,m_{\mathfrak{y}_3} \tag{51.15b}$$

abgelesen, bedeutet der Diagrammvektor die kinetische Einflußzahl $\mathfrak{h}$, im Maßstab

$$m_{\mathfrak{Q}}=P\,h\,m_{\mathfrak{y}_3} \tag{51.15c}$$

die komplexe Amplitude $\mathfrak{Q}$ des erzwungenen Ausschlags.

Weitere Deutungen für die komplexe kinetische Federzahl und Einflußzahl finden wir analog den Deutungen für die reelle kinetische Federzahl und Einflußzahl, die wir in Ziff. 45 für den dämpfungsfreien Schwinger gaben. Bei Erregung durch einen Antrieb $\mathfrak{U}$ am Fußpunkt einer Feder c wird $\mathfrak{P} = c\,\mathfrak{U}$ und somit der erzwungene Ausschlag $\mathfrak{Q}$

$$\mathfrak{Q} = \mathfrak{U}\,\mathfrak{y}_3\,. \tag{51.16a}$$

Die Einflußzahl $\mathfrak{y}_3$ hat dann eine ganz einfache und anschauliche Bedeutung: sie gibt das Verhältnis von erzwungenem Ausschlag $\mathfrak{Q}$ zum Erregerausschlag $\mathfrak{U}$ an, und die Ortskurven der Abb. 51/3 zeigen die Änderung dieses Verhältnisses bei Variation der Größen Ω, a, b, c. Erfolgt die Erregung über eine zweite Feder c_2, so wird [s. die Gln. (43.5a) und (45.3a)]

$$\mathfrak{y}_3 = \frac{c_1 + c_2}{c_2}\,\frac{\mathfrak{Q}}{\mathfrak{U}} \quad \text{oder} \quad \mathfrak{z}_3 = \frac{c_2}{c_1 + c_2}\,\frac{\mathfrak{U}}{\mathfrak{Q}}\,; \tag{51.16b}$$

es tritt das Verhältnis der Federzahlen wieder mit ins Spiel.

Und schließlich gibt $\mathfrak{y}_3$ auch das Verhältnis der komplexen Amplituden der Kraft $\mathfrak{K}$ am Federfußpunkt zur Erregerkraft $\mathfrak{P}$ an nach

$$\mathfrak{K} = \mathfrak{P}\,\mathfrak{y}_3\,. \tag{51.16c}$$

52. Frequenzabhängige Amplitude der Erregerkraft. Frequenzabhängige Erregerkräfte treten auf, wenn die Erregung ausgehend von einem Antrieb $\mathfrak{U}$ über eine Massenkraft oder eine Reibungskraft erfolgt. Wir werden diese beiden Fälle nicht ebenso ausführlich untersuchen wie den Fall der Erregerkraft fester Amplitude in Ziff. 51, sondern uns vielmehr auf eine der physikalisch besonders einfachen und anschaulichen Deutungen beschränken, die in Ziff. 51 zuletzt erwähnt wurden. Dort gab [Gl. (51.16a)] die reduzierte komplexe Einflußzahl das Verhältnis der komplexen Amplituden von erzwungenem Ausschlag $\mathfrak{Q}$ und Erregerausschlag $\mathfrak{U}$ an, wenn dieser über eine Federkraft auf den Schwingkörper wirkte.

α) Wenn die Erregung über eine *Massenkraft* erfolgt, so zieht man neben (50.1a) zweckmäßig die ersten Gleichungen von (50.5) und (50.6) heran; aus ihnen findet man

$$\mathfrak{Q} = \frac{\mathfrak{P}_a}{-\,a\,\Omega^2} = \frac{1}{-\,a\,\Omega^2}\,\mathfrak{P}\,\mathfrak{y}_1 = -\,\frac{a_2}{a}\,\mathfrak{U}\,\mathfrak{y}_1 \tag{52.1a}$$

oder nach Umkehrung

$$\mathfrak{U} = -\,\frac{a}{a_2}\,\mathfrak{Q}\,\mathfrak{z}_1\,, \tag{52.1b}$$

wenn $\mathfrak{z}_1 = 1/\mathfrak{y}_1$ bedeutet. a ist die in Bewegung gesetzte Masse; in einer Anordnung entsprechend Abb. 43/3 ist also $a = a_1 + a_2$. Die für Massenkrafterregung geltende Gl. (52.1b) entspricht der für Federkrafterregung geltenden (51.16b). Die komplexe Zahl $-\,\mathfrak{z}_1$ stellt den Quotienten $a_2\,\mathfrak{U}/a\,\mathfrak{Q}$ dar. Wir suchen den Verlauf dieser Zahl in Abhängigkeit von den Veränderlichen Ω, a, b und c auf. Dabei gelangen wir am einfachsten zum Ziel, wenn wir $-\,\mathfrak{z}_1$ auf $\mathfrak{z}_3$ zurückführen.

Nach (50.6c) oder (51.3b) ist

$$\mathfrak{z}_3 = \left(1 - \frac{a\,\Omega^2}{c}\right) + i\,\frac{b\,\Omega}{c} = (1 - \eta^2) + i\,2\,\delta\,\eta\,, \tag{52.2}$$

aus (50.6a) folgt

$$-\mathfrak{z}_1 = \left(\frac{c}{a\,\Omega^2} - 1\right) + i\,\frac{b}{a\,\Omega} = \left(\frac{1}{\eta^2} - 1\right) + i\,\frac{2\,\delta}{\eta}\,. \qquad (52.3)$$

Man erkennt, daß $-\mathfrak{z}_1$ aus $\mathfrak{z}_3$ dadurch hervorgeht, daß in $\mathfrak{z}_3$ erstens das Vorzeichen des Realteils umgekehrt wird und zweitens der Faktor $\Omega\,\sqrt{a}/\sqrt{c} = \eta$ ersetzt wird durch seinen Kehrwert $\sqrt{c}/\Omega\,\sqrt{a} = 1/\eta$. Die beiden Maßnahmen bedeuten im Diagramm erstens eine Spiegelung der Vektoren an der imaginären Achse, zweitens eine Änderung der Bezifferungen, indem

$$\left.\begin{aligned} \eta &\ \text{in}\ \frac{1}{\eta}\,, \\ 1 - \frac{a\,\Omega^2}{c} &\ \text{in}\ \frac{c}{a\,\Omega^2} - 1 \\ \text{und}\quad \frac{b\,\Omega}{c} &\ \text{in}\ \frac{b}{a\,\Omega} \end{aligned}\right\} \quad (52.4)$$

übergeht. Auf diese Weise entstehen aus den Parabeln der Abb. 51/1a für $\mathfrak{z}_3$ die Parabeln der Abb. 52/1a für $-\mathfrak{z}_1$ und aus den Geraden der Abb. 51/2 die Geraden der Abb. 52/2. x und y bedeuten nun Realteil und Imaginärteil von $-\mathfrak{z}_1$.

Die Ortskurven des Kehrwertes $-\mathfrak{y}_1$ gehen entweder aus den Ortskurven $-\mathfrak{z}_1$ durch Inversion oder aus den Kurven $\mathfrak{y}_3$ durch dieselben Maßnahmen hervor, die $-\mathfrak{z}_1$ aus $\mathfrak{z}_3$ herstellten. Das der Abb. 51/3 entsprechende Bild ist für $-\mathfrak{y}_1$ in Abb. 52/3 gezeichnet; es entsteht aus Abb. 51/3 durch Spiegelung an der v-Achse und die angegebene Änderung der Bezifferung.

β) Wenn die Erregung von einem Antrieb $\mathfrak{U}$ über eine *Reibungskraft* auf den Schwinger wirkt, so findet man den Zusammenhang zwischen Erregerausschlag $\mathfrak{U}$ und erzwungenem Ausschlag $\mathfrak{Q}$ unter Heranziehung der Gln. (50.1b), (50.5b) und (50.6b) zu

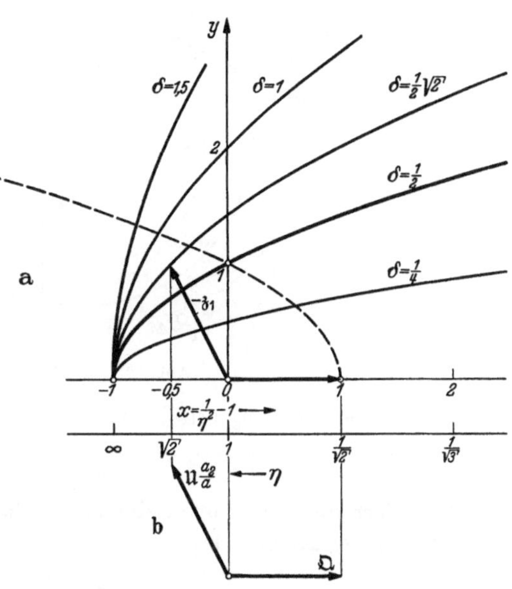

Abb. 52/1. a Ortskurven $-\mathfrak{z}_1\,(\eta)$ mit δ als Parameter, b Beispiel.

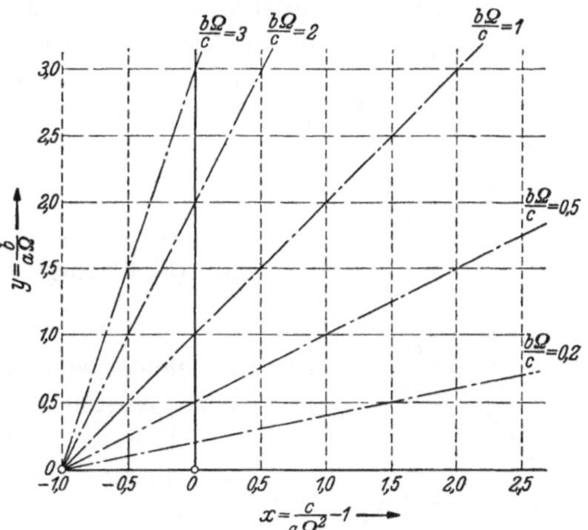

Abb. 52/2. Ortskurven für $-\mathfrak{z}_1$ bei Veränderung von a — — —, b $\cdots\cdots$ oder c — $\cdot$ — $\cdot$ — $\cdot$]

$$\mathfrak{Q} = \frac{\mathfrak{P}_b}{i\,b\,\Omega} = \frac{1}{i\,b\,\Omega}\,\mathfrak{P}\,\mathfrak{y}_2 = \frac{b_2}{b}\,\mathfrak{U}\,\mathfrak{y}_2\,. \qquad (52.5a)$$

Falls die Erregung über den einzigen vorhandenen Dämpfer erfolgt, ist $b = b_2$, bei Erregung über einen zweiten Dämpfer ist $b = b_1 + b_2$. Unter Benutzung

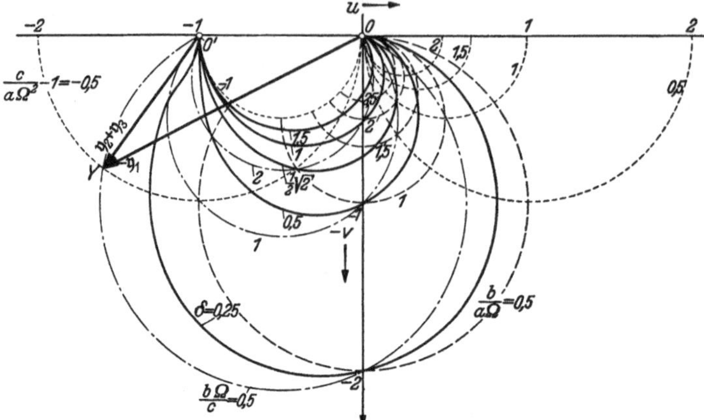

Abb. 52/3. Ortskurven für $-\mathfrak{y}_1$.

der Kehrwerte $\mathfrak{z}_2 = 1/\mathfrak{y}_2$ erhält man aus (52.5a)

$$\mathfrak{z}_2 = \frac{b_2}{b}\,\frac{\mathfrak{U}}{\mathfrak{Q}}\,, \tag{52.5b}$$

(50.6b) liefert die Ausdrücke, die die Abhängigkeit der Zahl $\mathfrak{z}_2$ von Ω, a, b, c zu verfolgen gestatten. Es ist

$$\mathfrak{z}_2 = 1 - i\,\frac{c - a\Omega^2}{b\Omega} = 1 - i\,\frac{1 - \eta^2}{2\,\delta\,\eta}\,. \tag{52.6}$$

(52.6) zeigt, daß — welche Größe auch immer als Parameter auftritt — in jedem Fall nur die eine Parallele zur y-Achse im Punkte $x = +1$ als Ortskurve entsteht, die in Abb. 52/4a wiedergegeben ist. Die Bezifferung dieser Geraden mit den Parameterwerten hat dann jeweils für den Einzelfall aus der Teilung der Ordinatenachse zu geschehen, wo

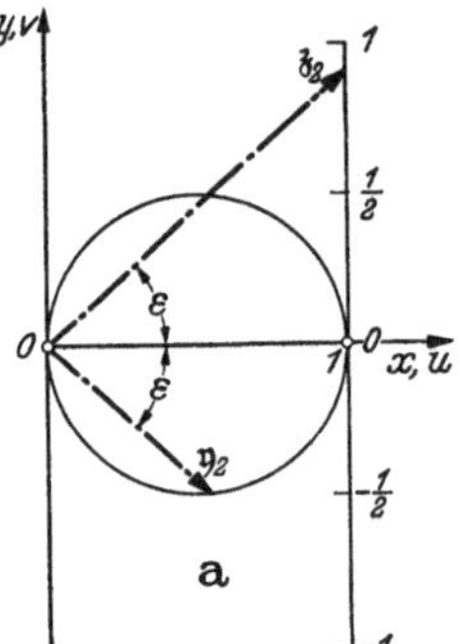

a

$$y = -\frac{c - a\,\Omega^2}{b\,\Omega} = -\frac{1 - \eta^2}{2\,\delta\,\eta}$$

ist. Aus (52.6) folgt z. B., daß

$$\mathfrak{z}_2(\eta) = \overline{\mathfrak{z}}_2(1/\eta) \tag{52.7}$$

ist, also gleich weit über und unter der x-Achse liegende Punkte zu Werten η und $1/\eta$ gehören. Dabei liegen die zu Werten $\eta < 1$ gehörigen Punkte unter der Achse, die zu $\eta > 1$ gehörigen über ihr. Dem Punkt $y = 0$ entspricht für alle Dämpfungen δ der Wert $\eta = 1$; d. h.: Ist $\Omega = \omega$, so sind die erzwungenen Ausschläge $\mathfrak{Q}$ mit den Erregerausschlägen $\mathfrak{U}$ in Phase; ist $\Omega > \omega$, so bleibt der erzwungene Ausschlag $\mathfrak{Q}$ hinter $\mathfrak{U}$ zurück, bei $\Omega < \omega$ eilt er ihm vor.

Abb. 52/4. a Ortskurve für $\mathfrak{z}_2$ und für $\mathfrak{y}_2$; b Beispiele.

Für den Verlauf von $\mathfrak{y}_2 = 1/\mathfrak{z}_2$ ergibt sich der Kreis, der in Abb. 52/4a mit eingezeichnet ist. Auch hier gehören symmetrisch zur Achse liegende Punkte zu Werten η und $1/\eta$; es liegen jedoch die zu $\eta < 1$ gehörigen Punkte über der Achse, die zu $\eta > 1$ gehörigen darunter.

53. Vergrößerungsfunktionen, Phasenverschiebungswinkel und Phasenverschiebungszeiten. Zu Beginn der Ziff. 51 hatten wir festgestellt, daß der Verlauf der reduzierten kinetischen Einflußzahlen $\mathfrak{h}$ oder der reduzierten kinetischen Federzahlen $\mathfrak{z}$ über den Zusammenhang zwischen Erregerkraft $\mathfrak{P}$ und erzwungenem Ausschlag $\mathfrak{Q}$ (oder zwischen Erregerausschlag $\mathfrak{U}$ und erzwungenem Ausschlag $\mathfrak{Q}$) *erschöpfend* Auskunft gibt. Die zugehörigen Erörterungen sind in Ziff. 51 und 52 in Vektorform durchgeführt worden und leiteten uns zu den Ortskurven der Abb. 51/1—51/4 und 52/1—52/4 hin. Neben diesem ersten Weg gibt es freilich noch einen zweiten, den Verlauf einer Vektorgröße (oder komplexen Zahl) festzustellen: Die Untersuchung von Betrag und Richtungswinkel (bei den komplexen Amplituden der Schwingungen also: Amplitude und Phasenverschiebungswinkel). Da diese zweite Art der Untersuchung häufig angewendet wird und zuweilen auch Vorteile bietet, so wollen wir uns mit ihr ebenfalls bekannt machen, beschränken uns dabei aber auf die Untersuchung der Abhängigkeiten von η. Es ist jedoch zu bemerken, daß im Grunde die neue Darstellung entbehrlich ist, da die Ortskurven schon über alle Fragen Auskunft geben, die man etwa stellen mag, und die Antwort von ihnen meist in sehr übersichtlicher und anschaulicher Form geliefert wird.

Zunächst wenden wir uns den Einflußzahlen zu. Die Größen $|\mathfrak{h}|$ und $\alpha = \mathrm{arc}\,\mathfrak{h} = \mathrm{arc\,tg}\,v/u$ wurden in den früheren Abschnitten auch schon betrachtet, in Ziff. 45 für ungedämpfte und in Ziff. 50 für gedämpfte Bewegungen, deren Erregerkraft nicht von der Frequenz abhängt. In Ziff. 45 hatten wir den Betrag $|\mathfrak{h}_3|$ mit V_3 bezeichnet. Diese Bezeichnung wollen wir übernehmen und auf die gedämpften Bewegungen ausdehnen. Aus (50.6c) lesen wir nach einer leichten Umformung

$$\mathfrak{h}_3 = \frac{1}{1 - \eta^2 + 2\,\delta\,\eta\,i} = \frac{(1 - \eta^2) - 2\,\delta\,\eta\,i}{(1 - \eta^2)^2 + 4\,\delta^2\,\eta^2}\,, \qquad (53.1)$$

die also

$$u_3 = \frac{1 - \eta^2}{(1 - \eta^2)^2 + 4\,\delta^2\,\eta^2} \qquad \text{und} \qquad v_3 = -\frac{2\,\delta\,\eta}{(1 - \eta^2)^2 + 4\,\delta^2\,\eta^2}$$

liefert, die folgenden Beziehungen ab:

$$V_3 \equiv |\mathfrak{h}_3| = \sqrt{u_3^2 + v_3^2} = \frac{1}{\sqrt{(1 - \eta^2)^2 + 4\,\delta^2\,\eta^2}} \qquad (53.2\,\mathrm{a})$$

und

$$\varepsilon_3 \equiv -\alpha_3 = -\mathrm{arc}\,\mathfrak{h}_3 = \mathrm{arc\,tg}\left(-\frac{v_3}{u_3}\right) = \mathrm{arc\,tg}\frac{2\,\delta\,\eta}{1 - \eta^2}\,, \qquad (53.2\,\mathrm{b})$$

wenn wir statt des Voreilwinkels α_3 den Nacheilwinkel ε_3 aufsuchen. Beide Größen $V_3(\eta)$ und $\varepsilon_3(\eta)$ treten in den Ortskurven der Abb. 51/3 und 51/4 auf; V_3 gibt die Länge der Vektoren $\mathfrak{h}_3(\eta)$, ε_3 ihren Nacheilwinkel an.

Ehe wir die Funktionen $V_3(\eta)$ und $\varepsilon_3(\eta)$ in Kurvenform darstellen, überlegen wir uns noch, wie die aus der komplexen Zahl $-\mathfrak{h}_1$, die in Ziff. 52 untersucht wurde, entsprechend gebildeten Größen

$$V_1 = |-\mathfrak{h}_1| = \frac{\eta^2}{\sqrt{(1 - \eta^2)^2 + 4\,\delta^2\,\eta^2}} \qquad \text{und} \qquad \varepsilon_1 = -\mathrm{arc}\,(-\mathfrak{h}_1) \qquad (53.3\,\mathrm{a})$$

aussehen. (Wie für den ungedämpften Schwinger ist auch hier $V_1 = \eta^2\,V_3$.)

Aus (52.2) und (52.3) liest man leicht ab, daß für die Beträge der Vektoren $|\mathfrak{z}_1(\eta)| = |\mathfrak{z}_3(1/\eta)|$ gilt, woraus folgt, daß auch

$$|\mathfrak{h}_1(\eta)| = |\mathfrak{h}_3(1/\eta)|, \qquad \text{also} \qquad V_1(\eta) = V_3(1/\eta) \qquad (53.3\,\mathrm{b})$$

ist. Wegen $\mathrm{arc}\,[-\mathfrak{z}_1(\eta)] = \mathrm{arc}\,\mathfrak{z}_3(\eta)$ folgt auch

$$\mathrm{arc}\,[-\mathfrak{h}_1(\eta)] = \mathrm{arc}\,\mathfrak{h}_3(\eta), \qquad \text{also} \qquad \varepsilon_1 = \varepsilon_3, \qquad (53.3\,\mathrm{c})$$

während für beide Nacheilwinkel gleichermaßen

$$\varepsilon(\eta) = \pi - \varepsilon(1/\eta) \qquad (53.3\,\mathrm{d})$$

gilt, wie man aus (53.2 b) und (53.3 c) schließt.

Nach dem Gesagten werden wir also mit einer einzigen Kurvenschar für $V_1(\eta)$ und $V_3(\eta)$ auskommen, wenn wir das Diagramm mit zwei Abszissenmaßstäben versehen, wobei an jeder Stelle jeweils reziproke Werte stehen. Um außerdem die beiden Bereiche von $\eta = 0$ bis $\eta = 1$ und $\eta = 1$ bis $\eta = \infty$ in gleichwertiger Weise darzustellen, also gleich groß zu machen, tragen wir nicht η und $1/\eta$ selbst, sondern eine geeignete Funktion dieser Größen als Abszisse auf. Als solche Funktionen $\zeta(\eta)$ wählt man bisweilen $\zeta = \ln \eta$ oder $\zeta = \eta - 1/\eta$. Beide haben jedoch den Nachteil, daß sie das Diagramm nach beiden Seiten ins Unendliche ausdehnen. Wir bevorzugen deshalb eine andere Darstellung und wählen als Abszissen für V_3 die Größen

$$\zeta = \eta \;\text{ im Bereich }\; 0 < \eta \leqq 1 \quad \text{und} \quad \zeta = 2 - 1/\eta \;\text{ im Bereich }\; 1 \leqq \eta < \infty \quad (53.4\,\mathrm{a})$$

und dementsprechend für die Funktion V_1 die Abszissen

$$\zeta = 1/\eta \;\text{ im Bereich }\; \infty > \eta \geqq 1 \quad \text{und} \quad \zeta = 2 - \eta \;\text{ im Bereich }\; 1 \geqq \eta > 0. \quad (53.4\,\mathrm{b})$$

Die Kurven, die unter diesen Voraussetzungen zustande kommen, zeigt Abb. 53/1. Wir betrachten sie noch etwas näher. Ihre Deutung ergibt sich aus den Definitionen $V_3 = |\mathfrak{y}_3|$ und $V_1 = |-\mathfrak{y}_1|$. Jeder Kurve der Schar ist ein bestimmter Wert der Dämpfungszahl δ zugeordnet. Die Werte V_3 für $\delta > 0$ sind alle kleiner als für $\delta = 0$; die zugehörigen Kurven verlaufen daher unter jener, die für $\delta = 0$ gilt und die (über η als Abszisse) in Abb. 45/1a schon einmal gezeigt wurde. Alle Kurven beginnen im Punkte $V_3 = 1$ für $\eta = 0$, da ja auch alle Kurven in Abb. 51/1a durch den Punkt $+1$ gehen. In diesem Fall ist die kinetische Einflußzahl $\mathfrak{h}$ gleich der statischen h und von der Dämpfung unabhängig. Die Ableitung

$$\frac{\partial V_3}{\partial \eta} = \eta \frac{2(1 - \eta^2) - 4\,\delta^2}{[(1 - \eta^2)^2 + 4\,\delta^2\,\eta^2]^{3/2}} \qquad (53.5)$$

zeigt, daß die Kurven an der Stelle $\eta = 0$ alle mit horizontaler Tangente auslaufen. Den Wert, den V_3 für $\eta = 1$ annimmt, erhält man aus

$$V_3(1) = \frac{1}{2\,\delta}. \qquad (53.6)$$

Je kleiner δ, um so höher steigen die Kurven an. Die für $\delta = 0$ geltende geht an dieser Stelle sogar über alle Grenzen; die übrigen bleiben beschränkt. Der Betrag von V_3 an der Stelle $\eta = 1$ wird zuweilen auch als *Resonanzschärfe* ϱ bezeichnet; nach (53.6) ist $\varrho \equiv V_3(1) = 1/2\,\delta$. Die Maxima der einzelnen Kurven liegen jedoch nicht an der Stelle $\eta = 1$, sondern links davon. Man findet die Stelle η_0 des Maximums durch Nullsetzen der Ableitung (53.5) zu

$$\eta_0^2 = 1 - 2\,\delta^2. \qquad (53.7\,\mathrm{a})$$

Ermittelt man die Beträge der Maxima, so findet man

$$V_{3\,\mathrm{max}}(\eta_0) = \frac{1}{\sqrt{1 - \eta_0^4}} \qquad \text{oder} \qquad V_{3\,\mathrm{max}}(\delta) = \frac{1}{2\,\delta\sqrt{1 - \delta^2}}. \qquad (53.7\,\mathrm{b})$$

Die erste Gleichung von (53.7 b) gibt die *Kurve der Maxima* an, die in Abb. 53/1 gestrichelt eingetragen ist. Für $\delta = \sqrt{2}/2$ fällt die Stelle η_0 des Maximums nach Null. Es rücken also das Maximum und das Minimum der Kurve für diesen Wert der Dämpfung zusammen. Die Kurven, deren $\delta \geqq \sqrt{2}/2$ ist, steigen gar nicht mehr an, sondern beginnen sogleich zu fallen. Die zur Dämpfungszahl $\delta = \sqrt{2}/2$ gehörige Kurve ist dadurch ausgezeichnet, daß wegen des Zusammen-

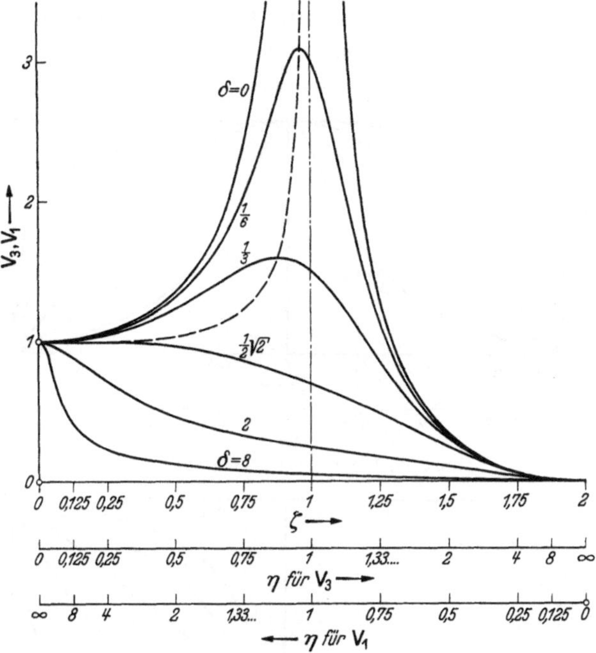

Abb. 53/1. Vergrößerungsfunktionen $V_1(\eta)$ und $V_3(\eta)$.

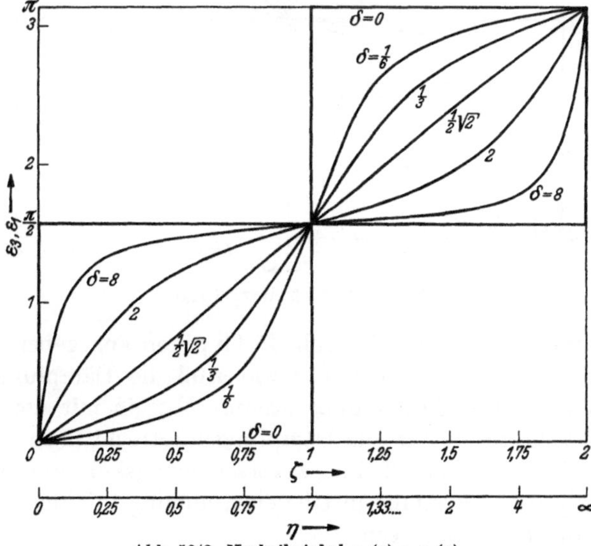

Abb. 53/2. Nacheilwinkel $\varepsilon_1(\eta) = \varepsilon_3(\eta)$.

fallens von Maximum und Minimum (sog. „dreipunktige Berührung") ein möglichst langes Verweilen der Kurve in der Nähe des Wertes $V_3 = 1$ gesichert ist, ein Umstand, dessen Bedeutung für die Anwendungen wir noch erörtern werden (Ziff. 54). Für große Werte η gehen alle Kurven gegen 0.

Mit der soeben gegebenen Erörterung von V_3 ist wegen des Zusammenhanges (53.3b) auch die Betrachtung des Verlaufs von V_1 erledigt.

Den Verlauf des Nacheilwinkels ε_3 oder ε_1 über den Abszissen ζ (53.4) gibt Abb. 53/2 wieder. Das Bild zeigt, daß die Kurven punktsymmetrisch zu $\eta = 1$, $\varepsilon = \pi/2$ liegen, wie aus (53.3d) folgt. Die für $\delta = 0$ geltende Kurve fällt im Bereich $0 < \eta < 1$ mit der Achse zusammen ($\varepsilon = 0$), im Bereich $1 < \eta < \infty$ hat

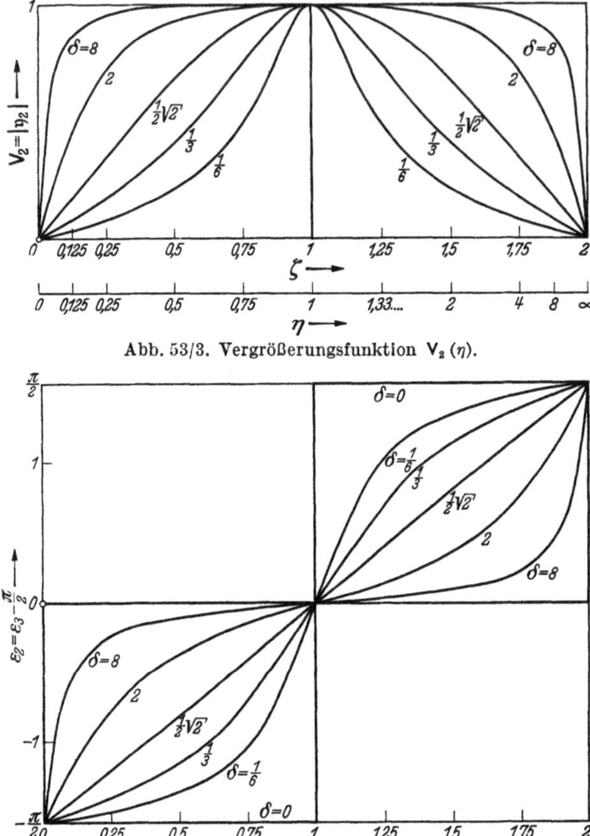

Abb. 53/3. Vergrößerungsfunktion $V_2\,(\eta)$.

Abb. 53/4. Nacheilwinkel $\varepsilon_2\,(\eta)$.

sie den festen Wert π; sie war in Abb. 45/1b schon angegeben. An der Stelle $\eta = 1$ gehen alle Kurven — gleichgültig wie groß die Dämpfung ist — durch den Punkt $\varepsilon = \pi/2$. Diese Feststellung stimmt überein mit der Tatsache, daß in Abb. 51/3 die Vektoren $\mathfrak{y}_3$ für alle Dämpfungen lotrecht nach abwärts weisen, wenn $\eta = 1$ ist. Ferner gehen alle Phasenverschiebungskurven durch 0 für $\eta = 0$ und durch π für $\eta = \infty$, ebenfalls in Übereinstimmung mit den entsprechenden Feststellungen an den Ortskurven.

Jetzt suchen wir noch $V_2(\eta) = |\mathfrak{y}_2(\eta)|$ und $\varepsilon_2(\eta) = -\mathrm{arc}\,\mathfrak{y}_2(\eta)$ auf. Aus (52.6) folgt

$$\frac{1}{\mathfrak{z}_2} = \mathfrak{y}_2 = u_2 + i\,v_2 = \frac{4\,\delta^2\,\eta^2 + 2\,\delta\,\eta\,(1-\eta^2)\,i}{(1-\eta^2)^2 + 4\,\delta^2\,\eta^2}, \tag{53.8}$$

daraus kommt

$$V_2 = |\mathfrak{y}_2| = \sqrt{u_2^2 + v_2^2} = \frac{2\,\delta\,\eta}{\sqrt{(1-\eta^2)^2 + 4\,\delta^2\,\eta^2}} \tag{53.9a}$$

und
$$\varepsilon_2 \equiv -\operatorname{arc} \mathfrak{y}_2 = -\operatorname{arc\ tg} \frac{v_2}{u_2} = -\operatorname{arc\ tg} \frac{1-\eta^2}{2\,\delta\,\eta}. \tag{53.9b}$$

Aus (53.9a) entnimmt man die Beziehung
$$\mathsf{V}_2(\eta) = \mathsf{V}_2(1/\eta) \tag{53.10a}$$

für die Vergrößerungsfunktion und aus (53.9b) die beiden Beziehungen
$$\varepsilon_2(\eta) = -\varepsilon_2(1/\eta) \quad \text{sowie} \quad \varepsilon_2 = -\operatorname{arc\ tg} \frac{1-\eta^2}{2\,\delta\,\eta} = -(\pi/2 - \varepsilon_{1,3}) \tag{53.10b}$$

für den Nacheilwinkel.

Den Verlauf von $\mathsf{V}_2(\eta)$ und $\varepsilon_2(\eta)$ gemäß (53.9a) und (53.9b) zeigen die Abb. 53/3 und 53/4. Weder die Deutung noch die Diskussion der Kurven erfordert besondere Aussagen. Man wird zudem alle Feststellungen durch Vergleich mit den Ortskurven $\mathfrak{y}_2$ in Abb. 52/4a bestätigt finden. (Man beachte: Negative Nacheilwinkel bedeuten Voreilwinkel.)

In derselben Weise, wie wir die Beträge und Phasenverschiebungswinkel der Vektoren $\mathfrak{y}_1$, $\mathfrak{y}_2$ und $\mathfrak{y}_3$ untersuchten, kann man auch die Beträge und Winkel ihrer reziproken Werte $\mathfrak{z}_1$, $\mathfrak{z}_2$ und $\mathfrak{z}_3$ behandeln. Wir begnügen uns mit der Angabe der Gleichungen und der Kurven. Deutung und Diskussion verstehen sich nach allem schon Gesagten von selbst.

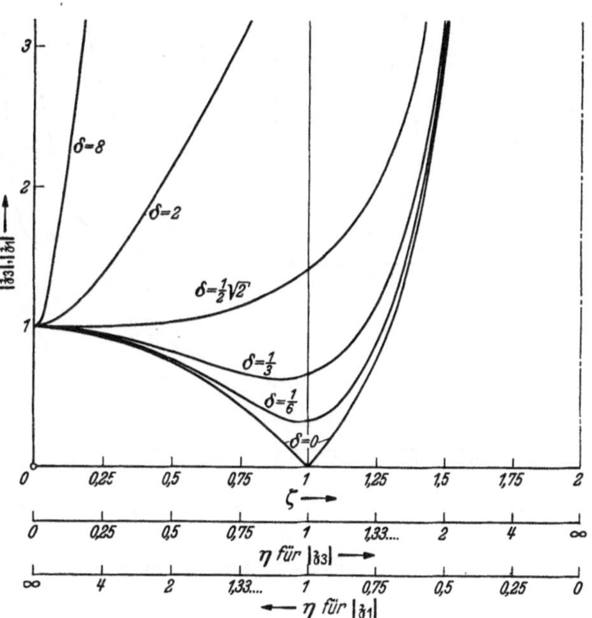

Abb. 53/5. Beträge der kinetischen Federzahlen $|\mathfrak{z}_1(\eta)| = 1/\mathsf{V}_1$ und $|\mathfrak{z}_3(\eta)| = 1/\mathsf{V}_3$.

Aus (51.3a) folgt
$$|\mathfrak{z}_3| = |(1-\eta^2) + 2\,\delta\,\eta\,i| = \sqrt{(1-\eta^2)^2 + 4\,\delta^2\,\eta^2} \tag{53.11a}$$
und
$$\operatorname{arc}\mathfrak{z}_3 = -\operatorname{arc}\mathfrak{y}_3. \tag{53.11b}$$

Abb. 53/5 zeigt $|\mathfrak{z}_3|$ in Abhängigkeit von ζ, das durch (53.4a) erklärt ist. Aus (52.2) und (52.3) folgt, daß
$$|\mathfrak{z}_1(\eta)| = |\mathfrak{z}_3(1/\eta)| \tag{53.12}$$

ist, so daß Abb. 53/5 auch $|\mathfrak{z}_1(\eta)|$ gibt, wenn der Zusammenhang zwischen ζ und η nach (53.4b) hergestellt wird. Schließlich liefert (52.6)
$$|\mathfrak{z}_2| = \sqrt{1 + \frac{(1-\eta^2)^2}{4\,\delta^2\,\eta^2}}; \tag{53.13}$$

die zugehörigen Kurven zeigt Abb. 53/6.

Die in Abb. 53/2 und 53/4 gezeichneten Kurven der *Nacheilwinkel* $\varepsilon_{1,3}$ und ε_2 für die Vektoren $-\mathfrak{y}_1$, $\mathfrak{y}_3$ und $\mathfrak{y}_2$ bedeuten *Voreilwinkel* für die Vektoren $-\mathfrak{z}_1$, $\mathfrak{z}_3$ und $\mathfrak{z}_2$.

Nicht immer ist der Phasenverschiebungswinkel α oder ε ein geeignetes Maß. Er mißt die Phasenverschiebung in Bruchteilen der Periode der jeweils untersuchten Schwingung. Solange man es nur mit einer einzigen Schwingung oder mehreren Schwingungen gleicher Frequenz zu tun hat, kann er sehr gut als Maß dienen. Anders, wenn die Verschiebungen mehrerer Schwingungen von verschiedener Frequenz verglichen werden sollen. Für die hier untersuchten erzwungenen Schwingungen mit Dämpfung gehört jedem Frequenzverhältnis η ein bestimmter Phasenverschiebungswinkel α (oder ε) zu; jeder gibt die Verschiebung in Bruchteilen der Periode *seiner* Schwingung an. Um ein *gemeinsames* Maß zu schaffen, müssen wir die *Phasenverschiebungszeit* $t_\alpha = \alpha/\Omega$ heranziehen. Sie gibt in einem gemeinsamen Maß, der Zeiteinheit, an, welche Verschiebung die verschiedenen Schwingungen aufweisen. Statt der Zeit*einheit* kann man als Bezugsgröße auch die Periode T_0 einer irgendwie ausgezeichneten Schwingung nehmen, also

$$\tau = \frac{t_\alpha}{T_0} = \frac{\alpha/2\,\pi}{\Omega/\Omega_0} \qquad (53.14\,\mathrm{a})$$

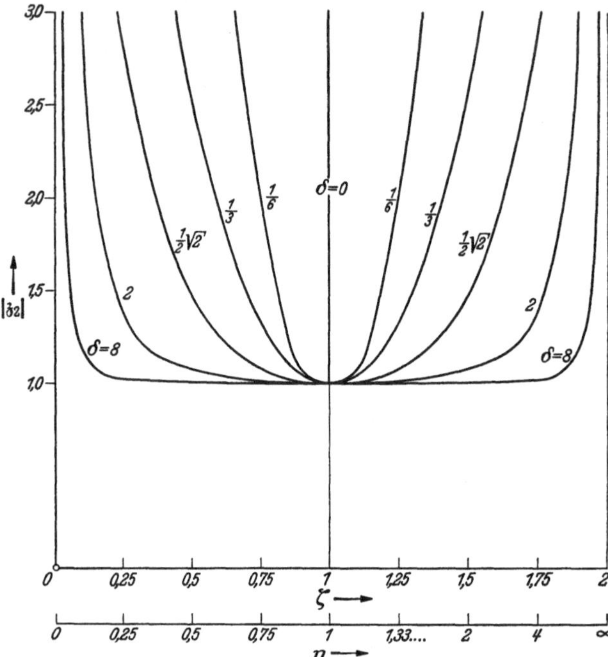

Abb. 53/6. Betrag der kinetischen Federzahl $|\mathfrak{z}_2(\eta)| = 1/V_2$.

bilden. Für unsere Zwecke gehen wir vom *Nacheil*-winkel $\varepsilon = -\alpha$ aus und wählen für T_0 die Periode der ungedämpften Eigenschwingung $T_0 = T = 2\,\pi/\omega$, bilden also mit $\Omega_0 = \omega$

$$\tau = \frac{\varepsilon/2\,\pi}{\eta} \qquad (53.14\,\mathrm{b})$$

und nennen diese Größe die *relative Nacheilzeit*. Sie gibt demnach die (negative) Phasenverschiebungszeit in Vielfachen der Periode der ungedämpften Eigenschwingung an. Bilden wir aus den Nacheilwinkeln ε_1 und ε_3 nach (53.2 b) und (53.3 c) diese Größe, so erhalten wir

$$\tau_{1,3} = \frac{1}{2\,\pi}\,\frac{1}{\eta}\,\operatorname{arc\,tg}\frac{2\,\delta\,\eta}{1-\eta^2}, \qquad (53.15\,\mathrm{a})$$

aus ε_2 nach (53.10 b)

$$\tau_2 = -\frac{1}{4\,\eta} + \frac{1}{2\,\pi}\,\frac{1}{\eta}\,\operatorname{arc\,tg}\frac{2\,\delta\,\eta}{1-\eta^2}. \qquad (53.15\,\mathrm{b})$$

Beide Größen sind in den Abb. 53/7 und 53/8 über denselben Abszissen ζ aufgetragen, die in den anderen Abbildungen dieses Abschnitts verwendet wurden. Die — stärker ausgezogene — Kurve für $\delta = 0$ in Abb. 53/7 bedeutet z. B., daß, solange der Phasenverschiebungswinkel Null ist, $0 < \eta < 1$, auch die Phasenverschiebungszeit Null bleibt. Für $\eta > 1$, wo $\varepsilon = \pi$ wird, ist die Phasenverschiebungszeit jedoch keine Konstante. Je kürzer die Periode wird, um deren Hälfte die Schwingung nacheilt, um so kürzer wird die Nacheilzeit.

Die Abb. 53/7 und 53/8 zeigen auch schon, daß für $\delta \neq 0$ auch $\tau(0)$ nicht Null ist. Um diesen Anfangswert $\tau(0)$ festzustellen und außerdem zu erkennen, welche der Nacheilzeitkurven im Bereich kleiner η am wenigsten schwankt, entwickeln wir den Ausdruck (53.15a) nach Potenzen von η. Dadurch kommt (gültig für $\eta < 1$)

$$\tau = \frac{1}{2\pi}\frac{1}{\eta}\,\text{arc tg}\,\frac{2\,\delta\,\eta}{1-\eta^2} = \frac{\delta}{\pi}\left[1 + \eta^2\left(1 - \frac{4}{3}\,\delta^2\right) + \eta^4\left(1 - 4\,\delta^2 + \frac{16}{5}\,\delta^4\right) + \cdots\right]. \tag{53.16}$$

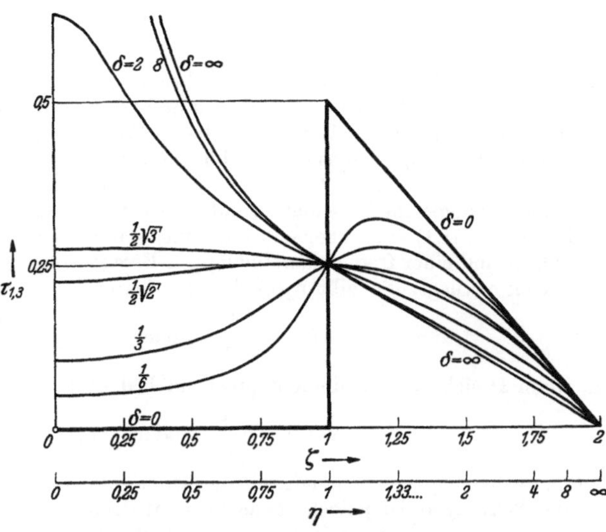

Abb. 53/7. Relative Nacheilzeiten $\tau_{1,3}$.

Für $\eta \to 0$ geht τ gegen δ/π. Die Kurve, die für kleine Werte η am wenigsten schwankt, ist jene, für die der Koeffizient von η^2 verschwindet, so daß τ erst von der 4. Potenz von η beeinflußt wird. Die Dämpfungszahl, die dieser Kurve zukommt, ist $\delta^2 = 3/4$.

Die Untersuchung von $V_3(\eta)$ auf geringste Schwankung für kleine Werte η ist oben in etwas anderer Weise durchgeführt worden. Selbstverständlich könnte auch dort die Entwicklung von $V_3(\eta)$ nach Potenzen von η herangezogen werden. Die (für $\eta < 1$ gültige) Entwicklung lautet nämlich

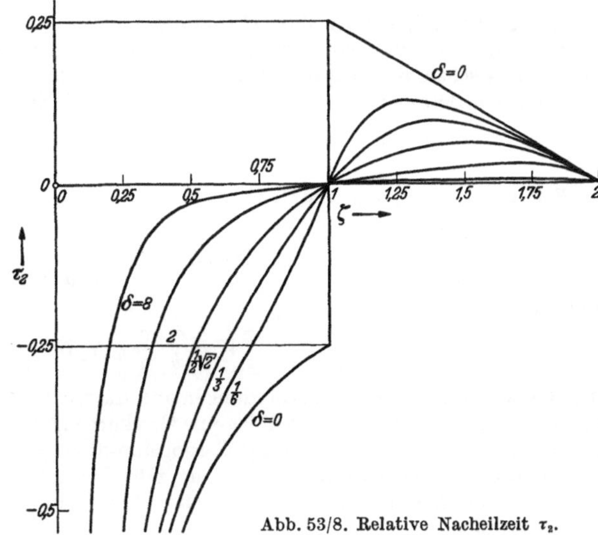

Abb. 53/8. Relative Nacheilzeit τ_2.

$$V_3(\eta) = 1 + \eta^2(1 - 2\,\delta^2) + \eta^4(1 - 6\,\delta^2 + 6\,\delta^4) + \cdots \tag{53.17}$$

Daraus folgt für $V_3(0)$ der Wert 1 und als Dämpfungszahl der Kurve geringster Schwankung im Bereich kleiner η der Wert $\delta^2 = 1/2$ wie früher.

54. Weitere Erörterungen über Ortskurven und Vergrößerungsfunktionen. α) Ortskurven und Vergrößerungsfunktionen der Geschwindigkeit. Die Ortskurven der Ziff. 51 und 52 sowie die Vergrößerungsfunktionen von Ziff. 53 gaben Aufschluß über den Zusammenhang zwischen der Erregerkraft $\mathfrak{P}$ (oder dem Erregerausschlag $\mathfrak{U}$) und dem erzwungenen *Ausschlag* $\mathfrak{Q}$. In ganz entsprechender Weise läßt sich auch die Abhängigkeit der erzwungenen *Geschwindigkeit* $i\,\Omega\,\mathfrak{Q} = \mathfrak{B}$ von $\mathfrak{P}$ oder $\mathfrak{U}$ darstellen.

Unter Heranziehung der Gln. (50.5b) und (50.6b) erhält man

$$\mathfrak{B} = i\,\Omega\,\mathfrak{Q} = \frac{\mathfrak{P}b}{b} = \frac{1}{b}\,\mathfrak{y}_2\,\mathfrak{P}. \tag{54.1}$$

In Analogie zu den Festsetzungen und Bezeichnungen der Ziff. 51 könnten wir hier $\mathfrak{y}_2/b$ deuten als *Einflußzahl der Geschwindigkeit* und auch für die reziproken Werte entsprechende Bezeichnungen einführen. Wir wollen diesen Weg jedoch nicht weiter verfolgen. Dagegen merken wir an, daß $\mathfrak{y}_2$, wie es durch Abb. 52/4a dargestellt wird, und damit auch die Funktionen V_2 und ε_2 in Abb. 53/3 und 53/4 nicht nur Aufschluß geben über den Zusammenhang zwischen erzwungenem Ausschlag $\mathfrak{Q}$ und Erregerausschlag $\mathfrak{U}$ bei Antrieb über einen Dämpfer, sondern nach (54.1) auch über den Zusammenhang zwischen erzwungener Geschwindigkeit $\mathfrak{B} = i\,\Omega\,\mathfrak{Q}$ und einer frequenzunabhängigen Erregerkraft $\mathfrak{P}$, wie sie z. B. bei Antrieb über eine Feder vorliegt. So gibt $\mathfrak{y}_2(\eta)$ die Quotienten

$$\mathfrak{y}_2(\eta) = b\,\frac{\mathfrak{B}}{\mathfrak{P}} \quad \text{oder} \quad \mathfrak{y}_2(\eta) = \frac{b}{c_2}\,\frac{\mathfrak{B}}{\mathfrak{U}} \tag{54.2a}$$

an, wenn Ω sich ändert; dementsprechend bedeutet

$$V_2(\eta) = b\,\frac{V}{P} \quad \text{oder} \quad V_2(\eta) = \frac{b}{c_2}\,\frac{V}{U}. \tag{54.2b}$$

Bei Untersuchung der Abhängigkeit der Quotienten $\mathfrak{B}/\mathfrak{P}$ und $\mathfrak{B}/\mathfrak{U}$ von den Konstanten a, b, c des Schwingers ist jedoch etwas Vorsicht geboten. Man muß beachten, daß in (54.2) die Größen b und c außer in $\mathfrak{y}_2$ auch explizit auftreten.

Erfolgt die Erregung ausgehend von einem Ausschlag $\mathfrak{U}$ nicht über eine Federkraft $\mathfrak{P} = c_2\,\mathfrak{U}$, sondern über eine Reibungskraft $\mathfrak{P} = i\,b_2\,\Omega\,\mathfrak{U}$, so wird aus (54.1) wegen (50.6b)

$$\mathfrak{B} = \frac{1}{b}\,\mathfrak{y}_2\,\mathfrak{P} = i\,\frac{b_2}{b}\,\Omega\,\mathfrak{y}_2\,\mathfrak{U} = -\frac{b_2\,\Omega^2}{-a\,\Omega^2 + i\,b\,\Omega + c}\,\mathfrak{U} = \frac{b_2}{a}\,\mathfrak{y}_1\,\mathfrak{U}. \tag{54.3a}$$

Die Ortskurven $\mathfrak{y}_1$ und $\mathfrak{z}_1$ (in Ziff. 52 sind die Kurven $-\mathfrak{y}_1$ und $-\mathfrak{z}_1$ untersucht) geben also nicht nur den Zusammenhang zwischen $\mathfrak{Q}$ und $\mathfrak{U}$ bei Erregung über eine Massenkraft, sondern auch den zwischen $\mathfrak{B}$ und $\mathfrak{U}$ bei Erregung über eine Reibungskraft an. Den Zusammenhang zwischen den Beträgen der Geschwindigkeit und des Erregerausschlags vermittelt V_1 nach

$$V = \frac{b_2}{a}\,V_1 U. \tag{54.3b}$$

Erfolgt die Erregung von $\mathfrak{U}$ ausgehend über eine Massenkraft, $\mathfrak{P} = a_2\,\Omega^2\,\mathfrak{U}$, so wird aus (54.1)

$$\mathfrak{B} = \frac{a_2}{b}\,\Omega^2\,\mathfrak{y}_2\,\mathfrak{U} = \frac{a_2}{b}\,\frac{c}{a}\,\eta^2\,\mathfrak{y}_2\,\mathfrak{U} \tag{54.4a}$$

und somit

$$V = \frac{a_2}{b}\,\frac{c}{a}\,\eta^2\,V_2\,U. \tag{54.4b}$$

Hier treten die Faktoren in Verbindungen auf, die wir bisher noch nicht antrafen. Für den Zusammenhang zwischen $\mathfrak{B}$ und $\mathfrak{U}$ ist eine Ortskurve $\eta^2\,\mathfrak{y}_2$, für den Zusammenhang zwischen den Beträgen V und U eine Vergrößerungsfunktion $\eta^2 V_2$ maßgebend (wenn wir nur die Veränderung mit Ω berücksichtigen); sie geht für unbeschränkt wachsendes η über alle Grenzen. Am Phasenwinkel ε_2 ändert sich nichts, da $\mathfrak{y}_2$ nur mit einer reellen Zahl η^2 multipliziert wurde.

$\beta)$ **Antrieb über mehrere Kräfte.** Bisher hatten wir stets angenommen, daß die von einem Antrieb $\mathfrak{U}$ ausgehende Erregung *entweder* über eine Massenkraft, eine Reibungskraft *oder* über eine Federkraft wirkt. Der erzwungene Ausschlag $\mathfrak{Q}$ wurde in den drei Fällen bestimmt aus

$$\mathfrak{Q} = -\mathfrak{y}_1\,\frac{a_2}{a}\,\mathfrak{U}, \qquad \mathfrak{Q} = \mathfrak{y}_2\,\frac{b_2}{b}\,\mathfrak{U}, \qquad \mathfrak{Q} = \mathfrak{y}_3\,\frac{c_2}{c}\,\mathfrak{U}. \tag{54.5}$$

Es ist aber auch möglich, daß derselbe Erregerausschlag $\mathfrak{U}$ über zwei Vorrichtungen *zugleich* auf den Schwingkörper wirkt, z. B. über eine Feder und einen Dämpfer. Im allgemeinsten

Fall, wenn eine „Nebenfeder" c_2 und ein „Nebendämpfer" b_2 vorhanden ist (Abb. 54/1a), lautet die zwischen den komplexen Amplituden $\mathfrak{Q}$ und $\mathfrak{U}$ bestehende Gleichung

$$(-a\,\Omega^2 + i\,b\,\Omega + c)\,\mathfrak{Q} = (c_2 + i\,b_2\,\Omega)\,\mathfrak{U}, \tag{54.6a}$$

wobei $b = b_1 + b_2$ und $c = c_1 + c_2$ ist; erfolgt die Erregung über die allein vorhandene Feder c_1 und den allein vorhandenen Dämpfer b_1 (Abb. 54/1b), so kommt mit $b = b_1$ und $c = c_1$

$$(-a\,\Omega^2 + i\,b\,\Omega + c)\,\mathfrak{Q} = (c + i\,b\,\Omega)\,\mathfrak{U}. \tag{54.6b}$$

Mit diesem Sonderfall beschäftigen wir uns zuerst. Der erzwungene Ausschlag schreibt sich hier

$$\mathfrak{Q} = (\mathfrak{y}_3 + \mathfrak{y}_2)\,\mathfrak{U}. \tag{54.6c}$$

Die Ortskurven

$$\mathfrak{y} = \mathfrak{y}_3 + \mathfrak{y}_2 = \frac{1 + i\,2\,\delta\,\eta}{1 - \eta^2 + i\,2\,\delta\,\eta} \tag{54.7a}$$

(Verlauf des Vektors —·—·— in Abb. 50/3c) brauchen wir nicht besonders zu untersuchen, denn aus (50.7) folgt

$$\mathfrak{y}_3 + \mathfrak{y}_2 = 1 - \mathfrak{y}_1 = 1 + (-\mathfrak{y}_1). \tag{54.7b}$$

In Abb. 52/3 waren die Kurven $-\mathfrak{y}_1$ in Abhängigkeit von Ω, a, b, c aufgezeichnet. Um die Kurven $1 + (-\mathfrak{y}_1)$ zu erhalten, brauchen wir nur den Ursprung des Koordinatensystems von O nach O' in den Punkt -1 zu verlegen. Die von dort ausgehenden Vektoren sind $1 + (-\mathfrak{y}_1)$ (Beispiel $\overrightarrow{O'Y}$ in Abb. 52/3). Die zugehörige Vergrößerungsfunktion lautet

$$V_{2,3} \equiv |\mathfrak{y}_2 + \mathfrak{y}_3| = \frac{\sqrt{1 + 4\,\delta^2\,\eta^2}}{\sqrt{(1 - \eta^2)^2 + 4\,\delta^2\,\eta^2}}. \tag{54.8a}$$

Der Nacheilwinkel beträgt, wie man aus (54.7a) entnimmt,

$$\varepsilon_{2,3} \equiv -\operatorname{arc}(\mathfrak{y}_2 + \mathfrak{y}_3) = \operatorname{arc\,tg}\frac{2\,\delta\,\eta^3}{1 + \eta^2\,(4\,\delta^2 - 1)}. \tag{54.8b}$$

Die Funktionen sind in den Abb. 54/2a und b wiedergegeben; die Bedeutung der Kurven ist ohne weiteres verständlich.

Bei Erregung über c_2 und b_2 hat man als Einflußzahl, wie aus (54.6a) folgt,

$$\mathfrak{y} = \frac{b_2}{b}\,\mathfrak{y}_2 + \frac{c_2}{c}\,\mathfrak{y}_3. \tag{54.9}$$

Man baut sie am besten aus den Bestandteilen auf. Eine allgemeine Erörterung führen wir nicht durch.

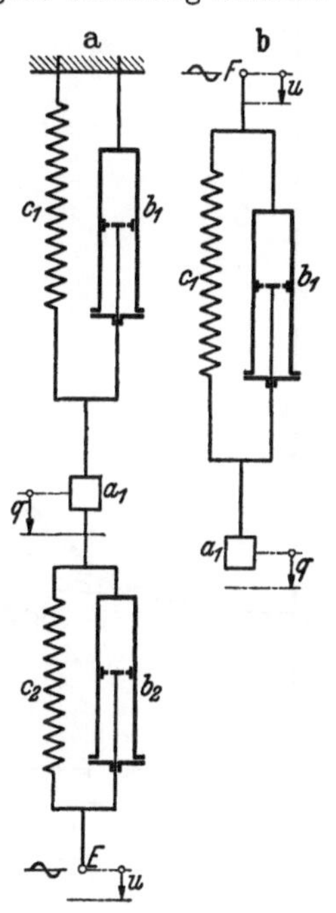

Abb. 54/1. Schwinger mit Erregung durch Federkraft und Dämpfungskraft. a über Nebenfeder und Nebendämpfer, b über Hauptfeder und Hauptdämpfer.

Schwingungsmeßgeräte (s. Ziff. 56) fallen auch unter das Schema der Abb. 54/1b. Sie zeichnen den Relativausschlag $q - \mathfrak{u}$ auf. Die komplexe Amplitude dieses Ausschlags ergibt sich nach (54.6c) und (54.7b) zu

$$\mathfrak{Q} - \mathfrak{U} = (-\mathfrak{y}_1)\,\mathfrak{U}. \tag{54.10}$$

Die reduzierte komplexe Einflußzahl $-\mathfrak{y}_1$ und ihre Bestimmungsstücke, die Vergrößerungsfunktion $V_1 = |\mathfrak{y}_1|$ und der Nacheilwinkel $\varepsilon_1 = -\operatorname{arc}(-\mathfrak{y}_1)$, erhalten damit über die in Ziff. 52 und 53 gegebene Erklärung hinaus eine weitere, sehr wichtige Bedeutung.

γ) **Die Reaktionskräfte im Antrieb.** Sobald der erzwungene Ausschlag $\mathfrak{Q}$ des Schwingers bekannt ist, kennt man auch die Kräfte, die in den einzelnen Gliedern wirken. Unmittelbar gegeben sind die Kräfte in Federn und Dämpfern, wenn ein Ende festgehalten ist und nur das andere die Bewegung $\mathfrak{Q}$ mitmacht. Es ist dann nach (50.5)

$$\mathfrak{P}_c = c\,\mathfrak{Q} \quad\text{und}\quad \mathfrak{P}_b = i\,b\,\Omega\,\mathfrak{Q}.$$

$\mathfrak{y}_3$ und $\mathfrak{y}_2$ geben die Quotienten $\mathfrak{P}_c/\mathfrak{P}$ und $\mathfrak{P}_b/\mathfrak{P}$ an; $\mathfrak{P}$ ist dabei noch in einer dem jeweiligen Antrieb entsprechenden Weise vermittels der Gln. (43.8) durch $\mathfrak{U}$ auszudrücken.

Von den Federn und Dämpfern, über die der Antrieb erfolgt, bewegen sich beide Endpunkte; die Kräfte setzen sich daher aus zwei Anteilen zusammen. Wird die Hauptfeder c angetrieben, so macht ein Endpunkt die Bewegung $\mathfrak{U}$, der andere die Bewegung $\mathfrak{Q}$; auf den Schwinger wird die Kraft $c\,(\mathfrak{U} - \mathfrak{Q}) = c\,\mathfrak{U}\,(1 - \mathfrak{y}_3)$ ausgeübt. Die Kraft

$$\mathfrak{P}_A = c\,\mathfrak{U}\,(\mathfrak{y}_3 - 1) \tag{54.11}$$

wirkt auf den Antrieb zurück. Da der Verlauf von $\mathfrak{y}_3$ schon untersucht wurde, ist auch der von $\mathfrak{y}_3 - 1$ bekannt. Man hat nur in Abb. 51/3 den Anfangspunkt des Koordinatensystems um die Strecke 1 von O nach E zu verlegen (Beispiel $\overrightarrow{E\,Y}$ in Abb. 51/3). Erfolgt die Erregung durch Antreiben einer Nebenfeder c_2, so ist die auf den Antrieb zurückwirkende Kraft

$$\mathfrak{P}_A = c_2\,(\mathfrak{Q} - \mathfrak{U}) = c_2\,\mathfrak{U}\left(\frac{c_2}{c_1 + c_2}\,\mathfrak{y}_3 - 1\right).$$

Auch dieser Fall wird noch durch die Abb. 51/3 beherrscht. Wenn wir

$$\frac{c_1 + c_2}{c_2}\,\mathfrak{P}_A = c_2\,\mathfrak{U}\left(\mathfrak{y}_3 - \frac{c_1 + c_2}{c_2}\right)$$

schreiben, so sieht man, daß eine Verschiebung des Ursprungs der Vektoren von O nach dem (mit O' bezeichneten) Punkt $\dfrac{c_1 + c_2}{c_2}$ in $\overrightarrow{O'\,Y}$ die gesuchten Vektoren $\mathfrak{y}_3 - \dfrac{c_1 + c_2}{c_2}$ liefert. Diese komplexen Zahlen stellen den Quotienten $\dfrac{c_1 + c_2}{c_2^2}\dfrac{\mathfrak{P}_A}{\mathfrak{U}}$ dar.

Wenn der Schwinger über einen Dämpfer angetrieben wird, so lassen sich die auf den Antrieb zurückwirkenden Kräfte formal ebenfalls durch die komplexen Einflußzahlen ausdrücken. Es ist nämlich

$$\mathfrak{P}_A = i\,b\,\Omega\,(\mathfrak{Q} - \mathfrak{U}) = i\,b\,\Omega\,\mathfrak{U}\,(\mathfrak{y}_2 - 1)$$

oder

$$\mathfrak{P}_A = i\,b_2\,\Omega\,(\mathfrak{Q} - \mathfrak{U}) = i\,b_2\,\Omega\,\mathfrak{U}\left(\frac{b_2}{b_1 + b_2}\,\mathfrak{y}_2 - 1\right),$$

je nachdem, ob der Antrieb über einen allein vorhandenen oder einen zweiten Dämpfer erfolgt. Hier erhält man durch Verschieben des Koordinaten-Anfangspunktes (Abb. 52/4a) nach dem Punkte 1 oder nach $\dfrac{b_1 + b_2}{b_2}$ die Vektoren $\mathfrak{y}_2 - 1$ oder $\mathfrak{y}_2 - \dfrac{b_1 + b_2}{b_2}$. Die ersten geben den Quotienten $\mathfrak{P}_A/i\,b\,\Omega\,\mathfrak{U}$, die zweiten $(b_1 + b_2)\,\mathfrak{P}_A/i\,b_2^2\,\Omega\,\mathfrak{U}$ an. Man muß aber beachten, daß die Frequenz Ω nicht nur in den Ausdrücken für $\mathfrak{y}$, sondern auch explizit auftritt, so daß die Ortskurven die Abhängigkeit z. B. von Ω nicht mehr vollständig beschreiben.

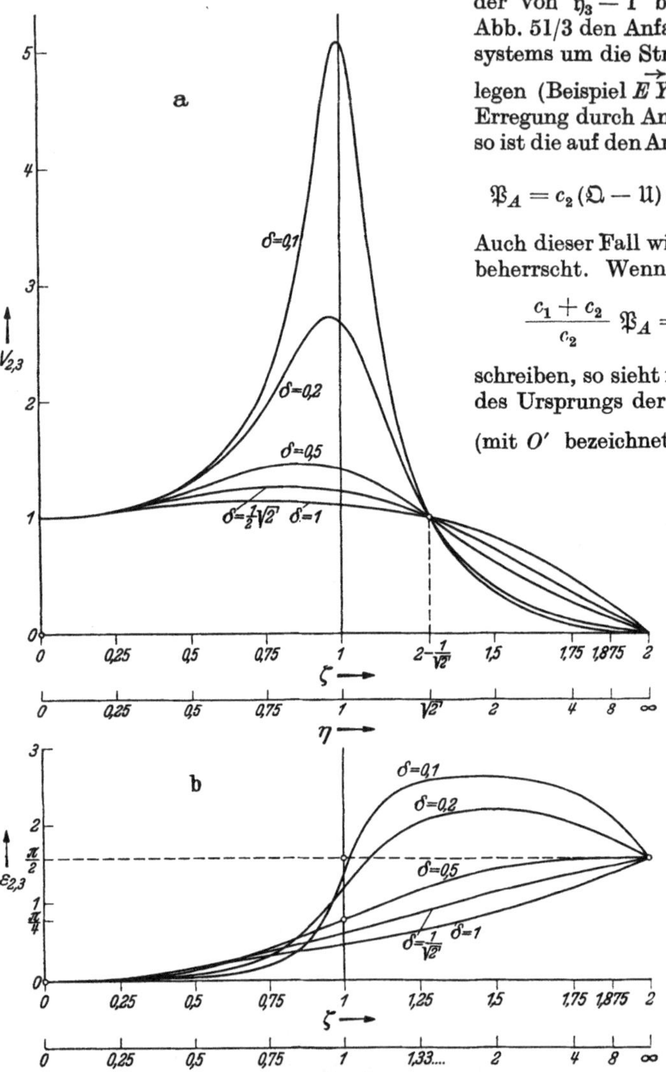

Abb. 54/2. a Vergrößerungsfunktion $V_{2,3} = |\mathfrak{y}_2 + \mathfrak{y}_3|$. b Nacheilwinkel $\varepsilon_{2,3} = -\arg(\mathfrak{y}_2 + \mathfrak{y}_3)$.

Auf den Antrieb umlaufender Massen wirkt zurück eine Kraft

$$\mathfrak{P}_A = a_2\,\Omega^2\,(\mathfrak{Q} - \mathfrak{U}) = a_2\,\Omega^2\,\mathfrak{U}\left(-\,\frac{a_2}{a_1 + a_2}\,\mathfrak{y}_1 - 1\right).$$

Durch Multiplikation der Gleichung mit $\dfrac{a_1 + a_2}{a_2}$ erhalten wir

$$\frac{a_1 + a_2}{a_2}\,\mathfrak{P}_A = \mathfrak{U}\,a_2\,\Omega^2\left[-\,\mathfrak{y}_1 - \frac{a_1 + a_2}{a_2}\right].$$

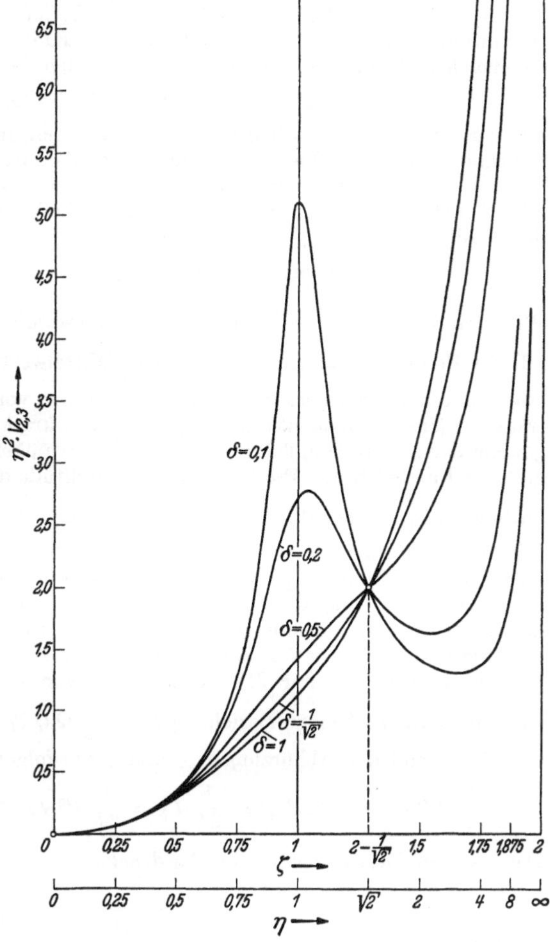

Abb. 54/3. Federnde und dämpfende Zwischenlage.

Abb. 54/4. Vergrößerungsfunktion $\eta^2\,V_{2,3}$.

Verschieben des Anfangspunktes der Vektoren $-\,\mathfrak{y}_1$ in Abb. 52/3 nach $\dfrac{a_1 + a_2}{a_2}$ liefert die Vektoren $-\,\mathfrak{y}_1 - \dfrac{a_1 + a_2}{a_2}$, die das Verhältnis $\dfrac{a_1 + a_2}{a_2^2\,\Omega^2}\,\dfrac{\mathfrak{P}_A}{\mathfrak{U}}$ angeben. Auch hier tritt Ω außer in den Einflußzahlen $\mathfrak{y}$ noch explizit auf.

δ) **Abschirmen von Schwingungen bei Anwesenheit von Dämpfungskräften.** In Ziff. 48β haben wir die Möglichkeit erörtert, Schwingungen durch Verwendung federnder Zwischenlagen von einem Bauteil, etwa dem Fundament einer Maschine, fernzuhalten. Dort hatten wir nur rein federnde, dämpfungsfreie Zwischenglieder in Betracht gezogen. Jetzt wollen wir noch zusehen, wie die auf die Unterlage ausgeübten Kräfte sich ändern, falls außer der Federung auch eine (beabsichtigte oder nicht beabsichtigte) geschwindigkeitsproportionale Reibung vorhanden ist. Die Anordnung ist in Abb. 54/3 schematisch wiedergegeben.

Die von den Federn und dem Dämpfer auf die Unterlage ausgeübte Kraft ist $\mathfrak{R} = \mathfrak{Q}\,(c + i\,b\,\Omega)$. Damit folgt aus (50.6) und (50.7), wenn die Erregerkraft festen Betrag hat,

$$\mathfrak{R} = \mathfrak{P}\,(\mathfrak{y}_2 + \mathfrak{y}_3) = \mathfrak{P}\,(1 - \mathfrak{y}_1).$$

Der Verlauf der Vektoren $(\mathfrak{y}_2 + \mathfrak{y}_3)$ und der zugehörigen Vergrößerungsfunktionen $V_{2,3} = |\mathfrak{y}_2 + \mathfrak{y}_3|$ als Funktion von η wurde im vorausgehenden Abschnitt β dieser Ziffer schon erörtert, die Vergrößerungsfunktion in Abb. 54/2a auch aufgezeichnet. Aus jenem Bild und aus Abb. 45/1a entnimmt man, daß oberhalb $\eta = \sqrt{2}$ die übertragenen Kräfte mit Dämpfung größer sind als ohne Dämpfung.

Um überhaupt eine Schirmwirkung zu erzielen, d. h. um $K < P$ zu machen, muß man aber so abstimmen, daß $\eta > \sqrt{2}$ wird. *Die Reibung verschlechtert also die Schirmwirkung stets.*

Hat die Erregerkraft nicht festen Betrag, sondern rührt sie etwa von der Fliehkraft umlaufender Massen her, $\mathfrak{P} = a_2\,\Omega^2\,\mathfrak{U}$ (43.8a), so tritt Ω^2 auch im Nenner von $\mathfrak{R}/\mathfrak{P}$ auf, so daß $\mathfrak{y}_2 + \mathfrak{y}_3$ bzw. $V_{2,3}$ nicht mehr die Abhängigkeit der Reaktionskraft $\mathfrak{R}$ von der Erregerfrequenz wiedergibt. Man verschafft sich dann einen konstanten Nenner, indem man die Gleichung $\mathfrak{K} = a_2 \Omega^2 \mathfrak{U} (\mathfrak{y}_2 + \mathfrak{y}_3)$ durch $c\,\mathfrak{U}$ dividiert und rechts $c = a\,\omega^2$ setzt; so kommt

$$\frac{\mathfrak{K}}{c\,\mathfrak{U}} = \frac{a_2}{a}\,\eta^2\,(\mathfrak{y}_2 + \mathfrak{y}_3) \quad \text{und} \quad \left|\frac{\mathfrak{K}}{c\,\mathfrak{U}}\right|\frac{a}{a_2} = \eta^2\,\mathsf{V}_{2,\,3}.$$

Abb. 54/4 gibt $\eta^2\,\mathsf{V}_{2,\,3}$ wieder.

Diese Überlegungen ergänzen (für den Fall $\delta = 0$) auch die Erörterungen von Ziff. 48β.

55. Arbeit und Leistung. In Ziff. 50 haben wir das Kräftespiel bei einer erzwungenen Schwingung untersucht und festgestellt, daß die Erregerkraft $\mathfrak{P}$ durch die drei dem Ausschlag $\mathfrak{Q}$ proportionalen Kräfte $\mathfrak{P}_a$, $\mathfrak{P}_b$ und $\mathfrak{P}_c$ (Trägheits-, Dämpfungs- und Federkraft) ins Gleichgewicht gesetzt wird. Die beiden typischen Fälle der Kraftecke sind in den Abb. 50/1b und 50/2b angegeben. Das erste gilt, wenn $\Omega < \omega$, das zweite, wenn $\Omega > \omega$ ist. Die durch diese Kraftecke ausgedrückte Zerlegung der Erregerkraft gibt uns auch hinsichtlich der geleisteten Arbeit alle wünschenswerten Aufschlüsse. In Ziff. 9 fanden wir, daß nur jene „Komponente" einer Kraft, die mit der Geschwindigkeit in Phase liegt, Wirkleistung vollbringt, also im Mittel über eine Periode Arbeit leistet, daß die senkrecht zur Geschwindigkeit stehende „Komponente" der Kraft dagegen nur Blindleistung vollbringt, die um den Mittelwert Null schwankt. Mit den Bezeichnungen der Ziff. 9 ist nun

$$\mathfrak{P}' = \mathfrak{P}_b = i\,b\,\Omega\,\mathfrak{Q} \quad \text{und} \quad \mathfrak{P}'' = \mathfrak{P}_c + \mathfrak{P}_a = (c - a\,\Omega^2)\,\mathfrak{Q}; \tag{55.1}$$

mit der Geschwindigkeit liegt in Phase (bzw. Gegenphase) die Widerstandskraft, um $\pi/2$ verschoben verlaufen Federkraft und Trägheitskraft.

Aus der Gl. (9.6) folgen deshalb, wenn wir die Beträge der Vektoren $V = \Omega\,Q$, $P' = b\,\Omega\,Q$, $P'' = (c - a\,\Omega^2)\,Q$ einsetzen, für die Wirk- und Blindleistung der Erregerkraft die Ausdrücke

$$l_w = \frac{1}{2}\,b\,\Omega^2\,Q^2\,(1 + \cos 2\,\Omega\,t) \quad \text{und} \quad l_{bl} = -\frac{1}{2}\,(c - a\,\Omega^2)\,\Omega\,Q^2 \sin 2\,\Omega\,t. \tag{55.2}$$

Wie wir in Ziff. 9 schon feststellten, schwanken sowohl die Wirkleistung wie die Blindleistung mit der Frequenz 2Ω; die erste um einen Mittelwert, der hier $L_w = \dfrac{b}{2}\,Q^2\,\Omega^2$ beträgt, die zweite um den Mittelwert Null. Zur Wirkleistung, von der die Arbeit allein bestimmt wird, trägt nur jene Komponente $\mathfrak{P}' = \mathfrak{P}_b$ der Erregerkraft bei, die der Widerstandskraft Gleichgewicht hält; die andere, Trägheits- und Federkraft überwindende Komponente $\mathfrak{P}'' = \mathfrak{P}_a + \mathfrak{P}_c$ gibt nur Blindleistung. Die Schwankungsamplitude der Wirkleistung ist stets gleich ihrem Mittelwert L_w, die der Blindleistung ist in unserem Fall $L_{bl} = \dfrac{1}{2}\,(c - a\,\Omega^2)\,\Omega\,Q^2$. Während wir für den Zusammenhang zwischen Erregerkraft und Ausschlag lineare Funktionen fanden, erhalten wir die Leistung als eine quadratische Funktion des Ausschlags oder der Kraft.

Ähnlich wie früher die Ausschläge Q suchen wir jetzt sowohl L_w wie L_{bl} als Funktionen der die Bewegung bestimmenden Größen a, b, c und Ω auf. Dabei muß man beachten, daß diese Größen erstens explizit auftreten, zweitens aber auch in Q stecken. Ausführlich werden wir nur die Abhängigkeit von η verfolgen. Der aus der Definitionsgleichung sich ergebenden Beziehung $L_w = \dfrac{1}{2}\,\Omega\,Q\,P_b$ kann man mit Benutzung von (50.5) und (50.6) und der Abkürzungen η und δ die folgenden Formen geben

$$L_w = \frac{1}{2}\,\Omega\,Q\,P_b = \frac{1}{2}\,b\,\Omega^2\,Q^2 = \frac{1}{2\,b}\,P_b^2 = \frac{1}{2\,b}\,P^2\,\mathsf{V}_2^2 = \frac{P^2}{2\,\sqrt{a\,c}} \cdot \frac{2\,\delta\,\eta^2}{(1-\eta^2)^2 + 4\,\delta^2\,\eta^2}. \tag{55.3}$$

Den zweiten Faktor des letzten Ausdrucks nennen wir W_1

$$\mathsf{W}_1(\eta) = \frac{2\,\delta\,\eta^2}{(1-\eta^2)^2 + 4\,\delta^2\,\eta^2}. \tag{55.4}$$

Ähnlich wird

$$L_{bl} = \frac{1}{2}\,\Omega\,Q\,P'' = \frac{1}{2}\,\Omega\,Q\,(P_a + P_c) = \frac{1}{2}\,(c - a\,\Omega^2)\,\Omega\,Q^2 = \frac{1}{2\,b}\,P_b\,(P_a + P_c) =$$
$$= \frac{P^2}{2\,b}\,|\mathfrak{y}_2|\,|\mathfrak{y}_1 + \mathfrak{y}_3| = \frac{P^2}{2\,\sqrt{a\,c}}\left|\frac{\eta\,(1-\eta^2)}{(1-\eta^2)^2 + 4\,\delta^2\,\eta^2}\right|; \tag{55.5}$$

hier kürzen wir ab

$$\mathsf{W}_2(\eta) = \left|\frac{\eta\,(1-\eta^2)}{(1-\eta^2)^2 + 4\,\delta^2\,\eta^2}\right|. \tag{55.6}$$

Die durch (55.4) und (55.6) beschriebenen Faktoren W_1 und W_2 sind wie die V_i von Ziff. 53 dimensionslose Zahlen. Sie geben an, um wievielmal die Leistung L_w oder L_{bl} größer ist als eine Vergleichsleistung $P^2/2 \sqrt{a\,c}$; wir wollen sie deshalb in übertragener Sprechweise die *Vergrößerungsfunktionen der Wirk- und der Blindleistung* für frequenzunabhängige Erregerkraft nennen (zuweilen werden sie auch als „Resonanzfunktionen" der Wirk- und Blindleistung bezeichnet). Die beiden Funktionen W_1 und W_2 sind dem Betrage nach unempfindlich gegen Vertauschung von η mit $1/\eta$. Trägt man sie über der durch (53.4a) definierten Abszisse ζ auf, so werden sie symmetrisch (Abb. 55/2 und 55/3). W_1 ist in Abb. 55/1 auch über η^2 aufgetragen.

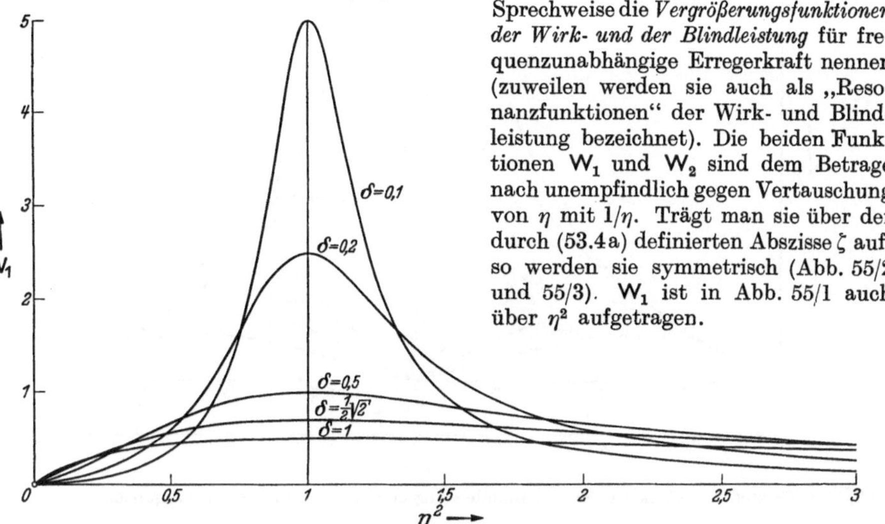

Abb. 55/1. Vergrößerungsfunktion W_1 (η^2) der Wirkleistung einer Erregerkraft frequenzunabhängiger Amplitude.

Wir rufen uns noch einmal die Bedeutung der Kurven ins Gedächtnis: Mit der Vergleichsgröße $P^2/2 \sqrt{a\,c}$ multipliziert gibt W_1 den Mittelwert (und die Schwankungsamplitude) L_w der Wirkleistung an, die die Erregerkraft vollbringt. Multiplikation von L_w mit der Dauer der Periode $T = 2\pi/\Omega$ gibt die während einer Periode von der Erregerkraft geleistete Arbeit. Es ist das diejenige Arbeit, die in nicht umkehrbarer Weise vom Schwinger aufgenommen und dort (über die Reibungskraft) in Wärme umgewandelt wird. W_2 gibt mit $P^2/2 \sqrt{a\,c}$ multipliziert die Schwankungsamplitude der Blindleistung der Erregerkraft; diese ist ein Maß für die während einer Periode zweimal in umkehrbarer Weise von der Erregerkraft an den Schwinger und wieder zurück gelieferte Energie. Während einer Viertelperiode wird (vgl. Abb. 9/1c) die Arbeit $L_{bl}/\Omega = \dfrac{T}{4} L_{bl} \dfrac{2}{\pi}$ von der Erregerkraft an den Schwinger abgegeben; diese wird dort, wenn $\Omega < \omega$

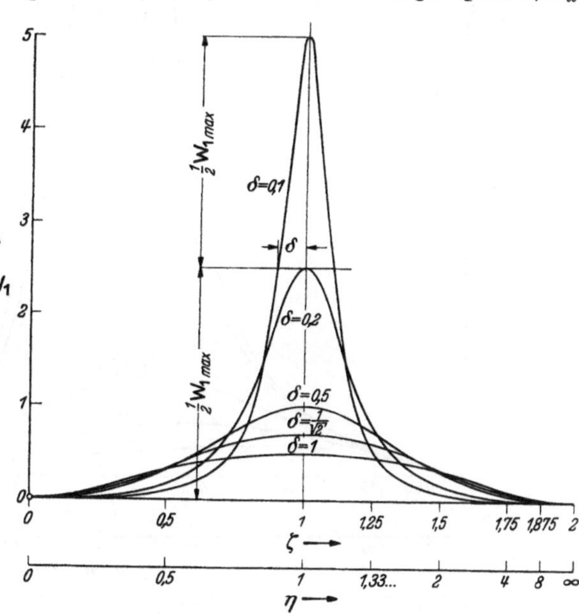

Abb. 55/2. W_1 über ζ (53.4a) aufgetragen.

ist, als potentielle Energie in der Feder, wenn $\Omega > \omega$ ist, als kinetische Energie in der Masse gespeichert. In der nächsten Viertelschwingung wird die gespeicherte Energie an die Erregerkraft zurückgeliefert.

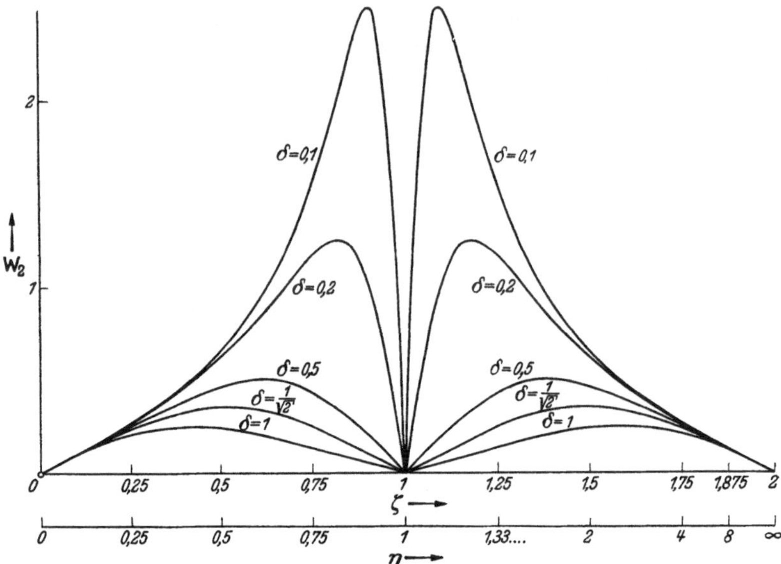

Abb. 55/3. Vergrößerungsfunktion W_2 der Blindleistung einer Erregerkraft frequenzunabhängiger Amplitude.

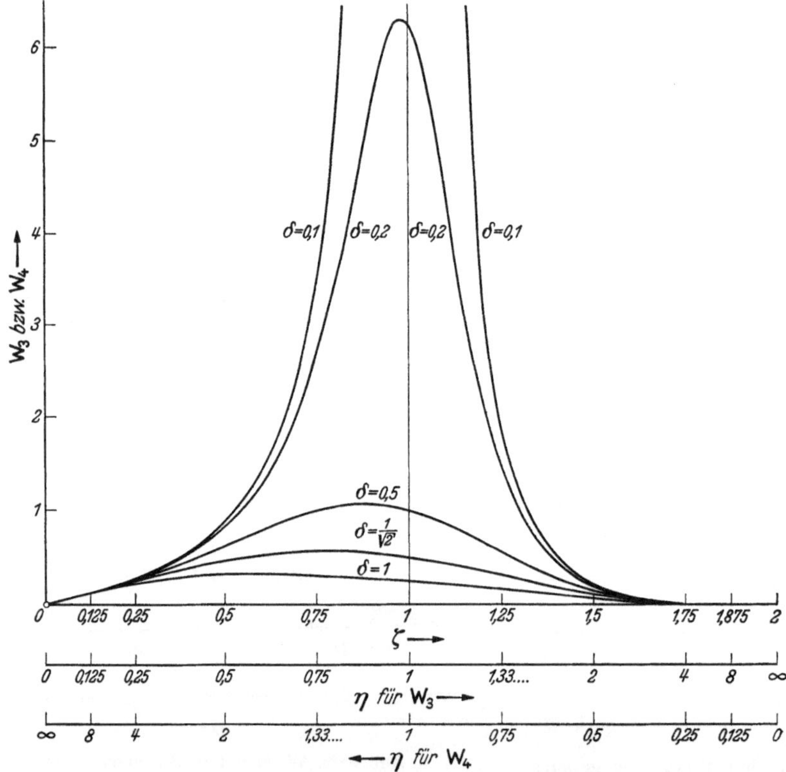

Abb. 55/4. Vergrößerungsfunktionen W_3 und W_4 der Blindleistung der Federkraft und der Trägheitskraft bei frequenzunabhängiger Amplitude der Erregerkraft.

Von dieser *Blindleistung der Erregerkraft* muß man die Blindleistung der gesamten Federkraft oder der gesamten Trägheitskraft unterscheiden, die ein Maß ist für die überhaupt in umkehrbarer Weise umgesetzte Energie. Da im unterkritischen Gebiet ($\Omega < \omega$) die Federkraft der Summe aus Erregerkraft und Trägheitskraft, im überkritischen Gebiet ($\Omega > \omega$) dagegen die Trägheitskraft der Summe aus Erregerkraft und Federkraft Gleichgewicht hält, so ist im unterkritischen Gebiet die Blindleistung der Federkraft, im überkritischen Gebiet die Blindleistung der Trägheitskraft ein Maß für die gesamte pendelnde Energie. Man erhält für diese beiden Größen die Ausdrücke

$$L_{c,bl} = \frac{1}{2}\, V P_c = \frac{P^2}{2\sqrt{a\,c}}\,\frac{\eta}{(1-\eta^2)^2 + 4\,\delta^2\,\eta^2} = \frac{P^2}{2\sqrt{a\,c}}\,W_3 \qquad (55.7\,\text{a})$$

und

$$L_{a,bl} = \frac{1}{2}\, V P_a = \frac{P^2}{2\sqrt{a\,c}}\,\frac{\eta^3}{(1-\eta^2)^2 + 4\,\delta^2\,\eta^2} = \frac{P^2}{2\sqrt{a\,c}}\,W_4\,. \qquad (55.7\,\text{b})$$

Die Differenz dieser Blindleistungen ist die Blindleistung der Erregerkraft L_{bl} nach (55.5). Da bei Vertauschung von η mit $1/\eta$ aus der einen die andere Form (55.7) entsteht, so erhalten wir für den Faktor $W_3(\eta)$ über ζ (53.4a) aufgetragen dieselben Kurven (Abb. 55/4) wie für W_4 über ζ (53.4b).

An der Resonanzstelle $\eta = 1$ wird die Blindleistung der Erregerkraft Null (Abb. 55/3), dagegen hat sowohl die der Federkraft wie die der Trägheitskraft dort den Wert $1/(4\,\delta^2)$. Die Pendelung der Energie erfolgt in diesem Fall ohne Beteiligung der Erregerkraft vollständig zwischen Federung und Masse; die Erregerkraft gibt nur Wirkleistung ab.

Meist wird die Erregung nicht durch eine am Schwingkörper angreifende Kraft $\mathfrak{P}$, sondern durch Antreiben

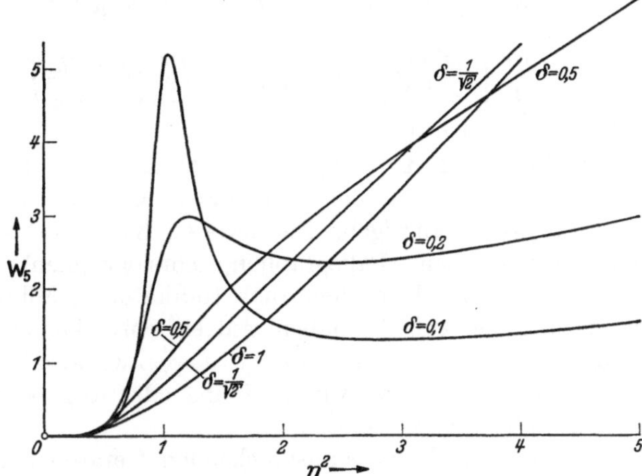

Abb. 55/5. Vergrößerungsfunktion W_5 der Wirkleistung einer als Erregerkraft wirkenden Massenkraft.

eines Systemteils bewirkt. Erfolgt die Erregung durch Antreiben einer Feder c_2 mit dem Ausschlag $\mathfrak{U}$, so wird $\mathfrak{P} = c_2\,\mathfrak{U}$, und aus (55.3) und (55.5) für Wirk- und Blindleistung der Erregerkraft wird

$$L_w = \frac{U^2\,c_2^2}{2\sqrt{a\,c}}\,W_1 \quad \text{und} \quad L_{bl} = \frac{U^2\,c_2^2}{2\sqrt{a\,c}}\,W_2. \qquad (55.8)$$

Es ändert sich nur die Form der Vergleichsgröße der Leistung; sie wird statt durch P jetzt durch die unabhängig Veränderliche U ausgedrückt. Die Abhängigkeit von η wird dagegen weiterhin durch $W_1(\eta)$ und $W_2(\eta)$ entsprechend den Gln. (55.3) und (55.5) sowie den Abb. 55/2 und 55/3 angezeigt. Anders, wenn der Erregerausschlag $\mathfrak{U}$ über eine Massenkraft $\mathfrak{P} = a_2\,\Omega^2\,\mathfrak{U}$ wirkt. Für L_w und L_{bl} ergeben sich dann (nach leicht zu ergänzenden Umrechnungen)

$$\left.\begin{aligned} L_w &= \frac{1}{2}\,V P_b = \frac{1}{2}\,b\,\Omega^2\,Q^2 = \frac{1}{2}\,b\,\Omega^2\left(\frac{a_2}{a}\right)^2 V_1^2\,U^2 = \\ &= \frac{U^2}{2}\sqrt{\frac{c^3}{a}}\left(\frac{a_2}{a}\right)^2 2\,\delta\,\eta^2\,V_1^2 = \frac{U^2}{2}\sqrt{\frac{c^3}{a}}\left(\frac{a_2}{a}\right)^2 \frac{2\,\delta\,\eta^6}{(1-\eta^2)^2 + 4\,\delta^2\,\eta^2} \end{aligned}\right\} \qquad (55.9\,\text{a})$$

und

$$\left.\begin{aligned} L_{bl} &= \frac{1}{2}\,V(P_a + P_c) = \frac{1}{2}\,(c - a\,\Omega^2)\,\Omega\,Q^2 = \frac{1}{2}\,\Omega\,(c - a\,\Omega^2)\left(\frac{a_2}{a}\right)^2 V_1^2\,U^2 = \\ &= \frac{U^2}{2}\sqrt{\frac{c^3}{a}}\left(\frac{a_2}{a}\right)^2 \eta\,(1-\eta^2)\,V_1^2 = \frac{U^2}{2}\sqrt{\frac{c^3}{a}}\left(\frac{a_2}{a}\right)^2 \frac{\eta^5\,(1-\eta^2)}{(1-\eta^2)^2 + 4\,\delta^2\,\eta^2}\,. \end{aligned}\right\} \qquad (55.9\,\text{b})$$

Die von η abhängigen Bestandteile nennen wir wieder Vergrößerungsfunktionen; sie lauten hier

$$W_5 = \frac{2\,\delta\,\eta^6}{(1-\eta^2)^2 + 4\,\delta^2\,\eta^2} \quad \text{und} \quad W_6 = \frac{\eta^5\,(1-\eta^2)}{(1-\eta^2)^2 + 4\,\delta^2\,\eta^2}\,. \tag{55.10}$$

Die zur Wirkleistung gehörende Funktion W_5 ist in Abb. 55/5 aufgezeichnet. Im Gegensatz zu den Vergrößerungsfunktionen W_1 und W_2, die unempfindlich waren gegen eine Vertauschung von η und $1/\eta$, und die deshalb über ζ aufgetragen die symmetrischen Kurven der Abb. 55/2 und 55/3 ergaben, gehen die Funktionen W_5 und W_6 bei Vertauschung von η mit $1/\eta$ nicht mehr in sich über; sie streben bei unbeschränkt wachsendem Argument selbst über alle Grenzen. Die Einzelheiten des Verlaufes der Kurven können aus den Gleichungen ohne Mühe abgelesen werden. Schließlich vermerken wir noch die Ausdrücke, die sich für die Blindleistung der Erregerkraft bei Antrieb eines Dämpfers ergeben; sie sind analog den obigen hergestellt und gebaut. Es ist

$$L_w = \frac{U^2}{2}\,\sqrt{\frac{c^3}{a}}\left(\frac{b_2}{b}\right)^2 2\,\delta\,\eta^2\,V_2^2 = \frac{U^2}{2}\,\sqrt{\frac{c^3}{a}}\left(\frac{b_2}{b}\right)^2 \frac{8\,\delta^3\,\eta^4}{(1-\eta^2)^2 + 4\,\delta^2\,\eta^2} \tag{55.11a}$$

und

$$L_{bl} = \frac{U^2}{2}\,\sqrt{\frac{c^3}{a}}\left(\frac{b_2}{b}\right)^2 \eta\,(1-\eta^2)\,V_2^2 = \frac{U^2}{2}\,\sqrt{\frac{c^3}{a}}\left(\frac{b_2}{b}\right)^2 \frac{4\,\delta^2\,\eta^3\,(1-\eta^2)}{(1-\eta^2)^2 + 4\,\delta^2\,\eta^2}\,. \tag{55.11b}$$

Auf ihre Aufzeichnung verzichten wir.

56. Meß- und Anzeigegeräte für mechanische Schwingungen. Die hier zu besprechenden Geräte teilen wir in zwei Klassen, solche, die *Kräfte*, und solche, die *Bewegungen* anzeigen. Zur zweiten Klasse gehören die als Seismographen und Vibrographen (Pallographen, Torsiographen) bezeichneten Geräte, zur ersten neben Oszillographen auch Indikatoren, Mikrophone und Lautsprecher, da sie alle die Aufgabe haben, auf sie einwirkende periodische Kräfte „anzuzeigen". Den Begriff der „Anzeige" fassen wir also im weitesten Sinn auf, indem wir darunter nicht nur Aufschreibung oder Angabe durch Zeiger, sondern jede Art der Wiedergabe verstehen.

α) Bei den auf *Kräfte* ansprechenden Geräten (vgl. die vier obengenannten) soll ein Systemteil (Schreibstift beim Indikator, Spiegel beim Oszillograph, Membrane bei Mikrophon und Lautsprecher) den einwirkenden Kräften *folgen*. Dabei wünscht man — um große Empfindlichkeit zu erreichen — hohe Werte der kinetischen Einflußzahl $\mathfrak{h}$ [Gl. (51.1)]. Hohe Werte von $\mathfrak{h} = h\,\mathfrak{y}_3$ erreicht man (für kleine Dämpfungen) in der Nähe der Resonanzfrequenz, also in der Nähe von $\eta = 1$. Eine solche „Abstimmung auf Resonanz", d. h. Übereinstimmung der Eigenfrequenz ω des Gerätes mit der Erregerfrequenz Ω der einwirkenden Kraft ist aber nur dann erstrebenswert, wenn die Erregerkraft rein harmonisch verläuft. Dann allerdings kann man durch Abstimmung auf Resonanz erstaunlich hohe Empfindlichkeiten erreichen. (Das bekannteste Beispiel auf dem Gebiet der elektrischen Schwingungen sind die Rundfunkempfangsgeräte.) Sobald die einwirkende Kraft nicht rein harmonisch verläuft, sondern harmonische Komponenten verschiedener Frequenz Ω enthält, darf man nicht mehr „auf Resonanz abstimmen", denn jene Komponente, deren Frequenz in die Nähe der Eigenfrequenz des Gerätes fiele, würde stark hervorgehoben, die gesamte Kurvenform also verzerrt wiedergegeben werden. Eine solche Verzerrung ist bei allen genannten Geräten unerwünscht. Indikatoren und Oszillographen sollen ausdrücklich dazu dienen, die *Formen* des Kraftverlaufs festzustellen, die Membranen der Mikrophone und Lautsprecher sollen die Sprachlaute getreu wiedergeben. Die Forderung nach möglichst weitgehender *Verzerrungsfreiheit* bedeutet nun, daß für den ganzen in Betracht kommenden Frequenzbereich Ω

die kinetische Einflußzahl $\mathfrak{h}$, somit auch $\mathfrak{h}_3$, möglichst konstant sein soll, und zwar als Vektor, d. h. sowohl nach Amplitude wie nach Phase (wenigstens für die schreibenden Geräte; für die Sprachwiedergabe ist die Phasenlage gleichgültig). Wenden wir uns zunächst den Amplituden zu, so fordern wir also möglichst horizontalen Verlauf der Kurve $|\mathfrak{v}_3| = V_3(\eta)$ in dem in Betracht kommenden Frequenzbereich — bei nicht verschwindenden Werten V_3. Die Kurve Abb. 53/1 belehrt uns darüber, wo wir einen solchen horizontalen Verlauf antreffen: Für niedrige Werte η. Dabei muß das Verhältnis η klein sein für *alle* auftretenden Erregerfrequenzen Ω; das ist der Fall, wenn ω genügend groß ist: Die auf *Kräfte* ansprechenden Geräte müssen *hohe Eigenfrequenzen* besitzen. Alle Kurven der in Abb. 53/1 gezeichneten Schar beginnen mit horizontaler Tangente. Die für geringe Werte der Dämpfungszahl δ geltenden Kurven haben bei $\eta = 0$ ein Minimum, die für große Werte δ geltenden ein

Maximum. Dazwischen gibt es eine Kurve, für die auch die Krümmung an der Stelle $\eta = 0$ verschwindet. Sie ist die für den angestrebten Zweck der Freiheit von Amplitudenverzerrung günstigste Kurve. In Ziff. 53 haben wir schon ermittelt, daß für sie $\delta = \sqrt{2}/2$ ist. Nicht ein ungedämpftes Gerät, sondern eines, dessen Dämpfungszahl diesen Wert hat, gibt die geringste Verzerrung der Amplituden. Außer der Amplitudenverzerrung soll aber

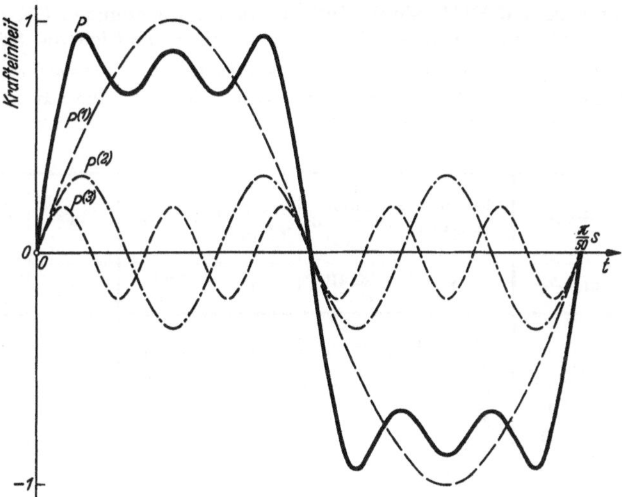

Abb. 56/1. Erregerkraft P mit harmonischen Bestandteilen $P^{(1)}$, $P^{(2)}$, $P^{(3)}$.

auch eine „Phasenverzerrung", d. i. eine Verschiebung der Harmonischen gegeneinander, vermieden werden, weil auch hierdurch die Kurvenform verändert würde. Da wir es mit Harmonischen verschiedener Frequenzen zu tun haben, müssen wir die Phasenverschiebungs*zeit* (Nacheilzeit) als Maß für die Verschiebung heranziehen. Die Untersuchungen, die wir in Ziff. 53 anstellten, zeigten schon, daß für kleine Werte η die Abhängigkeit der relativen Nacheilzeit von der Frequenz dann am geringsten wird, wenn die Dämpfungszahl $\delta = \sqrt{3}/2$ beträgt. Dieser Wert stimmt nicht mit demjenigen überein, der geringste Verzerrung der Amplituden liefert. Die beiden Forderungen widersprechen sich; man muß daher zwischen $\delta = \sqrt{2}/2$ und $\delta = \sqrt{3}/2$ einen Ausgleich nach Gutdünken vornehmen.

Die geschilderten Tatsachen veranschaulichen wir an einem Beispiel.

Beispiel. Eine Kraft P verläuft periodisch nach dem Diagramm der Abb. 56/1, das *eine* Periode wiedergibt. Die in P enthaltenen drei Harmonischen $P^{(1)}$, $P^{(2)}$ und $P^{(3)}$ sind in Abb. 56/1 ebenfalls eingezeichnet. Die Kraft wirkt auf ein Anzeigegerät. Welche Ausschläge verzeichnet dieses Gerät, wenn

a) seine Eigenfrequenz $\omega = 600/\mathrm{s}$ ist und Dämpfung fehlt,

b) „　　　　„　　　$\omega = 600/\mathrm{s}$ ist, die Dämpfungszahl $\delta = \sqrt{2}/2$ beträgt,

c) „　　　　„　　　$\omega = 600/\mathrm{s}$ ist, die Dämpfungszahl $\delta = 4$ beträgt,

d) „　　　　„　　　$\omega = 1500/\mathrm{s}$ ist, die Dämpfungszahl $\delta = \sqrt{2}/2$ beträgt?

Die Amplituden $P^{(1)}$, $P^{(2)}$, $P^{(3)}$ der drei Harmonischen verhalten sich wie $1:1/3:1/5$, ihre Frequenzen sind $\Omega^{(1)} = 100/\mathrm{s}$, $\Omega^{(2)} = 300/\mathrm{s}$, $\Omega^{(3)} = 500/\mathrm{s}$. In den drei Fällen a, b, c hat das Frequenzverhältnis η daher die drei Werte $\eta^{(1)} = 1/6$, $\eta^{(2)} = 1/2$, $\eta^{(3)} = 5/6$, im Falle d die drei Werte $\eta^{(1)} = 1/15$, $\eta^{(2)} = 1/5$, $\eta^{(3)} = 1/3$.

In der nachfolgenden Tabelle sind die Werte der Vergrößerungsfunktion $V_3^{(i)}$ (53.2a) für jede Harmonische $P^{(i)}$, das Produkt $P^{(i)}V_3^{(i)}$ (das ein Maß ist für den Ausschlag) sowie Nacheilwinkel ε, Nacheilzeit $t_\varepsilon = \dfrac{\varepsilon}{\Omega}$ und relative Nacheilzeit $\tau = \dfrac{t_\varepsilon}{T} = \dfrac{\varepsilon/2\pi}{\eta}$ (53.14b) verzeichnet. In den Abb. 56/2a, b, c, d sind (stark ausgezogen) die vier Kurven wiedergegeben, die das Gerät unter den angegebenen Voraussetzungen aufzeichnen würde. Die einzelnen Harmonischen, aus denen sich die Kurven zusammensetzen (und deren Amplituden proportional $P^{(i)}V_3^{(i)}$ sind), sind mit den Bezeichnungen (1), (2) und (3) in allen vier Fällen ebenfalls eingezeichnet. Die Kurven zeigen deutlich die früher erwähnten Merkmale:

Liegt die Frequenz einer Harmonischen der Erregerkraft der Eigenfrequenz zu nahe, so wird, wenn keine Dämpfung vorhanden ist, diese Harmonische stark herausgehoben [$P^{(3)}$ in Fall a] und damit das Gesamtbild verzerrt. Durch Anwendung einer Dämpfung

Größe	Abstimmung $\eta = \Omega/\omega$	Harmonische Erregende $P^{(i)}$	Vergrößerung $V_3^{(i)}(\eta,\delta)$	$P^{(i)} V_3^{(i)}$	tg ε	Nacheilwinkel ε	Nacheilzeit $t_\varepsilon = \varepsilon/\Omega$	relative Nacheilzeit $\tau = \dfrac{\varepsilon/2\pi}{\eta}$
Einheit	1	Krafteinheit	1	Krafteinheit	1	1	s	1
Zu Abb. 56/2a $\delta = 0$	$\dfrac{100}{600} = \dfrac{1}{6}$	1	1,029	1,029	0	0	0	0
	$\dfrac{300}{600} = \dfrac{1}{2}$	$1/3$	1,333	0,444	0	0	0	0
	$\dfrac{500}{600} = \dfrac{5}{6}$	$1/5$	3,273	0,655	0	0	0	0
Zu Abb. 56/2b $\delta = \dfrac{1}{2}\sqrt{2}$	$\dfrac{1}{6}$	1	1,000	1,000	0,242	0,238	$2,38 \cdot 10^{-3}$	0,227
	$\dfrac{1}{2}$	$1/3$	0,970	0,323	0,943	0,756	$2,52 \cdot 10^{-3}$	0,241
	$\dfrac{5}{6}$	$1/5$	0,821	0,164	3,857	1,317	$2,63 \cdot 10^{-3}$	0,252
Zu Abb. 56/2c $\delta = 4$	$\dfrac{1}{6}$	1	0,606	0,606	1,371	0,941	$9,41 \cdot 10^{-3}$	0,898
	$\dfrac{1}{2}$	$1/3$	0,246	0,082	5,333	1,385	$4,62 \cdot 10^{-3}$	0,441
	$\dfrac{5}{6}$	$1/5$	0,150	0,030	21,818	1,525	$3,05 \cdot 10^{-3}$	0,335
Zu Abb. 56/2d $\delta = \dfrac{1}{2}\sqrt{2}$	$\dfrac{100}{1500} = \dfrac{1}{15}$	1	1,000	1,000	0,0947	0,0944	$0,94 \cdot 10^{-3}$	0,225
	$\dfrac{300}{1500} = \dfrac{1}{5}$	$1/3$	0,999	0,333	0,295	0,287	$0,95 \cdot 10^{-3}$	0,228
	$\dfrac{500}{1500} = \dfrac{1}{3}$	$1/5$	0,992	0,199	0,530	0,488	$0,98 \cdot 10^{-3}$	0,232

von geeigneter Stärke kann diese Erscheinung vermieden werden (Fall b). Noch geringere Verzerrung erhält man, wenn man die Eigenfrequenz des Gerätes außerdem erhöhen kann

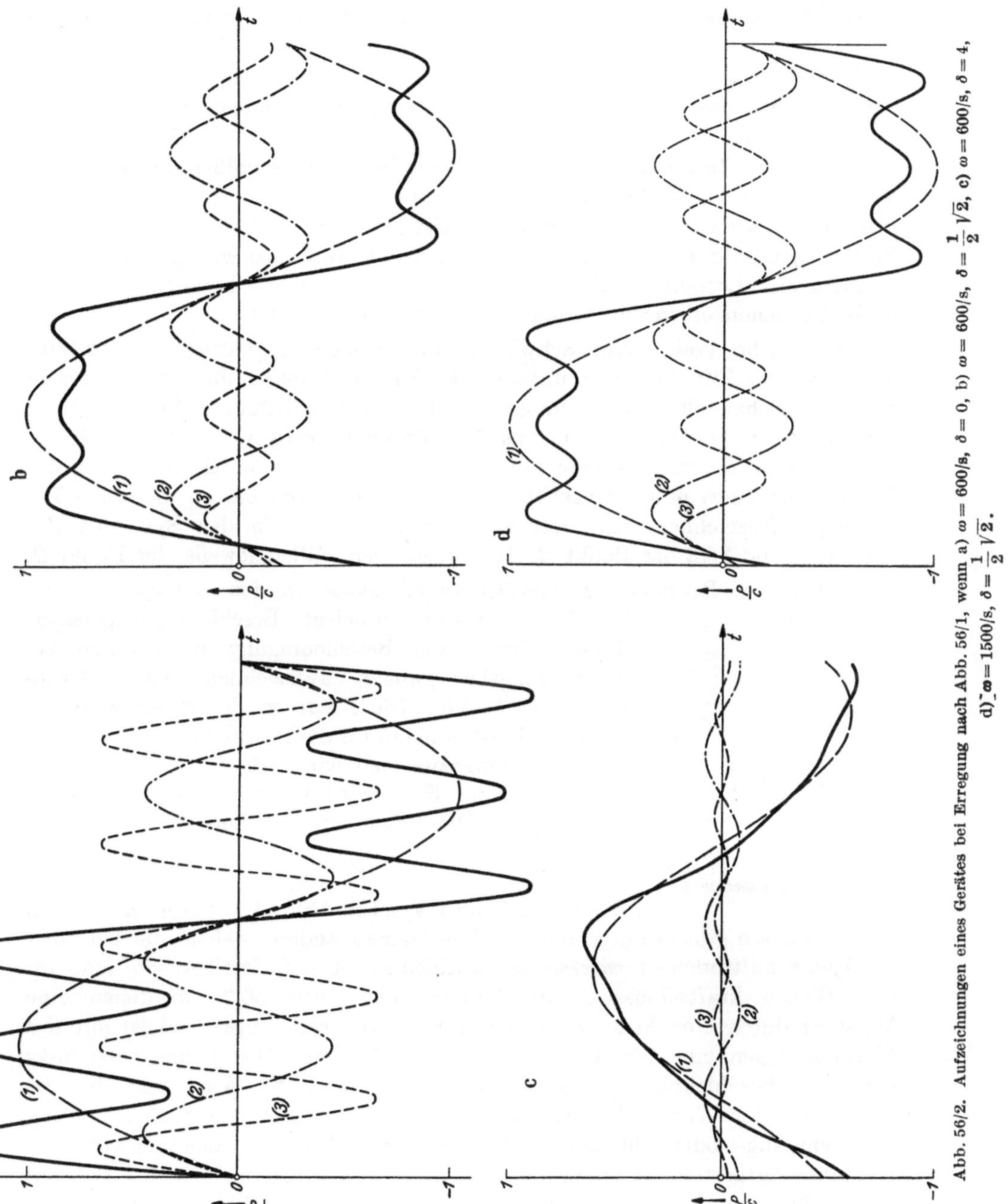

Abb. 56/2. Aufzeichnungen eines Gerätes bei Erregung nach Abb. 56/1, wenn a) $\omega = 600/\text{s}$, $\delta = 0$, b) $\omega = 600/\text{s}$, $\delta = \frac{1}{2}\sqrt{2}$, c) $\omega = 600/\text{s}$, $\delta = 4$, d) $\omega = 1500/\text{s}$, $\delta = \frac{1}{2}\sqrt{2}$.

(Fall d). Zu starke Dämpfung löscht dagegen die höheren Harmonischen fast völlig aus; es bleibt dann nur die (etwas deformierte) Grundschwingung übrig (Fall c).

β) Bei den Geräten, die *Bewegungen* anzeigen sollen, wird der Relativausschlag des „Federfußpunktes" gegen einen Schwingkörper zur Anzeige ausgenutzt.

Die Geräte beruhen auf dem Schema der Abb. 54/1 b. In Gl. (54.10) haben wir schon angegeben, wie der Relativausschlag $\mathfrak{Q} - \mathfrak{U}$ mit dem Erregerausschlag $\mathfrak{U}$ zusammenhängt: $\mathfrak{Q} - \mathfrak{U} = (-\mathfrak{y}_1)\,\mathfrak{U}$. Abstimmung auf Resonanz ist auch hier nur dann zweckmäßig, wenn rein harmonische Anregung vorliegt. Sonst muß man wieder fordern, daß sowohl die Vergrößerungsfunktion $\mathsf{V}_1 = |\mathfrak{y}_1|$ wie auch die Phasenverschiebungszeit τ_1 über Ω oder η möglichst horizontalen Verlauf haben.

Wegen des Zusammenhangs (53.3 b) zwischen den Vergrößerungsfunktionen V_1 und V_3 und der Gl. (53.15 a) für die relative Nacheilzeit τ gelten alle Erörterungen, die wir unter α) bei den kraftregistrierenden Geräten für $\eta \to 0$ durchführten, jetzt für $\eta \to \infty$. Erstens müssen die Geräte also eine geringe Eigenfrequenz ω aufweisen; zweitens muß die Dämpfung (wo sie herangezogen wird) nach den schon erörterten Grundsätzen eingestellt werden.

Auf welche Weise man Schwinger mit geringer Eigenfrequenz herstellt, haben wir in Ziff. 32 schon untersucht. Die dort (ohne die hinzutretenden Dämpfer) behandelten Anordnungen werden als Einrichtungen für Meßgeräte verwendet. Dabei wird — wie aus Abb. 54/1 b hervorgeht — der „Federfußpunkt" durch die zu messende Bewegung geführt, während die Bewegung der Masse (oder eines mit ihr verbundenen Punktes) gegen die zu messende Bewegung aufgezeichnet wird. Der Federfußpunkt F ist in den Systemen der Abb. 32/1 und 32/3 der Punkt A, in den übrigen Fällen jeweils der Punkt O.

γ) Mit der Bezeichnung *Beschleunigungsmesser* werden schließlich noch zwei wesentlich verschiedene Arten von Geräten belegt. Beschleunigungsmesser, die den Verlauf der Beschleunigung mit der Zeit bei Schwingungsbewegungen aufzeichnen, sind Geräte nach Abb. 54/1 b. Die Kraft in der Feder wird gemessen; sie ist ein Maß für die Beschleunigung, die dem Punkte F aufgezwungen wird. Sie ist $\mathfrak{K} = c\,(\mathfrak{Q} - \mathfrak{U})$; mit (54.6 c) und (50.7) wird daraus $\mathfrak{K} = c\,(-\mathfrak{y}_1)\,\mathfrak{U}$ oder $K = c\,\mathsf{V}_1\,U$. Die Beschleunigungsamplitude lautet:

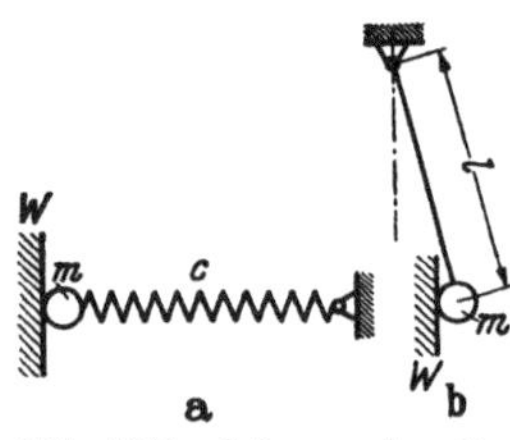

Abb. 56/3. Schema der Beschleunigungsmesser, die *maximale* Beschleunigungen messen.

$$\Omega^2\,U = \frac{K}{a_1}\,\frac{1}{\mathsf{V}_3}\,.$$

Der Verlauf von $1/\mathsf{V}_3$ ist in Abb. 53/5 angegeben. Neben diesen Geräten gibt es unter dem gleichen Namen andere, welche die bei einer Bewegung auftretenden *maximalen* Beschleunigungen feststellen. Sie sind im wesentlichen kraftschlüssige Anordnungen nach Abb. 56/3, in denen eine Masse m durch eine Feder c (oder die Rückstellkraft eines Pendels) mit der Kraft K gegen eine Wand gepreßt wird. Sobald die Wand eine nach links gerichtete Beschleunigung erfährt, die größer ist als $b = K/m$, hebt sich die Masse von der Wand ab. Das Abheben wird entweder durch Beobachtung mit dem Auge oder Ohr oder z. B. durch Unterbrechung eines elektrischen Kontakts festgestellt. Übrigens beruht auch die Anordnung der Abb. 27/2 auf diesem Prinzip; sie stellt (obschon sie zur Messung von Ausschlagamplituden dient) im Grunde einen Beschleunigungsmesser dar.

57. Einschwingvorgänge. Bei der Integration der Bewegungsgleichungen für die erzwungenen Schwingungen in Ziff. 44 und Ziff. 50 hatten wir ausdrücklich erwähnt, daß die allgemeine Lösung der Differentialgleichung sich aus der

Lösung der „verkürzten" Differentialgleichung und einem partikularen Integral der unverkürzten Gleichung zusammensetzt, so daß die Bewegung also aus der freien Schwingung und der eigentlich erzwungenen besteht. Nach der Bemerkung, daß für gedämpfte Systeme die freie Schwingung abklingt und den stationären Zustand nicht mehr beeinflußt, hatten wir dann unsere Aufmerksamkeit allein auf das partikulare Integral, den eigentlich erzwungenen Lösungsanteil gerichtet. Die Erörterungen in den Ziff. 51 bis 56 beziehen sich auf diesen Anteil.

Der erzwungene Lösungsanteil ist jedoch nur dann von *vornherein* allein vorhanden, wenn die Anfangsbedingungen (Anfangsausschlag q_0 und Anfangsgeschwindigkeit v_0) geeignete Werte haben. Für den dämpfungsfreien Schwinger sind diese in Ziff. 44 [vgl. Gl. (44.9)] angegeben. Für den gedämpften Schwinger hat die Differentialgleichung

$$a\,\ddot{q} + b\,\dot{q} + c\,q = P \sin \Omega t$$

die allgemeine Lösung

$$q = C e^{-\lambda t} \sin(\nu t + \gamma) + \frac{P}{c}\, \frac{1}{\sqrt{(1 - \eta^2)^2 + 4\,\delta^2\,\eta^2}} \sin(\Omega t - \varepsilon)\,; \tag{57.1}$$

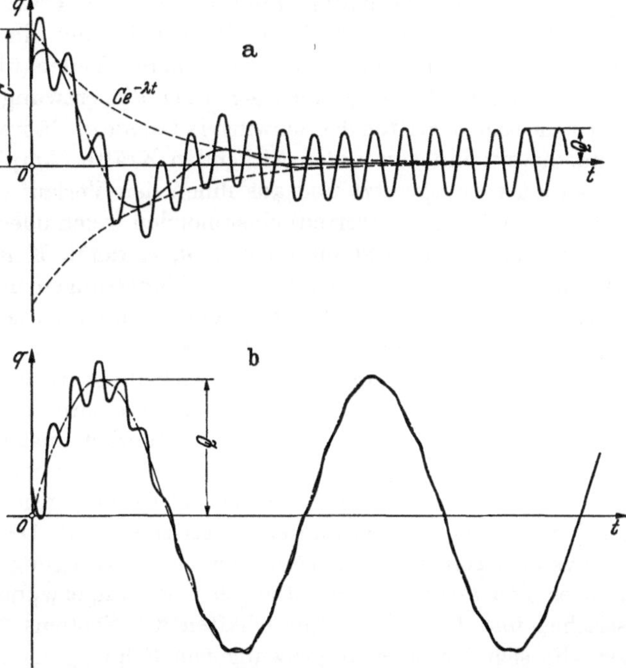

Abb. 57/1. Einschwingvorgänge. a) $\Omega > \nu$, b) $\Omega < \nu$.

hierin sind C und γ Integrationskonstanten, die übrigen Größen haben bestimmte Werte. Bezeichnen q_0 und v_0 Anfangsausschlag und Anfangsgeschwindigkeit zur Zeit $t = 0$, so nehmen die Integrationskonstanten die Werte

$$C^2 = \frac{1}{\nu^2}\left\{ (\nu\,q_0 + \nu\,Q \sin \varepsilon)^2 + [v_0 + \lambda\,q_0 + Q\,(\lambda \sin \varepsilon - \Omega \cos \varepsilon)]^2 \right\} \tag{57.2a}$$

und

$$\operatorname{tg} \gamma = \frac{\nu\,(q_0 + Q \sin \varepsilon)}{v_0 + \lambda\,q_0 + Q\,(\lambda \sin \varepsilon - \Omega \cos \varepsilon)} \tag{57.2b}$$

an, wenn mit Q abkürzend $\dfrac{P}{c}\,\dfrac{1}{\sqrt{(1 - \eta^2)^2 + 4\,\delta^2\,\eta^2}}$ bezeichnet wird.

In der Regel werden q_0 und v_0 die Amplitude C der freien Schwingung nicht zu Null machen. Dann ist zunächst außer dem erzwungenen Anteil auch eine freie Bewegung vorhanden, die das Schwingungsbild beträchtlich beeinflussen kann. Vor allem kann der größte Ausschlag weit über dem Wert Q der stationären Amplitude liegen. Ist $q_0 = v_0 = 0$ und λ klein (und damit auch δ und ε klein), so wird, wie aus (57.2a) folgt, $C = (\Omega/\omega)\,Q$. Durch (gegenüber der Eigenschwingung) rasch verlaufende Erregungen können dann große Amplituden der Eigenschwingung veranlaßt werden.

Abb. 57/1 zeigt zwei typische Bilder für Einschwingvorgänge; in einem Fall ist $\Omega > \nu$ und $C > Q$, im andern $\nu > \Omega$ und $Q > C$.

Manche Vorgänge, wie z. B. die durch Erdbeben hervorgerufenen Schwingungen von Bauwerken, spielen sich in so kurzer Zeit ab, daß ein stationärer Bewegungszustand überhaupt nicht eintritt; der gesamte Bewegungsverlauf liegt im Bereich des Einschwingvorgangs. In solchen Fällen darf man die *vorübergehenden* freien Schwingungen keineswegs außer Acht lassen.

58. Die dynamischen Prüfverfahren (Umkehrung der Fragestellung). In allen Abschnitten des hier behandelten Kapitels über den Schwinger von einem Grade der Freiheit, und zwar sowohl in den früheren Teilen über die freien Schwingungen wie auch in den gegenwärtigen über die erzwungenen Schwingungen, haben wir die Eigenschaften des Schwingers (Masse a, Dämpfungsfaktor b, Federzahl c) und die auf ihn von, außen wirkenden Kräfte (Amplitude P, Frequenz Ω) als bekannt vorausgesetzt und aus ihnen den Verlauf der sich unter besonderen Bedingungen (Anfangswerten) einstellenden freien oder erzwungenen Schwingungen errechnet. Die Systemgrößen a, b, c, deren Kenntnis vorausgesetzt wird, können oft aus den geometrischen Abmessungen und den Werkstoffeigenschaften des Schwingers ermittelt werden. Manchmal läßt sich c auch aus einem statischen, b aus einem Bewegungsversuch gewinnen.

Es gibt jedoch auch Fälle, in denen der verwickelte Aufbau eines Systems (man denke etwa an eine Stahlbrücke) die unmittelbare Feststellung der Schwingungseigenschaften erwünscht oder gar erforderlich macht. Man stellt dann *Schwingungsversuche* an und berechnet aus den gemessenen Ergebnissen die Eigenschaften des Systems. Die Fragestellung ist nun gegenüber der bisherigen umgekehrt: Nicht aus bekannten elastischen und Dämpfungseigenschaften eines Systems soll auf sein Verhalten bei Schwingungen geschlossen werden, sondern es sind aus dem Verhalten bei einer aufgezwungenen Schwingung die elastischen und Dämpfungseigenschaften des Systems zu finden.

Die Größen, die sich bei einer aufgezwungenen Schwingung messen lassen, sind Amplitude und Phasenlage des Ausschlags gegenüber der Erregerkraft sowie die Leistungsaufnahme. Diese drei Größen hatten wir bisher schon in unsere Untersuchung einbezogen. Wir können daher auf die entsprechenden Entwicklungen zurückgreifen.

Für die Erregung von Schwingungen kommen im wesentlichen zwei Mittel in Betracht, die Erregung über eine Federkraft $c\,\mathfrak{U}$ oder über eine Massenkraft $a_2\Omega^2\,\mathfrak{U}$. In den sog. Schwingungs(erreger-)maschinen wird fast ausschließlich die zweite Möglichkeit benutzt. Diese *Schwingungsmaschinen* fallen also unter das Schema der Abb. 43/3. Der Antrieb der umlaufenden Massen $a_2/2$ erfolgt durch einen Elektromotor. Die Leistungsaufnahme $L = L_w$ des Schwingers wird aus der Leistungsaufnahme des Motors gefunden, die mittels elektrischer Meßgeräte einfach bestimmt werden kann. Allerdings enthält diese Leistungskurve auch die Verluste im Motor und in der Prüfmaschine selbst. Man „bereinigt" sie deshalb, indem man die durch einen „Leerlaufversuch" gewonnenen Werte abzieht. Abb. 58/1 zeigt in (a) die Leerlaufkurve und die Versuchskurve, in (b) die bereinigte Kurve.

Zur Durchführung [1] eines solchen Leerlaufversuchs macht man entweder die Exzentrizität $\mathfrak{U}$ der umlaufenden Massen $a_2/2$ zu Null (wodurch aber die Belastungen der Lager und damit unter Umständen auch die Verluste sich ändern) oder man befestigt die Schwingungsmaschine an einem Schwinger sehr hoher Eigenfrequenz, der dann

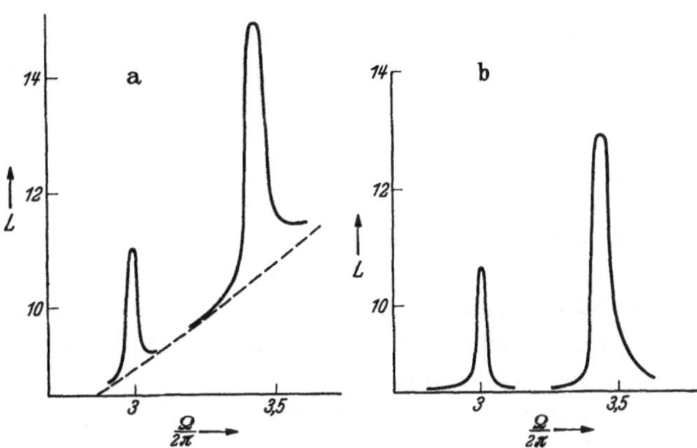

Abb. 58/1. Leistungskurven. a Leerlaufkurve und Versuchskurve, b bereinigte Kurve.

selbst so gut wie keine Leistung aufnimmt. Praktisch heißt das, man stellt die Maschine z. B. auf eine sehr steife Grundplatte.

Die Messung der *Schwingungsausschläge Q* erfolgt mit Geräten, die nach dem Prinzip der Seismographen arbeiten und von denen wir einige Typen (Pallograph, Vibrograph) in der Ziff. 32 beschrieben haben.

Die Messung der *Phasenverschiebung* ε zwischen Erregerkraft und Ausschlag verlangt auf dem Ausschlagbild die Kennzeichnung des Augenblicks, in dem die Kraft eine ausgezeichnete Phase durchläuft. Eine solche Kennzeichnung kann bei langsam verlaufenden Schwingungen dadurch vorgenommen werden, daß man durch die umlaufenden Massen der Schwingungsmaschine im Augenblick der höchsten

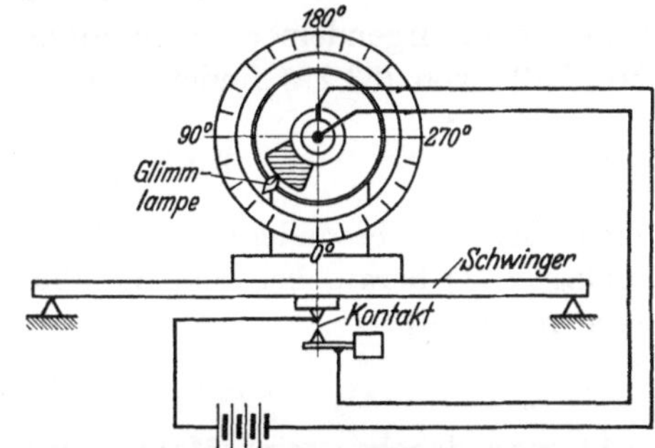

Abb. 58/2. SPÄTHsche Anordnung zur Messung der Phasenlage des Kraftvektors.

oder tiefsten (oder einer sonstigen) Lage einen Kontakt schließen läßt, der einen Elektromagneten betätigt, wodurch eine Markierung auf dem Papierstreifen des Schreibgerätes vorgenommen wird. Bei rascheren Schwingungen arbeitet diese Anordnung zu träge; man läßt dann die Markierung durch einen elektrischen Funken besorgen [2].

Eine zweite (von W. SPÄTH [3] vorgeschlagene) Anordnung kennzeichnet umgekehrt eine Stellung des Kraftvektors bei einer ausgezeichneten Phase des Ausschlags. Die Anordnung besteht darin, daß das in Schwingungen versetzte System (etwa bei seinem größten Ausschlag nach unten) einen Kontakt betätigt, der eine auf der Welle der Schwingungsmaschine sitzende und mit umlaufende Glimmlampe zum Aufleuchten bringt (Abb. 58/2). Da eine

Glimmlampe praktisch trägheitsfrei zündet und erlischt, so geschieht das kurzzeitige Aufleuchten bei jedem Umlauf der Lampe an der gleichen Stelle, und zwar in rascher Folge. Im Auge entsteht das Bild eines ruhenden leuchtenden Punktes, der sich an einer bestimmten Stelle des Wellenumfangs befindet. Durch eine Winkelmessung kann seine Lage bestimmt werden.

Nicht immer kann man alle drei Größen Q, ε und L_w mit der erforderlichen Genauigkeit messen; manchmal kann eine der Größen auch nur über einen gewissen Bereich verfolgt werden. Die für die Auswertung zur Verfügung stehenden Größen sind von Fall zu Fall verschieden; es läßt sich daher auch kein allgemein gültiger, immer beschreitbarer Weg zur Ermittlung der Systemkonstanten angeben. Das Vorgehen muß sich vielmehr in jedem Fall nach den Erfordernissen sowie den verfügbaren Hilfsmitteln und Möglichkeiten der Messung richten. Wir erörtern daher hier nur einiges Grundsätzliche an Beispielen.

α) Wir setzen voraus, die Masse a und die Federzahl c des Systems seien bekannt, gesucht werde lediglich der Dämpfungsfaktor b. Hier kann man wieder drei Fälle unterscheiden, je nachdem, ob die Erregerkraft konstanten Betrag hat, oder ob sie von der ersten oder zweiten Potenz der Geschwindigkeit abhängt. Wir beginnen mit der Voraussetzung einer Erregerkraft konstanten Betrages. Die gesuchte Dämpfung kann schließlich entweder aus einer Messung des Ausschlags, der Phasenverschiebung oder der Leistungsaufnahme berechnet werden.

Nimmt man Ausschlagmessungen vor, so stellt man eine Reihe von Werten der Funktion $Q(\Omega)$ fest. Da c und ω bekannt sind, läßt sich diese Funktion leicht umrechnen auf $\mathsf{V}_3(\eta) = \dfrac{c\,Q}{P}\left(\dfrac{\Omega}{\omega}\right)$. Man kann der weiteren Rechnung nun den bei irgendeiner Abstimmung η erzielten Ausschlag Q zugrunde legen. Mit Hilfe von (53.2a) findet man

$$2\,\delta = \sqrt{\left(\frac{1}{\mathsf{V}_3\,\eta}\right)^2 - \left(\frac{1-\eta^2}{\eta}\right)^2}\,. \tag{58.1}$$

Zieht man im besonderen den für $\Omega = \omega \equiv \sqrt{c/a}$, d. h. $\eta = 1$, erzielten Ausschlag $\mathsf{V}_3(1)$ heran, bei dem die Phasenverschiebung $\varepsilon = 90°$ beträgt, so wird [wie in (53.6)]

$$2\,\delta = \frac{1}{\mathsf{V}_3(1)}\,; \tag{58.1a}$$

geht man dagegen vom Maximalausschlag $\mathsf{V} = \mathsf{V}_3^{(\mathrm{max})}$ aus, der nach (53.7a) für $\eta^2 = 1 - 2\,\delta^2$ erreicht wird, so erhält man nach (53.7b) für δ^2 die quadratische Gleichung

$$(\delta^2)^2 - \delta^2 + \frac{1}{4\,\mathsf{V}^2} = 0$$

mit der Lösung

$$\delta^2 = \frac{1}{2}\left[1 \mp \sqrt{1 - \frac{1}{\mathsf{V}^2}}\,\right]. \tag{58.2}$$

Im Bereich sehr kleiner Dämpfungen wird $\mathsf{V}_3^{(\mathrm{max})}$ sehr groß; aus einer abgebrochenen Entwicklung des Radikanden erhält man dann

$$\delta^2 \approx \frac{1}{2}\left[1 - \left(1 - \frac{1}{2\,\mathsf{V}^2}\right)\right] = \frac{1}{4\,\mathsf{V}^2}$$

oder

$$2\,\delta \approx 1/\mathsf{V} \tag{58.3}$$

wie in (58.1a). Bei kleinen Werten δ kann daher der Maximalwert $V = V_3^{(max)}$ für den Wert $V_3(1)$ eintreten.

Mitunter kann es sich auch empfehlen, die auf V_3 umgerechneten Ausschlagwerte Q in eine vorliegende, dicht gezeichnete Schar von Kurven $V_3(\eta)$ (wie Abb. 53/1) einzupassen. Der gesuchte Wert der Dämpfung liegt dann zwischen jenen Werten δ, die den benachbarten Kurven zugehören.

Auch Phasenmessungen können zur Ermittlung der Dämpfung herangezogen werden. Aus den Gln. (51.7) folgt, daß, wenn man die Phasenverschiebung ε' bei der Abstimmung $\eta' = 0{,}618$ oder ε'' bei $\eta'' = 1{,}618$ mißt, der Dämpfungsfaktor b sich aus

$$b = \sqrt{a\,c}\,\operatorname{tg}\varepsilon' \qquad \text{bzw.} \qquad b = -\sqrt{a\,c}\,\operatorname{tg}\varepsilon'' = \sqrt{a\,c}\,\operatorname{tg}(\pi - \varepsilon'') \qquad (58.4)$$

errechnet.

Man kann aber auch feststellen, für welche Abstimmung η_1 ein Phasenverschiebungswinkel $\varepsilon = 45°$ erreicht wird; dann gilt wegen (51.6)

$$2\,\delta = \frac{1 - \eta_1^2}{\eta_1}. \qquad (58.5)$$

Aus einer Leistungsmessung findet man wegen (55.3)

$$2\,\delta = \frac{P^2}{2\sqrt{a\,c}}\,\frac{1}{L_w^{(max)}}. \qquad (58.6)$$

$L_w^{(max)}$ tritt für $\eta = 1$ auf. Natürlich muß man die „bereinigte" Leistungskurve zugrundelegen, bei der die Leerlaufverluste schon abgezogen sind.

Hat die Erregerkraft nicht konstanten Betrag, sondern liegt etwa der häufige Fall einer Massenkrafterregung vor, so gilt wegen $V_1 = \eta^2\,V_3$ statt (58.1) die Beziehung

$$2\,\delta = \sqrt{\left(\frac{\eta}{V_1}\right)^2 - \left(\frac{1 - \eta^2}{\eta}\right)^2}. \qquad (58.7)$$

Die Formeln (58.1a) mit $V(1)$ und (58.3) mit $V^{(max)}$ gelten dagegen sowohl für V_1 wie für V_3. Aus einer Phasenmessung folgt $2\,\delta$ ebenfalls nach (58.4), da die Phasenverschiebungswinkel für beide Arten von Erregerkräften dieselben sind. Aus einer Leistungsmessung erhält man die Dämpfung mit Hilfe von (55.9a); wenn man im besondern die Leistung $L_w^{(90)}$ an der Stelle $\eta = 1$ heranzieht, wo $\varepsilon = 90°$ ist, wird

$$2\,\delta = \frac{U^2}{2}\sqrt{\frac{c^3}{a}}\left(\frac{a_2}{a}\right)^2\frac{1}{L_w^{(90)}}. \qquad (58.8)$$

Gelegentlich wird auch empfohlen [4], die Dämpfung aus der „Schlankheit" der Resonanzkurven des Ausschlags oder der Leistung zu ermitteln. Wir wollen hier untersuchen, inwieweit das möglich ist.

Liegt die Vergrößerungsfunktion der Leistung für Erregerkraft konstanten Betrages vor, die in Ziff. 55 mit $W_1(\eta)$ bezeichnet wurde, so kann man (in Abb. 55/2 angedeutet) in der halben Höhe des Maximalwertes $W_1^{(max)}$ eine Parallele zur η-Achse ziehen; der Abstand der Schnittpunkte dieser Parallelen mit der Kurve gibt die dimensionslose Größe $2\,\delta$. Denn nach (55.4) ist $W_1^{(max)} = 1/2\,\delta$, und die Forderung $W_1(\eta_{1,2}) = W_1^{(max)}/2$ liefert für die Abszissen η_1 und η_2 die Beziehung

$$(1 - \eta_{1,2}^2)^2 = 4\,\delta^2\,\eta_{1,2}^2 \qquad \text{oder} \qquad 1 - \eta_{1,2}^2 = \pm\,2\,\delta\,\eta_{1,2};$$

sie führt auf die beiden quadratischen Gleichungen

$$\eta_1^2 + 2\,\delta\,\eta_1 - 1 = 0 \qquad \text{und} \qquad \eta_2^2 - 2\,\delta\,\eta_2 - 1 = 0, \qquad (58.9)$$

von denen jede *eine* positive Wurzel hat. Diese Wurzeln sind $\eta_1 = -\delta + \sqrt{\delta^2 + 1}$ und $\eta_2 = +\delta + \sqrt{\delta^2 + 1}$. Ihre Differenz beträgt, wie behauptet,

$$\eta_2 - \eta_1 = 2\,\delta. \tag{58.10}$$

Die Lösung ist genau. (Man beachte, daß in Abb. 55/2 W_1 über ζ aufgetragen ist statt, wie gefordert, über η. Streng genommen darf man nur mit der linken Hälfte dieser Kurve arbeiten.)

Mit der Resonanzkurve der Leistung bei Massenkrafterregung, die durch W_5 (55.10) angegeben wird, kann man entsprechend verfahren; hier erhält man allerdings keine genauen, sondern nur angenähert richtige Ergebnisse. Legt man in der Höhe $\frac{1}{2}\,W_5(1)$, wobei $W_5(1)$ die Ordinate an der Stelle $\eta = 1$ bedeutet (die praktisch oft mit $W_5^{(\max)}$ übereinstimmen wird), eine Parallele zur η-Achse, so schneidet diese Parallele wieder eine Strecke $2\,\delta$ ab, unter der Voraussetzung, daß man die Größe $(\eta^4 - 1)$ vernachlässigen darf. Wir zeigen das. Aus (55.10) folgt $W_5(1) = 1/2\,\delta$; daher führt die Forderung $W_5(1)/W_5(\eta) = 2$ auf die Beziehung $(1 - \eta^2)^2 = 4\,\delta^2\,\eta^2(2\,\eta^4 - 1)$. Darf man die Klammer auf der rechten Seite gleich Eins setzen, so ergeben sich wieder die beiden quadratischen Gln. (58.9), also auch das gleiche Ergebnis (58.10) wie dort.

Auch aus der Schlankheit der Vergrößerungskurven $V_1(\eta)$ und $V_3(\eta)$ des Ausschlags kann man auf ähnliche Weise die Dämpfung bestimmen. Die Vorschrift lautet hier: Lege in Höhe $V_3(1)/\sqrt{2} \approx 0{,}707\,V_3(1)$ eine Parallele zur η-Achse. Die Differenz der Abszissen der Schnittpunkte mit der Kurve beträgt $2\,\delta$, solange man $(\eta^2 - 1)$ vernachlässigen darf. (Diese Forderung ist weniger streng als die an die Leistungskurve W_5 gestellte Forderung $\eta^4 - 1 \approx 0$.) Der Beweis verläuft ganz ähnlich wie zuvor. Wegen (53.2a) führt die Bedingung $V_3^2(1)/V_3^2(\eta) = 2$ auf die Beziehung $(1 - \eta^2)^2 = 4\,\delta^2(2 - \eta^2)$. Darf man für die Klammer auf der rechten Seite η^2 setzen, so ergeben sich wieder die beiden quadratischen Gln. (58.9) und damit dieselben Lösungen wie dort.

Bei Massenkrafterregung hat man es mit V_1 statt mit V_3 zu tun. Wegen (53.3b) $V_1(\eta) = V_3(1/\eta)$ verläuft die Untersuchung für diese Kurve genau ebenso (man hat jedoch an jeder Stelle $1/\eta$ statt η zu schreiben) und führt zu dem gleichen Ergebnis.

In allen Fällen muß η selbst (nicht ζ) als Abszisse der Kurven dienen.

β) Zum zweiten setzen wir voraus, es seien alle drei Systemgrößen a, b, c unbekannt. Nun muß sich unser Bestreben zunächst darauf richten, die Größe $\omega = \sqrt{c/a}$ (Eigenfrequenz bei Dämpfungsfreiheit) und danach a und c getrennt zu ermitteln.

Zur Bestimmung von ω sind Messungen der Phasenverschiebung oder der Leistung besser geeignet als Messungen des Ausschlags. In einer Kurve der Leistungswerte $L_w(\Omega)$ gibt die Stelle Ω des Maximums, in einer Phasenverschiebungskurve die Stelle Ω, wo $\varepsilon = 90°$ wird, den Wert $\Omega = \omega$ an. Solche Phasenmessungen sind — wo angängig — zu empfehlen, da wenigstens für nicht zu große Werte δ die Kurve $\varepsilon(\Omega)$ in der Nähe von $\Omega = \omega$ stark ansteigt, so daß die Messung sehr empfindlich ist. In den Kurven $Q(\Omega)$ wird das Maximum (außer bei Antrieb über einen Dämpfer) je nach der Art der Erregung entweder vor oder nach der Stelle $\Omega = \omega$ erreicht, und es bedarf erst der Kenntnis der Dämpfung, um aus der Stelle Ω_0 des Maximums die Stelle ω zu finden.

Um weiterhin eine der Größen a und c für sich zu ermitteln, besteht das einfachste Mittel darin, eine zweite Messung der Eigenfrequenz an dem in einer bekannten Weise abgeänderten System vorzunehmen. Und zwar wird man das System in der Regel dadurch abändern, daß man eine zusätzliche Masse a_0 bekannter Größe aufbringt (z. B. indem man auf eine Brücke eine Lokomotive stellt). Ist die neue Eigenfrequenz dann ω_0, so gilt $\omega^2 = c/a$ und $\omega_0^2 = c/(a + a_0)$, daraus folgt

$$a = a_0\,\frac{\omega_0^2}{\omega^2 - \omega_0^2}. \tag{58.11}$$

Eine zweite Möglichkeit, a oder c zu bestimmen, erhält man aus einer Eigenschaft der Ausschlagkurven $Q(\Omega)$. Bei Antrieb durch eine Kraft $\mathfrak{P}$ konstanten Betrages strebt die Funktion $Q(\Omega)$ für $\Omega \to 0$ dem Wert P/c zu. (Der Grenzfall $\Omega = 0$ bedeutet eine statische Messung.) Mißt man daher die Ausschläge bei geringen Erregerfrequenzen, etwa bei $\eta = 1/2$, $1/4$, $1/6$, $1/8$, so gibt die Extrapolation der Kurve auf $\eta = 0$ den Wert P/c an, der dann c liefert. Ebenso strebt bei Erregung durch eine Massenkraft $a_2 \Omega^2 \mathfrak{U}$ die Funktion $Q(\Omega)$ für $\Omega \to \infty$ nach $\dfrac{a_2}{a} U$. Mißt man daher etwa bei $\eta = 2, 4, 6, 8$ usw. die Ausschläge, so gibt Extrapolation der Kurve auf $\Omega = \infty$ den Wert $\dfrac{a_2}{a} U$, der dann a liefert.

Die Extrapolation auf $\Omega \to \infty$ nimmt man zweckmäßig so vor, daß man — analog der Auftragung der Kurve V_1 in Abb. 53/1 — die Werte Q über $1/\eta^2$ aufträgt, so daß man für $1/\eta^2 \to 0$ extrapoliert. Ein weiteres Mittel, die Extrapolation sicherer zu gestalten, besteht darin, daß man den Einfluß der (noch unbekannten) Dämpfung abschätzt. Aus der Form der Ausschlag- oder Leistungskurven kann man sich schon ein Urteil darüber verschaffen, von welcher Größenordnung die Dämpfung ist, ob $\delta < 1/5$ oder $\delta \approx 1/2$. Aus (53.2a) folgt mit $\eta \ll 1$, so daß η^4 vernachlässigt werden kann,

$$V_3^2 = \frac{1}{1 - 2\,\eta^2\,(1 - 2\,\delta^2)}\,; \tag{58.12}$$

für $\delta < 1/5$ vernachlässigen wir den Subtrahenden in der Klammer und schreiben

$$\delta < \frac{1}{5}: \quad V_3^2 = \frac{1}{1 - 2\,\eta^2} \approx 1 + 2\,\eta^2; \quad V_3 \approx 1 + \eta^2,$$

für $\delta = 1/2$ wird

$$\delta = \frac{1}{2}: \quad V_3^2 = \frac{1}{1 - \eta^2} \approx 1 + \eta^2; \quad V_3 \approx 1 + \frac{1}{2}\,\eta^2.$$

Man sieht daraus: Je nachdem, ob die Dämpfung vernachlässigbar ist oder in der Größenordnung $\delta = 1/2$ sich bewegt, hat man bei einer Abstimmung η den Grenzwert Q noch um das η^2-fache oder $\dfrac{1}{2}\,\eta^2$-fache überschritten. (Mit $\delta \approx 0{,}7$ ist noch für beträchtliche Werte η die Vergrößerungsfunktion $V_3 = 1$.)

Was hier für $V_3(\eta)$ erläutert wurde, gilt genau so für $V_1(1/\eta)$ bei Massenkrafterregung. Hier wird eine Abschätzung des Einflusses der Dämpfung noch häufiger von Wichtigkeit sein, da die Erregerfrequenz ja nicht beliebig hoch gesteigert werden kann.

Nachdem a und c bekannt sind, kann die Bestimmung von b nach den oben unter α) erwähnten Richtlinien vorgenommen werden.

Es sei aber nochmals betont, daß die hier geschilderten Maßnahmen gegebenenfalls abzuändern und den gerade vorliegenden Möglichkeiten und Erfordernissen anzupassen sind [5]. Immer wird es sich dabei allerdings um eine geeignete Anwendung der in den Ziff. 50—57 gefundenen Ergebnisse handeln.

c) Schwinger mit anderen Dämpfungskräften.

59. Die Dämpfungskraft ist einer Potenz der Geschwindigkeit proportional; „gleichwertiger" Dämpfungsfaktor. Schon bei der Untersuchung der *freien* Bewegungen des einfachen Schwingers hatten wir Dämpfungskräfte in Betracht gezogen, die nicht mehr einfach der Geschwindigkeit proportional waren (Ziff. 33, 34, 36, 37). Doch hatten wir uns dort auf die Untersuchung von zwei weiteren Arten von Abhängigkeiten beschränkt, auf die Reibungskräfte konstanten Betrages und die dem Quadrat der Geschwindigkeit proportionalen Reibungskräfte. Der Grund für die Beschränkung auf die genannten Typen liegt in der Schwierigkeit, die sich der rechnerischen Behandlung anderer Fälle entgegenstellen. Bei der Untersuchung der *erzwungenen* Schwingungen befindet man sich in einer etwas günstigeren Lage, da im stationären Zustand auch die gedämpften Systeme ihre Schwingungsweite beibehalten, also *periodische* Schwingungen ausführen. Eine Integration der Bewegungsgleichung werden wir jedoch nicht durchführen können; wir werden uns vielmehr bemühen, die Bewegungen der Systeme mit nichtlinearer Dämpfungscharakteristik auf die der Systeme mit linearer Charakteristik zurückzuführen. Das kann nur in angenäherter Weise geschehen. Der Grad der Näherung reicht jedoch für die praktisch vorliegenden Fälle in der Regel aus.

Die allgemeinste Form der Differentialgleichung der Bewegung, mit der wir uns beschäftigen werden, lautet also

$$a\,\ddot{q} + (\operatorname{sgn}\dot{q})\,b_n\,|\dot{q}|^n + c\,q = P\cos\Omega\,t\,, \tag{59.1}$$

wobei n irgendeine ganze oder gebrochene, reelle Zahl bedeutet.

Wir beginnen hier (abweichend von Ziff. 43) die Zählung der Zeit mit dem Maximalausschlag der Erregerkraft, schreiben für $p(t)$ also $P\cos\Omega\,t$, um für die Geschwindigkeit und die von ihr abhängigen Widerstandskräfte einen sinusförmigen Verlauf zu erhalten.

Erstens setzen wir nun wieder voraus, die Bewegung verlaufe harmonisch mit der Frequenz Ω der Erregung,

$$q = Q\cos(\Omega\,t - \varepsilon). \tag{59.2}$$

Dieser Ansatz war streng richtig für die ungedämpfte und die linear gedämpfte Bewegung. Im allgemeinsten Fall stellt er jedoch eine Annahme dar, die nur angenähert erfüllt ist. In Fällen, in denen diese Voraussetzung auch angenähert nicht mehr zutrifft, versagt die auf ihr aufgebaute Lösungsmethode (s. Ziff. 60). Zweitens ersetzen wir die Dämpfungskraft $(\operatorname{sgn}\dot{q})\,b_n\,|\dot{q}|^n$ durch eine der Geschwindigkeit proportionale Kraft $\hat{b}_1\dot{q}$. Der ersetzende *„gleichwertige" Dämpfungsfaktor* $\hat{b}_1$ wird dabei so bestimmt, daß durch die beiden Dämpfungskräfte dieselbe Energie je Schwingung vernichtet wird. Die durch die Kraft $b_n\dot{q}^n$ je Viertelschwingung verzehrte Energie beträgt, wenn die Bewegung harmonisch verläuft,

$$S/4 = \int\limits_0^{T/4} b_n\,\dot{q}^n\,(\dot{q}\,dt) = b_n\,Q^{n+1}\,\Omega^{n+1}\int\limits_0^{T/4}\sin^{n+1}\Omega\,t\,dt,$$

also

$$S/4 = b_n\,Q^{n+1}\,\Omega^n\int\limits_0^{\pi/2}\sin^{n+1}x\,dx. \tag{59.3a}$$

Durch die Kraft $\hat{b}_1\dot{q}$ wird verzehrt

$$S_1/4 = \int\limits_0^{T/4}\hat{b}_1\,\dot{q}\,(\dot{q}\,dt) = \hat{b}_1\,Q^2\,\Omega^2\int\limits_0^{T/4}\sin^2\Omega\,t\,dt = \hat{b}_1\,Q^2\,\Omega\int\limits_0^{\pi/2}\sin^2 x\,dx,$$

also

$$\frac{S_1}{4} = \hat{b}_1\,Q^2\,\Omega\,\frac{\pi}{4}\,. \tag{59.3b}$$

Gleichsetzung der beiden Ausdrücke liefert

$$\hat{b}_1 = b_n\,Q^{n-1}\,\Omega^{n-1}\,\frac{4}{\pi}\int\limits_0^{\pi/2}\sin^{n+1}x\,dx. \tag{59.4}$$

Das Integral auf der rechten Seite läßt sich zwar nicht mehr durch trigono-
metrische Funktionen, wohl aber durch eine anderweitig tabellierte, transzendente
Funktion, die sog. Gammafunktion $\Gamma(x)$, ausdrücken. Es ist (vgl. etwa JAHNKE-
EMDE, S. 95)

$$\int_0^{\pi/2} \sin^{n+1} x\, dx = \frac{\pi}{2^{n+2}} \frac{\Gamma(n+2)}{\left[\Gamma\left(\frac{n+3}{2}\right)\right]^2}.$$
(59.5)

Um die funktionentheoretischen Eigenschaften der Γ-Funktion brauchen wir
uns nicht zu kümmern; für uns ist $\Gamma(x)$ nur ein Zeichen für eine tabellierte
Funktion. Setzt man (59.5) in (59.4) ein, so wird

$$\hat{b}_1 = \zeta(n)\, b_n\, Q^{n-1} \Omega^{n-1}$$
(59.6)

mit dem Faktor

$$\zeta(n) = \frac{1}{2^n} \frac{\Gamma(n+2)}{\left[\Gamma\left(\frac{n+3}{2}\right)\right]^2}.$$
(59.7)

Den Verlauf dieses Faktors ζ mit
n zeigt Abb. 59/1. Der „gleichwertige" Dämpfungsfaktor $\hat{b}_1$
hängt außer von b_n und n auch
von der Amplitude Q und der

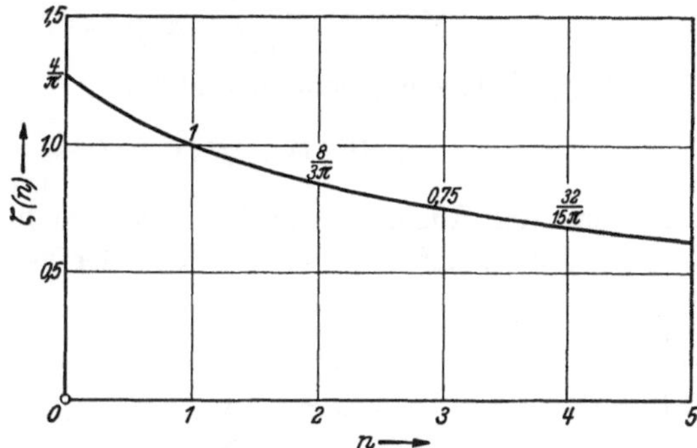

Abb. 59/1. Verlauf des Faktors $\zeta(n)$ (59.7).

Frequenz Ω ab. Beide Größen sind für die zu untersuchenden erzwungenen
Schwingungen Konstanten. Somit ist auch $\hat{b}_1$ eine Konstante.

An die Stelle der Differentialgleichung (59.1) tritt jetzt

$$a\ddot{q} + \hat{b}_1 \dot{q} + c\, q = P \cos \Omega t$$
(59.8)

mit dem Lösungsansatz (59.2) für das Partikularintegral. Amplitude Q und
Nacheilwinkel ε ergeben sich aus (50.4) zu

$$Q^2 = \frac{\dfrac{P^2}{c^2}}{(1-\eta^2)^2 + \dfrac{\hat{b}_1^2 \Omega^2}{c^2}} \quad \text{und} \quad \operatorname{tg}\varepsilon = \frac{\left(\dfrac{\hat{b}_1 \Omega}{c}\right)}{1-\eta^2}.$$
(59.9)

Der Dämpfungsfaktor $\hat{b}_1$ tritt stets in der dimensionslosen Kombination $\hat{b}_1 \Omega/c$
auf. Aus (59.6) folgt

$$\frac{\hat{b}_1 \Omega}{c} = \frac{\zeta(n)\, b_n\, Q^{n-1} \Omega^n}{c} = \zeta(n)\, \frac{b_n}{a}\, \Omega^{n-2} \eta^2\, Q^{n-1} = f\, Q^{n-1}$$

mit der vom Ausschlag Q unabhängigen Abkürzung

$$f = \frac{\zeta(n)\, b_n\, \Omega^n}{c} = \zeta(n)\, \frac{b_n}{a}\, \Omega^{n-2}\, \eta^2.$$

Benutzt man dieses Zeichen, so nimmt (59.9) die Formen

$$Q^2 = \frac{P^2/c^2}{(1-\eta^2)^2 + f^2\, Q^{2n-2}} \quad \text{und} \quad \operatorname{tg}\varepsilon = \frac{f\, Q^{n-1}}{1-\eta^2}$$
(59.10)

an. Die Amplitude Q ergibt sich somit als Wurzel der Gleichung

$$Q^{2n}\, f^2 + Q^2 (1-\eta^2)^2 - d^2 = 0,$$
(59.11)

wenn für den statischen Ausschlag (wie früher schon oft) $P/c = d$ geschrieben wird. Die algebraische Gl. (59.11) für die Ausschlagamplitude Q wird sich im allgemeinen nur graphisch lösen lassen. Der Phasenverschiebungswinkel folgt aus (59.9) oder (59.10); er ist selbst eine Funktion des Ausschlags Q.

Hat die Erregerkraft keine konstante, sondern eine dem Quadrat der Frequenz proportionale Amplitude, so tritt an die Stelle von (59.1) die Differentialgleichung

$$a\,\ddot{q} + (\operatorname{sgn}\dot{q})\,b_n\,|\dot{q}|^n + c\,q = a_2\,U\,\Omega^2\cos\Omega t. \tag{59.12}$$

Aus (59.10) wird dann

$$Q^2 = \frac{\dfrac{a^2}{c^2}\dfrac{a_2^2}{a^2}\,U^2\,\Omega^4}{(1-\eta^2)^2 + f^2\,Q^{2n-2}} = \frac{\left(\dfrac{a_2}{a}\right)^2 U^2\,\eta^4}{(1-\eta^2)^2 + f^2\,Q^{2n-2}};$$

der Gl. (59.11) entspricht schließlich

$$Q^{2n}\,f^2 + Q^2\,(1-\eta^2)^2 - \left(\frac{a_2}{a}\right)^2 U^2\,\eta^4 = 0, \tag{59.13}$$

während der Ausdruck für $\operatorname{tg}\varepsilon$ derselbe bleibt.

Im Resonanzfall $\eta = 1$ folgt aus der vereinfachten Gl. (59.11) sofort

$$Q = \sqrt[n]{\frac{d}{f}} = \\ = \sqrt[n]{\frac{d}{\zeta\dfrac{b_n}{a}\,\omega^{n-2}}} \quad \Bigg\} \tag{59.11a}$$

und aus (59.13)

$$Q = \sqrt[n]{\frac{a_2\,U}{a\,f}} = \\ = \sqrt[n]{\frac{a_2\,U}{\zeta\,b_n\,\omega^{n-2}}}, \quad \Bigg\} \tag{59.13a}$$

während in beiden Fällen $\operatorname{tg}\varepsilon = \infty$, also $\varepsilon = 90°$ wird.

Wir zeigen nun noch in Abb. 59/2 für

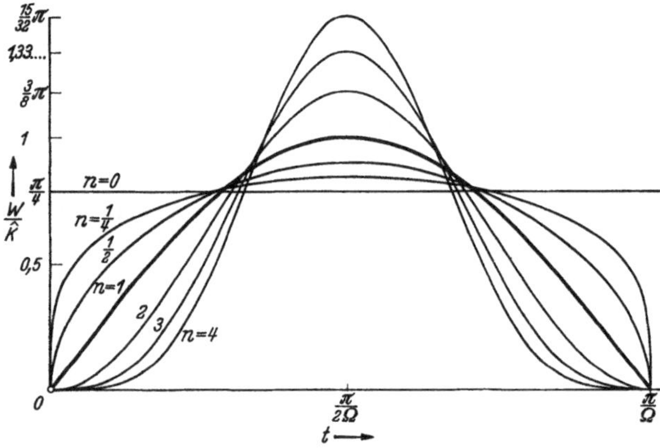

Abb. 59/2. Verlauf der die gleiche Energie zerstreuenden Dämpfungskräfte W (gemessen in $W/\hat{K}$) über eine Halbperiode.

$$n = 0, \quad n = 1/4, \quad n = 1/2, \quad n = 1, \quad n = 2, \quad n = 3, \quad n = 4$$

über eine Halbperiode den Verlauf der Dämpfungskräfte $W = b_n\,\dot{q}^n$, die durch dieselbe Dämpfungskraft $\hat{W} = \hat{b}_1\,\dot{q}$ ersetzt werden (in der zweiten Halbperiode haben die Kräfte umgekehrtes Vorzeichen, die Kurven setzen sich spiegelbildlich zur Achse fort). Die geschwindigkeitsproportionale Dämpfungskraft ($n = 1$) verläuft nach

$$\hat{W} = \hat{b}_1\,\Omega\,Q\sin\Omega t = \hat{K}\sin\Omega t, \tag{59.14a}$$

die übrigen nach

$$W = b_n\,\Omega^n\,Q^n\sin^n\Omega t = \frac{1}{\zeta}\,\hat{b}_1\,\Omega\,Q\sin^n\Omega t = \frac{1}{\zeta}\,\hat{K}\sin^n\Omega t. \tag{59.14b}$$

Die Größtwerte der Dämpfungskräfte sind also den Kehrwerten von $\zeta(n)$ proportional.

Den gleichwertigen Dämpfungsfaktor $\hat{b}_1$ haben wir aus der Bedingung bestimmt, daß das mit einer geschwindigkeitsproportionalen Dämpfungskraft $\hat{b}_1\dot{q}$

versehene Ersatzsystem denselben Energiebetrag zerstreut wie das ursprüngliche, wenn angenommen wird, daß die Bewegung in jedem Fall harmonisch mit der Frequenz Ω der Erregung verläuft. Die Bedingung führte zu (59.4). In Abb. 59/2 ist der Verlauf der Dämpfungskräfte für verschiedene Exponenten n aufgezeichnet; die Amplituden sind so gewählt, daß alle Dämpfungskräfte *dieselbe* Energie zerstreuen. Die Zurückführung des gegebenen Systems, dessen Differentialgleichung (59.1) ist, auf ein solches, das durch eine lineare Differentialgleichung beschrieben wird, könnte auch auf andere Weise, etwa dadurch erfolgen, daß man annimmt, die nach Abb. 59/2 verlaufenden (gleiche Energiebeträge zerstreuenden) Dämpfungskräfte dürfen jeweils durch ihre erste Harmonische ersetzt werden. Da die Dämpfungskräfte durch die Gleichung $W = b_n \Omega^n Q^n \sin^n \Omega t$ beschrieben werden, so würde die Amplitude $\hat{b}_1 \Omega Q$ der ersten Harmonischen aus (s. Ziff. 10)

$$\hat{b}_1 \Omega Q = \frac{4}{T} \int_0^{T/2} W \sin \Omega t \, dt = \frac{2}{\pi} \int_0^{\pi} W \sin \Omega t \, d(\Omega t) =$$

$$= \frac{2}{\pi} \int_0^{\pi} b_n \Omega^n Q^n \sin^{n+1} \Omega t \, d(\Omega t) = \frac{4}{\pi} b_n \Omega^n Q^n \int_0^{\pi/2} \sin^{n+1} x \, dx$$

folgen. Das ist aber genau dieselbe Bedingung für $\hat{b}_1$ wie (59.4). Ob man also fordert, das Ersatzsystem möge eine *geschwindigkeitsproportionale Dämpfung* haben, die dieselbe Energie zerstreut wie das ursprüngliche System, oder ob man nur die *erste Harmonische der wirklichen Dämpfungskraft* berücksichtigt, beide Male erhält man dieselbe Bestimmungsgleichung für $\hat{b}_1$; die beiden Bedingungen sind identisch. Auch der Grund für diese Übereinstimmung ist offenkundig: Die höheren Harmonischen der Dämpfungskraft (die wir unterdrücken) haben Frequenzen, die ganze Vielfache der Frequenz Ω der Geschwindigkeit sind; sie leisten nach dem in Ziff. 9 β ausgesprochenen Satz bei der mit der Grundfrequenz Ω verlaufenden Bewegung keine Arbeit. Die in Abb. 59/2 stark ausgezogene Kurve (für $n = 1$) ist also zugleich die erste Harmonische der übrigen gezeichneten Kurven.

In den folgenden Ziffern untersuchen wir einige Sonderfälle, insbesondere $n = 0$ und $n = 2$ eingehender. Wir geben die zugehörigen Gleichungen explizit an und können auch einige Angaben über den Geltungsbereich der Methode machen.

60. Dämpfungskraft konstanten Betrages. Hat die Dämpfungskraft festen Betrag, ist also $n = 0$, so lautet die Differentialgleichung

$$a \ddot{q} + (\operatorname{sgn} \dot{q}) b_0 + c q = P \cos \Omega t. \tag{60.1}$$

Die Dämpfungskraft wird in diesem Falle *streng richtig* durch die Kurve $n = 0$ der Abb. 59/2 angegeben, da die Reibung denselben Betrag behält, gleichgültig wie die Bewegung und damit die Geschwindigkeit im einzelnen verläuft, solange nur keine Unterbrechung der Bewegung eintritt. Die erste Harmonische der Dämpfungskraft hat nach (59.4) die Amplitude

$$\hat{b}_1 Q \Omega = \frac{4}{\pi} b_0, \tag{60.2}$$

der Faktor ζ wird also $\zeta(0) = 4/\pi$. Die Amplitude Q der durch eine harmonische Erregerkraft konstanten Betrages P erzwungenen Bewegung folgt dann wegen (59.11) aus

$$\zeta^2 \frac{b_0^2}{c^2} + Q^2 (1-\eta^2)^2 - d^2 = 0 \quad \text{oder} \quad Q^2 = \frac{d^2 - \zeta^2 s^2}{(1-\eta^2)^2}, \qquad (60.3)$$

wenn wir auch hier die Abkürzung (34.2) $s = b_0/c$ verwenden. Bilden wir schließlich analog dem Vorgehen in Ziff. 53 eine Vergrößerungsfunktion $\mathsf{V} = |Q/d|$, so wird, wenn $\sigma = s/d = b_0/P$ das Verhältnis von Reibungskraft zur Erregerkraft bezeichnet,

$$\mathsf{V} = \left| \frac{\sqrt{1 - (4/\pi)^2 \sigma^2}}{1-\eta^2} \right|. \qquad (60.4\,\text{a})$$

Der Nacheilwinkel ε wird hier am einfachsten aus der Sinusfunktion bestimmt,

$$\sin \varepsilon = \zeta\,\sigma = \frac{4}{\pi} \frac{b_0}{P}; \qquad (60.4\,\text{b})$$

er ist unabhängig von η. Die Abb. 60/1 a und b zeigen die durch die Gln. (60.4 a) und (60.4 b) angegebenen Kurvenscharen.

Liegt Erregung durch eine Massenkraft $a_2\,\Omega^2\,U$ vor, so tritt an die Stelle von (60.3)

$$Q^2 = \frac{a_2^2\,\Omega^4\,U^2 - \zeta^2\,b_0^2}{(c - a\,\Omega^2)^2} = U^2 \frac{(a_2/a)^2\,\eta^4 - \zeta^2\,(s/U)^2}{(1-\eta^2)^2}$$

oder

$$\left(\frac{Q}{U}\right) = \frac{\sqrt{(a_2/a)^2\,\eta^4 - (4/\pi)^2\,(s/U)^2}}{1-\eta^2} \qquad (60.5\,\text{a})$$

und

$$\mathrm{tg}\,\varepsilon = \frac{(4/\pi)\,s/U}{\sqrt{(a_2/a)^2\,\eta^4 - (4/\pi)^2\,(s/U)^2}}. \qquad (60.5\,\text{b})$$

Auf die Aufzeichnung in Kurvenform ist hier verzichtet.

Statt der Vergrößerungsfunktion und des Nacheilwinkels kann man auch die komplexen Amplituden des erzwungenen Ausschlags angeben. In der komplexen Form lautet die Differentialgleichung (60.1) für Erregung durch eine harmonische Kraft fester Amplitude

$$\left. \begin{array}{l} a\,\ddot{\mathfrak{q}} + i\,\mathfrak{q}^0\,b_0 + \\ \qquad + c\,\mathfrak{q} = \mathfrak{P}\,e^{i\Omega t}, \end{array} \right\} \qquad (60.6)$$

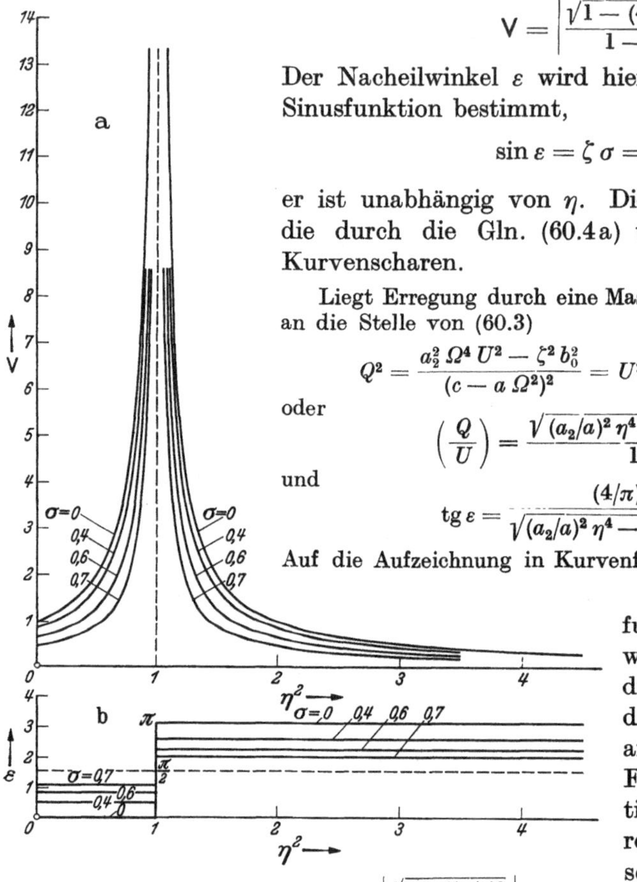

Abb. 60/1. a Vergrößerungsfunktion $\mathsf{V} = \left| \dfrac{\sqrt{1 - (4\sigma/\pi)^2}}{1-\eta^2} \right|$ und

b Nacheilwinkel $\varepsilon = \arcsin(4\sigma/\pi)$.

dabei bedeutet $\mathfrak{q}^0$ den Einheitsvektor $\mathfrak{q}/|\mathfrak{q}|$. (60.6) wird ersetzt durch die Gleichung

$$a\,\ddot{\mathfrak{q}} + \hat{b}_1\,\dot{\mathfrak{q}} + c\,\mathfrak{q} = \mathfrak{P}\,e^{i\Omega t}.$$

Mit dem Ansatz $\mathfrak{q} = \mathfrak{Q}\,e^{i\Omega t}$ und unter Berücksichtigung von (60.2) wird daraus

$$(c - a\,\Omega^2)\,\mathfrak{Q} + \frac{4}{\pi}\,b_0\,i\,\mathfrak{Q}^0 = \mathfrak{P}. \qquad (60.7)$$

Das zugehörige Diagramm zeigt Abb. 60/2. Aus ihm liest man die Beziehungen (60.3) und (60.4 b) unmittelbar ab. Der Vektor der Widerstandskraft $\dfrac{4}{\pi}\,b_0\,i\,\mathfrak{Q}^0$

ist von der Frequenz und von der Schwingungsweite unabhängig. Die Verhältnisse liegen daher so, als ob ein *ungedämpftes* System durch die Kraft

$$\Re = \mathfrak{P} - i\,\mathfrak{Q}^0\,\frac{4}{\pi}\,b_0 \qquad (60.8)$$

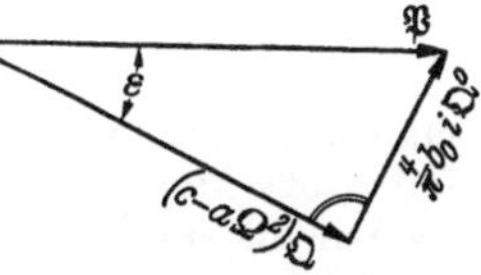
Abb. 60/2. Komplexe Amplituden der Kräfte.

erregt würde. Das erklärt die zunächst überraschende Tatsache, daß (im Gegensatz zu einem linear gedämpften System) ein Schwinger, der Dämpfungskräfte festen Betrages erfährt, im Resonanzfall zu unendlich großen Ausschlägen erregt wird.

Es liegt nahe zu fragen, ob auch an das Vektordiagramm Abb. 60/2 eine Diskussion nach Art der Ortskurven von Ziff. 51 angeschlossen werden kann. Da die Proportionalität zwischen Erregerkraft $\mathfrak{P}$ und Ausschlag $\mathfrak{Q}$ hier entfällt, so hat es keinen Sinn, Federzahlen und Einflußzahlen heranzuziehen. Wohl aber kann man untersuchen, wie sich das Krafteck Abb. 60/2 bei Variation der Parameter verändert.

Wir beschränken die Betrachtung auf den Fall, daß $\mathfrak{P}$ seinen Betrag (und als unabhängig Veränderliche auch seine Phase) beibehält. Hat dann ferner die Dämpfungskraft unveränderlichen Betrag, so liegt $(c - a\,\Omega^2)\,\mathfrak{Q}$ fest. Variiert nun Ω^2, so

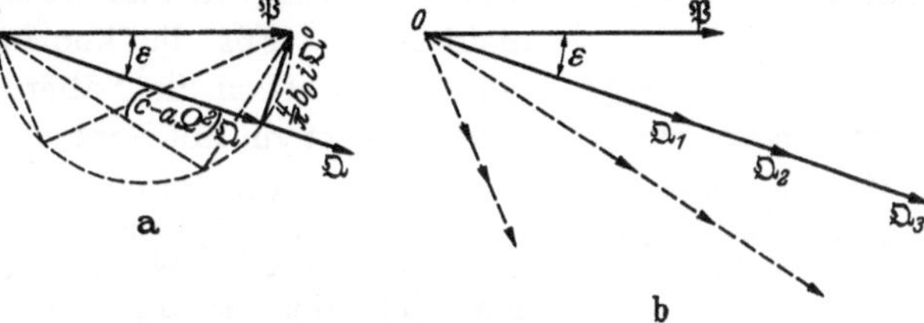
Abb. 60/3. a Krafteck, b Erregerkraft $\mathfrak{P}$ und Ausschlag $\mathfrak{Q}$ im unterkritischen Bereich.

ändert sich $\mathfrak{Q}$ zwar seinem Betrage nach, behält aber die Phase bei; die Endpunkte der Vektoren $\mathfrak{Q}$ liegen auf einer Geraden durch den Nullpunkt. Bei Veränderung der Dämpfungskraft wandert der Endpunkt des Vektors $(c - a\,\Omega^2)\,\mathfrak{Q}$ auf einem Halbkreis. In Abb. 60/3 sind die Verhältnisse für den unterkritischen Bereich, in Abb. 60/4 für den überkritischen Bereich dargestellt; a) zeigt jeweils das Krafteck, b) die Erregerkraft $\mathfrak{P}$ und den Ausschlag $\mathfrak{Q}$. Die Abb. 60/3 und 60/4 entsprechen den Diagrammen Abb. 50/1 und 50/2 für den linear gedämpften Schwinger.

Wir deuten noch an, wie man den durch (60.8) ausgesprochenen Gedanken weiterführen kann, um zu einer *vollständigen* Lösung des Problems zu gelangen.

Die Widerstandskraft können wir als Teil der Erregung betrachten und die Differentialgleichung (60.1)

$$a\,\ddot{q} + c\,q = P\cos\Omega t - (\operatorname{sgn}\dot{q})\,b_0 \qquad (60.9\,\text{a})$$

Abb. 60/4. a Krafteck, b Erregerkraft $\mathfrak{P}$ und Ausschlag $\mathfrak{Q}$ im überkritischen Bereich.

schreiben. Die Widerstandskraft verläuft so, wie die Kurve $n = 0$ der Abb. 59/2 angibt. Man kann sie in Harmonische entwickeln und erhält (für eine Halbschwingung mit positiver Geschwindigkeit), wenn wir den Phasenverschiebungswinkel bei der Erregerkraft anbringen,

$$a\,\ddot{q} + c\,q = P\cos(\Omega t + \varepsilon) + \sum_{\nu} a_{\nu}\sin\nu\Omega t; \qquad (60.9\,\text{b})$$

die a_{ν} sind die Fourier-Koeffizienten der erwähnten Widerstandskurve. In unserem Fall $n = 0$ wird die Summe zu

$$-(\operatorname{sgn}\dot{q})\,b_0 = -\frac{4}{\pi}\,b_0\left[\sin\Omega t + \frac{1}{3}\sin 3\Omega t + \frac{1}{5}\sin 5\Omega t + \cdots\right]. \qquad (60.9\,\text{c})$$

Die Erregung enthält jetzt höhere Harmonische. Das Partikularintegral von (60.9 b) lautet

$$q = \frac{P}{c - a\,\Omega^2}\cos(\Omega t + \varepsilon) + \sum_{\nu}{}' \frac{a_\nu}{c - \nu^2\,\Omega^2\,a}\sin\nu\,\Omega t. \tag{60.10}$$

Man sieht, daß man in der Nähe der Frequenzen $\Omega = \omega/\nu$, also bei $\omega/3$, $\omega/5$, $\omega/7$ usw. ebenfalls große Amplituden zu erwarten hat, so daß an diesen Stellen unsere angenäherte Lösung, die nur die erste Harmonische der Dämpfungskraft berücksichtigt, eine schlechte Annäherung darstellen wird.

Im übrigen muß man beachten, daß das ganze Lösungsverfahren auf der Voraussetzung beruht, daß die Dämpfungskraft durch die Kurve $n = 0$ von Abb. 59/2 dargestellt wird. Das ist nur der Fall, wenn die Bewegung kontinuierlich, *ohne „Pausen"* verläuft. Experimente sowohl wie eine eingehendere theoretische Untersuchung zeigen, daß solche unterbrochenen Bewegungen bei höheren Beträgen der Reibung tatsächlich auftreten. Für sie gilt unsere Lösung nicht mehr. Für die kontinuierlichen Bewegungsformen gibt jedoch schon die Näherungslösung Resultate, die bemerkenswert gut mit Versuchsergebnissen übereinstimmen.

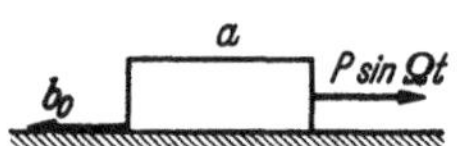

Abb. 60/5. Körper auf rauher Unterlage mit harmonischer Erregerkraft.

Die eingehende Untersuchung der mit Pausen verlaufenden Bewegungen eines Systems mit der Bewegungsgleichung (60.1) ist nicht ganz einfach. Wir wollen sie hier deshalb nicht wiedergeben [1]. Um uns aber doch ein Urteil darüber zu verschaffen, wie solche Bewegungen mit Pausen zustande kommen, untersuchen wir den vereinfachten Fall, der durch das Beispiel der Abb. 60/5 wiedergegeben wird. Die Bewegungsgleichung lautet hier

$$a\,\ddot{q} + (\operatorname{sgn}\dot{q})\,b_0 = P\sin\Omega t; \tag{60.11a}$$

sie unterscheidet sich von (60.1) durch das Fehlen der Rückstellkraft cq (und — was unwesentlich ist — durch die Zählung der Zeit). Man sieht sofort, daß, wenn $b_0 > P$ ist („sehr starke Reibung"), eine Bewegung überhaupt nicht eintritt. Im übrigen können die Bewegungen, wie sich herausstellen wird, in zweierlei Weise verlaufen, entweder mit oder ohne Pausen, je nachdem, ob die Reibungskraft b_0 „stark" oder „schwach" ist.

α) **Die mit Pausen verlaufenden Bewegungen.** Wenn der Körper mit der Masse a zur Zeit $t = 0$ in Ruhe ist, verharrt er in Ruhe, bis die Zwangskraft $p = P\sin\Omega t$ größer als die Reibungskraft b_0 geworden ist. Von jenem Zeitpunkt ab gilt die Bewegungsgleichung (60.11 a), die wir mit der Abkürzung $b_0/P = \sigma$ auch in der dimensionslosen Form

$$a\,\ddot{q}/P = \sin\Omega t - \sigma \tag{60.11b}$$

schreiben können; und zwar gilt sie, solange die Bewegung andauert, bis also $\dot{q} = 0$ wird. Danach verharrt der Körper wieder in Ruhe, bis $P\sin\Omega t < -b_0$, also wieder $|P\sin\Omega t| > b_0$ wird; das Spiel wiederholt sich nun nach der andern Seite.

Wir bestimmen die Bewegung näher. Sie beginnt im Augenblick t_1, für den gilt

$$\varphi_1 \equiv \Omega t_1 = \arcsin\sigma \tag{60.12}$$

(sie kann also — wie einleuchtend ist — überhaupt nur zustande kommen, wenn $b_0 < P$ ist). Die Geschwindigkeit finden wir aus dem ersten Integral von (60.11 b),

$$\Omega a\,\dot{q}/P = -\cos\Omega t - \sigma\,\Omega t + C_1. \tag{60.13}$$

Die Integrationskonstante C_1 bestimmt sich aus der Bedingung, daß $\dot{q}(t_1) = 0$ ist, zu $C_1 = \cos\varphi_1 + \sigma\,\varphi_1$, so daß (mit $\Omega t = \varphi$)

$$\Omega a\,\dot{q}/P = -\cos\varphi + \cos\varphi_1 - \sigma(\varphi - \varphi_1) \tag{60.13a}$$

wird. Die Bewegung dauert bis zum Zeitpunkt t_2, wo $\dot{q}(t_2) = 0$ wird. $\varphi_2 = \Omega t_2$ ist also Wurzel der (transzendenten) Gleichung

$$\cos\varphi_2 + \sigma\,\varphi_2 = \cos\varphi_1 + \sigma\,\varphi_1 \equiv C_1 \tag{60.14}$$

und wird zweckmäßig graphisch an Hand der Abb. 60/6 ermittelt, die ohne weitere Erläuterung verständlich ist. Zur Bestimmung des Ausschlags integrieren wir noch einmal,

$$\Omega^2\, a\, q/P = -\sin\varphi + \varphi\cos\varphi_1 - \sigma\,(\varphi^2/2 - \varphi\,\varphi_1) + C_2,\qquad(60.15)$$

und haben nun noch, da die Nullage infolge des Fehlens einer Feder nicht von vornherein bestimmt ist, die Freiheit festzusetzen, es möge

$$q\,(t_1) = -A \quad \text{und} \quad q\,(t_2) = +A \qquad(60.16)$$

sein. Aus den beiden Gleichungen

$$-\frac{\Omega^2\, a}{P}\, A = -\sin\varphi_1 + \varphi_1\cos\varphi_1 - \sigma\left(\frac{\varphi_1^2}{2} - \varphi_1^2\right) + C_2$$

$$+\frac{\Omega^2\, a}{P}\, A = -\sin\varphi_2 + \varphi_2\cos\varphi_1 - \sigma\left(\frac{\varphi_2^2}{2} - \varphi_1\varphi_2\right) + C_2$$

folgt nach Elimination der Integrationskonstanten C_2 und unter Verwendung von (60.12)

$$\frac{2\,\Omega^2\, a}{P}\, A = \sin\varphi_1 - \sin\varphi_2 + (\varphi_2 - \varphi_1)\cos\varphi_1 - \frac{1}{2}\,(\varphi_2 - \varphi_1)^2\sin\varphi_1 \qquad(60.17)$$

als jene Gleichung, die die „Ausschlagweite" A als Funktion von φ_1 und φ_2 und damit über (60.12) und (60.14) als Funktion von σ angibt.

Pausen können nur dann auftreten, wenn der Körper zur Ruhe kommt, bevor er sich wieder nach der andern Seite in Bewegung setzen muß, d. h., wenn $\varphi_2 < \varphi_1 + \pi$ ist. Im Grenzfall, wo $\dot{q}\,(\varphi_2) = \dot{q}\,(\varphi_1 + \pi) = 0$ ist, folgt für σ aus (60.14) und (60.12)

$$\left.\begin{aligned}\sigma &= 1/\sqrt{1 + \pi^2/4} \equiv \\ &\equiv 0{,}537 \equiv \sigma_G\,.\end{aligned}\right\}\qquad(60.18)$$

Damit sind die Reibungskräfte, für welche Bewegungen mit Pausen zustande kommen („starke" Reibung), eingeschränkt auf den Bereich

$$0{,}537 < \sigma < 1\,.$$

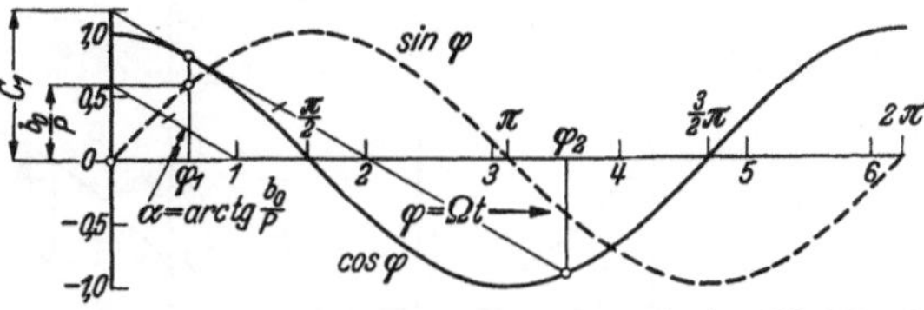

Abb. 60/6. Graphische Lösung der transzendenten Gl. (60.14).

β) **Die ohne Pausen verlaufenden Bewegungen.** Wir wissen schon, daß diese Bewegungsformen zustande kommen für „schwache" Reibungskräfte $\sigma < 0{,}537$. Nennen wir jene beiden Werte des Argumentes $\varphi \equiv \Omega t$, in denen die Geschwindigkeit $\dot{q}$ den Wert Null annimmt, φ_3 und φ_4, so ist wegen des periodischen und symmetrischen Kraftverlaufes $\varphi_4 = \varphi_3 + \pi$. Zwischen φ_3 und φ_4 gilt die Differentialgleichung in der Form (60.11 b); ihr erstes Integral ist (60.13). Die Bedingungen $\dot{q}\,(\varphi_3) = \dot{q}\,(\varphi_3 + \pi) = 0$ liefern $-\cos\varphi_3 - \sigma\,\varphi_3 + C_1 = 0$ und $+\cos\varphi_3 - \sigma\,(\varphi_3 + \pi) + C_1 = 0$; daraus folgt $C_1 = \sigma\,(\varphi_3 + \pi/2)$ und

$$\cos\varphi_3 = \sigma\,\pi/2\,. \qquad(60.19)$$

Nochmalige Integration liefert aus

$$a\,\Omega\,\dot{q}/P = -\cos\varphi + \sigma\,(-\varphi + \varphi_3 + \pi/2)$$

für den Ausschlag

$$a\,\Omega^2\, q/P = -\sin\varphi + \sigma\,(\varphi_3 + \pi/2)\,\varphi - \sigma\,\varphi^2/2 + C_2\,.$$

Als Bedingungen haben wir analog (60.16)

$$q\,(\varphi_3) = -A \quad \text{und} \quad q\,(\varphi_3 + \pi) = +A\,.$$

Nach Elimination von C_2 kommt

$$a\,\Omega^2\, A/P = \sin\varphi_3 \qquad(60.20)$$

als Gleichung, die A als Funktion von φ_3 und damit über (60.19) als Funktion von σ angibt.

Abhängig vom Verhältnis $\sigma = b_0/P$ sind in Abb. 60/7a eingetragen die Werte $\varphi_1 \equiv \Omega\, t_1$ und $\varphi_2 \equiv \Omega\, t_2$ für Anfang und Ende der unterbrochenen Bewegung und die Werte $\varphi_3 \equiv \Omega\, t_3$ und $\varphi_4 \equiv \Omega\, t_4$, in denen die Geschwindigkeit der pausenlosen Bewegung Null wird, die Bewegung also umkehrt. Wegen $\arcsin\dfrac{1}{\sqrt{1 + \pi^2/4}} = \arccos\dfrac{\pi/2}{\sqrt{1 + \pi^2/4}}$ schließen die Kurven

$\varphi_3(\sigma)$ und $\varphi_1(\sigma)$ und ebenso $\varphi_4(\sigma)$ und $\varphi_2(\sigma)$ im Punkte $\sigma_G = 0{,}537$ stetig aneinander an. Abb. 60/7 b zeigt die Ausschlagweiten A in der dimensionslosen Form $A\,\Omega^2\,a/P$. Für $\sigma < \sigma_G$ ist die Kurve ein Kreis, wenn man die Maßstäbe geeignet wählt, denn ihre Gleichung folgt aus (60.19) und (60.20) zu $(\sigma\,\pi/2)^2 + (a\,\Omega^2\,A/P)^2 = 1$. (Die Maßstäbe für Ordinaten und Abszissen müssen im Verhältnis $\pi/2 : 1$ stehen). An den Kreis schließt sich im Punkte σ_G eine Kurve nach (60.17) an.

In der Abb. 60/8 sind schließlich a) für einen Fall starker Reibung ($\sigma = 0{,}6$), b) für den Grenzfall $\sigma = \sigma_G = 0{,}537$ und c) für einen Fall schwacher Reibung ($\sigma = 0{,}4$) in dimensionsloser Form auf-

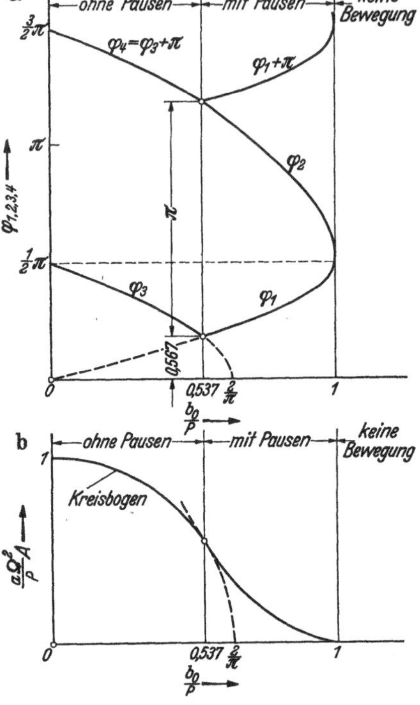

Abb.60/7. a Beginn und Ende der Bewegung, b Amplitude; jeweils abhängig von b_0/P und in dimensionsloser Auftragung.

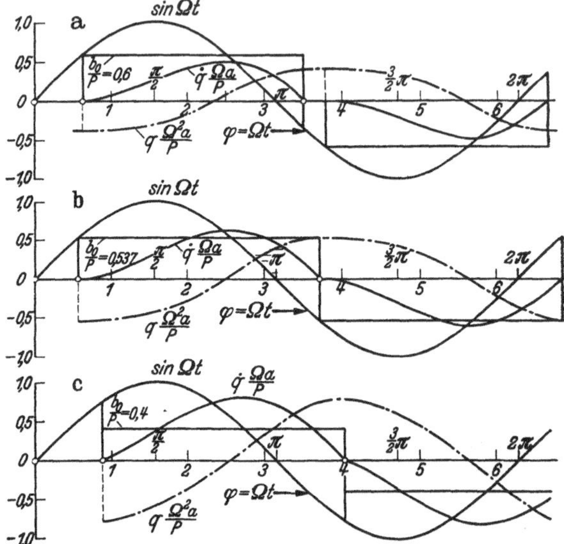

Abb. 60/8. Verlauf von Zwangskraft, Reibungskraft, Geschwindigkeit und Ausschlag für drei Verhältnisse b_0/P.

gezeichnet der Verlauf 1. der Störkraft $p(t)/P = \sin\Omega\,t$, 2. der Reibungskraft $\pm b_0/P$, 3. der Geschwindigkeit $\Omega\,a\,\dot{q}/P$, 4. des Ausschlages $\Omega^2\,a\,q/P$.

Bei der Untersuchung der Schwingungsdämpfer im zweiten Band werden wir uns mit Überlegungen von der Art der oben wiedergegebenen noch ausführlich befassen.

61. Dem Quadrat der Geschwindigkeit proportionale Dämpfungskraft. Ist $n = 2$, so lautet die Bewegungsgleichung

$$a\,\ddot{q} + (\operatorname{sgn}\dot{q})\,b_2\,\dot{q}^2 + c\,q = P\cos\Omega\,t. \tag{61.1}$$

Unter der Voraussetzung, daß die Bewegung trotz der Dämpfung ihre harmonische Form beibehält, verläuft die Dämpfungskraft so, wie die Kurve $n = 2$ der Abb. 59/2 angibt. Ersetzt man sie durch ihre erste Harmonische oder, was dasselbe besagt, durch eine geschwindigkeitsproportionale Kraft gleicher Energiezerstreuung, so kommt (59.8) mit $\hat{b}_1 = \zeta\,b_2\,Q\,\Omega$; der Faktor ζ hat hier nach (59.7) den Wert $\zeta(2) = 8/3\,\pi$. Die Amplitude Q der Bewegung folgt nach (59.11) aus

$$Q^4 f^2 + Q^2 (1 - \eta^2)^2 - d^2 = 0 \tag{61.2}$$

mit

$$f = \zeta\,\frac{b_2\,\Omega^2}{c} = \zeta\,\frac{b_2}{a}\,\eta^2. \tag{61.2a}$$

Die Gl. (61.2) ist eine quadratische Gleichung für Q^2; sie kann allgemein aufgelöst werden. So kommt mit Benutzung von (61.2a) und des Parameters

$$\sigma = \frac{b_2 d}{a} = \frac{b_2 P}{a c} \tag{61.2b}$$

in dimensionsloser Schreibweise

$$V^2 \equiv \left(\frac{Q}{d}\right)^2 = \frac{-(1-\eta^2)^2 + \sqrt{(1-\eta^2)^4 + 4\,\zeta^2\,\sigma^2\,\eta^4}}{2\,\zeta^2\,\sigma^2\,\eta^4}. \tag{61.3a}$$

Der Phasenverschiebungswinkel ergibt sich aus

$$\operatorname{tg}\varepsilon = \frac{f\,Q}{1-\eta^2} = \frac{\zeta\,\sigma\,(Q/d)\,\eta^2}{1-\eta^2}. \tag{61.3b}$$

Die Kurven $V(\eta^2)$ und $\varepsilon(\eta^2)$ sind in der Abb. 61/1 gezeichnet. Wir erwähnen noch folgende Eigenschaften der Kurven: $V(0) = 1$; $\left[\dfrac{d}{d\,\eta^2}\,V\right]_{\eta^2=0} = 1$.

Erfolgt die Erregung über eine Massenkraft mit der Amplitude $a_2\,U\,\Omega^2$, so tritt an die Stelle von (61.3a)

$$\frac{Q^2}{d^2} = \frac{1}{2\,\zeta^2\,\sigma^2\,\eta^4}\left\{-(1-\eta^2)^2 + \sqrt{(1-\eta^2)^4 + 4\,\zeta^2\left(\frac{b_2\,U}{a}\right)^2\left(\frac{a_2}{a}\right)^2\,\eta^8}\right\}, \tag{61.4}$$

während der Ausdruck (61.3b) für den Nacheilwinkel derselbe bleibt. Auf die Aufzeichnung der Kurven verzichten wir wieder.

Durch eine Berücksichtigung auch der höheren Harmonischen in der nach Abb. 59/2 verlaufenden Dämpfungskraft erhalten wir hier keine strenge Lösung, da der verzerrende Einfluß der Dämpfungskraft auf die Form der Ausschlagkurve ja nicht berücksichtigt ist, und sowohl Ausschlag wie Geschwindigkeit weiterhin als harmonisch angenommen wurde. Verläuft die Geschwindigkeit aber nicht mehr harmonisch, so hat auch die Kurve der Dämpfungskraft nicht

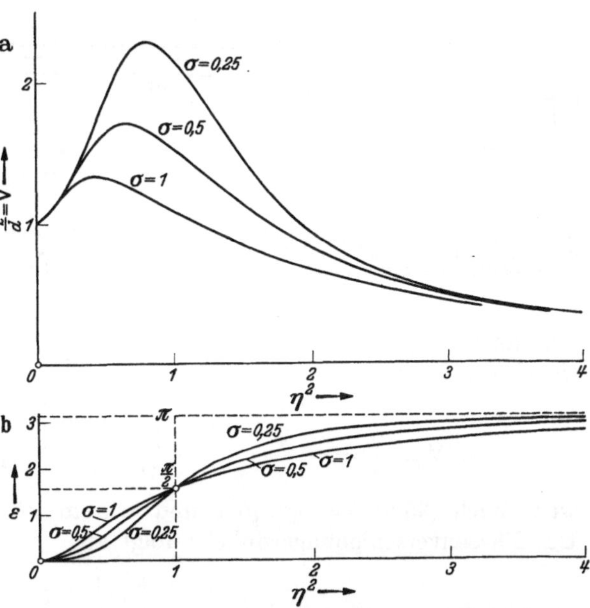

Abb. 61/1. a Vergrößerungsfunktion $V = Q/d$, b Nacheilwinkel ε für den erzwungenen Ausschlag bei $n = 2$.

mehr die gezeichnete Form. Immerhin erhalten wir durch Berücksichtigung der höheren Harmonischen eine weitergehende Annäherung.

Wir schreiben die Differentialgleichung für eine Halbschwingung mit positiver Geschwindigkeit wieder in der Form (60.9b); hier lautet die Summe

$$\sum = \frac{8}{3\pi}\left[\sin\Omega t - \frac{1}{5}\sin 3\,\Omega t - \frac{1}{35}\sin 5\,\Omega t + \cdots\right]. \tag{61.5}$$

Das Partikularintegral wird (60.10) mit den neuen, aus (61.5) folgenden Werten von a_ν. Auch hier ist also zu erwarten, daß die Annäherung durch die erste Harmonische allein bei den Frequenzen $\Omega = \omega/\nu$ nicht sehr gut sein wird.

Versuchsergebnisse haben die Annäherung im Fall $n = 0$ als brauchbar bestätigt. Im hier vorliegenden Fall $n = 2$ haben die Koeffizienten der vernachlässigten höheren Harmonischen geringere Beträge. Man darf daher erwarten, daß die Annäherung hier noch besser ist als dort.

62. Zusammengesetzte Dämpfungskräfte; Beispiel für nicht ganzzahlige Potenz. Auch zusammengesetzte Dämpfungskräfte können auf die besprochene Weise behandelt werden. Wenn die Differentialgleichung (für $\dot q > 0$) lautet

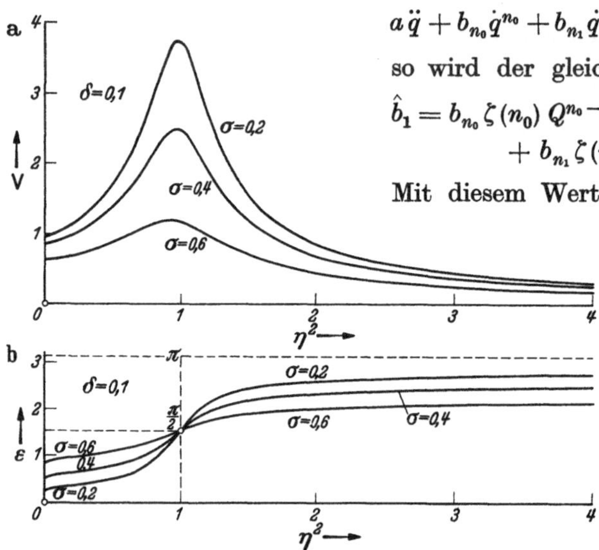

$$a\ddot q + b_{n_0}\dot q^{n_0} + b_{n_1}\dot q^{n_1} + \cdots + cq = P\cos\Omega t, \quad (62.1)$$

so wird der gleichwertige Dämpfungsfaktor $\hat b_1$

$$\left.\begin{aligned}\hat b_1 = b_{n_0}\,\zeta(n_0)\,Q^{n_0-1}\Omega^{n_0-1} + \\ + b_{n_1}\,\zeta(n_1)\,Q^{n_1-1}\Omega^{n_1-1} + \cdots\end{aligned}\right\} \quad (62.2)$$

Mit diesem Wert kann die algebraische Gleichung für Q, die (59.11) entspricht, aufgestellt werden. Der praktischen Wichtigkeit wegen behandeln wir als Beispiel eine Dämpfung, die sich aus einer COULOMBschen, $n_0 = 0$, und einer geschwindigkeitsproportionalen Reibungskraft, $n_1 = 1$, zusammensetzt. Wegen $\zeta(0) = 4/\pi$ und $\zeta(1) = 1$ wird dann

$$\hat b_1 = b_0\frac{4}{\pi}Q^{-1}\Omega^{-1} + b_1. \quad (62.3)$$

Abb. 62/1. a Vergrößerungsfunktion $V = Q/d$, b Nacheilwinkel ε für den erzwungenen Ausschlag bei Anwesenheit einer Reibungskraft konstanten Betrages und einer geschwindigkeitsproportionalen Reibungskraft.

Aus (59.9) folgt nach einigen Umformungen die Amplitude Q in der dimensionslosen Form

$$V \equiv \frac{Q}{d} = \frac{-\dfrac{4}{\pi}2\,\delta\,\eta\,\sigma \mp \sqrt{(1-\eta^2)^2\left[1-\sigma^2\left(\dfrac{4}{\pi}\right)^2\right] + 4\,\delta^2\,\eta^2}}{(1-\eta^2)^2 + 4\,\delta^2\,\eta^2}, \quad (62.4\,\text{a})$$

wenn nach (35.5) $\delta = b_1/2\sqrt{ac}$ und wie in Ziff. 60 $\sigma = s/d = b_0/P$ bedeutet. Der Phasenverschiebungswinkel ε folgt aus

$$\operatorname{tg}\varepsilon = \frac{\dfrac{4}{\pi}\sigma\dfrac{1}{V} + 2\,\delta\,\eta}{1-\eta^2}, \quad (62.4\,\text{b})$$

dabei ist V nach (62.4a) einzusetzen. Einige der Kurven $V(\eta^2)$ und $\varepsilon(\eta^2)$ sind in Abb. 62/1a und b gezeichnet.

Für Massenkrafterregung lauten die entsprechenden Gleichungen

$$\frac{Q}{U} = \frac{-\dfrac{4}{\pi}2\,\delta\,\eta\dfrac{s}{U} + \sqrt{(1-\eta^2)^2\left[\left(\dfrac{a_2}{a}\right)^2\eta^4 - \left(\dfrac{4}{\pi}\right)^2\left(\dfrac{s}{U}\right)^2\right] + 4\,\delta^2\,\eta^2\left(\dfrac{a_2}{a}\right)^2\eta^4}}{(1-\eta^2)^2 + 4\,\delta^2\,\eta^2} \quad (62.5\,\text{a})$$

und

$$\operatorname{tg}\varepsilon = \frac{(4/\pi)(s/Q) + 2\,\delta\,\eta}{1-\eta^2} = \frac{(4/\pi)(s/U)(U/Q) + 2\,\delta\,\eta}{1-\eta^2}. \quad (62.5\,\text{b})$$

Hier lassen wir noch ein Beispiel folgen, das zeigen soll, wie man vorzugehen hat, wenn n eine *gebrochene* Zahl ist.

Ein Schwinger mit der Masse $a = 3\,\mathrm{kg\,cm^{-1}\,s^2}$ und der Federzahl $c = 300\,\mathrm{kg\,cm^{-1}}$ erfährt eine Dämpfung, deren Charakteristik durch die Gleichung

$$W = (\operatorname{sgn} \dot{q}) \cdot 1 \frac{\mathrm{kg}}{(\mathrm{cm/s})^{1,2}} |\dot{q}|^{1,2} \tag{62.6}$$

dargestellt werden kann (Abb. 62/2). Wie groß ist die Amplitude Q und der Nacheilwinkel ε des Ausschlags, den eine harmonische Erregerkraft von der Amplitude 1200 kg erzwingt

a) im Resonanzfall $\Omega = \omega$,

b) wenn die Kreisfrequenz der Erregung $\Omega = 9/\mathrm{s}$ beträgt?

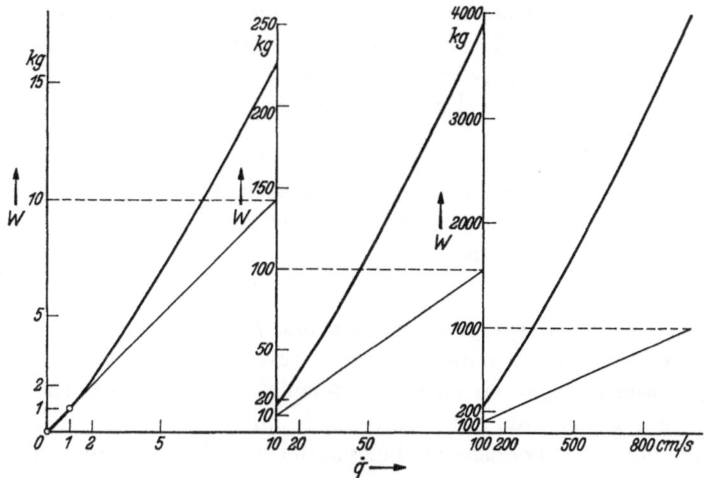

Abb. 62/2. Widerstandskraft mit nicht ganzzahligem Exponenten. $W = 1 \dfrac{\mathrm{kg}}{(\mathrm{cm/s})^{1,2}} |\dot{q}|^{1,2}$.

Für den Resonanzfall $\Omega = \omega = 10\,\mathrm{s^{-1}}$ folgt die Antwort aus (59.11a), im übrigen aus (59.10) und (59.11). Die Resonanzamplitude wird, da $\zeta(1,2) = 0,96$ ist,

$$Q = \sqrt[1,2]{\frac{4 \cdot 10^{0,8}}{0,96 \cdot 1/3}}\,\mathrm{cm} = \sqrt[1,2]{78,8}\,\mathrm{cm} = 38\,\mathrm{cm}.$$

Mit $\Omega = 9/\mathrm{s}$ wird $\eta = 0,9$, und die Amplitude folgt aus

$$Q^{2,4} \cdot 0,92 \cdot (1/3)^2 \cdot 9^{-1,6} \cdot (0,9)^4 + Q^2 \cdot 0,0361 - 16 = 0$$

oder

$$Q^{2,4} \cdot 19,75 + Q^2 \cdot 361 = 160000.$$

Durch Bestimmung der Wurzel (nach dem NEWTONschen Verfahren), findet man $Q = 19,38\,\mathrm{cm}$. Die Phasenverschiebung beträgt im Resonanzfall stets 90°, für $\eta = 0,9$ wird

$$\operatorname{tg} \varepsilon = \frac{0,96\,\dfrac{19,38^{0,2} \cdot 9^{1,2}}{300}}{0,19} = 0,425,$$

also

$$\varepsilon \approx 23° 2'.$$

63. Die Dämpfungsarbeit ist einer Potenz der Ausschlagamplitude proportional; Werkstoffdämpfung.

Die Dämpfungskräfte wirken der Geschwindigkeit entgegen. Nicht immer allerdings läßt sich ihr zeitlicher Ablauf durch ein Potenzgesetz von der Art des in Gl. (59.1) angeschriebenen ausdrücken. In jüngerer Zeit hat man festgestellt, daß die sog. *Werkstoffdämpfung* (die bei Schwingungsbeanspruchungen durch Energieverzehr im Innern der Werkstoffe verursacht wird) von der Frequenz, also auch von der Geschwindigkeit unabhängig ist, daß sie vielmehr nur von der Größe der Ausschlag*amplituden* abhängt. Die Dämpfungsarbeit, die je Schwingung verzehrt wird, kann man für die verschiedenen Werkstoffe experimentell feststellen. Und zwar pflegt man [1] die *relative Dämpfungsarbeit* $\bar{\psi}$ eines Schwingers, d. i. den Quotienten aus Dämpfungsarbeit S und Energieinhalt E der Schwingung, in Schaubildern als Funktion der Ausschlagamplitude Q anzugeben

$$S/E \equiv \bar{\psi} = \bar{\psi}(Q). \tag{63.1a}$$

In der Regel rechnet man dabei, um von den Abmessungen des Schwingers unabhängig zu sein, erstens den Ausschlag Q auf eine Verzerrungsgröße um, und zwar, da es sich meist um Torsionsbeanspruchungen handelt, auf die Gleitung (Schubverzerrung) γ, und zweitens die relative Dämpfungsarbeit $\bar{\psi}$ des Schwingers auf die in einem *Element* verzehrte relative Dämpfungsarbeit ψ, gibt also

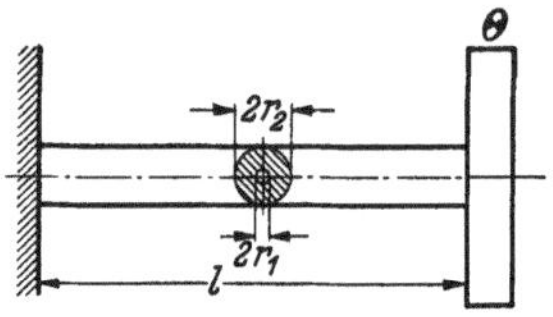

$$\bar{\psi}_{\text{Element}} \equiv \psi = \psi(\gamma) \tag{63.1b}$$

an. Die meisten experimentell gefundenen Diagramme erlauben eine Darstellung des Kurvenverlaufs in der Form

$$\psi = \alpha\,\gamma^{\beta}; \tag{63.2}$$

Abb. 63/1. Torsionsschwinger mit kreisringzylindrischer Feder.

darin bedeutet γ die Gleitung, während α und β Festwerte sind, die den Werkstoff kennzeichnen. Den Zusammenhang, der zwischen den Darstellungen (63.1a) und (63.2) besteht, zeigen wir an einem Beispiel. Das Gesetz (63.2) sei gegeben; wir suchen die Funktion (63.1a), wenn es sich um einen Schwinger nach Abb. 63/1 handelt, bei dem die Torsionsfeder ein Zylinder von Kreisringquerschnitt (Radien r_1 und r_2, $r_1/r_2 \equiv \varrho < 1$) ist.

Nach Definition gilt

$$\bar{\psi} = \frac{S}{E} = \frac{\int \psi\,E'\,dV}{\int E'\,dV},$$

wenn E' die je Volumeinheit aufgespeicherte Energie bedeutet, die für unser Beispiel durch $E' = \dfrac{G}{2}\,\gamma^2$ gegeben ist. $\psi E'$ ist die je Volumeinheit und je Schwingung verzehrte Energie. Für unser Beispiel ist ferner $dV = 2\,\pi\,r\,l\,dr$ und, wenn γ_R die Gleitung der Randfasern mit dem Radius $r = r_2$ bedeutet, $\gamma = \gamma_R\,r/r_2$. Daher wird aus dem Zähler

$$\int \psi\,E'\,dV = 2\pi l\,\frac{\alpha\,\gamma_R^{\beta+2}}{r_2^{\beta+2}}\,\frac{G}{2}\int_{r_1}^{r_2} r^{\beta+3}\,dr = \pi G l\,\frac{\alpha\,\gamma_R^{\beta+2}}{r_2^{\beta+2}}\,\frac{r_2^{\beta+4} - r_1^{\beta+4}}{\beta+4}$$

und aus dem Nenner

$$\int E'\,dV = \pi G l\,\frac{\gamma_R^2}{r_2^2}\int_{r_1}^{r_2} r^3\,dr = \pi G l\,\frac{\gamma_R^2}{r_2^2}\,\frac{r_2^4 - r_1^4}{4};$$

der Quotient lautet

$$\bar{\psi}_{\text{Kreisring}} = \frac{4}{4+\beta}\,\alpha\,\frac{1 - \varrho^{4+\beta}}{1 - \varrho^4}\,\gamma_R^{\beta}. \tag{63.3}$$

Als Sonderfälle erhält man daraus

$$\text{für den Vollkreis mit } \varrho = 0: \quad \bar{\psi}_{\text{Kreis}} = \frac{4}{4+\beta}\,\alpha\,\gamma_R^{\beta}, \tag{63.3a}$$

$$\text{für das Ringelement mit } \varrho \to 1: \quad \bar{\psi}_{\text{Element}} = \alpha\,\gamma_R^{\beta}. \tag{63.3b}$$

Ersetzt man noch γ_R durch den Winkelausschlag Q der Drehmasse Θ mit Hilfe von $\gamma_R = Q\, r_2/l$, so kommt

$$\bar{\psi}_{\text{Kreisring}} = \frac{4}{4+\beta}\,\frac{1-\varrho^{4+\beta}}{1-\varrho^4}\left(\frac{r_2}{l}\right)^{\beta}\alpha\, Q^{\beta}\,. \tag{63.4}$$

Fassen wir die Faktoren von Q^{β} in einem Koeffizienten zusammen,

$$2\pi\,\bar{\alpha} = \frac{4}{4+\beta}\,\frac{1-\varrho^{4+\beta}}{1-\varrho^4}\,\alpha\left(\frac{r_2}{l}\right)^{\beta}\,, \tag{63.5}$$

so erhält (63.1 a) die einfache Fassung

$$\bar{\psi}_{\text{Kreisring}} = (2\pi\,\bar{\alpha})\, Q^{\beta}\,. \tag{63.6}$$

Der Exponent ist der gleiche wie in (63.2); den Zusammenhang der Koeffizienten zeigt (63.5). Es verdient angemerkt zu werden, daß, wenn $\beta = 0$, die zerstreute Energie also unabhängig ist vom Schwingungsausschlag, $2\pi\,\bar{\alpha} = \alpha$ wird, so daß $\bar{\psi}$ dieselbe Funktion von γ_R ist wie ψ von γ. Während ψ und α sich nur auf den Werkstoff beziehen, stellen die Größen $\bar{\psi}$ und $\bar{\alpha}$ „Mittelwerte" für bestimmte geometrische Gebilde (Kreiszylinder, Kreisringzylinder usw.) dar. Schließlich geben wir noch die wirkliche Dämpfungsarbeit S je Schwingung an:

$$S = E\,\bar{\psi} = \frac{c}{2}\,Q^2\,\bar{\psi} = \pi\, c\,\bar{\alpha}\, Q^{\beta+2}\,. \tag{63.7}$$

Auch für die Werkstoffdämpfung führt man zur Berechnung der Ausschläge bei erzwungenen Schwingungen eine gleichwertige geschwindigkeitsproportionale Ersatzdämpfung $\hat{b}_1\dot{q}$ ein, deren Faktor $\hat{b}_1$ so bestimmt wird, daß die Energiezerstreuung von Werkstoffdämpfung und Ersatzdämpfung dieselbe ist. Da eine geschwindigkeitsproportionale Dämpfungskraft $\hat{b}_1\dot{q}$ je Schwingung den Energiebetrag $S_1 = \hat{b}_1\, Q^2\,\Omega\,\pi$ verzehrt, so folgt aus $S_1 = S$ mit (63.7) die dimensionslose Kombination $\Omega\,\hat{b}_1/c$ zu

$$\frac{\Omega\,\hat{b}_1}{c} = \bar{\alpha}\, Q^{\beta}\,. \tag{63.8}$$

Diesen Ausdruck setzen wir in (50.4) ein und erhalten für die Amplitude Q der erzwungenen Schwingung

$$Q^2 = \frac{P^2/c^2}{(1-\eta^2)^2 + \bar{\alpha}^2\, Q^{2\beta}}\,,$$

oder mit der schon mehrfach benutzten Abkürzung $P/c = d$ für den statischen Ausschlag

$$\bar{\alpha}^2\, Q^{2\beta+2} + (1-\eta^2)^2\, Q^2 - d^2 = 0\,, \tag{63.9a}$$

während der Nacheilwinkel ε aus

$$\operatorname{tg}\varepsilon = \frac{\bar{\alpha}\, Q^{\beta}}{1-\eta^2} \tag{63.9b}$$

folgt. Im Resonanzfall wird

$$Q = \left(\frac{d}{\bar{\alpha}}\right)^{\frac{1}{\beta+1}} \tag{63.10}$$

Abb. 63/2. Komplexe Amplituden der Kräfte.

und $\varepsilon = 90°$. Zeichnet man die komplexen Amplituden von Erregerkraft, Federkraft, Trägheitskraft und Dämpfungskraft auf, so erhält man die Abb. 63/2, aus der die Beziehungen (63.9) unmittelbar abgelesen werden können. Im

Sonderfall $\beta = 0$ wird aus (63.9a)

$$Q = \frac{d}{\sqrt{(1 - \eta^2)^2 + \alpha^2}};$$ (63.11)

die zugehörigen Vergrößerungsfunktionen [2] $V = Q/d$ haben ihre Maxima alle an der Stelle $\eta = 1$; der Betrag, den V dort annimmt, ist $V_{max} = 1/\alpha$.

Beispiel. Die Welle eines Schwingers nach Abb. 63/1 habe Kreisringquerschnitt; der Außenradius betrage $r_2 = 10$ cm, der Innenradius $r_1 = 8$ cm. Die Welle sei aus einem Stahl hergestellt, dessen innere Dämpfung an Zylindern von Vollkreisquerschnitt gemessen wurde und

$$\bar{\psi}_{Kreis} = 74\,000\,\gamma_R^{1,9}$$ (63.12)

lieferte; die Gleitzahl des Stahles betrage $830\,000$ kg cm^{-2}. Wie groß ist die Resonanzamplitude des Ausschlags Q und der Beanspruchung τ im Schwinger, wenn $l = 100$ cm, $\Theta = 1000$ kg cm s^2 beträgt und das harmonische, bei Θ angreifende Erregermoment eine Amplitude von $P = 500$ kg cm aufweist?

Die Torsionsfederzahl des Systems beträgt

$$c = \frac{G J_p}{l} = \pi\,\frac{830\,000}{100} \cdot \frac{10\,000 - 4096}{2} = 76{,}9 \cdot 10^6\ \text{cm kg};$$

mit $\Theta = 10^3$ kg cm s^2 wird daher $\omega^2 = 76\,900/\text{s}^2$ und $f = 44{,}1$ Hz. Der statische Winkelausschlag unter Wirkung der Erregerkraft ist

$$d = \frac{P}{c} = \frac{500}{76{,}9}\,10^{-6} = 6{,}5 \cdot 10^{-6}.$$

Der Resonanzausschlag folgt aus (63.10). β ergibt sich aus (63.12) zu $\beta = 1{,}9$; $\bar{\alpha}$ muß errechnet werden, da (63.12) sich nicht auf den Kreisringquerschnitt, sondern den Vollkreisquerschnitt bezieht. Mit (63.3), (63.3a) und (63.5) findet man $4\,\bar{\alpha}/(4 + \beta) = 74\,000$, also

$$\bar{\alpha} = \frac{1}{2\,\pi}\,74\,000\,\frac{1 - 0{,}8^{5,9}}{1 - 0{,}8^4}\left(\frac{1}{10}\right)^{1,9} = 184.$$

(63.10) liefert dann den Resonanzausschlag

$$Q = \sqrt[\beta+1]{\frac{d}{\bar{\alpha}}} = \sqrt[2,9]{\frac{6{,}5 \cdot 10^{-6}}{184}} = 0{,}002\,68.$$

Diesem Ausschlag entspricht eine Randgleitung $\gamma_R = Q\,r_2/l = 0{,}000\,268$ und somit eine Spannungsamplitude von $\tau = G \cdot \gamma_R = 222$ kg cm^{-2}.

E. Erzwungene Schwingungen des einfachen Schwingers mit nicht gerader Kennlinie.

64. Bewegungsgleichung; Verfahren zur Integration. Wenn sowohl die Rückstellkräfte eines Schwingers linear vom Ausschlag wie auch die Dämpfungskräfte linear von der Geschwindigkeit abhängen, ist die Bewegungsgleichung [s. (50.1)] eine *lineare* Differentialgleichung 2. Ordnung mit konstanten Koeffizienten; ihr allgemeines Integral kann dann angegeben werden, so daß die Bewegungen vollständig bekannt sind. Die Untersuchungen für diesen Fall sind in den Ziff. 43—58 durchgeführt. Erzwungene Schwingungen von Systemen mit nicht mehr linearen Dämpfungscharakteristiken haben wir in den vorangehenden Ziff. 59—63 behandelt. Jetzt wenden wir uns den erzwungenen Schwingungen der Systeme mit *nicht linearen Federcharakteristiken* zu.

Die freien Schwingungen solcher Systeme waren (allerdings ohne Berücksichtigung von Dämpfungskräften) in den Ziff. 39—42 untersucht worden. Dort gab es Fälle, wo die nicht mehr linearen Differentialgleichungen dennoch vollständig integriert werden konnten. Zu ihnen gehörten die Schwinger, deren

Charakteristiken Sinuslinien oder Parabeln bis zur 3. Ordnung waren. Die Lösungen führten dann auf elliptische Funktionen. Die allgemeinen Integrale der entsprechenden Differentialgleichungen für die *erzwungenen* Schwingungen

$$\ddot{q} + \varkappa^2 f(q) = P \sin \Omega t, \tag{64.1}$$

wo $f(q)$ entweder gleich $\sin q$ oder gleich q^2 oder q^3 oder $q + \dfrac{\beta}{\alpha} q^3$ ist, können nicht mehr explizit angegeben werden. Immerhin ist es möglich, Annäherungsverfahren zu entwickeln, deren Genauigkeit beliebig gesteigert werden kann. Auf dieser Linie hat G. DUFFING Untersuchungen durchgeführt [1]. Eine andere Klasse von Systemen mit analytisch beherrschbaren Differentialgleichungen bilden die Schwinger, deren Kennlinien aus Geradenstücken zusammengesetzt sind. Man kennt hier — ebenso wie das für die freien Schwingungen in Ziff. 41 und 42 gezeigt wurde — abschnittweise gültige Lösungen der Differentialgleichungen, die man geeignet zusammenfügen muß. Solche Systeme untersuchten W. BUCHHOLD [2], J. P. DEN HARTOG und S. J. MIKINA [3] sowie schließlich zusammenfassend J. P. DEN HARTOG und R. M. HEILES [4]. In der zuletzt erwähnten Arbeit finden sich für Schwinger mit Federkennlinien vom Typ der Abb. 42/4b (mit verschiedenen Neigungsverhältnissen der Geradenstücke) Diagramme, die die erzwungenen Ausschläge als Funktion der Erregerfrequenz angeben.

Wir schlagen hier schließlich einen dritten Weg ein [5]. Und zwar knüpfen wir an die in Ziff. 40 ε erwähnte und durch die Abb. 40/2 belegte Tatsache an, daß nämlich die freien Schwingungen, wenn die Kennlinie des Systems gekrümmt ist, zwar eine gegenüber den kleinen Schwingungen veränderte Periode aufweisen, daß der Verlauf des Ausschlags über der Zeit jedoch sehr nahe harmonisch bleibt. Die Kreisfrequenz der Sinusbewegung, die die gleiche Periode hat wie die wirkliche Bewegung, nannten wir die „zugeordnete" Kreisfrequenz und bezeichneten sie mit $\hat{\omega}$. Sie ist von der Schwingungsweite abhängig, für Schwingungen bestimmter Weite ist sie eine Konstante. In der Differentialgleichung für die erzwungenen Schwingungen,

$$a \ddot{q} + b \dot{q} + a \varkappa^2 f(q) = p(t) \tag{64.2}$$

ersetzen wir nun die Rückstellkraft $a \varkappa^2 f(q)$ durch den Wert $a \hat{\omega}^2 q$, schreiben also

$$a \ddot{q} + b \dot{q} + a \hat{\omega}^2 q = p(t). \tag{64.3}$$

Wenn $\hat{\omega}^2$ konstant ist — und für Schwingungen fester Schwingungsweite ist $\hat{\omega}^2$ konstant —, so haben wir jetzt eine *lineare* Differentialgleichung mit konstanten Koeffizienten (und Störungsfunktion) vor uns analog der Gl. (50.1). Natürlich beschäftigen wir uns wieder nur mit harmonischen Erregerkräften, so daß wir unter Verwendung der komplexen Schreibweise und der in Ziff. 35 eingeführten Abkürzung λ erhalten

$$a \left(\ddot{\mathfrak{q}} + 2 \lambda \dot{\mathfrak{q}} + \hat{\omega}^2 \mathfrak{q} \right) = \mathfrak{P} e^{i \Omega t}, \tag{64.4}$$

eine Gleichung, die nach den Methoden der Ziff. 50 weiter behandelt werden kann. Mit dem Ansatz (50.2) kommt

$$a \, \mathfrak{Q} \left(\hat{\omega}^2 - \Omega^2 + 2 \lambda \Omega i \right) = \mathfrak{P} \tag{64.5}$$

und analog (50.4a und b)

$$a^2 Q^2 \left[(\hat{\omega}^2 - \Omega^2)^2 + 4 \lambda^2 \Omega^2 \right] = P^2 \tag{64.6a}$$

sowie
$$\mathrm{tg}\,\varepsilon = \frac{2\,\lambda\,\Omega}{\hat{\omega}^2 - \Omega^2}\,. \tag{64.6b}$$

Während früher in (44.6) und (35.5) die Buchstaben η und δ die Verhältnisse

$$\eta = \Omega/\omega \quad \text{und} \quad \delta = \lambda/\omega$$

bezeichneten, sollen sie jetzt die ihnen entsprechenden Verhältnisse

$$\eta = \Omega/\varkappa \quad \text{und} \quad \delta = \lambda/\varkappa \tag{64.7a}$$

angeben. Außerdem führen wir neu ein die dimensionslosen Größen

$$v = \frac{\hat{\omega}}{\varkappa} \quad \text{und} \quad \sigma = \frac{P}{a\,\varkappa^2\,Q}\,. \tag{64.7b}$$

v ist eine Größe, die für kleine (also harmonische) Schwingungen identisch gleich Eins ist, für Schwingungen mit endlichen Weiten aber von Q abhängt. Beispiele für diese Abhängigkeit bieten die Gln. (40.29), (40.30) und (40.31). Mit Benutzung von (64.7) schreiben sich die Gln. (64.6)

$$(v^2 - \eta^2)^2 + 4\,\delta^2\,\eta^2 = \sigma^2 \tag{64.8a}$$

und

$$\mathrm{tg}\,\varepsilon = \frac{2\,\delta\,\eta}{v^2 - \eta^2}\,. \tag{64.8b}$$

Wir wenden unsere Aufmerksamkeit zunächst der Ausschlagamplitude Q zu, die aus der ersten der beiden Gleichungen folgt. Sowohl v wie σ sind Funktionen von Q; die Abhängigkeit ist in der Regel transzendent, so daß man nicht wie früher nach Q auflösen kann, um $Q(\eta)$ zu erhalten. Wir suchen deshalb die Umkehrfunktion $\eta(Q)$ zu ermitteln, lösen also nach η auf. Aus

$$\eta^4 - 2\,\eta^2\,(v^2 - 2\,\delta^2) + (v^4 - \sigma^2) = 0$$

folgt

$$\eta^2 = (v^2 - 2\,\delta^2) \mp \sqrt{\sigma^2 - 4\,\delta^2\,(v^2 - \delta^2)}\,. \tag{64.9}$$

Rechts kommen außer der konstanten und bekannten Größe δ nur bekannte Funktionen von Q in σ^2 und v^2 vor. σ wird durch (64.7b) angegeben, v je nach der Art des Schwingers durch eine Gleichung vom Typ (40.29), (40.30) oder (40.31). Die Gl. (64.9) gibt die gesuchte Umkehrfunktion $\eta(Q)$ zur früher (Ziff. 44 u. f.) verwendeten Funktion $Q(\eta)$, die dann durch die Vergrößerungsfunktion $V_3(\eta)$ ersetzt wurde. Für harmonische Schwingungen, wo $v^2 = 1$ und $\varkappa^2 = \omega^2$ ist, wird $\sigma = 1/V_3$; damit geht (64.9) über in

$$\eta^2 = (1 - 2\,\delta^2) \mp \sqrt{1/V_3^2 - 4\,\delta^2\,(1 - \delta^2)}; \tag{64.9a}$$

das ist in der Tat die Umkehrfunktion zu (53.2a). Bei verschwindender Dämpfung ($\delta = 0$) nimmt (64.9) die einfache Form an

$$\eta^2 = v^2 \mp \sigma. \tag{64.9b}$$

Der Phasenverschiebungswinkel ε zwischen harmonischer Erregerkraft $\mathfrak{P}$ und harmonischem erzwungenem Ausschlag $\mathfrak{Q}$ folgt aus (64.8b) zu

$$\varepsilon = \mathrm{arc\,tg}\,\frac{2\,\delta\,\eta}{v^2 - \eta^2}\,. \tag{64.10}$$

Hierin ist v wie zuvor eine Funktion der Ausschlagamplitude Q.

In den Gln. (64.9) und (64.10) haben wir die Grundlage für alle Einzelausführungen gewonnen, die in der nächsten Ziffer gegeben werden. Möglich wurde diese analytische Durchführung dadurch, daß die Rückstellkraft $a\,\varkappa^2\,f(q)$ in

(64.2) durch $a\,\hat{\omega}^2 q$ in (64.3) ersetzt wurde. Die Berechtigung zu diesem Vorgehen erhalten wir nachträglich dadurch, daß die auf diese Weise gefundenen Ergebnisse durch die Versuche bestätigt werden.

65. Amplituden („Resonanzkurven") und Phasenverschiebungen der Ausschläge. Der Zusammenhang zwischen der Ausschlagamplitude Q der erzwungenen Schwingung und der Frequenz Ω der Erregung wird für jeden einfachen Schwinger durch (64.9) hergestellt. Für die Pendel ist $f(q) = \sin q$, so daß der Zusammenhang zwischen ν^2 und Q durch Gl. (40.29) und die Abb. 40/3a angegeben wird. Denken wir im besonderen an das Punktpendel mit kreisförmiger Bahn (mathematisches Pendel) (Ziff. 16α) und wählen wir den Winkelausschlag φ als Koordinate (ihre Amplitude sei dann Φ), so bedeutet P in allen Gleichungen der Ziff. 64 und deshalb auch in der Definitionsgleichung (64.7b) für σ die Amplitude des Erreger*momentes*; es ist also $P = P_1 l$, wenn P_1 eine längs der Bahn wirkende Kraft bedeutet. Ferner ist

$$a\,\varkappa^2 = m\,l^2 \cdot g/l = m\,g\,l = G\,l,$$

also

$$\sigma = \frac{P}{m\,g\,l \cdot \Phi} = \frac{P_1}{G} \frac{1}{\Phi}. \tag{65.1}$$

Dasselbe Ergebnis erhält man natürlich auch, wenn man z. B. die Bogenlänge $s = \varphi\,l$ (mit der Amplitude S) als Koordinate wählt, dann wird mit $a\,\varkappa^2 = m\,g/l$

$$\sigma = \frac{P_1}{m\,g/l \cdot S} = \frac{P_1}{G} \frac{1}{\Phi}. \tag{65.1a}$$

Rechnet man nicht im Bogenmaß, sondern im Winkelmaß, so muß man statt $1/\Phi$ schreiben $57{,}3/\Phi°$, wenn unter $\Phi°$ der in Graden ausgedrückte Winkel verstanden wird.

Nach Wahl eines Parameters P_1/G kann man sich nun unter Benutzung der Kurve Abb. 40/3a zu einem vorgegebenen Wert $\Phi°$ der Ausschlagamplitude den Wert $\eta = \Omega/\varkappa$ des Frequenzverhältnisses ausrechnen, bei dem der vorgegebene Ausschlag sich einstellt. Für Schwinger mit Dämpfung benutzt man Gl. (64.9), für Schwinger ohne Dämpfung die vereinfachte Gl. (64.9b). Wir schreiben beide Gleichungen in ihrer besonderen, für die Pendel gültigen Fassung ausführlich an; es ist ohne Dämpfung

$$\eta^2 = \nu^2 \mp \left(\frac{P_1}{G}\right)\left(\frac{57{,}3}{\Phi°}\right) \tag{65.2a}$$

und mit Dämpfung

$$\eta^2 = (\nu^2 - 2\,\delta^2) \mp \sqrt{\left(\frac{P_1}{G}\right)^2\left(\frac{57{,}3}{\Phi°}\right)^2 - 4\,\delta^2\,(\nu^2 - \delta^2)}\,, \tag{65.2b}$$

wobei

$$\nu^2 = \left[\frac{\pi/2}{\mathsf{K}\left(\dfrac{\Phi}{2}\right)}\right]^2$$

nach Abb. 40/3a ist. Das Ergebnis zeigen die Abb. 65/1 und 65/2.

Die Kurven für die verschiedenen Werte der Erregeramplitude P_1 sind nicht mehr ähnlich; sie können also nicht mehr wie die Vergrößerungsfunktionen der Schwinger mit gerader Kennlinie in Ziff. 53 in dimensionsloser Auftragung durch eine einzige Kurve ersetzt werden. Die Darstellung gibt nicht eine „bezogene" Ausschlagamplitude $\left[\text{wie früher } \mathsf{V} = \dfrac{Q}{P/c}\right]$, sondern die Ausschlagamplitude Q, hier also $\Phi°$, selbst an. Wollte man für die Schwinger mit gerader Kennlinie

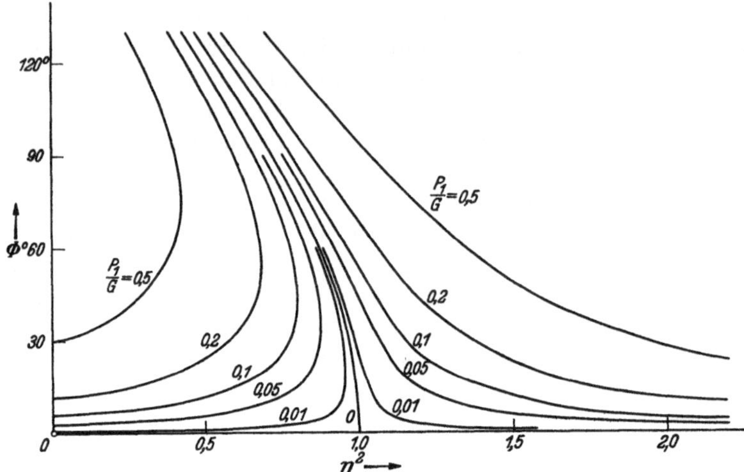

Abb. 65/1. Erzwungene Ausschläge eines ungedämpften Pendels nach (65.2a).

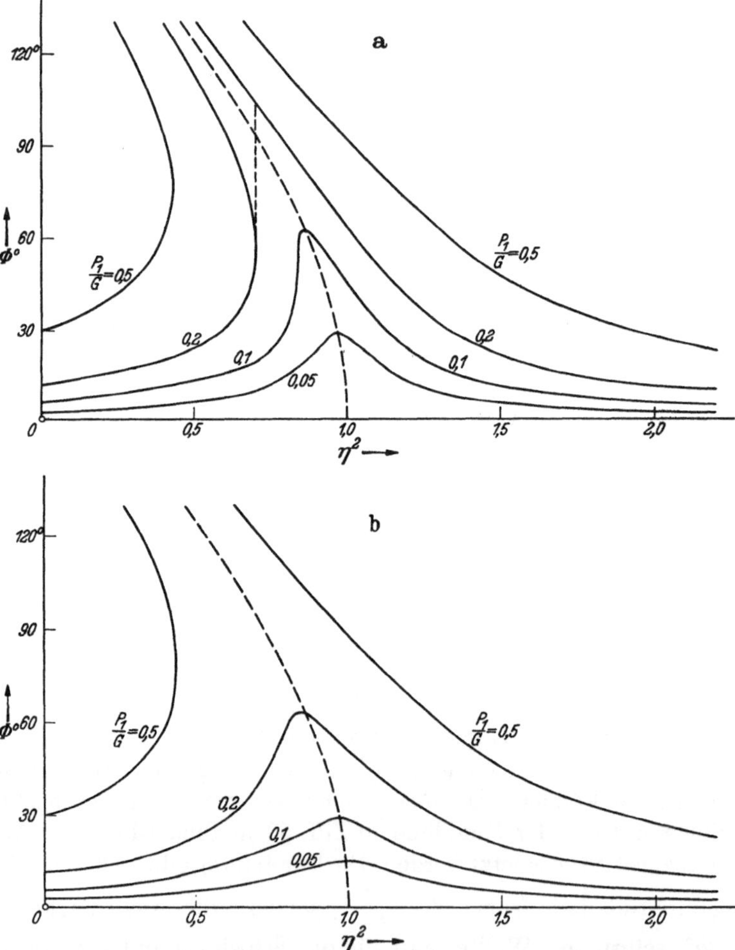

Abb. 65/2. Erzwungene Ausschläge eines gedämpften Pendels nach (65.2b); a mit δ = 0,05, b mit δ = 0,1.

ein entsprechendes Bild zeichnen, so erhielte man z. B. für $\delta = 0,05$ statt der einzigen Kurve $\delta = 0,05$ aus der Schar der Abb. 53/1, die in Abb. 65/3a herausgezeichnet ist, die Kurvenschar der Abb. 65/3b mit den Werten P der Erregeramplitude als Parameter (für Abb. 65/3b ist $c = 5\,\mathrm{kg\ cm^{-1}}$ gewählt).

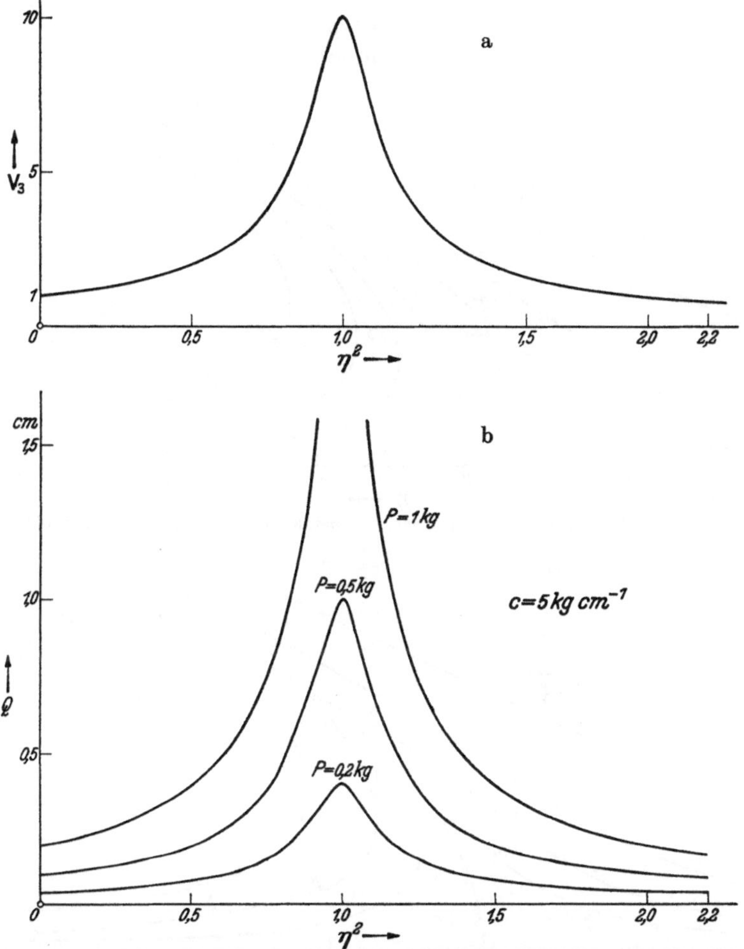

Abb.65/3. a Bezogene Ausschlagamplitude $V_3 = \dfrac{Q}{P/c}$ und b Ausschlagamplitude Q selbst für einen Schwinger mit *gerader* Kennlinie und $\delta = 0,05$.

Nach den Resonanzkurven der Pendel zeigen wir noch die eines Schwingers mit einer Kennlinie nach Ziff. 40δ. Die zugehörige Kurve $v^2(Q)$, deren Gleichung aus (40.30) folgt, zeigt Abb. 40/3b. Der Parameter σ, der die Stärke der Erregung anzeigt, wird hier mit $a\varkappa^2 = \alpha$ zunächst zu

$$\sigma = \frac{P}{a\,\varkappa^2\,Q} = \frac{P}{\alpha\,Q}.$$

Drückt man Q durch die dimensionslose Größe $\sqrt{\vartheta} = \sqrt{\beta/\alpha}\,Q$ aus, so kommt

$$\sigma = \frac{P\,\sqrt{\beta/\alpha^3}}{\sqrt{\vartheta}}. \tag{65.3}$$

Insgesamt findet man mit ϑ als unabhängiger Veränderlichen ohne Dämpfung

$$\eta^2 = \nu^2 \mp \frac{P}{\sqrt{\vartheta}}\,\sqrt{\frac{\beta}{\alpha^3}} \tag{65.4a}$$

und mit Dämpfung

$$\eta^2 = (\nu^2 - 2\,\delta^2) \mp \sqrt{\frac{P^2}{\vartheta}\,\frac{\beta}{\alpha^3} - 4\,\delta^2\,(\nu^2 - \delta^2)}\,, \tag{65.4b}$$

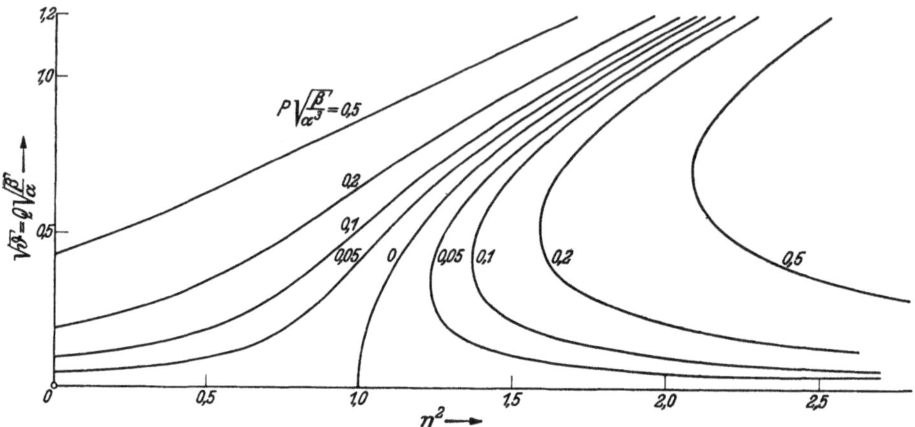

Abb. 65/4. Erzwungene Ausschläge eines Schwingers mit der Kennlinie $\alpha\,f\,(q) = \alpha\,q + \beta\,q^3$ ohne Dämpfung.

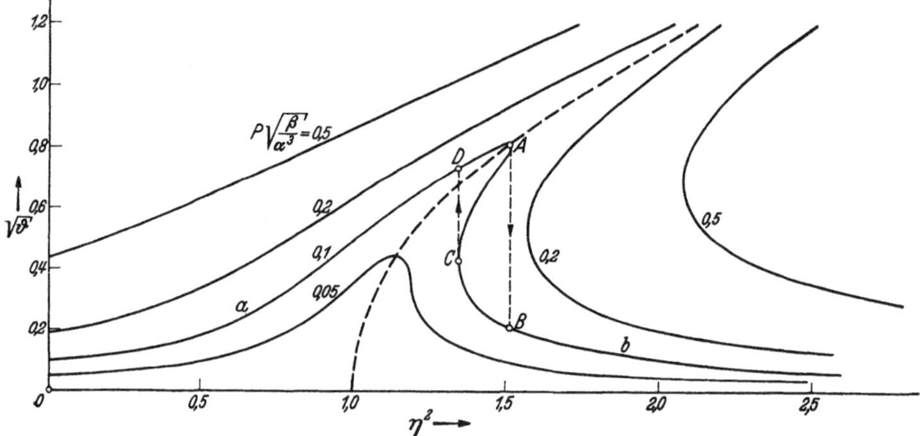

Abb. 65/5. Wie zuvor, jedoch mit Dämpfung $\delta = 0{,}05$.

wobei gilt

$$\nu^2 = (1 + \vartheta)\left[\frac{\pi/2}{\mathsf{K}\left(\sqrt{\dfrac{\vartheta}{2\,(1 + \vartheta)}}\right)}\right]^2. \tag{65.4c}$$

Die zugehörigen Kurven zeigen die Abb. 65/4 und 65/5.

Der Nacheilwinkel ε folgt aus (64.10). Um ε als Funktion von η zu finden, geht man so vor, daß man (bei festem δ und P) zu einem vorgegebenen Wert η den Ausschlag Q und zu diesem den Wert ν^2 und damit die Differenz $\nu^2 - \eta^2$ aus der Ausschlagkurve ermittelt und in (64.10) einsetzt. Zu jedem Wert δ erhält man (ganz ebenso wie bei den Ausschlagkurven auch) statt der einen aus Abb. 53/2 zu entnehmenden Kurve eine Kurvenschar mit der Erreger-amplitude P als Parameter. Und ganz ebenso wie die Ausschlagkurven gegen-über der für lineare Rückstellkräfte geltenden „verzerrt" sind, sind es auch die Phasenverschiebungskurven. In Abb. 65/6 sind für den Schwinger, dessen Ausschlagkurven in Abb. 65/5 angegeben sind, als Beispiel die Phasenver-schiebungskurven zu den Parameterwerten $P\sqrt{\beta/\alpha^3} = 0{,}05$ und $0{,}1$ aufge-

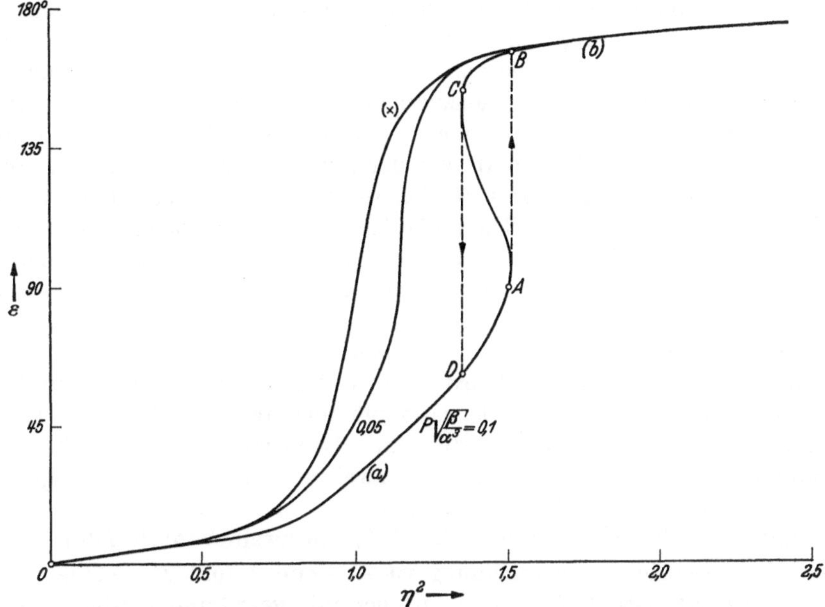

Abb. 65/6. Phasenverschiebungswinkel für den Schwinger von Abb. 65/5.

zeichnet. Zum Vergleich ist auch die für lineare Rückstellkräfte (und alle Erregeramplituden) geltende, der Abb. 53/2 entsprechende „undeformierte" Kurve ($\times$) mit eingezeichnet.

66. Erörterung der Ergebnisse; das „Kippen" einer Schwingung. Ebenso wie bei den Schwingern mit gerader Kennlinie ist auch bei jenen mit gekrümmter Kennlinie bei Abwesenheit von Dämpfung die Phasenverschiebung, wenn $\eta^2 < \nu^2$ ist, gleich Null, für $\eta^2 > \nu^2$ gleich 180°. Ist Dämpfung vorhanden, so ist auch hier im ersten Fall der Winkel spitz, im zweiten stumpf. Die Phasenverschiebung von 90° tritt nicht mehr für $\eta = 1$ ein, sondern für $\eta = \nu$, so wie ja auch der größte Ausschlag (bei kleinen Dämpfungen) nicht mehr kurz vor $\eta = 1$, sondern kurz vor $\eta = \nu$ auftritt.

Beim Vergleich der Ausschlag- und der Phasenverschiebungskurven der Schwinger mit gerader und gekrümmter Kennlinie fällt als hervorstechender Unterschied auf, daß sowohl $Q(\eta)$ wie $\varepsilon(\eta)$ nicht mehr in allen Fällen einwertige Funktionen sind. Zu manchen Abszissenwerten η gehören vielmehr *drei* Ordinatenwerte Q oder ε. Es erhebt sich also die Frage, welcher der drei, nach der Zeichnung möglich erscheinenden, Werte sich in Wirklichkeit einstellt.

Die folgenden Erörterungen schließen wir an ein Beispiel an und wählen hierzu die Kurve $P\sqrt{\beta/\alpha^3} = 0{,}1$ der Abb. 65/5, die sich auf den Schwinger mit der Kennlinie $f(q) = q + \frac{\beta}{\alpha} q^3$ und die Dämpfungszahl $\delta = 0,05$ bezieht. Lassen wir die Erregerfrequenz von kleinen Werten an langsam steigen, so bewegen wir uns auf dem linken Ast (*a*) aufwärts. (Bei der ersten Aufzeichnung von Resonanzkurven in Ziff. 45 haben wir zwar ausdrücklich bemerkt, daß Resonanzkurven „punktweise" zu verstehen sind und nicht durchlaufen werden dürfen, da die Erregerfrequenz ja als unveränderlich vorausgesetzt wird. Immerhin geben die Kurven ein Bild von den Erscheinungen, die sich bei „sehr langsamer" Änderung der Frequenz abspielen.) Wir überschreiten schließlich das Amplitudenmaximum und bemerken eine kleine Abnahme des Ausschlags bis zum Punkt A hin, der beim Frequenzverhältnis (im Beispiel) $\eta^2 = 1,515$ erreicht wird. Steigert man die Erregerfrequenz Ω über diesen Wert hinaus, so nimmt die Ausschlagamplitude nicht so ab, wie der Ast AC der Kurve angibt, sondern sie springt plötzlich auf den Wert B. Bei weiterer Steigerung von η wird dann der Kurvenast (*b*) rechts von B durchlaufen. Läßt man dagegen die Erregerfrequenz von hohen Werten η langsam abnehmen, so stellt man eine Zunahme des Ausschlags fest, der einem Wandern auf dem Kurvenast (*b*) nach links entspricht. Wird der Punkt B überschritten, so geschieht gar nichts Besonderes, man bleibt auf dem Kurvenast BC, bis beim Frequenzverhältnis (im Beispiel) $\eta^2 = 1,35$ der Punkt C erreicht wird. Bei weiterer Verkleinerung von Ω und damit von η springt die Amplitude dann plötzlich auf den Wert D und nimmt von da an auf dem Ast (*a*) wieder stetig ab. Beim langsamen Durchlaufen des Frequenzbereiches Ω erhalten wir also zwei verschiedene Ausschlagkurven, je nachdem, ob wir die Frequenz zunehmen oder abnehmen lassen. Im ersten Falle ergibt sich der Kurvenzug (*a*)DAB(*b*), im zweiten (*b*)BCD(*a*).

Die hier beschriebene Erscheinung ist — wenn δ und P geeignete Werte haben — charakteristisch für die Schwinger mit gekrümmter Kennlinie. Die Versuche erweisen dieses Verhalten der Schwinger deutlich. Man spricht auch davon, die Schwingung „*kippe*" plötzlich auf einen anderen Wert der Ausschlagamplitude.

Der Ast AC der Kurve wird in keiner Richtung durchlaufen. Seine Punkte entsprechen keinen stabilen Bewegungszuständen. Diese Tatsache läßt sich streng nachweisen. Wir machen sie uns plausibel durch die Überlegung, daß im Gebiet AC die übliche „Schichtung" der Kurven (wir denken uns nahe benachbarte Kurven mit eingezeichnet) umgekehrt ist und derart, daß bei konstantem η größeren Parameterwerten $P\sqrt{\beta/\alpha^3}$, also größeren Erregerkräften P, kleinere Ausschläge entsprechen würden.

So wie die Ausschlagamplitude Q zeigt auch der Nacheilwinkel ε ein unstetiges Verhalten. In Abb. 65/6 ist unter anderem der Verlauf der Phasenverschiebung für $P\sqrt{\beta/\alpha^3} = 0,1$ eingetragen; diese Kurve gehört zu der soeben besprochenen Ausschlagkurve. Bei wachsender Frequenz springt der Nacheilwinkel bei $\eta^2 = 1,515$ vom Wert A auf B, bei fallender Frequenz bei $\eta^2 = 1,35$ von C auf D. Auch hier ergeben sich unterschiedliche Kurvenzüge für Steigen und für Fallen. Die Punkte $ABCD$ und die Äste (*a*) und (*b*) der Amplituden- und Phasenverschiebungskurve entsprechen einander jeweils. Der Ast AC gehört zu den instabilen Bewegungszuständen.

Wir behalten in Erinnerung, daß die analytische Behandlung der erzwungenen Schwingungen von Schwingern mit nicht gerader Kennlinie dadurch ermöglicht wurde, daß wir die Bewegungsgleichung zu einer linearen machten, indem wir an die Stelle der Rückstellkraft $a\,\varkappa^2\,f(q)$ den Ausdruck $a\,\hat{\omega}^2\,q$ setzten. Solange dieser Ersatz gerechtfertigt ist, werden auch die Ergebnisse der Rechnung von den Versuchen bestätigt. Bis zu welchen Ausschlagweiten unser Vorgehen brauchbar bleibt, ist eine besondere Frage, die im Einzelfall geklärt werden muß.

F. Das Anlaufen eines Schwingers.

67. Die Bewegungsgleichung und ihre Integration. Schon mehrfach haben wir — meist bei der Erörterung von „Resonanzfunktionen" oder Vergrößerungsfunktionen — die Frequenz Ω der erregenden Kraft variiert gedacht. Wir mußten uns dabei aber stets vor Augen halten, daß unsere Resonanzkurven eigentlich nur punktweise gelten und höchstens Grenzwerte für sehr langsame Veränderung der Erregerfrequenz darstellen. Bei endlicher Änderungsgeschwindigkeit der Erregerfrequenz sind die bisherigen Ansätze, in denen die Erregerkraft in der Form $p = P \sin \Omega\,t$ mit konstantem Ω auftrat, unzureichend.

Die Frequenz eines harmonischen Vorgangs ist zufolge der in Ziff. 4 gegebenen Definition ihrem Wesen nach eine konstante Größe. Wenn hier nun von nicht konstanten Werten der Frequenz oder Kreisfrequenz die Rede sein wird, so bedürfen diese Bezeichnungen der Erläuterung. Unter einer zeitlich veränderlichen Kreisfrequenz $\omega(t)$ einer Schwingung verstehen wir den Augenblickswert der Winkelgeschwindigkeit ihres erzeugenden Vektors. Im übrigen mögen die Beziehungen der Ziff. 4 weiter bestehen.

Das einfachste Gesetz, nach dem sich Ω mit t ändern kann, ist das lineare. Wir setzen also $\Omega = \Omega_0 + \beta\,t$ mit konstantem β; dann wird das Argument $\varphi = \varphi_0 + \Omega_0 t + \frac{1}{2}\beta\,t^2$ oder nach Verfügung über den Anfangspunkt der Zeitzählung $\varphi = \left(\frac{1}{2}\Lambda\,t^2 + \alpha\right)$.

Die Bewegungsgleichung eines Schwingers mit linearer Feder- und Dämpfungscharakteristik, der durch eine Kraft mit linear veränderlicher Frequenz erregt wird, lautet somit

$$a\,\ddot{q} + b\,\dot{q} + c\,q = P \sin\left(\frac{1}{2}\Lambda\,t^2 + \alpha\right) \tag{67.1}$$

oder mit den Abkürzungen $\omega^2 = c/a$, $2\,\lambda = b/a$ und $k = P/a$

$$\ddot{q} + 2\,\lambda\,\dot{q} + \omega^2 q = k \sin\left(\frac{1}{2}\Lambda\,t^2 + \alpha\right). \tag{67.1a}$$

Diese Gleichung ist [wie z. B. (50.1)] eine lineare Differentialgleichung 2. Ordnung mit konstanten Koeffizienten und Störungsfunktion. Ihr allgemeines Integral setzt sich zusammen aus der allgemeinen Lösung der um das Störungsglied verkürzten Gleichung und einem partikularen Integral der unverkürzten. Die Lösung der verkürzten Gleichung ist (für kleine Werte der Dämpfung) (35.7). Sie beeinflußt (wie in Ziff. 50) nur den Einschwingvorgang; wir lassen sie deshalb zunächst außer acht.

Das Partikularintegral von (67.1a) kann nach den Anweisungen in Ziff. 47 hergestellt werden. Aus (35.7) folgt die Funktion $\widetilde{q}(t)$ zu

$$\widetilde{q}(t) = \frac{1}{\nu}\,e^{-\lambda t}\sin\nu t, \tag{67.2}$$

so daß nach (47.17) kommt

$$q(t) = \frac{k}{\nu}\int_0^t e^{-\lambda(t-\tau)}\sin\nu(t-\tau)\sin\left(\frac{1}{2}\Lambda\,\tau^2 + \alpha\right)d\tau. \tag{67.3}$$

In dem Sonderfall des dämpfungsfreien Schwingers lautet (67.2) [wie man auch aus (47.3) ablesen kann]

$$\widetilde{q}(t) = \frac{1}{\omega}\sin\omega t,\tag{67.2a}$$

so daß aus (67.3) wird

$$q(t) = \frac{k}{\omega}\int_0^t \sin\omega(t-\tau)\sin\left(\frac{1}{2}\Lambda\tau^2 + \alpha\right)d\tau.\tag{67.3a}$$

Die Gln. (67.3) und (67.3a) sind die gesuchten Dauergleichungen der Bewegung.

Mit der formalen Angabe der Quadraturen ist für die Übersicht über den Verlauf der Bewegungen allerdings noch wenig geleistet. Das Integral (67.3a), das in der Gleichung des ungedämpften Schwingers auftritt, läßt sich auf tabellierte Funktionen, die sog. FRESNELschen Integrale zurückführen [1], das in der Gleichung für den gedämpften Schwinger dagegen nicht. Die Auswertung erfolgt dann zweckmäßig durch Integration im Komplexen [2]. In beiden Fällen ist der Rechenaufwand zur Diskussion des Bewegungsablaufs allerdings beträchtlich. Wir verzichten hier deshalb auf die Durchführung der Rechnung. Wegen der praktischen Bedeutung, die die Ergebnisse jedoch haben, geben wir in der folgenden Ziffer die wesentlichen Tatsachen ohne Beweis an.

68. Resonanzhüllkurven [2] (Vergrößerungshüllkurven). In Abb. 68/1 ist ein typischer Fall des Anlaufens eines *ungedämpften* Schwingers wiedergegeben.

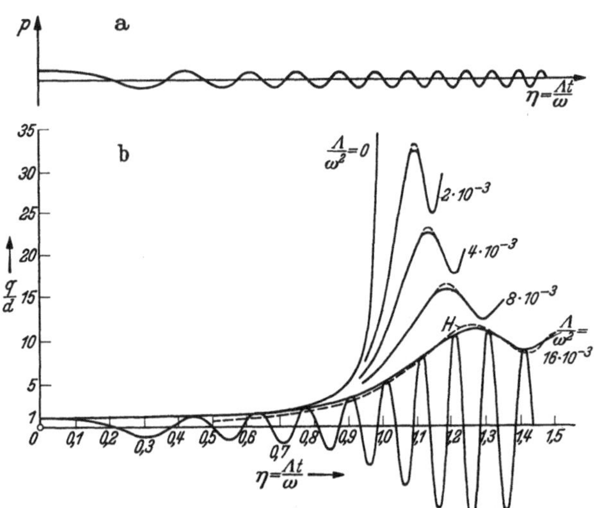

a) zeigt über $\eta = \Lambda t/\omega$ aufgetragen den Verlauf der Erregerkraft p (für einen Wert $\Lambda/\omega^2 = 16\cdot 10^{-3}$ und einen Phasenanfangswinkel $\alpha = 0$), b) den Verlauf des erzwungenen Ausschlags q im Verhältnis zum statischen Ausschlag d, also den Wert $q/d = \mathsf{V}$. Wäre der Phasenwinkel α nicht gleich Null, so ergäbe sich eine etwas verschobene Linie. Die ganze Schar der Ausschlaglinien, deren Parameter α ist, wird eingehüllt von der in Abb. 68/1b ebenfalls eingezeichneten Kurve H, die wir „Resonanzhüllkurve" oder Vergrößerungshüllkurve nennen wollen.

Abb. 68/1. a Erregerkraft $p(t) = p\left(\frac{1}{2}\Lambda t^2 + \alpha\right)$ für $\Lambda/\omega^2 = 16\cdot 10^{-3}$ und $\alpha = 0$. b Erzwungene Ausschläge $q(t)$ zur Erregerkraft der Abb. a, zugehörige Hüllkurve H, und Hüllkurven für Erregerbeschleunigungen $10^3\,\Lambda/\omega^2 = 8;\ 4;\ 2;\ 0$.

Aus ihr kann das Maximum des erreichbaren Ausschlags abgelesen werden. Dieses Maximum ist (trotz der Dämpfungsfreiheit) endlich, liegt überdies nicht beim Wert $\eta = 1$, sondern höher. In Abb. 68/1b sind Vergrößerungshüllkurven noch für andere Werte der Anlaufbeschleunigung eingetragen, und zwar für $\Lambda/\omega^2 = 8\cdot 10^{-3};\ = 4\cdot 10^{-3};\ = 2\cdot 10^{-3}$ und 0. Je geringer die Anlaufbeschleunigung Λ ist, um so größere Amplituden erreicht der Ausschlag, und um so näher liegt das Maximum der Amplituden bei $\eta = 1$. Für $\Lambda \to 0$ geht die Vergrößerungshüllkurve in die übliche Vergrößerungskurve $V_3(\eta)$ für konstante Erregerfrequenz über.

Für große Werte der Zeit (praktisch schon für kleine Vielfache von $\eta = 1$) wird die Frequenz des erzwungenen Ausschlags konstant, und zwar gleich der Eigenfrequenz ω des Schwingers. Die Amplitude des erzwungenen Ausschlags erreicht ebenfalls einen Grenzwert,

$$V_\infty = \lim_{\eta \to \infty} [V] = \sqrt{\frac{\pi}{2}} \frac{\omega}{\sqrt{\Lambda}};$$

er ist nur wenig kleiner als das *Maximum* der Hüllkurven, das den Wert

$$V_{max} = \frac{1}{4}\sqrt{2} + \frac{3,67}{\pi} V_\infty$$

hat.

In den folgenden Abb. 68/2 a, b, c, d sind noch für gedämpfte Schwinger (mit Dämpfungszahlen $\delta = 0{,}025$; $0{,}05$; $0{,}1$ und $0{,}2$) die Vergrößerungshüll-

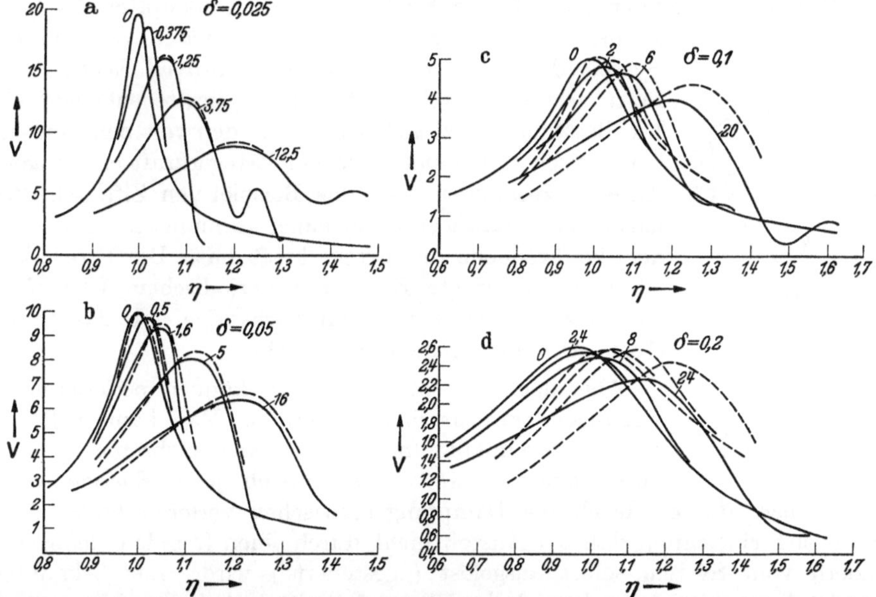

Abb. 68/2. Vergrößerungshüllkurven in der Nähe des Maximums (ausgezogen für positive Beschleunigung, gestrichelt für negative Beschleunigung) mit $10^3 \, \Lambda/\omega^2$ als Parameter. a Dämpfungszahl $\delta = 0{,}025$, b Dämpfungszahl $\delta = 0{,}05$, c Dämpfungszahl $\delta = 0{,}1$, d Dämpfungszahl $\delta = 0{,}2$.

kurven in der Nähe ihres Maximums eingetragen. Bei jeder Kurve ist durch Angabe von $10^3 \Lambda/\omega^2$ vermerkt, für welche Anlaufbeschleunigung Λ sie gilt.

Übereinstimmend entnimmt man allen Diagrammen, daß für nicht sehr große Anlaufbeschleunigung die *Höhe* des Maximums der Kurven nur wenig kleiner ist als das der Vergrößerungsfunktion $V_3(\eta)$ für konstante Frequenz ($\Lambda \to 0$). Dagegen ist die *Verschiebung* des Maximums beträchtlich und die Kenntnis dieser Verschiebung insbesondere dann von Bedeutung, wenn man die Eigenfrequenz eines Schwingers aus einem Versuch mit Hilfe von erzwungenen Schwingungen feststellen will, da man dann eine durchaus endliche Anlaufbeschleunigung zu benutzen pflegt.

Schließlich möge noch erwähnt werden, daß bei negativem Λ die Verhältnisse sich nur unwesentlich ändern. Das Maximum der Vergrößerungshüllkurven liegt auch dann *über* $\eta = 1$, bei verschwindender Dämpfung ($\delta = 0$) überdies an genau derselben Stelle wie für positives Λ; dagegen ist bei $\delta > 0$ der Wert des Maximums der Vergrößerungshüllkurven für negatives Λ etwas größer als für positives. In einigen der Diagramme ist gestrichelt die Gestalt der Vergrößerungshüllkurve eingetragen, die für negative Werte Λ gilt.

Wegen aller weiterer Einzelheiten müssen wir auf die angeführte Quelle [2] verweisen.

G. Angefachte Schwingungen.

69. Erzwungene und angefachte Schwingungen; Selbststeuerung. Beispiele.
Periodische Schwingungen können in materiellen Systemen wegen der unvermeidlichen, energieverzehrenden Dämpfungskräfte als freie Schwingungen (d. i. ohne Energiezufuhr) nicht ausgeführt werden; wohl aber können sie unter der Wirkung erregender periodischer Kräfte auch in gedämpften Systemen auftreten. Während einer Periode wird dann im stationären Zustand dem System durch die Erregerkräfte ebensoviel Energie zugeführt, wie ihm durch die Dämpfungskräfte entzogen wird. Die Bewegung setzt sich dabei aus den von den einzelnen harmonischen Komponenten der Erregerkraft erzwungenen Anteilen zusammen (vgl. das Beispiel von Ziff. 54). Jede harmonische Kraft erzwingt einen harmonischen Ausschlag, der die Frequenz der Erregerkraft hat. Die Erregerkraft ist eine eingeprägte Kraft mit periodischem Verlauf; sie ist ganz unabhängig davon vorhanden, ob das System einen Ausschlag macht oder nicht.

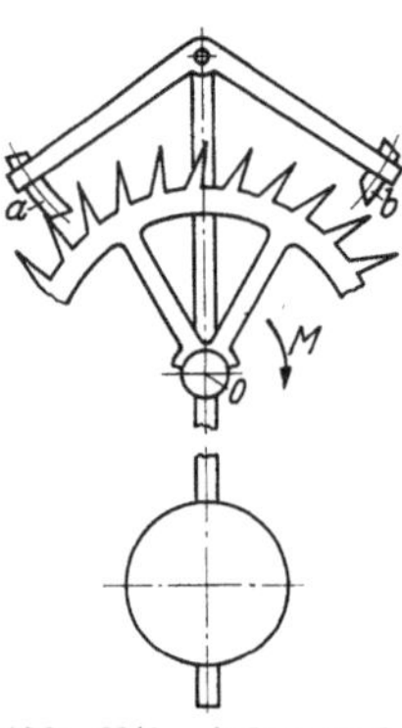
Abb. 69/1. Anker und Steigrad einer Uhr.

Aber noch auf eine zweite Art können periodische Bewegungen aufrechterhalten werden. Man kann z. B. dem System regelmäßig (nach einer oder mehreren Perioden) durch einen Anstoß oder Antrieb jene Energie wieder zurückgeben, die es durch die Dämpfung inzwischen verloren hatte. Dabei läßt es sich einrichten, daß der Anstoß nicht durch einen fremden Beobachter, sondern vom System selbst ausgelöst („gesteuert") wird. Das bekannteste Beispiel dieser Art ist der Antrieb der Uhrpendel mittels Anker und Steigrad [1] (Abb. 69/1). Auf das Steigrad, das unsymmetrisch geschnittene Zähne aufweist, wirkt ein konstantes Drehmoment (herrührend von einer Feder oder einem Gewicht); die Zähne des Rades drücken bei jeder Halbschwingung abwechselnd gegen eine der beiden Nasen a oder b des Ankers und treiben so das Pendel in seiner Bewegungsrichtung weiter. Die antreibende Kraft rührt von der Feder- oder Gewichtskraft her; sie wird aber gesteuert von der Bewegung des Pendels selbst. Sobald das Pendel angehalten wird, erlischt auch der periodische Charakter des Antriebs. Das Pendel führt auf dem größeren Teil seines Weges eine freie (schwach gedämpfte) Schwingung aus, auf einem kleineren Teil des Weges wird es beschleunigt. Seine Schwingungsdauer ist nur unwesentlich von der des freien Pendels verschieden; die Ausschlag-Zeit-Linie ist dabei keine genaue Sinuslinie, sondern etwas deformiert.

Wir haben ein Musterbeispiel der *Anfachung* einer Schwingung in einem *selbststeuernden* System beschrieben. Ihre Merkmale werden wir bei allen späteren Beispielen wiederfinden. Es ist wichtig, sich diese Merkmale einzuprägen und insbesondere, die *angefachten* von den *erzwungenen* Schwingungen zu unterscheiden. Wir stellen deshalb die Eigenschaften dieser beiden Arten des Antriebs einander gegenüber:

<table>
<tr><td>

erzwungene Schwingung

1. Es ist unabhängig von der Bewegung eine periodisch (insbesondere harmonisch) veränderliche, erregende Kraft vorhanden.
2. Die eintretende Bewegung ist harmonisch und hat die Frequenz der erregenden harmonischen Kraft.

</td><td>

angefachte Schwingung

1. Es ist eine konstante Energiequelle vorhanden; durch die Bewegung selber wird eine Antriebskraft hergestellt.
2. Die eintretende Bewegung hat (angenähert) die Frequenz der *Eigenschwingung*; ihr Verlauf weicht (auch in Systemen mit gerader Kennlinie) von der Sinusform etwas ab.

</td></tr>
</table>

Wir begnügen uns mit einer qualitativen Erörterung der Erscheinungen und geben noch eine Reihe von Beispielen angefachter Schwingungsbewegungen.

Ähnlich wie der selbststeuernde Antrieb eines Pendels durch das Steigrad und den Anker wirkt der elektromagnetische Antrieb [1] Abb. 69/2 (wie er z. B. auch zum Antrieb des Klöppels in elektrischen Klingeln verwendet wird): Während des Ausschlags des Pendels nach rechts wird ein Kontakt K geschlossen, worauf Strom durch einen links stehenden Elektromagneten M fließt. Im Stromkreis liegt eine Spule L genügend hoher Selbstinduktion, die dafür sorgt, daß die Stromstärke und damit die Anziehungskraft des Magneten nicht augenblicklich auf ihren Höchstwert ansteigt, sondern daß der Anstieg etwa die Dauer einer halben Pendelschwingung hat. Dadurch wird erreicht, daß die Anziehung beim Hingang des Pendels zum Magneten stärker ist als beim Weggang und somit Energie an die Schwingung abgegeben wird. Da in diesem Fall die fremde Kraft auf einem längeren Weg des Pendels wirkt, ist auch die Abweichung der Ausschlag-Zeit-Linie von der Sinusform beträchtlicher als beim ersten Beispiel.

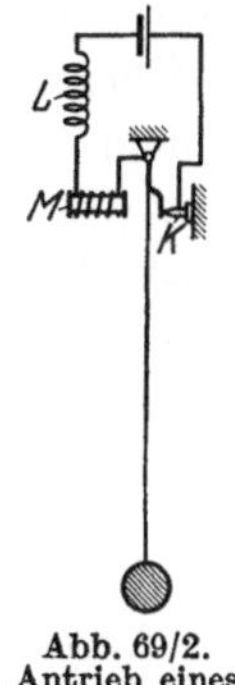

Abb. 69/2.
Antrieb eines
Klöppels.

Eine ganze Reihe von Anfachungserscheinungen kommt durch Wirkung der *Reibung* zustande. Und zwar ist dabei wesentlich, daß die sog. trockene Reibung zwischen festen Körpern, die oft als von konstantem Betrag angenommen wird, in den meisten Fällen eine Abhängigkeit von der Geschwindigkeit in dem Sinne

Abb. 69/3. Fallende
Dämpfungscharakteristik.

zeigt, daß sie um so kleiner ist, je größer die Geschwindigkeit wird (Abb. 69/3) (*fallende* Dämpfungscharakteristik). Am übersichtlichsten kann die Erscheinung am Beispiel der Abb. 69/4 verfolgt werden [1]. Auf einer sich drehenden Welle W sitzen zwei Klemmbacken (unter Umständen mit einem geeigneten Futter), an ihnen hängt ein Pendel. Wenn die Welle sich langsam zu drehen beginnt, wird infolge der Haftreibung das Pendel von der Welle mitgenommen bis zu einer Abreißstellung, wo das rücktreibende Moment dem Moment der Reibungskräfte gleich geworden ist; das Pendel schwingt (gedämpft) zurück. Bei der darauffolgenden Vorwärtsschwingung wird die Relativgeschwindigkeit einmal Null, es tritt wieder Haften ein, das Pendel wird wieder bis zur Abreißstellung mitgenommen, und das Spiel beginnt von neuem. Aber auch dann,

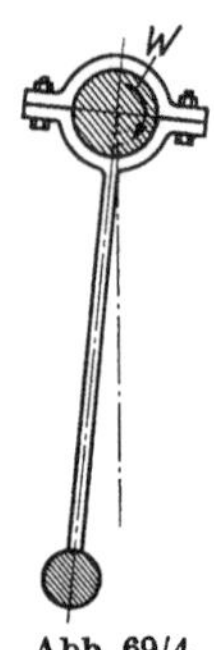

Abb. 69/4.
Reibendes
Pendel.

wenn die Drehgeschwindigkeit der Welle so groß ist, daß ein Haften nicht mehr eintritt, wird die Schwingung angefacht, wenn die Dämpfungscharakteristik fällt. Denn beim Hingang (in Richtung der sich drehenden Welle) ist die Relativgeschwindigkeit kleiner, die Reibungskraft also größer als beim Rückgang, so daß dem Schwinger Energie zugeführt wird.

Auf genau demselben Verhalten beruht auch die Anfachung der Schwingungen einer gestrichenen Violinsaite. Schwingt die Saite in der Bewegungsrichtung des Bogens, so ist die Reibungskraft infolge der kleineren Relativgeschwindigkeit größer als in der umgekehrten Bewegungsrichtung. Es wird also durch die Schwingungen der Saite eine periodisch veränderliche Antriebskraft erzeugt, die insgesamt Energie an die Saite abgibt. Die Saite schwingt dabei nahezu mit ihrer Eigenfrequenz, die Ausschlag-Zeit-Kurve weicht von der Sinusform etwas ab, d. h. sie enthält Oberschwingungen; diese machen die Klangfarbe aus.

Überall, wo Gleitbewegungen unter Reibung fester Körper vor sich gehen, können Schwingungen auf die beschriebene Weise angefacht werden. So kann z. B. der Schneidstahl einer Drehbank durch die Reibung zu Schwingungen angefacht werden und dann „Rattermarken" am Werkstück hinterlassen. Durchfährt ein Schienenfahrzeug eine Kurve kleinen Halbmessers (z. B. Straßenbahn), so sind die vom inneren und vom äußeren Rad zurückzulegenden Wege merklich verschieden; da die beiden Räder aber fest auf einer Achse sitzen, muß eines von ihnen auf der Schiene gleiten. Durch die Reibung werden oft Drillungsschwingungen des aus den beiden Rädern (als Drehmassen) und der Achse (als Drillungsfeder) bestehenden Zweimassensystems angeregt. Die Schwingungsfrequenz liegt in der Regel im Hörbereich. Dieselben Schwingungen mit demselben Vorgang der Anfachung können auch auftreten, wenn beim Anfahren einer Lokomotive die Treibräder (unbeabsichtigt) zu gleiten beginnen.

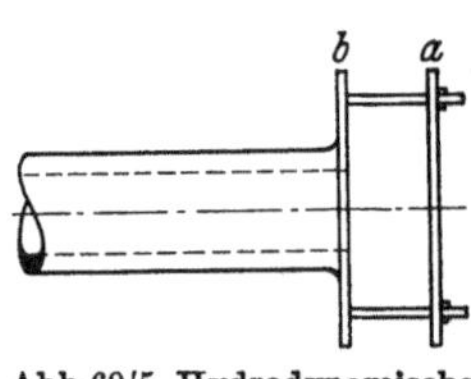

Abb. 69/5. Hydrodynamische
Anfachung.

Gelegentlich werden die Drillungsschwingungen eines Radsatzes auch beim Bremsen durch die Reibung der Bremsbacken oder des Hemmschuhs am Radkranz angefacht.

Hydrodynamische Vorgänge können auf mannigfache Weise zur Anfachung von Schwingungen führen [1, 2]. Wir erörtern den Mechanismus einer Selbststeuerung an einem einfachen Beispiel (Abb. 69/5). Das Rohr einer Druckluftleitung endet in einer Platte b; vor ihr befindet sich eine durch zwei Stifte leicht geführte Platte a. Wird die Platte a angeblasen, so entsteht (in der Stellung der Abb. 69/5) zwischen den beiden Platten ein Unterdruck, a wird nach b hingezogen, dann unter Wirkung des Druckes wieder weggeschleudert, danach wieder angezogen usw. Denselben Mechanismus der Selbststeuerung kann man verwenden, um eine Stimmgabel zum Tönen zu bringen. Die beiden Fälle unterscheiden sich dadurch, daß die Platte freie Schwingungen nicht ausführen kann, während die Stimmgabel eine bestimmte Eigenfrequenz aufweist. Mit dieser Frequenz verlaufen die angefachten Schwingungen. Die Frequenz, mit der die Platte sich bewegt, hängt dagegen nur vom hydrodynamischen Vorgang ab.

Auf einer anderen Art von hydrodynamischer Selbststeuerung beruht das Anblasen von Lippen- und von Zungenpfeifen. Die Zusammenhänge sind recht verwickelt; im wesentlichen handelt es sich um einen periodischen Zerfall des gegen die Schneide geblasenen Luftstroms in einzelne Wirbel. Eine periodische Ablösung der hinter einem angeblasenen Draht sich bildenden Wirbel facht z. B. Telegraphendrähte zu Schwingungen kleiner Amplituden an und erzeugt das bekannte Summen der Drähte. Ein davon etwas verschiedener Mechanismus kann die Drähte, wenn sie von vornherein oder zufällig (Eisüberzug) ein vom Kreis verschiedenes Profil haben, zu sehr erheblichen Ausschlägen (Größenordnung von 1 m) anfachen [2]. Schließlich werden auch die gefährlichen Schwingungen der Flügel von Flugzeugen durch eine hydrodynamische Selbststeuerung angefacht [2].

Literaturhinweise.

Diese Zusammenstellung erhebt keinen Anspruch auf Vollständigkeit, ja sie hat nicht einmal dieses Ziel. Sie verfolgt lediglich den Zweck, noch einige, über den Text hinausgehende Hinweise zu geben und unmittelbar benutzte Quellen zu nennen.

Erster Teil.

Die komplexe Schreib- und Rechnungsweise ist in der Elektrotechnik längst heimisch. Man vergleiche die Darstellungen in den Lehrbüchern der Wechselstromtechnik (s. auch Ziff. 51).

Ziff. 7. Über Schwebungen und „modulierte Schwingungen" siehe z. B. Handbuch der Experimentalphysik, Bd. 17, 1. Teil, S. 30. Leipzig 1934.

Ziff. 9. 1. E. LEHR bezeichnet den schwingenden Anteil als Blindleistung, an vielen Stellen, unter anderem Schwingungstechnik, Bd. 2, S. 103. Berlin 1934. Hierzu vergleiche J. FISCHER: Ing.-Arch. Bd. 6 (1935) S. 440.

Ziff. 10. Über FOURIERsche Reihen im allgemeinen: 1. W. ROGOSINSKI: FOURIERsche Reihen. Sammlung GÖSCHEN Nr. 1022; mit praktischen Hinweisen: 2. A. EAGLE: A practical treatise on FOURIER's Theorem and harmonic analysis. London 1925; hierzu siehe auch: 3. G. KOEHLER u. A. WALTHER: FOURIERsche Analyse von Funktionen mit Sprüngen, Ecken und ähnlichen Besonderheiten. Arch. Elektrotechn. Bd. 25 (1931) S. 747. Über numerische Verfahren siehe 4. RUNGE-KÖNIG: Numerisches Rechnen. Berlin 1924. (Grundlehren der mathematischen Wissenschaften Band 11.) Zu den Schemaverfahren siehe 5. L. ZIPPERER: Tafeln zur harmonischen Analyse periodischer Kurven. Berlin 1922 und 6. P. TEREBESI: Rechenschablonen für harmonische Analyse und Synthese. Berlin 1930.

Zweiter Teil.

Ziff. 22. 1. Über Verschiebungspläne nach dem Verfahren von WILLIOT siehe z. B. H. MÜLLER-Breslau: Die graphische Statik der Baukonstruktionen, Bd. 2, 1. Abt., S. 59. Stuttgart 1907. 2. Siehe etwa A. KLEINLOGEL: Rahmenformeln, 5. Aufl., S. 94. Berlin 1925.

Ziff. 29. 1. Das graphische Verfahren zur Integration über dem Kehrwert ist z. B. beschrieben bei TH. PÖSCHL: Einführung in die ebene Getriebelehre, S. 13. Berlin 1932.

Ziff. 32. Über Meßgeräte siehe insbesondere H. STEUDING: Messung mechanischer Schwingungen. Berlin 1928. 1. Über die Kurbelschwinge siehe z. B. TH. PÖSCHL: Einführung in die ebene Getriebelehre, S. 50. Berlin 1932. Erörterungen über den Pallographen bei 2. W. Hort: Technische Schwingungslehre, 2. Aufl., S. 82f. Berlin 1922 und 3. H. Steuding: Messung mechanischer Schwingungen, S. 38. Berlin 1928. 4. Verfahren von W. Hartmann zur Ermittlung des Krümmungsmittelpunktes von Punktbahnen siehe z. B. bei Th. Pöschl: a. a. O. S. 70.

Ziff. 36. Das Diagramm 36/1 stammt von R. v. Mises: Elemente der Technischen Hydromechanik, 1. Teil, S. 188. Leipzig und Berlin 1914.

Ziff. 40. 1. Darstellung ähnlich der im Handbuch der Physik, Bd. 5, S. 327. Berlin 1927.

Ziff. 41. 1. Siehe auch K. Klotter: Ing.-Arch. Bd. 7 S. 87. 2. Simpsonsche Regel siehe z. B. Hütte I, 25. Aufl., S. 83.

Ziff. 48. 1. H. Steuding: Messung mechanischer Schwingungen, S. 231. Berlin 1928.

Ziff. 51. Über Ortskurven der Elektrotechnik siehe die Lehrbücher über Theorie der Wechselströme und folgende Einzelschriften: O. Bloch: Die Ortskurven der graphischen Wechselstromtechnik. Zürich 1917; G. Hauffe: Die symbolische Behandlung der Wechselströme, Göschen 991; G. Oberdorfer: Die Ortskurventheorie der Wechselstromtechnik. München u. Berlin 1934. Für mechanische Schwingungen stammen ähnliche Überlegungen, auch Ziff. 54, von W. Späth: Ing.-Arch. Bd. 2 (1931) S. 651. 1. Für mechanische Schwingungen von C. Runge benutzt; erneute Darstellung stammt von H. v. Sanden: Ing.-Arch. Bd. 1 (1930) S. 645. 2. W. Späth: Arch. Elektrotechn. Bd. 28 (1934) S. 257 oder Theorie und Praxis der Schwingungsprüfmaschinen, S. 29. Berlin 1934.

Ziff. 53. Die elektrischen Analoga sind ausführlich behandelt worden von B. D. H. Tellegen: Arch. Elektrotechn. Bd. 22 (1929) S. 62.

Ziff. 58. 1. W. Späth: Theorie und Praxis der Schwingungsprüfmaschinen, S. 53. Berlin 1934. 2. Veröffentlichungen des Instituts der Deutschen Forschungsgesellschaft für Bodenmechanik, Heft 1. Berlin 1933. 3. W. Späth: Elektrotechn. Z. Bd. 54 (1933) S. 10 und Theorie und Praxis der Schwingungsprüfmaschinen, S. 55. Berlin 1934. 4. Z. B. E. Lehr: Schwingungstechnik, Bd. 2, S. 147. Berlin 1934. 5. Vgl. z. B. H. Lorenz: Ing.-Arch. Bd. 5 (1934) S. 376.

Ziff. 59. Darstellung ähnlich der von L. S. Jacobsen: Trans. Amer. Soc. mech. Engr. Bd. 52 (1930) S. 169 (APM—52—15).

Ziff. 60. 1. Siehe J. P. den Hartog: Verh. III. int. Kongr. techn. Mech. Stockholm 1930, S. 181; sowie Phil. Mag. 1930 S. 801.

Ziff. 63. 1. Z. B. Föppl-Becker-Heydekampf: Die Dauerprüfung der Werkstoffe. Berlin 1929. 2. Diese Funktionen untersucht B. v. Schlippe: Ing.-Arch. Bd. 6 (1936) S. 132.

Ziff. 64. 1. G. Duffing: Erzwungene Schwingungen bei veränderlicher Eigenfrequenz und ihre technische Bedeutung. Sammlung Vieweg Heft 41/42. Braunschweig 1918. 2. W. Buchhold: Erzwungene Schwingungen bei vorhandenem Spiel zwischen Masse und Federung. Diss. Darmstadt 1933. 3. J. P. den Hartog and S. J. Mikina: Trans. Amer. Soc. mech. Engr. Bd. 54 (1932) (APM-54-15). 4. J. P. den Hartog und R. M. Heiles: J. of Appl. Mech. Bd. 3 (1936) S. 127. 5. Ähnlich geht H. Fromm vor in Becker-Fromm-Maruhn: Schwingungen in Automobillenkungen. Berlin 1931.

Ziff. 67 u. 68. 1. Th. Pöschl: Ing.-Arch. Bd. 4 (1933) S. 98 untersucht den ungedämpften Schwinger; die Integrale der Bewegungsgleichung werden auf Fresnelsche Integrale zurückgeführt. Mit Berücksichtigung der Dämpfung untersucht das Problem 2. F. M. Lewis: Trans. Amer. Soc. mechan. Engr. Bd. 54 (1932) (APM-54-24). Dieser Arbeit sind auch die Abbildungen der Ziff. 68 entnommen.

Ziff. 69. Beschreibungen von Anordnungen, mit denen sich angefachte Schwingungen herstellen lassen, findet man bei 1. R. W. Pohl: Einführung in die Mechanik und Akustik. Berlin 1930; diesem Buch sind auch einige unserer Beispiele entnommen. Eine große Zahl von angefachten Schwingungserscheinungen, die technische Bedeutung haben, beschreibt 2. J. P. den Hartog: Mechanical vibrations. New York u. London 1934; das Buch ist deutsch bearbeitet von G. Mesmer: den Hartog-Mesmer: Mechanische Schwingungen. Berlin 1936.

Namen- und Sachverzeichnis.

Druck der Universitätsdruckerei H. Stürtz A.G., Würzburg.

Schwingungstechnik. Ein Handbuch für Ingenieure. Von Oberingenieur Dr.-Ing. **Ernst Lehr**, Darmstadt.

Erster Band: Grundlagen. Die Eigenschwingungen eingliedriger Systeme. Mit 187 Textabbildungen. XXIII, 295 Seiten. 1930. RM 21.60; gebunden RM 22.95

Zweiter Band: Schwingungen eingliedriger Systeme mit stetiger Energiezufuhr. Mit 243 Textabbildungen. XII, 373 Seiten. 1934. RM 30.—; gebunden RM 31.50

Dritter Band: Auswuchttechnik und Massenausgleich.   In Vorbereitung.

Schwingungsprobleme der Technik. Von Professor **S. Timoshenko**, Michigan. Ins Deutsche übertragen von Dr. I. Malkin, New York und Dr. Elise Helly, Wien. Mit 183 Abbildungen im Text. VIII, 376 Seiten. 1932.   Gebunden RM 26.—

Aufschaukelung und Dämpfung von Schwingungen. Von Professor Dr.-Ing. **Otto Föppl**, Braunschweig. (Zweiter Band zu: Grundzüge der Technischen Schwingungslehre.) Mit 72 Abbildungen im Text. VI, 121 Seiten. 1936.   RM 6.90; gebunden RM 8.40

Mechanische Schwingungen. Von Professor **J. P. Den Hartog**, Cambridge, Mass. Deutsche Bearbeitung von Dr. **Gustav Mesmer**, Aachen. Mit 274 Abbildungen. XII, 343 Seiten. 1936.   RM 28.—; gebunden RM 29.60

Mechanische Schwingungen und ihre Messung. Von Oberingenieur Dr.-Ing. **J. Geiger**, Augsburg. Mit 290 Textabbildungen und 2 Tafeln. XII, 305 Seiten. 1927.   Gebunden RM 21.60

Grundzüge der technischen Schwingungslehre. Von Professor Dr.-Ing. **Otto Föppl**, Braunschweig. Zweite, verbesserte und ergänzte Auflage. Mit 140 Abbildungen im Text. VI, 212 Seiten. 1931.   RM 7.42; gebunden RM 8.55

Technische Schwingungslehre. Ein Handbuch für Ingenieure, Physiker und Mathematiker bei der Untersuchung der in der Technik angewendeten periodischen Vorgänge. Von Oberingenieur Privatdozent Dipl.-Ing. Dr. **Wilhelm Hort**, Berlin. Zweite, völlig umgearbeitete Auflage. Mit 423 Textfiguren. VIII, 828 Seiten. 1922.   Gebunden RM 21.60

Mathematische Schwingungslehre. Theorie der gewöhnlichen Differentialgleichungen mit konstanten Koeffizienten sowie einiges über partielle Differentialgleichungen und Differenzengleichungen. Von Dr. **Erich Schneider**. Mit 49 Textabbildungen. VI, 194 Seiten. 1924.   RM 7.56; gebunden RM 9.—

Theorie und Praxis der Schwingungsprüfmaschinen. Anleitung zur Ausführung und Auswertung dynamischer Untersuchungen mit Hilfe künstlicher Erschütterungen. Von Dr. phil. **Wilhelm Späth**, Beratender Ingenieur. Mit 48 Textabbildungen. VI, 98 Seiten. 1934.   RM 12.—

Zu beziehen durch jede Buchhandlung